高等职业教育农业农村部"十三五"规划教材
高等职业教育"十四五"规划教材

食品标准

与法规

第三版

钱志伟 ◎ 主编

中国农业出版社
北京

图书在版编目（CIP）数据

食品标准与法规／钱志伟主编．—3 版．—北京：
中国农业出版社，2021.9
高等职业教育农业农村部"十三五"规划教材 高等
职业教育"十四五"规划教材
ISBN 978-7-109-28450-0

Ⅰ．①食… Ⅱ．①钱… Ⅲ．①食品标准—中国—高等
职业教育—教材②食品卫生法—中国—高等职业教育—教
材 Ⅳ．①TS207.2②D922.16

中国版本图书馆 CIP 数据核字（2021）第 129716 号

中国农业出版社出版

地址：北京市朝阳区麦子店街 18 号楼
邮编：100125
责任编辑：彭振雪
版式设计：杨 婧 责任校对：刘丽香 责任印制：王 宏
印刷：中农印务有限公司
版次：2008 年 1 月第 1 版 2021 年 9 月第 3 版
印次：2021 年 9 月第 3 版北京第 1 次印刷
发行：新华书店北京发行所
开本：787mm×1092mm 1/16
印张：18.5
字数：425 千字
定价：48.00 元

第三版编审人员

主　编　钱志伟

副主编　杨玉红　黄美娥　王福厚　郭　淼

编　者　（以姓氏笔画为序）

王福厚（甘肃畜牧工程职业技术学院）

介元芬（河南省农产品质量安全检测中心／

河南农业职业学院）

冯志强（三全食品股份有限公司）

刘少阳（漯河医学高等专科学校）

李志民（邯郸职业技术学院）

杨玉红（鹤壁职业技术学院）

杨俊峰（内蒙古农业大学职业技术学院）

周志强（河南农业职业学院）

钱志伟（河南农业职业学院）

郭　淼（南阳农业职业学院）

黄美娥（湖南食品药品职业学院）

审　稿　吴祖兴（河南省市场监督管理局）

彭亚锋［上海市质量监督检验技术研究院／

国家食品质量监督检验中心（上海）］

主　编　钱志伟

副主编　张春凤　杜宗绪

编　者　（以姓名笔画为序）

　　　　华海霞（南通农业职业技术学院）

　　　　杜宗绪（潍坊职业学院）

　　　　张　伟（江苏畜牧兽医职业技术学院）

　　　　张春凤（黑龙江农业经济职业学院）

　　　　钱志伟（河南农业职业学院）

审　稿　钱建亚（扬州大学）

　　　　孙俊良（河南科技学院）

第二版编审人员

主　编　钱志伟

副主编　杜宗绪　李志民　姬长新

编　者　（以姓名笔画为序）

杜宗绪　李志民　陈丛梅

张　钰　钱志伟　姬长新

审　稿　彭亚锋　王汉民

第三版
前　言

　　民以食为天，食以安为先。食品安全关系人民群众身体健康和生命安全，关系中华民族未来。党中央、国务院高度重视食品安全工作。习近平总书记多次作出重要指示，强调要把食品安全作为一项重大的政治任务来抓，坚持党政同责，用最严谨的标准、最严格的监管、最严厉的处罚、最严肃的问责，确保人民群众饮食安全。

　　食品标准与法规是规范市场经济秩序、实现食品质量安全监督与管理的重要依据，是从事食品生产经营、食品质量安全监督以及食品质量认证必须遵守的行为准则，也是食品行业持续健康发展的根本保证。作为将要从事食品生产、管理的高职学生，学习、掌握和运用食品标准与法规的知识与技能具有重要的意义。

　　《食品标准与法规（第二版）》自2011年6月由中国农业出版社出版以来，在高等职业院校食品类专业教学中发挥了很好的作用。近年来，党中央、国务院不断加强食品安全工作，进一步改革完善我国食品安全监管体制，先后对我国《食品安全法》及《食品安全法实施条例》进行了修订修正，与其配套的行政法规和规范性文件相继出台，食品安全标准与法规体系发生了较大变化。《食品标准与法规（第三版）》依据我国最新食品法律法规和食品安全标准，修改完善了食品安全法、部分食品安全标准、食品标准编写要求、食品生产许可、食品产品认证的要求和程序。结合多年来的教学体会和反馈，删除了国际食品标准及采用国际标准、无公害农产品认证、保健食品注册等章节，增加了食品经营许可和食品生产日常监管内容，从而突出了教材的实用性、针对性和新颖性。

　　本教材以就业为导向，以职业岗位需求为依据，以能力培养为本位，以知

1

识够用、适用、实用为原则，紧密围绕食品相关专业的培养目标，精选教材内容，着重强化学生运用食品法律法规和标准知识，解决食品生产经营和安全监管实际问题的能力。《食品标准与法规（第三版）》由6大模块17个项目46个任务组成，以课程导论、我国的食品法律法规、我国的食品安全标准、食品标准的制定与编写、食品生产经营许可与日常监管、食品认证管理为主线，系统介绍了食品标准与法规的概念和作用，我国主要的食品法规，食品安全标准、食品企业标准的制定程序与编写要求，食品生产经营许可的条件和申办程序，绿色食品、有机食品、农产品地理标志产品认证条件和认证程序。其中模块一由鹤壁职业技术学院杨玉红编写，模块二中的项目一由河南农业职业学院钱志伟编写，模块二中的项目二、项目三和模块三中的项目三由漯河医学高等专科学校刘少阳编写，模块三中的项目一由内蒙古农业大学职业技术学院杨俊峰编写，模块三中的项目二由湖南食品药品职业学院黄美娥编写，模块四由河南农业职业学院周志强编写，模块五中的项目一由南阳农业职业学院郭淼编写，模块五中的项目二由邯郸职业技术学院李志民编写，模块五中的项目三由三全食品股份有限公司冯志强编写，模块六中的项目一和项目二由河南省农产品质量安全检测中心/河南农业职业学院介元芬编写，模块六中的项目三由甘肃畜牧工程职业技术学院王福厚编写。全书由钱志伟统稿并审校，在统稿过程中对某些项目任务作了一定的修改，最后由河南省市场监督管理局吴祖兴教授和上海市质量监督检验技术研究院/国家食品质量监督检验中心（上海）彭亚锋研究员审稿。

食品标准法规涉及各类农产品和食品，贯穿于食品与农产品生产流通各个环节和全部过程，内容复杂、体系庞大，而且不断发展变化，教材编写过程中，编者查阅了大量最新的图书、期刊及网络资源，参考文献中仅列出了其中主要的部分，更多资料没能一一列举，在此谨向原作者表示感谢！

教材在编写过程中得到了中国农业出版社和各参编院校的大力支持，在此一并表示感谢！由于编者知识和视野所限，教材中难免有疏漏和不足之处，恳请同行和读者批评指正。

编　者

2021年2月

第一版
前 言

　　食品标准与法规是规范市场经济秩序，实现食品质量安全监督与管理，确保消费者合法权益，维护社会和谐稳定的重要依据，是从事食品生产、营销和贮存，食品资源开发与利用，食品质量监督以及食品质量认证必须遵守的行为准则，是打破国际技术贸易壁垒的基准，也是食品行业持续健康发展的根本保证。

　　我国政府高度重视食品安全，一直把加强食品质量安全摆在重要的位置。多年来，我国立足从源头抓质量的工作方针，建立健全食品安全监管体系和制度，全面加强食品安全立法和标准体系建设，对食品实行严格的质量安全监管。作为将要从事食品生产、管理的高职学生，学习、掌握和运用食品标准与法规的基础知识与基本技能具有重要的意义。

　　本教材以就业为导向，以职业岗位需求为依据，以能力培养为本位，以知识够用、适用、实用为原则，紧密围绕食品相关专业的培养目标，精选教材内容，着重强化学生运用食品法律法规和标准知识，解决食品生产和质量监督实际问题的能力。

　　《食品标准与法规》共分8章，分别介绍了食品标准与法规的作用、食品标准的编制程序与要求、我国和国际与发达国家的食品标准与法规、我国的食品卫生行政许可和食品质量安全市场准入和无公害农产品、绿色食品、有机食品、保健食品、国家免检产品、地理标志产品认证条件、认证程序和管理办法。第一章、第七章由钱志伟编写，第二章、第四章由杜宗绪编写，第三章由张伟编写，第五章由华海霞编写，第六章、第八章由张春凤编写。全书由钱志伟统稿，在统稿过程中对某些章节作了一定的修改，最后由扬州大学食品科学与工程学院钱建亚教授和河南科技学院食品学院院长孙俊良教授担任审稿。

　　《食品标准与法规》涉及食品生产和加工的整个过程，内容体系庞大复杂且处在不断发展变化之中，编者查阅了大量图书、期刊文献及网络资源，参考文献中仅列出了其中主要的部分，更多资料没能一一列举，在此谨向原作者表示感谢！

　　教材在编写过程中得到了中国农业出版社和各参编院校的大力支持，在此一并表示感谢。由于编者知识和视野所限，教材中难免有疏漏和不当之处，恳请同行专家和读者批评指正。

编　者

2007年12月

　　食品标准与法规是规范市场经济秩序，实现食品质量安全监督与管理，确保消费者合法权益，维护社会和谐稳定的重要依据，是从事食品生产经营、食品质量安全监督以及食品质量认证必须遵守的行为准则，也是食品行业持续健康发展的根本保证。作为将要从事食品生产、管理的高职学生，学习、掌握和运用食品标准与法规的基础知识与基本技能具有重要的意义。

　　《食品标准与法规》教材自2008年1月由中国农业出版社出版以来，在高等职业院校食品类专业教学中发挥了很好的作用。《中华人民共和国食品安全法》及其实施条例颁布实施以来，配套的部门规章和规范性文件相继出台，食品质量安全标准与法规体系发生了较大变化。《食品标准与法规（第二版）》收集了国内目前最新的食品标准与法规，按照现行标准与法规修改完善了食品企业标准制定、食品生产许可和食品产品认证的要求和程序，删除了食品卫生许可证、食品国家免检等相关内容。结合近年的教学反馈和意见，删减了发达国家的食品标准与法规部分，从而突出教材的实用性、针对性。

　　本教材共分8章，分别介绍了食品标准与法规的概念与作用、食品企业标准的编制程序与要求、食品企业标准化与标准体系的内容和要求、我国主要的食品标准与法规、食品生产许可的条件和申办程序、无公害农产品、绿色食品、有机食品、保健食品、地理标志产品认证条件和认证程序。其中，第一、六、七章由钱志伟（河南农业职业学院）编写，第二章由杜宗绪（潍坊职业学院）编写，第三章由李志民（邯郸职业技术学院）编写，第四章由张钰（沈阳农业大学高等职业技术学院）编写，第五章、第八章第三节至第五节由姬长新（河南农业职业学院）编写，第八章第一节至第二节由陈丛梅（河南省农产品质量检测中心）编写。全书由钱志伟统稿，在统稿过程中对某些章节作了一定的修改。上海市质量监督检验技术研究院/国家食品质量监督检验中心（上海）彭亚锋高级工程师和河南省农产品质量检测中心王汉民教授/研究员对全书进行了审阅并提出许多宝贵意见，在此表示衷心的感谢。

　　食品标准与法规涉及食品生产和加工的全过程，内容体系庞大复杂且处在不断发展变化之中，我们在教材编写中查阅了大量最新的图书、期刊及网络资源，在此谨向原作者表示感谢。

　　由于编者知识和视野所限，教材中难免有疏漏和不当之处，恳请同行和读者批评指正。

编　者

2011年6月

目 录

模块一

课程导论

1

【模块提要】本模块简要介绍了食品的功能和来源，详细介绍了食品、食品安全、食品标准化、食品标准、法规和技术法规的概念，说明了食品标准与法规的联系与作用，指出了课程学习的目标与方法。

【学习目标】掌握食品、食品安全、食品标准化与标准、法规与技术法规的概念，理解食品标准与法规的作用，明确学习目标和学习方法。

项目一

食品和食品安全的内涵

一、食品的功能和来源

1.食品的功能

（1）食品的营养功能。食品能够为人类活动提供能量和营养成分。一个人从出生开始，就必须每天通过饮食，不断从外界摄取食物，经胃肠道消化吸收，从而供给人体所需要的各种营养素和能量，以满足人体正常的生长发育、生理功能和生产劳动等需要。

（2）食品的感官功能。食品通过其具有的色、香、味、形和质地等感官性状与人体器官发生相互作用，从而增进食欲、促进消化、改善情绪，满足人们不同的嗜好要求。

（3）食品的调节功能。食品除营养成分外，还含有少量的功能因子，这些成分具有调节机体、增强免疫和促进康复的作用或有阻止慢性疾病发生的作用。通过食品的均衡摄入，可调节人体生理功能，增强免疫能力，保证人体健康。

2.食品的来源　食品的最初来源是农业活动。农业活动是人类主动有意识地利用动、植物生长规律获取农产品的行为，既包括传统的种植、养殖、采摘、捕捞等农业活动，也包括设施农业、生物工程等现代农业活动。人类在漫长的进化过程中，早期主要是靠狩猎和采集野生植物果实被动地从自然界获取食物为生，直到大约1万年前的新石器时代，人类开始有意识地播种植物果实、驯养野生动物以供食用。后来，人们逐渐掌握了种植和养殖技术，学会了获取更多食物的本领，出现了剩余食物。为了储存或交换，人们对剩余食物进行加工，相互交换，食物变成了食品。随着农业生产技术和食品工业蓬勃发展，现代食品大多产生于生产经营企业、餐饮厨房，食品种类更加多样，数量更加充足，极大地满足了人们不断增加的饮食需求。

二、食品的概念和内涵

食品的含义伴随着人类社会的发展而不断变化。食物与食品的概念人们经常混用，简单来说，食品是用于交换的食物，食物经过加工、交换就变成了食品。

国际食品法典委员会（CAC）对食品的定义是：食品指用于人食用或者饮用的经加工、半加工或者未经加工的物质，并包括饮料、口香糖和已经用于制造、制备或处理食品的物

3

质，但不包括化妆品、烟草或者作为药品使用的物质。《食品安全法》[①]第150条第1款，从安全的角度，给出了食品的定义：食品，指各种供人食用或者饮用的成品和原料以及按照传统既是食品又是中药材的物品，但是不包括以治疗为目的的物品。

根据《食品安全法》对食品的定义，食品的概念有如下法律内涵：

①食品是供人类所用的物品，而非供动物或其他所用的物品。

②食品是供人类食用或者饮用的物品，而非供人类生存发展的其他需要，如人类衣、住、行所需的物品。

③食品既包括成品、原料，也包括按照传统既是食品又是中药材的物品（简称食药物质）。《食品安全法》规定的食品是一个大概念，不仅包括直接食用的各种食品，还包括食品原料；既包括加工食品，也包括食用农产品，还包括食药物质，囊括了从农田到餐桌整个食物链中的食品和食品相关产品。食药物质是指具有传统食用习惯，且列入国家中药材标准（包括《中华人民共和国药典》及相关中药材标准）中的动物和植物可食用部分。我国传统的中医药学自古以来就有药食同源的思想，讲究通过饮食调节达到预防、治疗疾病的效果。在我国传统饮食文化中，一些中药材在民间往往作为食材广泛食用，如麦芽、山药、大枣、百合、莲子、生姜、山楂、肉桂等。这些中药材经过长期食用，已经证明是安全的，不会对人体产生毒副作用，因此，在食品中允许添加。

④食品不包括以治疗为目的的物品。这样规定是为了将"食品"与"药品"严格区分。根据《中华人民共和国药品管理法》的规定，药品是指用于预防、治疗、诊断人的疾病，有目的地调节人的生理机能并规定有适应证或者功能主治、用法和用量的物质，包括中药、化学药和生物制品等。药品可以有毒副作用，要在医院或药店里，在专业人员指导下，甚至还要在医护人员的监护下，才能合理使用。食补固然有很多好处，但食物却并不能代替药物。为防止不良商家在食品中添加禁用药品，欺骗消费者，危害公众身体健康，《食品安全法》第38条规定：生产经营的食品中不得添加药品，但是可以添加既是食品又是中药材的物品。既是食品又是中药材的物品目录由国务院卫生行政部门会同国务院食品安全监管部门制定、公布并及时更新。

从食品安全和管理角度来讲，广义的食品概念还包括食用农产品种植、养殖过程的农业投入品、生产环境和食品生产经营过程中直接或间接接触食品的包装材料、器具、容器、设备设施以及影响食品质量安全的生产经营环境等。

三、食品安全的概念和内涵

"食品安全"是1974年由联合国粮农组织（FAO）提出的概念，从广义上讲主要包括3个方面的内容：①从数量角度，要求国家能够提供给公众足够的食物，满足社会稳定的基本需要，强调的是要"吃得饱"。②从安全卫生角度，要求食品对人体健康不造成任何危害，并获取充足的营养，强调的是要"吃得好"。③从发展角度，要求食品的获得要注重生态环境的良好保护和资源利用的可持续性，强调的是获取食品的"可持续性"。

我国《食品安全法》第150条从食品质量安全的角度规定："食品安全指食品无毒、无害，符合应当有的营养要求，对人体健康不造成任何急性、亚急性或者慢性危害。"这个概

---

① 《中华人民共和国食品安全法》，本教材统一简称《食品安全法》。

念是一个狭义的食品安全概念，包括以下四个内涵：

①食品应当无毒、无害。所谓食品无毒、无害是指正常人在正常食用情况下摄入食品，不会对人体造成危害。所谓正常食用，是指食品无毒无害的相对性，允许少量含有有毒有害物质，但不得超过国家规定的限量标准。这是对食品成分的安全性要求。

②食品应当符合应有的营养要求。食品所包含的蛋白质、脂肪、糖类、维生素、矿物质等营养物质的含量、消化吸收率等，应能够维持人体正常的新陈代谢和生理功能。这是对食品功能的安全性要求。

③食品应当对人体健康不造成任何急性、亚急性或者慢性危害。食品不能含有导致消费者产生任何急性、亚急性或者慢性毒害或食源性疾病的感染性危害，也不包括危及人类后代的隐患。

④食品安全的相对性。从绝对意义上讲，食品应当是对人体健康零风险的，不存在对人体健康造成急性或慢性损害的任何隐患。但是，绝对的食品安全是很难做到的，世界上没有绝对安全的食品。一方面，任何一种食品，即使其成分对人体是有益的，或者其毒性很小，但如果食用数量过多或食用条件及方法不当，仍有可能对人体造成损害。譬如，食盐过量会中毒，饮酒过度会伤身。另一方面，一些食品的安全性又是因人而异的。譬如，鱼、虾、蟹类海产品具有丰富的营养成分，对多数人是安全的，但某些人对其可能过敏，食用会损害身体健康。因此，食品安全更应是一个相对的概念。评价一种食品或者其成分是否安全，不能单纯地看它是否存在"有毒、有害物质"，更重要的是看这些危害物质的含量是否足以造成健康的实际危害。

目前，国际社会的基本共识是，食品安全是指食品的种植、养殖、加工、包装、贮藏、运输、销售、消费等活动符合国家法律法规和强制标准的要求，不存在可能损害或威胁人体健康的有毒、有害物质致消费者病亡或者危及消费者及其后代的隐患。为了保证食品安全，我国制定了许多食品安全标准和法规，只有我们严格按照标准和法规的要求生产经营，才能保证食品的安全。知法、守法、依法生产经营，是我们学习食品标准与法规的目的所在。

项目二

食品标准与法规的内涵

一、食品标准化和食品标准

1.食品标准化的内涵

（1）标准化的定义。根据《标准化工作指南 第1部分：标准化和相关活动的通用术语》（GB/T 20000.1—2014），标准化是指为了在既定范围内获得最佳秩序，促进共同效益，对现实问题或潜在问题确立共同使用和重复使用的条款以及编制、发布和应用文件的活动。标准化活动确立的条款，可形成标准化文件，包括标准和其他标准化文件。标准化的主要效益在于为了产品、过程或服务的预期目的改进它们的适用性，促进贸易、交流以及技术合作。

（2）食品标准化的定义和内涵。基于GB/T 20000.1—2014对标准化的定义，结合食品满足人们健康安全、营养和感官需求的属性，食品标准化可定义为：为了在食品领域内获得最佳秩序，对基础性问题、现实的或潜在的技术性问题制定共同使用和重复使用的条款的活动。食品标准化活动主要包括食品标准的编制、发布及实施过程。食品标准化的显著作用是保障食品质量安全，增强食品生产过程和相关服务的适用性，防止食品贸易中的壁垒，并促进技术合作。

这个定义揭示了食品标准化如下含义：

①食品标准化是一项动态的活动过程。这个过程是由5个关联的环节组成，即制定标准、发布标准、组织实施标准、对标准的实施情况进行反馈和监督、进一步修订标准。食品标准化工作的活动过程和全面质量管理的PDCA循环是完全一致，它是一个永无止境的循环上升动态过程，通过制定、发布、实施、反馈、修订，到再发布、实施等活动，每完成一个循环，随着科学技术进步对原标准适时进行总结，充实新的内容，产生新的效果，食品标准的水平就提升一步。

②食品标准化是建立食品生产经营规范的活动。食品标准化活动所建立的规范具有共同使用和重复使用的特征。规范不仅针对当前存在的问题，而且针对潜在的问题。如我国食品安全标准是食品生产经营的基本要求，所有食品生产经营企业必须遵守。

③食品标准化对象是现实或潜在的重复出现的事物。需要标准化的主题可以是材料、元件、设备、系统、接口，也可以是协议、程序、功能、方法或活动。通常把这些标准化的对象概括为"产品、过程或服务"。标准化进程是人类实践经验的不断积累与不断优化的

过程。标准是实践经验的总结。具有重复性特征的事物，才能把以往的经验加以积累，标准就是这种积累的一种表现方式。一个新标准的产生是这种积累的开始，标准的修订是积累的深化或优化，是新经验取代旧经验。事物具有重复出现的特征，才有制定标准的必要。对重复性事物制定标准的目的是总结以往的经验或教训，选择"最佳方案"，作为今后实践的目标和依据。这样既可最大限度地减少不必要的重复劳动，又能扩大"最佳方案"的重复利用范围。标准化的作用和效果有相当一部分是从这里得到的。

④食品标准化的总体目的是获得最佳秩序、促进最佳的共同效益。"最佳秩序"指的是通过制定和实施标准，使标准化对象的有序化程度达到最佳状态；"共同效益"指的是相关方的共同效益，而不是仅追求某一方的效益。所谓"最佳"是指在一定范围、一定条件下获得的最合理的结果。具体在制定某个标准时，标准化会有一个或更多具体的直接目的，以便使产品、过程或服务适合它们的用途，即适用性。这些目的可能包括但不限于可用性、兼容性、互换性、品种控制、安全、环境保护、产品防护、相互理解等等。食品标准化要从整个国家和全社会的利益来考虑，并为食品工业的健康发展服务。食品标准化活动，就是要通过食品生产流通各相关环节的因素的研究和评估，制定食品安全标准、食品及相关产品质量标准、食品生产经营规范标准、检验方法与规程标准等技术要求，规范食品生产经营活动，开展标准化生产，实现食品领域内的"最佳秩序"，提高食品品质，保障食品安全，满足人民不断提高的生活需求。

⑤实施食品标准是食品标准化活动的关键。食品标准化作为技术支撑的地位和作用只有当食品标准在生产经营实践得到实施后才能体现出来。只有应用和实践标准才能发挥标准的作用，体现标准的价值，才能发现问题，不断改进和提高食品标准的水平。

2.食品标准的内涵

（1）标准的定义。GB/T 20000.1—2014也给出了标准的定义：标准是通过标准化活动，按照规定的程序经协商一致制定，为各种活动或其结果提供规则、指南或特性，供共同使用和重复使用文件。标准宜以科学、技术和经验的综合成果为基础。规定的程序指制定标准的机构颁布的标准制定程序。诸如国际标准、区域标准、国家标准等，由于它们可以公开获得以及必要时通过修正或修订保持与最新技术水平同步，因此它们被视为构成了公认的技术规则。其他层次上通过的标准，诸如专业协（学）会标准、企业标准等，在地域上可影响几个国家。

最新技术水平是指在一定时期内，基于相关科学、技术和经验的综合成果的产品、过程或服务相应技术能力所达到的高度。公认的技术规则是指大多数有代表性的专家承认的能反映最新技术水平的技术条款。针对技术对象的规范性文件，若由各利益相关方通过磋商和协商一致程序合作编制，则在批准时视为公认的技术规则。

（2）食品标准的定义和内涵。结合食品的特点，可将食品标准定义为：在一定范围内（如国家、区域、食品行业或企业、某一食品类别等）为达到食品质量、安全、营养等要求，以及为保障人体健康，通过标准化活动，按照规定的程序经协商一致制定，为食品及其生产加工销售过程提供规则、指南或特性，供共同使用和重复使用文件。这种文件须经权威部门或相关方协调认可。

这个定义揭示了食品标准如下含义：

①食品标准是通过食品标准化活动制定的一种特殊的规范文件。食品标准是食品标准

☑ 学习笔记

化活动的产物，是衡量食品安全和品质评价活动的重要依据。

②食品标准必须具有共同使用和重复使用的性质。所谓共同使用是指"你用、我用、他也用，大家都要用"；重复使用是指"今天用、明天用、后天用，经常要用"。"共同使用"和"重复使用"两个条件必须同时具备，也就是说，只有大家共同使用并且要多次反复使用，标准才有存在的必要。食品生产经营活动的一个产品、一项服务、一个生产过程、一项设计，只要具有重复性需求的技术内容，均能制定食品标准。

③制定食品标准要经有关方面协商一致，需要得到国家或公认的权威机构批准。协商一致，即有关重要利益相关方对于实质性问题没有坚持反对意见，同时按照程序考虑了有关各方的观点并且协调了所有争议。协商一致并不意味着全体一致同意。国家标准、行业标准、地方标准是食品生产经营活动的重要依据，是生产经营者、消费者以及其他相关利益的体现，是一种公共资源，必须由能代表各方面利益，并为社会所公认的权威机构批准，方能为各方所接受。如制定食品产品标准不仅要有生产者参加，还应当有消费者、科研、检验等部门参加共同协商一致、充分反映观点，这样制定出来的标准才具有权威性、科学性和适用性。

④食品标准是以食品科学、技术和实践经验的综合成果为基础制定的。食品规模化生产不断提出各种标准化需求。食品标准将食品科学、技术的最新成果和实践中取得的先进经验，通过分析、比较、验证加以综合后纳入标准内容。食品标准既是科学技术成果，又是实践经验的总结。

⑤食品标准有其特定格式和制定颁布程序。同其他标准一样，食品标准也具有特定的格式与制定、发布程序，须由权威机构或者特定组织发布并认可。食品标准的编写、印刷、幅面格式和编号、发布的统一，既可保证标准的质量，又便于资料管理，体现了标准文件的严肃性。

二、法规和技术法规

1.法规 法规是由权力机关通过的有约束力的法律性文件，是法律、法令、条例、规则、章程的总称。食品法规是法律规范中的一种类型，是由国家制定或认可并由国家强制力保证实施的并具有普遍约束力的社会规范。

2.技术法规 技术法规是规定技术要求的法规，它或者直接规定技术要求，或者通过引用标准、技术规范或规程来规定技术要求，或者将标准、技术规范或规程的内容纳入法规中。技术法规可附带技术导则，列出为了遵守法规要求可采取的某些途径，即视同符合条款。技术法规具有法律属性，在一定范围内通过法律、行政法规等强制手段加以实施。目前，国际上倾向于在技术法规中只规定与安全、卫生有关的基本要求，对于具体技术要求则采用引用其他文件的方式。我国强制性的食品安全国家标准就是技术法规。

三、食品标准与法规的关系

1.食品标准与法规的相同之处 食品标准和法规是食品生产经营活动必不可少的统一规定，都由权威机关按照法定的职权和程序制定、修改或废止，都用严谨的文字进行表述；在制定和实施过程中都要求公开透明；推行的目标都是要为食品工业的健康发展创造良好的外部秩序，保证市场经济秩序正常运转和公平竞争；在调控社会方面发挥主导作用，享有威望，得到广泛的认同和普遍的遵守；要求社会各组织和个人服从法规和标准的规定，作为行为的准则；食品标准和法规都具有稳定性和连续性，不允许擅自改变和轻易修改。

2.食品标准与法规的不同之处　食品法规是由国家立法机构发布的规范性文件，食品标准是由公认机构发布的规范性文件。法规要按立法程序来制定，在其适用范围内具有强制性，所涉及的人员有义务执行法规的要求。而食品标准的发布机构没有立法权，是以市场为主体，以企业为主导来制定。食品标准中不规定行为主体的权利和义务，也不规定不行使义务应承担的法律责任，不具有强制力，即使所谓的强制标准，其强制性质也是法律授予的，如果没有法律支持，它是无法强制执行的。多数国家的食品标准是经国家授权的民间机构制定的，即使由政府机构颁发的标准，它也不是像法规那样由象征国家的权力机构审议批准，而是由各方利益的代表审议，政府行政主管部门批准。因此，食品标准是通过利益相关方之间的平等协商达到的，是协调的产物，不存在一方强加于另一方的问题，它更多的是以科学合理的规定，为人们提供一种适应的选择。

法规涉及国家生活和社会生活的方方面面，调整一切政治、经济、社会、民事、刑事等关系，而食品标准主要涉及技术层面。法规一般较为宏观和原则，食品标准则较为微观和具体。法规较为稳定，食品标准则经常随着科学技术和生产力的发展而补充修改。食品标准比较注意民主性，强调多方参与、协商一致，尽可能照顾多方利益。食品标准和法规都是规范性的文件，但食品标准在形式上有文字的，也有实物的。

3.食品标准与法规的联系　食品标准所涉及的是保护人类健康、安全等目的具体技术问题。法规中只规定基本要求，具体详细要求或者通过在法规中直接引用现行的食品标准来实现，或者通过指明符合标准就被认为符合了法规的要求。

食品标准是技术、市场的"晴雨表"，反映的是"当今技术水平"，其更新速度要比法规快，能及时反映市场的变化。因此食品法规在涉及技术的内容时，常常引用标准资源。在我国，推荐性的食品标准一旦被法规所引用，就具有了法规的强制性，食品生产经营者就必须要遵守执行。食品标准是法规得以实施的基础，法规的实施又推动了标准的实施，制定食品标准时要考虑法规的需要。

项 目 三

食品标准与法规的作用

一、食品标准和法规的作用

1.食品标准的作用

（1）食品标准是食品现代化大生产的必要条件和基础。食品现代化大生产以先进的科学技术和生产的高度社会化为特征。具体表现为生产规模大、速度快、连续性和节奏性强、生产协作广泛、技术要求严、产品质量要求高。许多食品加工的原辅料和设备供应往往涉及众多其他企业，协作点遍布全国甚至全球，这就要求企业必须制定和执行一系列统一的标准，使各生产部门和生产环节在技术要求上达到高度统一，才能保证生产有序进行，确保质量水平和目标的实现。

（2）食品标准是提升食品质量和安全水平的关键。食品从生产、加工到销售，使用的每个环节都离不开科学的指导和技术的保障。而将食品生产加工中的科学技术、安全卫生管理理念、质量安全卫生监控措施，转化为具体的食品原料控制、生产加工、检验、包装等操作行为的桥梁，就是食品标准。制定并有效实施食品标准，可以使食品生产全过程标准化、规范化，为食品质量安全提供控制目标、技术依据和技术保证，实现对食品安全各个关键环节和关键因素的有效监控，满足食品质量安全标准的规定和要求，全面保证和提升食品质量安全水平，切实保护消费者的健康和权益。

（3）食品标准是规范生产流程，提高生产效率的有效途径。食品标准是实践经验的总结，食品标准化是对科学、技术和经验加以消化、提炼和概括的过程。通过制定和实施标准，企业可以对复杂的生产过程进行科学的组织和管理，促进新技术的应用和专业化水平的提高，改善生产工艺，优化生产流程，从而加快产品生产的节奏和进度。食品标准不仅可以对企业的最终产品提出严格的市场准入要求，而且能够对企业的中间产品进行层层把关，保证产品质量，为企业在激烈的市场竞争中胜出奠定基础。食品企业按照一定的业务标准实施内部控制，可以加强员工之间的专业化协作，从而提高组织的整体运行效率。

（4）食品标准为提高人们的生活质量提供技术支撑。通过在标准中规定生产和操作的流程以及最终产品应符合的安全指标，可以使消费者得到基本的安全保障。在标准中规定产品标志、标签、说明书等需要明示的内容，可以使消费者的知情权得到保护。在标准中建立较高的性能指标，可以带动产品质量的提高。通过对标准包含的各个指标加以细分，对标准本身进行模块化和内部组合，可以满足人们多样化的需求，实现以顾客为中心的定制服务。政府可以通过制定相关的法律法规以及相应的政策（如《食品安全法》）达到保护人民的安全与健康，提高生活质量的目的，而技术标准将对这些法律法规提供具体、可操作的技术支撑。

（5）食品标准是食品安全监督管理的重要依据。食品标准规定了食品生产、加工、流通和销售等过程以及食品产品及其性能、试验方法等的质量安全基本要求和具体指标。食品质量安全标准是判定食品合格与否的依据，是食品进入市场的门槛。依据食品标准可以鉴别以次充好、假冒伪劣食品，保护消费者的利益，整顿和规范市场经济秩序，营造公平竞争的市场环境。通过标准的技术要求，设置合理的市场准入门槛，限制产品质量低劣、浪费资源、污染严重和不具备安全生产条件的企业的发展，淘汰一大批落后的产品、设备、技术和工艺，压缩过剩生产能力，推广先进技术，使整个食品产业统筹规划、突出重点、合理布局，从而实现食品产业持续健康发展。

（6）食品标准是提高国家食品产业竞争力的重要技术支撑。食品行业是我国的支柱性产业，其发达程度直接影响到我国的综合国力和国际竞争力。一个既符合我国国情又与国际接轨的食品标准化体系，可为企业提供一套完整有效、科学合理的安全生产和监控管理技术标准与规程，引导和规范企业行为，促进企业加强质量管理，强化食品从业人员的自主管理意识，采用新技术、新设备，全面提高产品质量，增强我国食品产业的国际市场竞争力。同时食品标准化将有助于打破食品贸易技术壁垒，建立技术性贸易措施，促进食品贸易全球化。

2.法规的作用　法规的作用是指法规对人们的行为、社会生活和社会关系发生的影响。法规的作用可以分为规范作用与社会作用两类。规范作用是手段，社会作用是目的。

（1）法规的规范作用。法规的规范作用是法规自身表现出来的、对人们的行为或社会关系的可能影响。①指引作用，这是指法律对个体行为的指引作用，包括确定的指引、有选择的指引。确定指引一般是规定义务的规范所具有的作用；有选择的指引一般是规定权利的规范所具有的作用。法律作为一种行为规范，为人们提供某种行为模式，指引人们可以这样行为，必须这样行为或不得这样行为，从而对行为者本人的行为产生影响。如食品生产经营首先要符合食品安全国家标准，否则就会承担《食品安全法》所规定的法律责任。②评价作用，这是法规作为尺度和标准对他人的行为的作用。法律对人们的行为是否合法或违法及其程度，具有判断、衡量的作用。如《食品安全法》对各种食品违法行为都规定了具体的违法责任。③预测作用，是对当事人双方之间的行为的作用。人们可以根据法律规范的规定事先估计到当事人双方将如何行为及行为的法律后果。④强制作用，这是对违法犯罪者的行为的作用。法规为保障自己得以充分实现，运用国家强制力制裁、惩罚违法行为。⑤教育作用，这是对一般人的行为的作用，包括正面教育和反面教育。通过法律的实施，对人们今后的行为发生直接或间接的诱导影响。

（2）法规的社会作用。法规的社会作用是指法规的社会、政治功能，即法规作为社会关系最重要的稳定和平衡的工具，服务于一定的社会政治目标，承担着一定的社会政治使命，形成、实现、维护一定的社会秩序。法规在执行社会公共事务方面的作用：①法规可以维护人类社会的基本生活条件，包括维护最低限度的社会治安，保障社会成员的基本人身安全，保障食品安全卫生、生态平衡、环境与资源合理利用、交通安全等等。②法规可维护生产和交换条件，即通过立法和实施法律来维护生产管理，保障基本劳动条件，调节各种交易行为，促进公共设施建设，组织社会化大生产，确认和执行技术规范，保护消费者权益等。

法规在人类社会中扮演的角色越来越重要，逐渐代替了道德、习俗等社会规范在调整人们的行为和社会关系中原有的影响力，成为最主要的社会调整手段。法规是社会运动和发展中最重要的稳定和平衡的工具。它以其稳定性和可预测性为激变的社会生活确立相对稳固的规范基础。法规具有其他社会规范所不具有的优点，例如它的国家强制性、权威性、公开性、程序性等等。但是，法规并非无所不能。它只是众多社会调整手段中的一种。法规作用的范围不是无限的，而是有限的。

二、课程目标与学习方法

"国以民为本，民以食为天，食以安为先"。食品质量安全关系到广大人民群众的身体健康和生命安全，关系到食品行业的持续发展和社会的和谐稳定。我国历来高度重视食品安全，一直把打击制售假冒伪劣食品等违法犯罪活动作为整顿和规范市场经济秩序的重点，采取了一系列措施加强食品安全工作，取得了显著成效，但目前我国的食品安全形势仍然相当严峻。随着《食品安全法》的颁布与实施，国家不断提高食品生产许可的准入条件，对食品企业生产技术和质量管理人员也提出明确的要求，《食品安全法》第44条第三款规定："食品生产经营企业应当配备食品安全管理人员，加强对其培训和考核。经考核不具备食品安全管理能力的，不得上岗。"食品标准与法规是规范市场经济秩序，实现食品质量安全监督与管理，确保消费者合法权益的重要依据，是从事食品生产经营、食品安全监督管理必须遵守的行为准则，也是食品行业持续健康发展的根本保证。以食品法规为准绳，食品标准为支撑是提升我国食品工业的一项战略举措。作为将要从事食品生产、管理的大学生，学习、掌握和运用食品标准与法规的基础知识与基本技能具有重要的意义。

1.课程学习目标

（1）知识目标。①理解食品安全标准与食品法律法规的基本内容；②掌握食品标准与法规在食品生产经营和食品安全监督管理工作中的运用方法；③熟悉食品安全企业标准的制定程序，并能够编制企业标准；④熟悉办理食品生产许可、食品经营许可的要求和程序；⑤掌握绿色食品、有机食品、地理标志产品的概念、认证程序、认证要求及管理办法。做到学法、懂法、守法，依法生产经营。

（2）能力目标。①依法从事生产经营的能力；②运用标准化方法进行企业管理的能力；③编制食品企业标准的能力；④从事食品日常监督管理的能力；⑤办理食品生产许可证和食品产品认证的能力；⑥具备开展食品安全培训的能力。

（3）素养目标。养成恪守职责、实事求是、严谨细致、遵守规范的职业素养。

2.课程学习的方法　食品标准与法规涉及各类农产品和食品，贯穿于农产品与食品生产流通各个环节和全部过程，既包括法规与标准的制定、实施过程，又涵盖了对其进行监督监测和评定认证体系；既规范协调企业和消费者双方，又涉及政府、行业组织等管理机构和监督检测、合格评定等第三方中性机构。因此食品标准与法规的学习不仅是对食品法规和标准的记忆和理解，更应注重正确运用法规和相关标准依法进行食品生产与管理，同时还要注意标准与法规的复杂性和动态发展性。

食品标准与法规既是现实社会经济与科学技术发展到一定阶段的产物，又随着现实社会经济与科学技术的发展而不断变化。由于经济的发展、技术的进步、市场的变化以及需求方的要求发生变化，使原有的标准法规不能适用时，如果不依据环境的要求及时应变，标准与法规要么失效，要么会产生负效应。因此当出现这种要求时或者当已经预见到这种趋势时，必须立即组织标准与法规的修订或对标准系统进行调整，这就是标准与法规的动态发展性。我国食品标准中的修改单、食品法律法规的不断修订完善都说明了这一问题，因此学习食品标准与法规时应该学会采取发展的观点来看问题。教材中的内容可能在出版时和出版后已经发生了变化，我们应该不断追踪其前后变化来把握和理解相关食品标准与法规。

思考与练习

1.食品、食品安全、食品标准、食品标准化、法规、技术法规概念和内涵是什么？

2.试举例说明食品标准与法规的在食品生产经营和食品安全监管中的作用。

3.查阅资料，试述我国食品安全存在的问题与对策。

模块二

我国的食品法律法规

2

【模块提要】本模块简要介绍了我国的食品法律法规体系和食品安全监管体制；重点介绍了食品安全法及其实施条例的适用范围和主要内容，农产品质量安全法的主要内容和农产品质量安全管理，商检法及其实施条例的主要内容以及进出口食品安全管理。

【学习目标】理解法的概念和我国的立法体制；了解我国的食品法律法规体系和食品安全监管体制。熟悉主要食品法律法规的主要内容和适用范围。能够运用食品法律法规建立企业食品安全管理制度，处理食品安全违法案例，开展食品安全知识培训，办理出口食品生产企业、出口食品原料种植、养殖场备案。

项目一

食品安全法及其实施条例

>>> 任务一　我国食品法律法规概述 <<<

一、法的概念和特征

法是由国家制定和认可的，反映由特定物质生活条件所决定的统治阶级意志、以权利和义务为主要内容、以程序为标志、以国家强制力为主要保障、具有普遍性的社会规范。法规泛指由国家制定和发布的规范性法律文件的总称。

广义的法律是指法的整体，包括法律、有效法律的解释及行政机关为执行法律而制定的规范性文件。在我国的法律制度中法律是指包括《宪法》①、行政法规在内的一切规范性文件。狭义的法律则专指拥有立法权的国家机关依照立法程序制定的规范性文件。在我国的法律制度中，法律是指全国人民代表大会及其常务委员会制定的规范性法律文件。其中，由全国人民代表大会制定的法律称为基本法律，由全国人民代表大会常务委员会制定的法律称为一般法律。

法律是国家进行社会管理、维持社会秩序、规范人们生活的基本规则。它具有规范性、国家意志性、国家强制性、普遍性和程序性等特征，这些特征通过法的内容，即权利和义务的规定来体现和调整，维护一定的社会关系和社会秩序。

1.规范性　规范性是指法以明白、肯定的方式告诉人们在一定的条件下可以做什么，必须做什么，禁止做什么，为人们的行为提供了模式、标准、样式和方向。

2.国家意志性　法是由国家制定和认可的行为规范，体现了国家对人们行为的评价，具有国家意志性。

3.国家强制性　法是以国家强制力为最后保证手段的规范体系，具有国家强制性。以国家强制力保障法律所规定的人们行为应该遵守的准则、权利和义务在现实中得以实现。不管人们的主观愿望如何，人们都必须遵守法，否则将招致国家强制力的干涉，受到相应的法律制裁。

4.普遍性　普遍性是指法作为一般的行为规范在国家权力管辖范围内具有普遍适用的效力和特性。它包含两方面的内容：一是法的效力对象的广泛性。在国家范围内，任何人的合法行为都无一例外地受法的保护；任何人的违法行为，也都无一例外地受法的制裁。

---

① 《中华人民共和国宪法》，本教材统一简称《宪法》。

法不是为特别保护个别人的利益而制定，也不是为特别约束个别人的行为而设立。二是法的效力的重复性。法对人们的行为有反复适用的效力，在同样的情况下，法可以反复适用。

5.程序性　法是强调程序、规定程序和实行程序的规范。也可以说，法是一个程序制度化的体系或者制度化解决问题的程序。

二、我国的立法体制

1.我国立法体制的基本特征　我国是统一的、单一制的国家，各地经济、社会发展又很不平衡，与这一国情相适应，在最高权力机关集中行使立法权的前提下，为了使法律既能通行全国，又能适应各地千差万别的不同情况的需要，在实践中行得通，《立法法》①确立了我国的统一而又分层次的立法体制。统一，一是指我国所有立法都必须以《宪法》为依据，不得与《宪法》相抵触；下位法不得同上位法相抵触；二是国家立法权由全国人民代表大会及其常务委员会统一行使，法律只能由全国人民代表大会及其常务委员会制定。分层次，就是在保证国家法制统一的前提下，国务院、省级人民代表大会及其常务委员会和较大的市的人民代表大会及其常务委员会、国务院各部委、省级人民政府和较大的市的人民政府，分别可以制定行政法规、地方性法规、自治条例和单行条例。

2.我国立法体制的主要内容

（1）全国人民代表大会及其常务委员会行使国家立法权。《宪法》第62、67条规定：全国人民代表大会制定和修改刑事、民事、国家机构的和其他的基本法律；全国人民代表大会常务委员会行使下列职权：①解释《宪法》，监督《宪法》的实施；②制定和修改除应当由全国人民代表大会制定的法律以外的其他法律；③在全国人民代表大会闭会期间，对全国人民代表大会制定的法律进行部分补充和修改，但是不得同该法律的基本原则相抵触；④解释法律等。为了保证国家必要的集中统一，《立法法》第8条规定：11个方面的事项属于全国人民代表大会及其常务委员会的专属立法权，只能由法律规定。

（2）国务院是制定行政法规的立法主体。《宪法》第89条规定，国务院根据《宪法》和法律，规定行政措施，制定行政法规，发布决定和命令；《立法法》第56条规定，国务院根据《宪法》和法律，制定行政法规。行政法规可以就下列事项做出规定：一是为执行法律的规定需要制定行政法规的事项；二是《宪法》第89条规定的国务院行政管理职权的事项。

（3）省、自治区、直辖市人民代表大会及其常务委员会是制定地方性法规的立法主体。《宪法》第100条规定，省、直辖市的人民代表大会和它们的常务委员会，在不同《宪法》、法律、行政法规相抵触的前提下，可以制定地方性法规，报全国人民代表大会常务委员会备案。设区的市的人民代表大会和它们的常务委员会，在不同《宪法》、法律、行政法规和本省、自治区的地方性法规相抵触的前提下，可以依照法律规定制定地方性法规，报本省、自治区人民代表大会常务委员会批准后施行。《立法法》第64条规定，地方性法规可以就下列事项做出规定：一是为执行法律、行政法规的规定，需要根据本行政区域的实际情况作具体规定的事项；二是属于地方性事务需要制定地方性法规的事项。地方性法规的内容不得与法律、法规相抵触。

---

① 《中华人民共和国立法法》，本教材统一简称《立法法》。

（4）国务院各部委是制定行政规章的主体。《宪法》第90条规定，国务院各部、各委员会根据法律和国务院的行政法规、决定、命令，在本部门的权限内，发布命令、指示和规章。《立法法》第80条规定，国务院各部、委员会、中国人民银行、审计署和具有行政管理职能的直属机构，可以根据法律和国务院的行政法规、决定、命令，在本部门的权限范围内，制定规章。部门规章规定的事项应当属于执行法律或者国务院的行政法规、决定、命令的事项。

✔ 学习笔记

三、我国的食品法律法规体系

食品法律法规是指由国家制定和认可，以加强食品监督管理，保证食品安全卫生，防止食品污染和有害因素对人体的危害，保障人民身体健康，增强人民体质为目的，通过国家强制力保证实施的法律规范的总和。食品法律法规制定的目的是保证食品的安全，防止食品污染和有害因素对人体的危害，保障人民身体健康，增强人民体质，这也是它与其他法律规范的重要区别。

食品法律法规体系是指以法律或政令形式颁布的，对全社会具有约束力的权威性规定。它既包括法律法规，也包含以技术规范为基础的各种强制性规范性文件。依据法律规范的具体表现形式及其法律效力层级，我国的食品法律法规体系由以下不同法律效力层级的规范性文件构成。

1.《宪法》　《宪法》是我国的根本大法，是国家最高权力机关通过法定程序制定的具有最高法律效力的规范性法律文件。它规定和调整国家的社会制度和国家制度、公民的基本权利和义务等最根本的全局性的问题，是国家一切立法的基础，也是制定食品法规的来源和基本依据。

2.法律　法律是由全国人民代表大会及其常务委员会经过特定的立法程序制定的规范性法律文件。法律的效力仅次于《宪法》。《食品安全法》是我国食品安全卫生法律体系中法律效力层级最高的规范性文件，是制定从属性食品法规、规章及其他规范性文件的依据。目前已颁布实施的与食品相关的法律还有《农产品质量安全法》《商检法》《进出境动植物检疫法》《标准化法》《广告法》[①]等。

3.行政法规　行政法规是由国务院根据《宪法》和法律，在其职权范围内制定的有关国家行政管理活动的各种规范性法律文件。根据《宪法》规定，国务院有权规定行政措施，制定行政法规，发布决定和命令。行政法规的效力仅次于《宪法》和法律。国务院所属各部委在自己的职权范围内有权发布规章，通常称为部门规章或部委规章，其效力低于行政法规。

行政法规的名称为条例、规定和办法。对某一方面行政工作做出比较全面、系统的规定，称为"条例"；对某一方面的行政工作做出部分规定的称为"规定"；对某一项行政工

---

① 《中华人民共和国农产品质量安全法》，本教材统一简称《农产品质量安全法》；

《中华人民共和国进出口商品检验法》，本教材统一简称《商检法》；

《中华人民共和国进出境动植物检疫法》，本教材统一简称《进出境动植物检疫法》；

《中华人民共和国标准化法》，本教材统一简称《标准化法》；

《中华人民共和国广告法》，本教材统一简称《广告法》。

作做出比较具体的规定称为"办法"。如《食品安全法实施条例》[1]《食品生产许可管理办法》《地方标准管理办法》等。

4.地方性法规和地方性规章 地方性法规是指省、自治区、直辖市人民代表大会及常务委员会以及省、自治区人民政府所在地的市、国务院批准的较大市的人民代表大会及常务委员会制定的适用于本地方的规范性法律文件。

省、自治区、直辖市人民政府以及省、自治区人民政府所在地的市和国务院批准的较大市的人民政府可以制定规章，这种规章在实践中被称为地方规章。

5.其他规范性文件 这类规范性文件不属于法律、行政法规和部门规章，也不属于标准等技术规范，如国务院或有关行政部门和地方政府或相关行政部门所发布的各种通告、公告，但它们同样是食品法律体系的重要组成部分。如：《国家市场监管总局关于修订公布食品生产许可分类目录的公告》（2020年第8号）等。

6.食品安全标准 食品安全标准是国家为保证食品质量安全，保障公共身体健康和生命安全，防止食源性疾病发生，对食品、食品相关产品、食品添加剂的卫生要求及其在生产、加工、贮藏和销售方面所规定的强制性的技术要求和措施；是实现食品安全科学管理、强化各环节监管的重要基础；是规范食品生产经营、促进食品行业健康发展的技术保障；也是食品法律法规体系的重要组成部分。

四、我国的食品安全立法进程

我国食品安全立法工作经历了从无到有、从小到大，不断发展完善的过程。

1.初步探索与曲折发展（1949—1978年） 1953年1月政务院批准在全国县以上建立卫生防疫站，负责食品卫生工作。同年7月17日，为改善冷饮等引起的食物中毒现象，卫生部颁布首部食品卫生部门规章——《清凉饮料食物管理暂行办法》。1953—1959年，卫生部又陆续颁布了对肉品、酱油、水产、蛋制品、饮料酒等食品的卫生管理规定，共计24部规章。1965年国务院批转卫生部、商业部等五部委制定的《食品卫生管理试行条例》。这是中华人民共和国成立以来我国第一部中央层面的综合食品卫生管理法规，标志着我国食品安全工作迈开了第一步。

2.快速恢复（1979—2003年） 1979年8月27日，国务院颁布了《食品卫生管理条例》。随着私有制经济的发展，食品卫生和食物中毒事故数量呈现上升趋势。在这一时期，卫生部先后颁布了《食物中毒调查报告办法》《农村集市贸易食品卫生管理试行办法》等影响深远的法规、规范性文件，以及大量的国家卫生标准。1982年11月19日，全国人民代表大会常务委员会制定了《食品卫生法（试行）》[2]，与之配套，原卫生部相继颁布了120多件规范性文件和大量的食品卫生国家标准与检验方法标准。1995年10月30日，在总结《食品卫生法（试行）》12年实践经验的基础上，全国人民代表大会常务委员会颁布了《食品卫生法》[3]，第一次明确卫生部门主管全国食品卫生监督管理工作。

3.探索完善（2004—2019年） 《食品卫生法》实施14年来，正值我国社会转型和改革开放的关键时期，在食品工业快速发展的同时，食品安全事件频发，食品安全问题日益

---

① 《中华人民共和国食品安全法实施条例》，本教材统一简称《食品安全法实施条例》。
② 《中华人民共和国食品卫生法（试行）》，本教材统一简称《食品卫生法（试行）》。
③ 《中华人民共和国食品卫生法》，本教材统一简称《食品卫生法》。

成为关注的焦点。2004年国务院在《食品卫生法》的基础上，确定了食品卫生分段管理的基本框架，由农业部门负责初级农产品生产环节的监管、质检部门负责食品加工环节的监管、工商部门负责食品流通环节的监管、卫生部门负责餐饮业和食堂等消费环节的监管。

（1）《农产品质量安全法》颁布。我国原有《食品卫生法》不调整种植业、养殖业等农业生产活动，《产品质量法》① 又只适用于经过加工、制作的产品，不适用于未经加工、制作的农业初级产品。这种情况造成了食用农产品监管无法可依的现象。为保障农产品质量安全，维护公众健康，2006年4月29日第十届全国人民代表大会常务委员会第二十一次会议通过并公布了《农产品质量安全法》，自2006年11月1日起施行。

（2）《食品安全法》（2009）颁布。2004年国务院确定的食品卫生分段管理体制，由于中间环节的不明确，并没有很好的改善我国的食品安全状况，2004年安徽阜阳"大头娃娃"劣质乳粉事件、2008年三鹿乳粉三聚氰胺事件等重大食品安全事件不断发生，为了从制度上解决问题，急需对现行食品卫生制度加以修改、补充、完善，制定食品安全法。2004年7月，国务院公布的《国务院关于进一步加强食品安全工作的决定》要求法制办抓紧组织修改食品卫生法。2009年2月28日第十一届全国人民代表大会常务委员会第七次会议审议通过了《食品安全法》。同年7月20日国务院令第557号公布《食品安全法实施条例》，自公布之日起施行。

（3）《食品安全法》第一次修订。《食品安全法》（2009）颁布后，对规范食品生产经营活动、保障食品安全发挥了重要作用，食品安全形势总体稳中向好，但食品违法生产经营现象依然存在，食品安全事件时有发生，监管体制、手段和制度等尚不能完全适应安全需要，法律责任偏轻、重典治乱威慑作用没有充分发挥，食品安全形势依然严峻。同时，随着生活水平的提高，老百姓对食品安全的要求日益高涨，对食品安全问题高度关注，对危害食品安全的行为深恶痛绝。社会公众希望加大对食品安全违法行为的惩治力度。

2013年3月14日《国务院机构改革和职能转变方案》将国务院食品安全委员会办公室的职责、国家食品药品监督管理局的职责、国家质检总局② 的生产环节食品安全监管职责、国家工商总局③ 的流通环节监管职责整合，组建国家食品药品监督管理总局④。主要职责是对生产、流通、消费环节的食品安全和药品的安全性、有效性实施统一监督管理等。新组建的国家卫生和计划生育委员会负责食品安全风险评估和食品安全标准制定。农业部负责农产品质量安全监管。将商务部的生猪定点屠宰监督管理职责划入农业部。

党的十八大以来，党中央、国务院就加强食品安全工作提出许多新思想、新论断，要求进一步改革完善我国食品安全监管体制，将食品安全监管纳入公共安全体系，着力建立覆盖全过程的食品安全监管制度，积极推进食品安全社会共治，用"最严谨的标准、最严格的监管、最严厉的处罚、最严肃的问责"，确保人民群众饮食安全。为了以法律形式固定监管体制改革成果、完善监管制度机制，解决当前食品安全领域存在的突出问题，以法治方式维护食品安全，为最严格的食品安全监管提供体制、制度保障，2015年4月24日第

---

① 《中华人民共和国产品质量法》，本教材统一简称《产品质量法》。

② 国家质量监督检验检疫总局，本教材统一简称国家质检总局。2018年3月，不再保留国家质量监督检验检疫总局，组建国家市场监督管理总局。

③ 国家工商行政管理总局，本教材统一简称国家工商总局。

④ 2018年3月，不再保留食品药品监督管理总局，组建国家市场监督管理总局。

十二届全国人民代表大会常务委员会第十四次会议修订通过《食品安全法》（2015）。

（4）《食品安全法》的修正和修改。2018年3月，根据党的十九届三中全会审议通过的《中共中央关于深化党和国家机构改革的决定》《深化党和国家机构改革方案》和第十三届全国人大第一次会议批准的《国务院机构改革方案》我国又一轮行政管理体制改革启动。2018年12月29日第十三届全国人民代表大会常务委员会第七次会议第二次修正颁布了《食品安全法》。2021年4月29日，根据第十三届全国人民代表大会常务委员会第二十八次会议《关于修改〈中华人民共和国道路交通安全法〉等八部法律的决定》修改。

《食品安全法》（2021年4月29日修改）

（5）《食品安全法实施条例》修订。《食品安全法》实施以来，我国食品安全整体水平稳步提升，食品安全总体形势不断好转，但仍存在一些突出问题，①部门间协调配合不够顺畅，部分食品安全标准之间衔接不够紧密，食品贮存、运输环节不够规范，食品虚假宣传时有发生等问题，需要进一步解决。②现阶段我国食品产业"小、散、低"为主的格局还没有根本改观，食品"从农田到餐桌"链条长、体量大、风险触点多。③由于违法违规成本低，监管技术手段不足，加之有的企业道德缺失、逐利枉法，食品安全问题仍时有发生，需要加大治理力度；同时，食品产业新技术、新工艺、新业态、新的商业模式层出不穷，也需要相应的法规制度对市场主体进行规范引导，监管实践中形成的一些有效做法也需要总结、上升为法律规范。④2018年新修订的《食品安全法》颁布后，原条例的相关规定有的已明显滞后，有必要全面修订。2019年10月11日，国务院公布了修订后的《食品安全法实施条例》。条例共10章86条，章节框架与《食品安全法》对应，其主要内容将与《食品安全法》在后续章节中一并介绍。

《食品安全法实施条例》（2019年修订）

五、我国目前的食品安全监管体制

党的十八大以来，我国进一步改革完善食品安全监管体制，着力完善统一、权威的食品安全监管机构。在新的食品安全管理体制下，各有关部门的职责如下：

1.国务院食品安全委员会的职责　2010年2月6日，国务院决定设立国务院食品安全委员会，作为国务院食品安全工作的高层次议事协调机构。根据2018年6月20日《国务院办公厅关于调整国务院食品安全委员会组成人员的通知》，国务院食品安全委员会办公室设在国家市场监管总局[①]，承担国务院食品安全委员会日常工作。其职责：①分析食品安全形势，研究部署、统筹指导食品安全工作；②提出食品安全监管的重大政策措施；③督促落实食品安全监管责任。县级以上地方人民政府食品安全委员会按照本级人民政府规定的职责开展工作。

2.国家市场监管总局的食品安全监管职责

（1）负责食品安全综合监督管理。起草食品安全监督管理有关法律法规草案，制定有关规章、政策、标准，组织实施质量强国战略、食品安全战略和标准化战略，拟订并组织实施有关规划，规范和维护市场秩序，营造诚实守信、公平竞争的市场环境。

（2）负责产品质量安全监督管理。管理产品质量安全风险监控、国家监督抽查工作；建立并组织实施质量分级制度、质量安全追溯制度，指导工业产品生产许可管理。

（3）负责食品安全监督管理综合协调。组织制定食品安全重大政策并组织实施；负责食品安全应急体系建设，组织指导重大食品安全事件应急处置和调查处理工作；建立健全

---

① 国家市场监督管理总局，本教材统一简称国家市场监管总局。

食品安全重要信息直报制度。

（4）负责食品安全监督管理。建立覆盖食品生产、流通、消费全过程的监督检查制度和隐患排查治理机制并组织实施，防范区域性、系统性食品安全风险；推动建立食品生产经营者落实主体责任的机制，健全食品安全追溯体系；组织开展食品安全监督抽检、风险监测、核查处置和风险预警、风险交流工作；组织实施特殊食品注册、备案和监督管理。

（5）负责统一管理标准化工作。依法承担食品安全国家标准的立项、编号、对外通报和授权批准发布工作；制定推荐性食品国家标准；依法协调指导和监督行业标准、地方标准、团体标准制定工作；组织开展标准化国际合作和参与制定、采用国际标准工作。

（6）负责统一管理检验检测工作。

（7）负责统一管理、监督和综合协调全国认证认可工作。建立并组织实施国家统一的认证认可和合格评定监督管理制度。

3.农业农村部的食品安全监管职责 农业农村部负责农产品质量安全监督管理有关工作：①组织开展农产品质量安全监测、追溯、风险评估等相关工作；参与制定农产品质量安全国家标准并会同有关部门组织实施；②指导农产品质量安全监管体系、检验检测体系和信用体系建设；③负责有关农业生产资料和农业投入品的监督管理；④制定兽药质量、兽药残留限量和残留检测方法国家标准并按规定发布；⑤负责畜禽屠宰行业管理，监督管理畜禽屠宰、饲料及其添加剂、生鲜乳生产收购环节质量安全。

农业农村部负责食用农产品从种植、养殖环节到进入批发、零售市场或者生产加工企业前的质量安全监督管理。食用农产品进入批发、零售市场或者生产加工企业后，由国家市场监管总局监督管理。农业农村部负责动植物疫病防控、畜禽屠宰环节、生鲜乳收购环节质量安全的监督管理。

4.国家卫健委[①]的食品安全监管职责 国家卫健委负责组织开展食品安全风险评估工作，会同国家市场监管总局等部门制定、实施食品安全风险监测计划，依法组织制定并公布食品安全标准，承担新食品原料、食品添加剂新品种、食品相关产品新品种的安全性审查。

5.海关总署的食品安全监管职责 海关总署负责进出口食品安全监督管理，拟订进出口食品安全和检验检疫的工作制度，依法承担进口食品企业备案注册和进口食品的检验检疫、监督管理工作，按分工组织实施风险分析和紧急预防措施工作。依据多双边协议承担出口食品相关工作。

6.国家市场监管总局与公安部的有关职责分工 国家市场监管总局与公安部建立行政执法和刑事司法工作衔接机制。市场监管部门发现违法行为涉嫌犯罪的，应当按照有关规定及时移送公安机关，公安机关应当迅速进行审查，并依法做出立案或者不予立案的决定。公安机关依法提请市场监管部门做出检验、鉴定、认定等协助的，市场监管部门应当予以协助。

7.县级以上地方政府的食品安全监管职责 县级以上地方政府对本行政区域的食品安全监督管理工作负责，统一领导、组织、协调本行政区域的食品安全监督管理工作以及食品安全突发事件应对工作，建立健全食品安全全程监督管理工作机制和信息共享机制。实行食品安全监督管理责任制，上级政府对下一级政府进行评议考核，地方各级政府对本级各监管部门进行评议考核。《食品安全法实施条例》要求县级以上人民政府建立统一权威的

---

① 国家卫生健康委员会，本教材统一简称国家卫健委。

监管体制，加强监管能力建设。县级以上食品安全监管部门和其他有关部门依法履行职责，加强协调配合，做好食品安全监管工作。明确乡镇人民政府和街道办事处有支持、协助开展食品安全监管工作的义务。

<h2 style="text-align:center">≫≫≫ 任务二　食品安全法的适用范围 ≪≪≪</h2>

一、食品安全法的调整范围

《食品安全法》（2021年4月29日修改）

现行《食品安全法》是我国食品安全法制化管理的基本法律，共10章154条。《食品安全法》立法目的是保证食品安全，保障公众身体健康和生命安全。在中华人民共和国境内从事下列活动，应当遵守《食品安全法》。

1.食品生产　食品生产包括食品生产和加工，是指把食品原料通过生产加工程序，形成一种新形式的可直接食用的产品。比如小麦经过碾磨、筛选、加料搅拌、成型烘干，成为饼干，就是食品生产的过程。

2.食品经营　食品经营包括食品销售（含网络食品交易）和餐饮服务。餐饮服务是指通过即时制作加工、商业销售和服务性劳动等，向消费者提供食品和消费场所及设施的服务活动。

3.食品添加剂、食品相关产品的生产、经营　食品添加剂生产许可遵照《食品生产许可管理办法》执行。生产食品相关产品应当符合法律、法规和食品安全国家标准。对直接接触食品的包装材料等具有较高风险的食品相关产品，按照国家有关工业产品生产许可证管理的规定实施生产许可。食品安全监管部门应当加强对食品相关产品生产活动的监督管理。

4.食品生产经营者使用食品添加剂、食品相关产品　《食品安全法》第33条规定，餐具、饮具和盛放直接入口食品的容器，使用前应当洗净、消毒，炊具、用具用后应当洗净，保持清洁；直接入口的食品应当使用无毒、清洁的包装材料、餐具、饮具和容器；使用的洗涤剂、消毒剂应当对人体安全、无害。《食品安全法》第40条规定，食品生产经营者应当按照食品安全国家标准使用食品添加剂。

5.食品的贮存和运输　《食品安全法》第33条规定，贮存、运输和装卸食品的容器、工具和设备应当安全、无害，保持清洁，防止食品污染，并符合保证食品安全所需的温度等特殊要求，不得将食品与有毒、有害物品一同贮存、运输。

除了上述活动外，对食品、食品添加剂和食品相关产品的安全管理、食品安全标准的制定、食品安全信息的公布、农业投入品的使用等均适用《食品安全法》。

二、食品安全法与农产品质量安全法的衔接

《农产品质量安全法》（2018年修正）

食用农产品是指供食用的源于农业的初级产品，如蔬菜、瓜果、未经加工的肉类等。根据《食品安全法》对食品的定义，食品包含食用农产品。但是我国在2006年已经制定了《农产品质量安全法》，对包括食用农产品在内的农产品的生产、监督检查等作了规定，为避免法律之间由于适用范围交叉可能出现的冲突，本着两法既有分工，又要相互衔接的原则，《食品安全法》第2条明确规定，供食用的源于农业的初级产品（食用农产品）的质量安全管理，遵守《农产品质量安全法》的规定。但是，食用农产品的市场销售、有关质量安全标准的制定、有关安全信息的公布和本法对农业投入品做出规定（如对违法使用剧毒、高毒农药的，可以予以拘留）的，应当遵守本法的规定。将食用农产品的种植、养殖等环

节排除在《食品安全法》的调整范围之外。

三、食品安全管理的工作原则

1.预防为主　采取预防措施（如生产经营者建立健全食品安全自查制度、食品安全追溯体系，国家建立食品安全风险监测评估交流制度等），将食品安全各项工作关口前移，防患于未然。

2.风险管理　1995年联合国粮农组织（FAO）和世界卫生组织（WHO）首次提出在食品安全领域进行风险分析的概念。风险管理是通过风险评估的结果来选择最为合适的方法和措施来管理风险，从而有效降低评估出的危险性，从根本上有效预防食品安全风险事故。食品安全风险管理，是指包括食品安全风险监测、风险评估、风险监督管理和风险交流在内的所有与风险有关的制度。《食品安全法》在很多方面强化了风险管理原则，如在食品安全风险监测方面，规定了风险监测计划调整、监测结果通报等要求；在风险评估方面，明确了应当开展风险评估的法定情形；在风险监督管理方面，《食品安全法》第109条规定了风险分级管理要求。在风险交流方面，规定了风险信息交流制度，要求食品安全监管部门和其他有关部门、食品安全风险评估专家委员会及其技术机构，应当按照科学、客观、及时、公开的原则，组织食品生产经营者、食品检验机构、认证机构、食品行业协会、消费者协会以及新闻媒体等，就食品安全风险评估信息和食品安全监督管理信息进行交流沟通等。

3.全程控制　食品安全管理链条长、环节多，需要建立从农田到餐桌的全过程管理制度。《食品安全法》有针对性地补充完善相关制度，强化食品安全全程监管，如在食用农产品管理方面，明确食用农产品的市场销售适用《食品安全法》，要求食用农产品市场销售要索证索票、进货查验等；在食品生产环节，规定了原料控制及成品检验等关键事项的控制要求，以及婴幼儿配方食品出厂逐批检验等义务；在食品销售环节，规定了批发企业的销售记录制度和网络食品交易相关主体的食品安全责任；在餐饮服务环节，规定了餐饮服务提供者的原料控制义务以及学校等集中用餐单位的食品安全管理规范。完善食品追溯制度，细化生产经营者索证索票、进货查验记录等制度，规定了安全全程追溯协作机制，规定保健食品、特殊医学用途配方食品、婴幼儿配方食品的产品注册和备案制度以及广告审批制度，规范保健食品原料使用和功能声称；食品相关产品的生产管理制度等等。

4.社会共治　食品安全社会共治是指调动政府监管部门、食品生产经营者、行业协会、消费者协会乃至公民个人等社会各方力量，共同参与食品安全工作，凝聚起维护食品安全的强大合力。食品生产经营者要落实食品安全第一责任人的主体责任，对其生产经营食品的安全负责。国务院食品安全委员会作为食品安全工作的高层次议事协调机构，协调、指导食品安全监管工作。国务院市场监管、农业行政、卫生行政和海关等有关部门依照《食品安全法》和国务院规定的职责，承担有关食品安全工作。县级以上地方政府守土有责，要发挥统一领导、组织、协调的作用，对本行政区域的食品安全监督管理工作负总责。食品行业协会要当好食品生产经营者依法生产经营的引路人，通过加强行业自律和进行社会监督等方式，引导和监督食品生产经营者依法生产经营，保证食品安全；消费者组织要当好监督者；新闻媒体要当好公益宣传员，依法开展舆论监督。各级人民政府应当加强食品安全的宣传教育，任何组织或者个人都有权举报食品安全违法行为，形成人人监督食品安全的天网，让不安全食品没有市场，让不法食品生产经营者无处藏身，形成有效的社会监督，形成只有守法生产经营才能在市场中生存的社会环境。

>>> 任务三 食品安全风险监测评估与食品安全标准 <<<

一、食品安全风险监测

1.食品安全风险监测制度　食品安全风险监测是指系统和持续收集食源性疾病、食品污染、食品中有害因素等相关数据信息，并应用医学、卫生学原理和方法进行监测。食品安全风险监测是政府实施食品安全监督管理的重要手段，承担着为政府提供技术决策、技术服务和技术咨询的重要职能，主要有4个方面的功能：①全面了解食品污染状况和趋势；②发现食品安全隐患，协助确定需重点监管的食品和环节，为监管工作提供科学依据；③为风险评估、标准制定与修订提供基础数据；④了解食源性疾病发生情况，以便早发现、早预防、早控制，减少食源性疾病。

2010年1月25日卫生部等5部门联合制定了《食品安全风险监测管理规定（试行）》，共4章18条，分别对国家食品安全风险监测计划的制定原则、实施要求和相关术语做出了规定。要求国家食品安全风险监测计划应规定统一的检测方法；食品安全风险监测采用的评判依据应经国务院卫生行政部门会同国务院有关部门确认；承担国家食品安全风险监测工作的技术机构应由国务院卫生行政部门会同国务院食品安全监督管理等部门确定。

2.食品安全风险监测的目的、特点和内容　与一般的执法监督抽检相比，食品安全风险监测的目的主要是为风险评估、标准制定及食品安全总体状况的评价等提供科学依据，监测结果不直接用于食品安全监管执法。

食品安全风险监测的特点：①风险监测的内容既包括标准内的项目，也包括未纳入标准的潜在污染物；②风险监测要求有一定的代表性，通常随机采样；③风险监测要使用最灵敏的方法，要出具具体数值结果。

食品安全风险监测包括以下内容：

（1）食源性疾病。食源性疾病是指食品中致病因素进入人体引起的感染性、中毒性等疾病。包括常见的食物中毒、肠道传染病、人畜共患传染病、寄生虫病以及化学性有毒有害物质所引起的疾病。食源性疾病监测指通过医疗机构、疾病控制机构对食源性疾病及其致病因素的报告、调查和检测等收集的人群食源性疾病发病信息。食源性疾病监测包括异常病例/异常健康事件报告、食物中毒报告系统、食源性疾病主动监测。

（2）食品污染。食品污染是指食品及其原料在生产、加工、运输、包装、贮存、销售、烹调等过程中，因非故意原因进入食品的外来污染物，一般包括金属污染物、农药残留、兽药残留、超范围或超剂量使用的食品添加剂、真菌毒素以及致病微生物、寄生虫等。

（3）食品中有害因素。食品中有害因素是指在食品生产、流通、餐饮服务等环节，除了食品污染以外的其他可能途径进入食品的有害因素，包括自然存在的有害物（如大豆中存在的蛋白酶抑制剂）、违法添加的非食用物质以及被作为食品添加剂使用的对人体健康有害的物质和食品加工、保藏过程中产生的有害物质。

3.食品安全风险监测计划和相关要求　风险监测计划是针对食源性疾病、食品污染以及食品中有害因素进行监测的具体计划。国家食品安全风险监测计划由国务院卫生行政部门会同国务院食品安全监督管理等部门制定、实施。《食品安全法》明确了制定、调整地方食品安全风险监测方案的部门、完善了食品安全风险信息的核实交流机制和食品安全风险监测计划的调整机制、食品安全风险监测机构开展食品安全风险监测工作的规定。

《食品安全法实施条例》进一步细化食品安全风险监测制度，明确要健全风险监测会商、处置制度和食品安全风险信息交流机制。条例第6、7条要求县级以上卫生行政部门会同同级食品安全监管部门建立风险监测会商机制，汇总、分析风险监测数据，研判食品安全风险，形成食品安全风险监测分析报告，报本级政府和上一级卫生行政部门。食品安全风险监测结果表明存在食品安全隐患，食品安全监管等部门经调查确认后，要及时通知食品生产经营者进行自查，并依法停止生产、经营，实施食品召回，及时控制风险。条例还规定国务院食品安全监管部门和其他有关部门建立食品安全风险信息交流机制，明确食品安全风险信息交流的内容、程序和要求。

《食品安全法实施条例》（2019年修订）

二、食品安全风险评估

1.食品安全风险评估的概念　食品安全风险评估指对食品、食品添加剂、食品相关产品中生物性、化学性和物理性危害可能对人体健康造成的不良影响所进行的科学评估。一种食品里面有什么物质是对人体有害的，人体摄入多少才有害，这需要食品安全风险评估来确定。通过食品安全风险评估，可以发现更多的食品危险物，降低食品安全潜在的危害因素及概率。食品安全风险评估的结果是制定、修订食品安全标准，实施食品安全监管，食品安全风险交流和应对食品安全事件的科学依据。

2.食品安全风险评估的基本步骤　先了解几个概念：危害指食品中所含有的对健康有潜在不良影响的生物、化学、物理因素或食品存在状况。风险是一种由食品中的一种危害所引起的健康不良效果的可能性以及这种效果严重程度的函数，安全是风险可接受的水平。风险分析是对风险进行评估，进而根据风险程度来采取相应的风险管理措施去控制或降低风险，并且在风险评估和风险管理的全过程中保证风险相关各方保持良好的风险交流状态。

食品安全风险评估分为两个部分、四个步骤。第一部分是确定所要评估的危害，即确定评估的对象（如某种动物、植物、微生物、化学物质、毒素等），解决何种危害及其存在载体的问题。第二部分是评估风险，也就是确定危害发生概率及严重程度的函数关系，是真正意义上的风险评估。四个步骤即危害识别、危害特征描述、暴露（量）评估、风险特征描述。

（1）危害识别。危害识别是根据流行病学、动物试验、体外试验、结构—活性关系等科学数据和文献信息，确定人体暴露于某种危害后是否会对健康造成不良影响、造成不良影响的可能性以及可能处于风险之中的人群和范围。通俗地说，危害识别是指根据相关的科学数据和科学实验，来判断食品中的某种因素会不会危及人体健康的过程。这个过程需要回答：该因素是否会产生危害？该因素产生危害的证据是什么？该因素相关危害的程度和水平如何？

（2）危害特征描述。危害特征描述是对与危害相关的不良健康作用进行定性或定量描述。可以利用动物试验、临床研究以及流行病学研究确定危害与各种不良健康作用之间的剂量—反应关系、作用机制等。如果可能，对于毒性作用有阈值的危害应建立人体安全摄入量水平。通俗地说，危害特征描述，是对存在于食品中的某种因素对人体可能造成的危害予以定性或者对其予以量化。这个过程需要回答：摄入多大剂量会使人感到不适？人们会有怎样的不适感？

（3）暴露评估。暴露评估是描述危害进入人体的途径，估算不同人群摄入危害的水平。根据危害在膳食中的水平和人群膳食消费量，初步估算危害的膳食总摄入量，同时考虑其他非膳食进入人体的途径，估算人体总摄入量并与安全摄入量进行比较。通俗地说，暴露评估是通过膳食调查，确定危害以何种途径进入人体，同时计算出人体对各种食物的安全摄入量究竟是多少。这个过程需要回答：食用被污染食物的概率是多少？食用时被污染食物中致危害因子的可能数量为多少？摄入风险源物质的剂量是多少？

（4）风险特征描述。风险特征描述是在危害识别、危害特征描述和暴露评估的基础上，综合分析危害对人群健康产生不良作用的风险及其程度，同时应当描述和解释风险评估过程中的不确定性。

三、食品安全标准管理

1. 制定食品安全标准的宗旨和原则　制定食品安全国家标准、地方标准和企业标准应当以保证公众的身体健康为宗旨，要以食品安全风险评估结果为依据，以可能对人体健康造成危害的食品安全风险因素为重点，科学合理地设置标准内容，做到科学合理，安全可靠，保证食品无毒无害，并且符合有关营养要求，不会对人体造成危害；既要立足我国国情和食品产业的实际发展，兼顾行业现实和监管实际需要，也要积极借鉴相关国际标准的先进经验，注重标准的可操作性；要尊重农业生产和食品生产的客观规律，要与我国社会经济和科学发展的水平相适应，把标准制定在科学合理的范围之内，要提高标准制定工作的透明度和公众的参与程度，广泛听取食品生产经营者、消费者、有关部门等方面的意见。

食品安全标准是保障公众身体健康的强制性标准，除食品安全标准外，不得制定其他食品强制性标准。食品安全标准是食品生产经营者必须遵循的最低要求，生产经营者、检验机构以及监管部门必须严格执行食品安全标准，禁止生产经营不符合食品安全标准的食品、食品添加剂和食品相关产品，否则应承担相应的民事、行政甚至刑事责任。

2. 食品安全标准的制定与公布　食品安全国家标准由国务院卫生行政部门会同国务院食品安全监管部门制定、公布，国务院标准化行政部门提供国家标准编号。食品中农药残留、兽药残留的限量规定及其检验方法与规程由国务院卫生行政、农业行政部门会同国务院食品安全监管部门制定。屠宰畜、禽的检验规程由国务院农业行政部门会同国务院卫生行政部门制定。

对地方特色食品，没有食品安全国家标准的，省、自治区、直辖市人民政府卫生行政部门可以制定并公布食品安全地方标准，报国务院卫生行政部门备案。食品安全国家标准制定后，该地方标准即行废止。食品安全地方标准是食品安全标准的组成部分，在一定的时间和范围内可以弥补食品安全国家标准的空白，指导和规范地方特色食品企业的生产和监督管理。《食品安全法实施条例》第11条对食品安全地方标准的制定程序、备案要求、事后监管及废止等做出了规定。食品安全地方标准在制定公布的省级行政区以外的其他行政区域内是否有效，还没有一个权威的明确的答案。《食品安全法实施条例》第13条规定，允许食品生产经营者在食品安全标准规定的实施日期之前实施该标准，以方便企业安排生产经营活动。《食品安全法实施条例》第14条明确企业标准的备案范围，要求食品安全指标严于国家标准或者地方标准的企业标准应当备案。

　　所有制定和备案的食品安全标准都应当公开，供公众免费查阅、下载。县级以上卫生行政部门要会同相关部门加强标准执行的指导和问题解答、开展标准跟踪评价、收集标准执行中的问题，并及时修订标准。

▶▶▶ 任务四　食品生产经营和食品检验 ◀◀◀

一、食品生产经营的一般规定

1.食品生产经营的基本要求　食品生产经营者是食品安全的第一责任人，应当依照法律、法规和食品安全标准从事生产经营活动，建立健全食品安全管理制度，采取有效措施预防和控制食品安全风险，保证食品安全，诚信自律，对社会和公众负责，接受社会监督，承担社会责任。"谁生产，谁负责；谁经营，谁负责"。《食品安全法》第33条对食品生产经营提出了具体的要求。

　　（1）首先应当符合食品安全标准。食品安全标准是对食品质量安全的最基本的要求，生产经营者应当确保其生产经营活动符合食品安全标准。

　　（2）对场所的要求。①原料处理、加工、包装、贮存等场所的大小和布局应当与其生产经营的规模相适应；②场所应当整洁。生产经营场所应当有合理的功能分区，干净整洁；③场所应当与有毒、有害场所以及其他污染源保持规定的距离，保证食品安全。

　　（3）对设备、设施的要求。①应当根据生产经营的食品品种、数量的需要，配备与生产能力相适应的生产设备或者设施；②应当配备其他保证食品安全的设备或者设施，如消毒、更衣、盥洗、采光、照明、通风、防腐、防尘、防蝇、防鼠、防虫、洗涤以及处理废水、存放垃圾和废弃物的设备或者设施。

　　（4）对人员和制度的要求。①要有食品安全专业技术人员。食品专业技术人员具有食品生产经营的专业知识，可以对食品安全提供专业化管理。②要有食品安全管理人员。安全管理人员通过科学管理可以有效降低各种食品安全风险。《食品安全法》第44条规定，食品生产经营企业应当配备食品安全管理人员，并应加强培训和考核，经考核不具备食品安全管理能力的，不得上岗。③要有保证食品安全的规章制度。食品生产经营者应当建立健全食品安全管理制度。通过规章制度管人、管事，明确岗位职责，规范操作流程，保证食品安全。

　　（5）对设备布局和工艺流程的要求。食品生产经营企业的设备布局和工艺流程应当合理，避免引起前道工序的原料、半成品污染后道工序的成品，防止食品与成品、生食品与熟食品的交叉感染。每道工序的容器、工具和用具应当固定，并有相应的标志，防止交叉使用。使用的清洗剂、消毒剂以及杀虫剂、灭鼠剂等应当远离食品，存放于专柜，并由专人管理，避免食品接触有毒、不洁的物品。

　　（6）对使用餐具、饮具和容器的要求。餐具、饮具和盛放直接入口食品的容器，使用前应当洗净、消毒，消灭病原体，降低细菌数量，防止使用者互相传染，保证消费者身体健康。炊具、用具用后应当洗净，保持清洁，防止病菌滋生。

　　（7）对贮存、运输和装卸食品的要求。贮存、运输和装卸是食品生产经营过程的重要环节，操作不当容易导致食品污染，形成安全隐患，甚至直接影响食品安全。①贮存、运输、装卸食品的容器、工具、设备应当安全、无害，保持清洁，防止污染食品；②对贮存、运输和装卸食品有特殊要求的，应当在合适的温度、湿度等环境下进行，防止食品腐烂变质、脱水变形变味；③不得将食品与有毒、有害物品一同贮存、运输，防止交叉污染。如散装食品装卸过程中不得毗邻有毒有害物质，不得将有毒有害物质与食品、食品与非食品、易于吸收气味的食品与有特殊气味的食品混同装运等。非食品生产经营者（如专业仓储、物流企业、车站码头等）从事食品贮存、运输和装卸活动，也要符合上述要求。

（8）对直接入口的食品使用的包装材料、器具和容器材质的要求。用于食品的包装材料和容器，指包装、盛放食品或者食品添加剂用的纸、竹、木、金属、搪瓷、陶瓷、塑料、橡胶、天然纤维、化学纤维、玻璃等制品和直接接触食品或者食品添加剂的涂料。餐具和饮具主要是指餐饮服务提供者提供餐饮服务时使用的碗筷、勺子、盘子、杯子等。包装材料、餐具、饮具和容器直接接触食品，其制作材料中的成分可能迁移到直接入口的食品中，影响食品安全，因此要求直接入口的食品应当使用无毒、清洁的包装材料、餐具、饮具和容器。

（9）对食品从业人员的个人卫生和食品销售要求。食品生产经营人员应当衣着整洁、指甲常剪、头发常理、勤洗澡等。在生产经营时，应当将手洗干净，穿戴清洁的工作衣、帽、手套等，不在生产经营场所吸烟。每道工序的人员相对固定，不得随意流动，未进行消毒和更换工作服的人员，不得进入工作岗位。容器和售货设备直接接触无包装的直接入口食品，对其安全会产生影响，销售无包装的直接入口食品时，应当使用无毒、清洁的容器、售货工具和设备，避免容器、售货工具和设备污染食品，影响食品安全。

（10）对食品加工用水要求。水是造成食品污染和传播疾病的媒介之一，食品生产经营用水应当符合《生活饮用水卫生标准》（GB 5749）。

（11）对洗涤剂、消毒剂的要求。用于食品的洗涤剂、消毒剂，指直接用于洗涤或者消毒食品、餐具、饮具以及直接接触食品的工具、设备或者食品包装材料和容器的物质。保持食品生产经营场所的餐具、饮具、炊具、用具和容器等食品相关产品的清洁、无毒，不可避免地会用到洗涤剂和消毒剂，不洁、有害的洗涤剂和消毒剂容易以食品相关产品为媒介污染食品。因此，应当保证使用的洗涤剂、消毒剂对人体安全、无害。

（12）法律、法规规定的其他要求。这是对食品生产经营要求的兜底条款。食品生产经营环节多，链条长，影响食品安全的因素很多，上述要求实践中可能难以全面涵盖所有食品生产经营中的卫生要求，因此法律、法规规定的其他要求，如《食品安全法》第4章关于生产经营控制的相关要求，食品生产经营者同样应当遵守、符合。

2. 禁止生产经营的食品、添加剂、食品相关产品 《食品安全法》第34条规定，禁止生产经营下列食品、添加剂、食品相关产品。

（1）用非食品原料生产的食品或者添加食品添加剂以外的化学物质和其他可能危害人体健康物质的食品，或者用回收食品作为原料生产的食品。①用非食品原料生产的食品，如使用工业硫黄熏蒸食物、违法使用瘦肉精、食品制作过程违法添加罂粟壳等物质等。②添加食品添加剂以外的化学物质和其他可能危害人体健康物质的食品，如添加三聚氰胺的婴儿乳粉、添加吊白块的米粉等。③用回收食品作为原料生产的食品，回收食品是指已经售出，因违反法律、法规、食品安全标准或者超过保质期等原因，被召回或者退回的食品。

为进一步打击在食品生产、流通、餐饮服务中违法添加非食用物质和滥用食品添加剂的行为，自2008年以来我国陆续发布了6批《食品中可能违法添加的非食用物质和易滥用的食品添加剂名单》，其中食品中可能违法添加的非食用物质有48种；食品中易滥用的食品添加剂涉及22个食品类别。

《食品安全法实施条例》第22条规定，食品生产经营者不得在食品生产、加工场所贮存上述物质。第29条规定，食品生产经营者应当对变质、超过保质期或者回收的食品进行显著标示或者单独存放在有明确标志的场所，及时采取无害化处理、销毁等措施并如实记录。第63条规定，国务院食品安全监管部门会同国务院卫生行政等部门根据食源性疾病信息、食品安全风险监测信息和监督管理信息等，对发现的添加或者可能添加到食品中的非食品用化学物质和其他可能危害人体健康的物质，制定名录及检测方法并予以公布。

（2）致病性微生物、农药残留、兽药残留、生物毒素、重金属等污染物质以及其他危害人体健康的物质含量超过食品安全标准限量的食品、食品添加剂、食品相关产品。上述物质禁止人为有意添加到食品中，但是由于生产过程、环境污染等原因会不可避免地进入食品中，最终进入人体。一般而言，要做到食品中有害物质绝对为零，成本高昂且缺乏可操作性，另外人体对这些物质有一定的耐受性，但这些物质如果过量，就将危害人体健康。具体衡量标准就是食品安全标准，超过标准限量的，就应禁止生产经营。

（3）用超过保质期的食品原料、食品添加剂生产的食品、食品添加剂。食品保质期是指食品在标明的贮存条件下，保持品质的期限，是食品生产者向消费者承诺的安全食用期，在此期限内，食品完全适于销售、食用，并保持标签中不必说明或已经说明的特有品质。超过这一期限就易发生变质。食用超过保质期或者添加超过保质期的食品添加剂的食品，容易引起中毒或者其他疾病，禁止销售。

（4）超范围、超限量使用食品添加剂的食品。列入《食品添加剂使用标准》（GB 2760）的物质才属于食品添加剂，GB 2760对各种食品添加剂的使用范围和使用量都做出了明确的限定。对于超范围、超限量使用食品添加剂的食品，不符合食品安全标准，应当禁止生产经营。

（5）营养成分不符合食品安全标准的专供婴幼儿和其他特定人群的主辅食品。专供婴幼儿和其他特定人群的主辅食品包括：婴幼儿配方乳粉、婴幼儿米粉、特殊医学用途配方食品、专供孕妇等食用的主辅食品等。这些特定人群主要从这些特殊食品中摄取营养成分，或者对食品的营养成分有特殊要求，如果这些食品营养成分不符合安全标准，婴幼儿和其他特定人群就不能从食品中摄取足够的养分，影响身体健康，甚至威胁生命安全。安徽阜阳的"大头娃娃"事件就是因婴儿食用的乳粉，蛋白质含量严重不足造成的。

（6）腐败变质、油脂酸败、霉变生虫、污秽不洁、混有异物、掺假掺杂或者感官性状异常的食品、食品添加剂。"腐败变质"指食品经过微生物作用使其某些成分发生变化的现象。腐败变质的食品一般含有沙门氏菌、痢疾杆菌、金黄色葡萄球菌等致病性病菌，易导致食物中毒。"油脂酸败"指油脂和含油脂的食品、食品添加剂，在贮存过程中经微生物、酶等作用，发生变色、变味等变化。"霉变"指霉菌污染繁殖，有时表面可见菌丝和霉变现象，这种霉菌毒素在高温高压条件下，也不易被破坏，使食品有较强的毒性。如2007年3月发生的陈化粮事件，就是因为陈化粮中的黄曲霉毒素超标。黄曲霉毒素是目前发现的最强化学致癌物质，因此陈化粮不允许作为口粮进行销售。

（7）病死、毒死或者死因不明的禽、畜、兽、水产动物肉类及其制品。这些肉类及其制品往往含有致病性微生物或寄生虫，人们在食用后可能导致食物中毒，发生病患甚至死亡。

（8）未按规定进行检疫或者检疫不合格的肉类，或者未经检验或者检验不合格的肉类制品。动物性食品存在人畜共患疾病传染的风险，必须经过检疫合格才能进入市场销售。《生猪屠宰管理条例》规定，生猪定点屠宰厂（场）屠宰的生猪，应当依法经动物卫生监督机构检疫合格，并附有检疫证明。经肉品品质检验合格的生猪产品，生猪定点屠宰厂（场）应当加盖肉品品质检验合格验讫印章或者附具肉品品质检验合格标志。生猪定点屠宰厂（场）的生猪产品未经肉品品质检验或者经肉品品质检验不合格的，不得出厂（场）。

（9）被包装材料、容器、运输工具等污染的食品、食品添加剂。这些产品因其不符合食品安全标准的要求，不能生产经营。

（10）标注虚假生产日期、保质期或者超过保质期的食品、食品添加剂。虚假标注包括篡改、倒签生产日期、保质期等行为。《食品安全法》第71条规定，食品、食品添加剂的标签不得含有虚假内容，生产经营者对其提供的标签内容负责。

（11）无标签的预包装食品、食品添加剂。标签是食品生产经营者向消费者传递食品信息的载体，也是消费者了解食品组分、特征的最直接有效方式。它提供了食品的配料、营养成分及含量，为消费者特别是婴幼儿和其他特定人群提供选择食品的途径。同时，它提供的生产者的名称、地址、联系方式、所使用的食品添加剂等信息也为食品溯源、保障消费者健康和利益、维护食品生产者经营者的合法权益等方面提供了必要的保证。《食品安全法》第67、70条，对预包装食品和食品添加剂的标签做出了具体要求。

（12）国家为防病等特殊需要明令禁止生产经营的食品。这些食品主要是根据疾病防控的需要确定禁止生产经营的食品。如毛蚶、泥蚶、魁蚶等蚶类可携带甲肝病毒，虾体内可携带肝吸虫、肺吸虫等寄生虫囊蚴。为保障市民健康，上海市人民政府发布《上海市人民政府关于本市禁止生产经营食品品种的通告》（沪府规〔2018〕24号）规定：禁止生产经营毛蚶、泥蚶、魁蚶等蚶类，炝虾和死的黄鳝、甲鱼、乌龟、河蟹、螃蜞、螯虾和贝壳类水产品；每年5月1日至10月31日期间，禁止生产经营醉虾、醉蟹、醉螃蜞、咸蟹；禁止在食品销售和餐饮服务环节制售一矾海蜇、二矾海蜇、经营自行添加亚硝酸盐的食品以及自行加工的醉虾、醉蟹、醉螃蜞、咸蟹和醉泥螺；禁止食品摊贩经营生食水产品、生鱼片、凉拌菜、色拉等生食类食品和不经加热处理的改刀熟食，以及现榨饮料、现制乳制品和裱花蛋糕。

（13）其他不符合法律、法规或者食品安全标准的食品、食品添加剂、食品相关产品。这是兜底条款。如禁止使用未经批准的新食品原料生产食品、生产经营菌落总数、霉菌超过安全标准限值的食品等。

除上述要求之外，《食品安全法》第38条规定，生产经营的食品中不得添加药品。2002年2月28日《卫生部关于进一步规范保健食品原料管理的通知》公布了《既是食品又是药品的物品名单》（卫法监发〔2002〕51号），共87种。2014年10月28日国家卫计委将《禁止食品加药卫生管理办法》的名称修改为《按照传统既是食品又是中药材物质目录管理办法》公开征求意见。2013年7月3日国家卫计委修订（卫法监发〔2002〕51号）名单形成了《按照传统既是食品又是中药材的物质目录（2013版）》公开征求意见。食品中添加上述食药物质，其标签、说明书、广告、宣传信息等不得含有虚假内容，不得涉及疾病预防、治疗功能。上述物质作为保健食品原料使用时，应当按保健食品有关规定管理。

3.食品生产经营许可管理 《食品安全法》涉及的行政许可或审批有14类：①食品生

☑ 学习笔记

产经营许可；②"三新"产品许可；③直接接触食品的包装材料等具有较高风险的食品相关产品生产许可；④保健食品注册和备案、广告内容审查批准；⑤食品安全地方标准和企业标准备案；⑥婴幼儿配方食品生产企业食品原料、食品添加剂、产品配方及标签等事项备案；⑦婴幼儿配方乳粉的产品配方备案；⑧特殊医学用途配方食品注册；⑨向我国境内出口食品的境外出口商或者代理商、进口食品的进口商备案；⑩向我国境内出口食品的境外食品生产企业注册；⑪出口食品生产企业和出口食品原料种植、养殖场备案；⑫食品检验机构资质认定；⑬进口尚无食品安全国家标准食品的相关标准审查等；⑭从事对温度、湿度等有特殊要求的食品贮存业务的非食品生产经营者备案。

（1）食品生产经营许可。《食品安全法》第35、39条规定，国家对食品生产经营、食品添加剂生产实行许可制度。从事食品销售、餐饮服务，应当依法取得经营许可。但是，销售食用农产品和仅销售预包装食品的，不需要取得许可。仅销售预包装食品的应当报所在地县级以上地方人民政府食品安全监督管理部门备案。

（2）高风险的食品相关产品生产许可。食品相关产品在给我们生活增资添彩的同时，也给我们带来食品安全新问题。如食品包装材料在与食品接触时，其中某些物质可能会部分迁移到食品中，从而影响食品安全。《食品安全法》特别规定，生产直接接触食品的包装材料等具有较高风险的食品相关产品须按照国家有关规定实施生产许可。2013年出台的《食品相关产品生产许可证许可目录》规定，食品用塑料包装容器工具等制品、食品用纸包装容器等制品、餐具洗涤剂、压力锅、工业和商用电热食品加工设备等5大类114小类产品需要取得生产许可证。2019年9月8日《国务院关于调整工业产品生产许可证管理目录加强事中事后监管的决定》（国发〔2019〕19号），明确直接接触食品的材料继续实施工业产品生产许可证管理，由省级市场监管部门根据《工业产品生产许可证管理条例》《工业产品生产许可证管理条例实施办法》《工业产品生产许可实施细则通则》及食品相关产品生产许可实施细则等具体要求和程序实施许可。

（3）"三新"产品许可。利用新食品原料生产的食品、食品添加剂新品种、食品相关产品新品种，简称"三新"产品。"三新"产品都涉及"新"，都是前所未有的产品。《食品安全法》第37条规定，生产企业应当向国务院卫生行政部门提交相关产品的安全性评估材料，经其审查许可后方可生产。

①新食品原料是指在我国无传统食用习惯的动物、植物和微生物；从动物、植物和微生物中分离的成分；原有结构发生改变的食品成分；其他新研制的食品原料。新食品原料不包括转基因食品、保健食品、食品添加剂新品种。②食品添加剂新品种是指未列入食品安全国家标准的或者未列入国家卫健委公告允许使用的或者扩大使用范围或者用量的食品添加剂品种。③食品相关产品新品种是指用于食品包装材料、容器、洗涤剂、消毒剂和用于食品生产经营的工具、设备的新材料、新原料或新添加剂，具体包括：尚未列入食品安全国家标准或者国家卫健委公告允许使用的食品包装材料、容器及其添加剂；扩大使用范围或者使用量的食品包装材料、容器及其添加剂；尚未列入食品用消毒剂、洗涤剂原料名单的新原料；食品生产经营用工具、设备中直接接触食品的新材料、新添加剂四类。

为规范"三新"产品安全性评估和许可工作，国家卫健委先后发布了《新食品原料安全性审查管理办法》《新食品原料申报与受理规定》和《新食品原料安全性审查规程》；《食品添加剂新品种管理办法》《食品添加剂新品种申报与受理规定》《关于规范食品添加剂新品种许可管理的公告》；《食品相关产品新品种行政许可管理规定》《食品相关产品新品种行政许可管理规定》。《食品安全法实施条例》第16条规定，国务院卫生行政部门应当及时公布"三新"产品目录及其所适用的食品安全国家标准。

4.食品生产加工小作坊和食品摊贩等的管理 食品生产加工小作坊（以下简称小作坊）是指具有固定生产场所、从业人员较少、生产加工规模较小，生产条件简单，主要从事传统食品、地方特色食品等生产加工活动，满足当地群众食品消费需求的市场主体。食品摊贩一般是指没有固定经营场所、从事食品销售等的经营者。小作坊和食品摊贩等在方便群众生活、生产地方特色食品或传统食品、扩大就业等方面发挥了积极作用，但是由于其生产经营条件简陋，点多面广，监管难度大，容易引发食品安全事故，《食品安全法》第36条，授权省、自治区、直辖市根据本地情况，制定具有地方特色、操作性强、能够解决实际问题的具体管理办法，要求食品生产加工小作坊和食品摊贩等从事食品生产经营活动，应当符合本法规定的与其生产经营规模、条件相适应的食品安全要求，保证所生产经营的食品卫生、无毒、无害，食品安全监管部门应当对其加强监督管理。县级以上地方人民政府应当对食品生产加工小作坊、食品摊贩等进行综合治理，加强服务和统一规划，改善其生产经营环境，鼓励和支持其改进生产经营条件，进入集中交易市场、店铺等固定场所经营，或者在指定的临时经营区域、时段经营。

为进一步规范小作坊生产经营行为，落实地方属地管理责任，有效防控小作坊食品安全风险，2020年2月6日，国家市场监管总局发布《关于加强食品生产加工小作坊监管工作的指导意见》，要求县级市场监管部门及其派出机构负责小作坊摸底建档和动态管理，小作坊建档应重点记录以下内容：小作坊名称、开办者姓名及身份证号码、生产加工场所地址、食品类别及品种明细、主要原辅材料（含食品添加剂）及采购渠道、食品销售区域等。省级市场监管部门建立禁止小作坊生产加工食品的"负面清单"。对小作坊生产白酒的，一律采用固态法白酒生产工艺，并严格产品销售监管，按照规定的范围销售。

5.食品添加剂管理 食品添加剂多属于化学合成物质，使用不当或者过量使用，会给人体健康带来危害。《食品安全法》第39条除要求必须取得生产许可外，还要求生产食品添加剂应当符合法律、法规和食品安全国家标准。第52条规定，食品添加剂的生产者应当按照食品安全标准对所生产的食品添加剂进行检验，检验合格后方可出厂或者销售。《食品安全法》第59条规定，食品添加剂生产者应当建立食品添加剂出厂检验记录制度，查验出厂产品的检验合格证和安全状况，如实记录相关内容，并保存相关凭证。第70条规定，食品添加剂应当有标签、说明书和包装。《食品安全法》第71条规定，食品添加剂的标准、说明书不得含有虚假内容等。《食品安全法》第66条规定，进入市场销售的食用农产品在包装、保鲜、贮存、运输中使用保鲜剂、防腐剂等食品添加剂和包装材料等食品相关产品，应当符合食品安全国家标准。《食品安全法》第40条明确了食品添加剂允许使用的条件和使用要求：食品添加剂应当在技术上确有必要且经过风险评估证明安全可靠，方可列入允许使用的范围；有关食品安全国家标准应当根据技术必要性和食品安全风险评估结果及时修订。食品生产经营者应当按照食品安全国家标准使用食品添加剂。

6.食品安全全程追溯制度 为了实现对食品生产经营的全过程控制，确保食品安全，世界各国普遍建立了食品追溯制度。食品追溯制度是指通过对食品供应各环节全流程相关信息的记录存储，建立食品安全追溯体系，将食品生产、供应、消费等链条全过程的信息衔接起来，实现全链条监控食品安全。一旦发生食品安全问题时，能够快速有效地找到问题环节，遏制事态扩大，也能及时找到责任主体，落实法律责任，由此来提高食品安全水平。

食品安全涉及从农田到餐桌的全过程，需要由食品安全监管部门和农业行政部门按照职责分工，建立全程追溯协作机制，要求监管部门应当按照职责对其监管范围内的生产经营企业建立食品安全追溯体系进行监管，同时要相互配合，信息共享，加强协作。《食品安全法实施条例》第17条规定，国务院食品安全监管部门会同国务院农业行政等有关部门明确食品安全全程追溯基本要求，指导食品生产经营者通过信息化手段建立、完善食品安全追溯体系。食品安全监管等部门应当将婴幼儿配方食品等针对特定人群的食品以及其他食品安全风险较高或者销售量大的食品的追溯体系建设作为监督检查的重点。

二、食品生产经营过程控制

安全食品是管出来的，更是产出来的。保证食品安全既要落实监管责任，又要落实生产经营企业的主体责任。《食品安全法》第4章第2节，对食品生产经营过程控制提出了具体的规定，要求企业应当就原料采购、原料验收与检验、成品出厂检验、销售运输等关键环节制定并实施有效的控制措施，将关口前移，把危害降到最低，保证所生产的食品符合食品安全标准。

1.建立健全食品安全管理制度　《食品安全法》第44条、《食品安全法实施条例》第19、20条对食品生产经营企业食品安全管理提出明确的要求：①应当建立健全食品安全管理制度。要求企业把法律有关规定变成食品生产经营企业的规章制度，加强对所生产经营食品的安全进行管理，严格食品安全的自我控制，保证食品安全。②对职工进行食品安全知识培训，加强食品检验工作，依法从事生产经营活动。通过培训，使职工树立起食品安全的法制观念，增强守法的自觉性，依法从事生产经营活动。③企业主要负责人应当落实企业食品安全管理制度，对本企业的食品安全工作全面负责，建立并落实本企业的食品安全责任制，加强供货者管理、进货查验和出厂检验、生产经营过程控制、食品安全自查等工作。如果食品生产经营企业出现违法行为，其主要负责人应受到处罚。④要配备具备食品安全管理能力的食品安全管理人员，加强对其培训和考核，不断提升食品安全管理能力。食品安全监管部门应当对企业食品安全管理人员随机进行监督抽查考核并公布考核情况，不具备食品安全管理能力的，不得上岗。考核指南由国务院食品安全监管部门制定、公布。

2.建立并执行从业人员健康管理制度，定期进行健康检查　接触直接入口食品的从业人员如果罹患某些疾病，可能对食品造成污染，导致疾病传播，影响食品安全。《食品安全法》第45条规定，患有国务院卫生行政部门规定的有碍食品安全疾病的人员，不得从事接触直接入口食品的工作。食品从业人员除应做好个人卫生外，从事接触直接入口食品工作的食品生产经营人员应当每年进行健康检查，取得健康证明后方可上岗工作。为规范接触直接入口食品工作的从业人员健康管理，2016年7月1日国家卫计委发布《有碍食品安全的疾病目录》，包括霍乱、细菌性和阿米巴性痢疾、伤寒和副伤寒、病毒性肝炎（甲型、戊型）、活动性肺结核、化脓性或者渗出性皮肤病。

3.建立食品安全自查制度　《食品安全法》第45条规定，食品生产经营者应当根据本企业的生产经营特点建立食品安全自查制度，加强自我管理，定期对食品安全状况进行检查评价，及时发现、排除隐患。有发生食品安全事故潜在风险的，应当立即停止生产经营，并将这一情况向所在地县级人民政府食品安全监管部门报告。包括检查的时间、范围、内容、发现的问题及其处理情况等都应详细地记录在案。

一般来说，食品安全自查可以从以下几个方面进行：①食品安全管理制度的建立落实情况。检查本企业的制度是否健全、完善，生产过程中每个环节是否按照控制要求进行操作；②设施、设备是否处于正常、安全的运行状态，餐具、饮具、包装材料等是否清洁、无毒无害，用水是否符合国家规定的标准，食品贮存和运输是否符合要求；③检查从业人员在工作中是否严格遵守操作规范和食品安全管理制度；④检查从业人员在工作中是否具备相应的安全知识和安全生产技能；⑤生产经营过程是否符合食品生产经营的记录查验制度，生产企业出厂食品是否经过了检验；⑥食品的标签是否符合规定；⑦检查与食品安全有关的事故隐患；⑧发现问题食品是否及时召回处理。

4.鼓励企业采用现代管理方式，提高食品安全管理水平 为提高食品安全管理水平，《食品安全法》第11条明确指出，鼓励和支持食品生产经营者为提高食品安全水平采用先进技术和先进管理规范。《食品安全法》第48条规定，国家鼓励食品生产经营企业符合良好生产规范要求，实施危害分析与关键控制点体系，通过认证的认证机构应跟踪调查，并不得收取费用。第83条规定，特殊食品生产企业，应按照良好生产规范的要求建立生产质量管理体系，定期自查体系的运行情况，保证其有效运行，并向所在地县级食品安全监部门提交自查报告。

5.建立健全食品安全追溯体系 食品生产经营者应当建立食品安全追溯体系，依照《食品安全法》的规定如实记录并保存进货查验、出厂检验、食品销售等信息，实现食品质量安全顺向可追踪、逆向可溯源、风险可管控，发生质量安全问题时产品可召回、原因可查清、责任可追究。

（1）农业投入品安全使用制度。农业投入品是在农产品生产过程中使用或添加的物质，包括肥料、农药、兽药、饲料及饲料添加剂等农用生产资料。《食品安全法》第49条规定，食用农产品生产者应当依照食品安全标准和《农产品质量安全法》《农药管理条例》《兽药管理条例》《饲料和饲料添加剂管理条例》等国家有关规定使用农业投入品。严格执行农业投入品使用安全间隔期或者休药期的规定。按照标签规定的使用范围、安全间隔期用药，不得超范围用药，不得使用国家明令禁止的农业投入品。禁止将剧毒、高毒农药用于蔬菜、瓜果、茶叶和中草药材等国家规定的农作物。2019年国家农业农村部发布了禁限用农药名录，包括禁止（停止）使用的农药（46种），在部分范围禁止使用的农药（20种）。为进一步规范养殖用药行为，保障动物源性食品安全，根据《兽药管理条例》有关规定，2019年12月27日农业农村部公告第250号发布了修订后的食品动物中禁止使用的药品及其他化合物清单（共21类），自发布之日起施行。对于国家已经明令禁止使用的农业投入品，食用农产品生产者一律不得使用，否则将承担相应的法律责任。另外，国家农业行政部门还发布了蛋鸡产蛋期禁用和乳畜泌乳期禁用的药物以及《食品中兽药最大残留限量》（GB 31650），《食品中农药最大残留限量》（GB 2763）这些都要严格遵守。

《食品安全法》第49条还规定，食用农产品的生产企业和农民专业合作经济组织应当建立农业投入品使用记录制度，如实记录所使用的农业投入品的名称、来源、用法、用量和使用、停用的日期等内容。

（2）食品生产经营者原料采购要求。《食品安全法》第50、53、55、60条规定，食品生产者采购食品原料、食品添加剂、食品相关产品，食品添加剂经营者采购食品添加剂，应当查验供货者的许可证和产品合格证明（如产品生产许可证、动物检疫合格证明、进口卫生证书等）；食品生产者对无法提供合格证明的食品原料，应当按照食品安全标准进行检验；不得采购或者使用不符合食品安全标准的食品原料、食品添加剂、食品相关产品。食品经营者采购食品，应当查验供货者的许可证和食品出厂检验合格证或者其他合格证明。餐饮服务提供者应当制定并实施原料控制要求，不得采购不符合食品安全标准的食品原料。

（3）进货查验记录制度。进货查验制度是指食品生产经营者依照法律、法规和规章的规定在采购时，对购进的食品原料、食品添加剂、食品相关产品的质量状况进行检查，对经检查确认符合食品安全标准的方可予以购进的进货质量保证制度。《食品安全法》第50、53、55、60、65条规定，食品生产企业应当建立食品原料、食品添加剂、食品相关产品进货查验记录制度，食品经营企业、食品添加剂经营者应当建立食品进货查验记录制度，如实记录产品的名称、规格、数量、生产日期或者生产批号、保质期、进货日期以及供货者名称、地址、联系方式等内容，并保存相关凭证。记录和凭证保存期限不得少于产品保质期满后6个月；没有明确保质期的，保存期限不得少于2年。食用农产品销售者应当建立食用农产品进货查验记录制度，如实记录食用农产品的名称、数量、进货日期以及供货者名称、地址、联系方式等内容，并保存相关凭证。记录和凭证保存期限不得少于6个月。

（4）出厂检验记录制度。出厂检验是食品生产中的最后一道工序，是食品生产者能够控制的最后一道关卡，企业作为食品安全的第一责任人，有责任、有义务对自己生产的食品进行检验，确保出厂的食品是合格安全的。《食品安全法》第52条规定，食品生产者，应当按照食品安全标准对所生产的食品、食品添加剂、食品相关产品进行检验，检验合格后方可出厂或者销售。《食品安全法》第51、59条规定，食品、食品添加剂生产企业应当建立食品出厂检验记录制度，查验出厂产品的检验合格证和安全状况，如实记录产品的名称、规格、数量、生产日期或者生产批号、保质期、检验合格证号、销售日期以及购货者名称、地址、联系方式等内容，并保存相关凭证。记录和凭证保存期限同食品生产企业进货查验记录制度要求。

（5）食品销售记录制度。食品销售记录是指记载食品经营者将食品提供给食品经营者或者消费者的纸质或者电子文件。为掌握销售食品来源和流向，确保可追溯性，《食品安全法》第53条规定，从事食品批发业务的经营企业应当建立食品销售记录制度，如实记录批发食品的名称、规格、数量、生产日期或者生产批号、保质期、销售日期以及购货者名称、地址、联系方式等内容，并保存相关凭证。《食品安全法》第98条规定，进口商应当建立食品、食品添加剂进口和销售记录制度，如实记录食品、食品添加剂的名称、规格、数量、生产日期、生产或者进口批号、保质期、境外出口商和购货者名称、地址及联系方式、交货日期等内容，并保存相关凭证。记录和凭证保存期限同食品生产企业进货查验记录制度要求。

特殊医学用途配方食品中的特定全营养配方食品应当通过医疗机构或者药品零售企业向消费者销售。医疗机构、药品零售企业销售特定全营养配方食品的，不需要取得食品经营许可，但是应当遵守《食品安全法》及其实施条例中关于食品销售的规定。

（6）贮存、运输食品要求。食品贮存过程中品质会发生变化。贮存不当易使食品腐败变质，丧失原有的营养物质，降低或失去应有的食用价值。《食品安全法》第54条规定，食品经营者应当按照保证食品安全的要求贮存食品，定期检查库存食品，及时清理变质或者超过保质期的食品。食品经营者应当根据不同食品的特点，分类存放，采取必要的防雨、通风、防晒、防霉变、合理分类等方式。贮存、运输对有温度、湿度等要求的食品，应具备保温、冷藏或者冷冻等设备设施，并保持有效运行。为防止因经营者过失将不同品种的食品相混淆，便于食品销售后的安全追溯，及时清理过期食品、防止将过期食品的销售，防止经营者在食品中掺杂、掺假、以假充真、以次充好，《食品安全法》第54条规定，食品经营者贮存散装食品，应当在贮存位置标明食品的名称、生产日期或者生产批号、保质期、生产者的名称及联系方式等内容。

《食品安全法实施条例》第25条规定，食品生产经营者委托贮存、运输食品的，应当对受托方的食品安全保障能力进行审核，并监督受托方按照保证食品安全的要求贮存、运输食品。受托方应当保证食品贮存、运输条件符合食品安全的要求，加强食品贮存、运输过程管理。接受食品生产经营者委托贮存、运输食品的，应当如实记录委托方和收货方的名称、地址、联系方式等内容。记录保存期限不得少于贮存、运输结束后2年。非食品生产经营者从事对温度、湿度等有特殊要求的食品贮存业务的，应当自取得营业执照之日起30个工作日内向所在地县级人民政府食品安全监管部门备案。

6.对餐饮服务提供者的要求

（1）原料采购和加工过程控制要求。《食品安全法》第55条规定，餐饮服务提供者应当制定并实施原料控制要求，不得采购不符合食品安全标准的食品原料。倡导公开加工过程，公示食品原料及其来源等信息。在加工过程中应当检查待加工的食品及原料，发现有腐败变质、油脂酸败、霉变生虫、混有异物、掺假掺杂或者感官性状异常的，不得加工或者使用。学校、托幼机构、养老机构、建筑工地等集中用餐单位应从取得食品生产经营许可的企业订购订餐，并按照要求对订购的食品进行查验。供餐单位应当严格遵守法律、法规和食品安全标准，当餐加工，确保食品安全。集中用餐单位的主管部门应当加强对集中用餐单位的食品安全教育和日常管理，降低食品安全风险，及时消除食品安全隐患。《食品安全法实施条例》第28条要求，集中用餐单位的食堂应当执行原料控制、餐具饮具清洗消毒、食品留样等制度，并依照《食品安全法》第47条的规定定期开展食堂食品安全自查；承包经营集中用餐单位食堂的，应取得食品经营许可，并对食堂的食品安全负责。集中用餐单位应当督促承包方落实食品安全管理制度，承担管理责任。

（2）食品安全管理要求。《食品安全法》第56条、《食品安全法实施条例》第26条规定，餐饮服务提供者应当：①定期维护食品加工、贮存、陈列等设施、设备；定期清洗、校验保温设施及冷藏、冷冻设施；②按照要求对餐具、饮具进行清洗消毒，不得使用未经清洗消毒的餐具、饮具；③委托清洗消毒的，应当委托符合条件的餐具、饮具集中消毒服务单位，并查验、留存其营业执照复印件和消毒合格证明。

7.对餐具、饮具集中消毒服务单位的要求 ①应当具备相应的作业场所、清洗消毒设备或者设施；②用水和使用的洗涤剂、消毒剂应当符合相关食品安全国家标准和其他国家标准、卫生规范；③应当对消毒餐具、饮具进行逐批检验，检验合格后方可出厂，并应当随附消毒合格证明；④应当建立餐具、饮具出厂检验记录制度，如实记录出厂餐具、饮具的数量、消毒日期和批号、使用期限、出厂日期以及委托方名称、地址、联系方式等内容；

出厂检验记录保存期限不得少于消毒餐具饮具使用期限到期后6个月；⑤消毒后的餐具、饮具应当在独立包装上标注单位名称、地址、联系方式、消毒日期和批号以及使用期限等内容。

8.对食品集中交易市场的开办者、展销会的举办者的要求　应当在市场开业或者展销会举办前向所在地县级食品安全监管部门报告，同时依法审查入场食品经营者的许可证，明确其食品安全管理责任，定期对其经营环境和条件进行检查，发现其有违反本法规定行为的，应当及时制止并立即报告所在地监管部门。

9.对网络食品交易第三方平台提供者的要求　平台提供者应当对入网食品经营者进行实名登记，明确其食品安全管理责任；依法应当取得许可证的，还应当审查其许可证。发现入网食品经营者有违反本法规定行为的，应当及时制止并立即报告所在地县级食品安全监管部门；发现严重违法行为的，应当立即停止提供网络交易平台服务。平台提供者应当妥善保存入网食品经营者的登记信息和交易信息，县级以上食品安全监管部门开展监督检查、案件调查处理、事故处置确需了解有关信息的，经其负责人批准，平台提供者应当按照要求提供。食品安全监管部门及其工作人员对平台提供者提供的信息依法负有保密义务。

10.对食用农产品批发市场的要求　应当配备检验设备和检验人员或者委托符合规定的食品检验机构，对进入该批发市场销售的食用农产品进行抽样检验；发现不符合食品安全标准的，应当要求立即停止销售，并向市场监管部门报告。

11.委托加工食品要求　食品委托生产是一种民事委托行为，即《民法总则》中的委托代理行为。《食品安全法实施条例》第21条规定，食品、食品添加剂生产经营者应当委托取得生产许可的生产者生产，委托方（名义生产者）对被委托方（实际生产者）的生产行为进行监督，对委托生产的食品、食品添加剂的安全负责。受托方应当依照法律、法规、食品安全标准以及合同约定进行生产，对生产行为负责，并接受委托方的监督。

12.食品召回制度　食品召回是指食品安全法中规定的有证据证明出现食品安全问题或不符合食品安全国家标准后的国家强制食品退市的行为。为加强食品生产经营管理，减少和避免不安全食品的危害，保障公众身体健康和生命安全，《食品安全法》第63条明确国家建立食品召回制度，并对食品生产经营者主动召回和责令召回的要求做出了规定。

三、食品标签、说明书和广告管理

食品标签指在食品包装容器上或附于食品包装容器上的一切附签、吊牌、文字、图形、符号说明物。食品说明书，指销售食品时所提供的除标签以外的说明材料。食品包装指用于包裹食品添加剂以便于贮存、销售和使用的塑料袋、纸盒、玻璃瓶等物品。

1.食品和食品添加剂标签、说明书的要求

（1）食品和食品添加剂的标签、说明书的基本要求。《食品安全法》第71条规定，食品和食品添加剂的标签、说明书，不得含有虚假内容，不得涉及疾病预防、治疗功能。生产经营者对其提供的标签、说明书的内容负责。食品和食品添加剂的标签、说明书应当清楚、明显，生产日期、保质期等事项应当显著标注，容易辨识。食品和食品添加剂与其标签、说明书的内容不符的，不得上市销售。《食品安全法》第78条规定，保健食品的标签、说明书不得涉及疾病预防、治疗功能，内容应当真实，与注册或者备案的内容相一致，载明适宜人群、不适宜人群、功效成分或者标志性成分及其含量等，并声明"本品不能代替药物"。保健食品的功能和成分应当与标签、说明书相一致。《食品安全法实施条例》第38条规定，对保健食品之外的其他食品，不得声称具有保健功能。对添加食品安全国家标准规定的选择性添加物质的婴幼儿配方食品，不得以选择性添加物质命名。

（2）预包装食品和食品添加剂标签标注要求。《食品安全法》第67条规定，预包装食品的包装上应当有标签。标签应当标明下列事项：①名称、规格、净含量、生产日期；②成分或者配料表；③生产者的名称、地址、联系方式；④保质期；⑤产品标准代号；⑥贮存条件；⑦所使用的食品添加剂在国家标准中的通用名称；⑧生产许可证编号；⑨法律、法规或者食品安全标准规定应当标明的其他事项。专供婴幼儿和其他特定人群的主辅食品，其标签还应当标明主要营养成分及其含量。食品安全国家标准对标签标注事项另有规定的，从其规定。《食品安全法》第70条规定，食品添加剂应当有标签、说明书和包装，并应当载明预包装食品标签规定的除第⑦项规定的事项以外的全部事项，还要标明食品添加剂的使用范围、用量、使用方法。食品添加剂一般不直接食用，为了便于食品生产者和消费者识别，避免误用，要求其标签上载明"食品添加剂"字样。

2. 散装食品标注的要求　散装食品是指称量销售的食品，即不预先确定销售单元，按基本计量单位进行定价、直接向消费者销售的食品、食品原料及加工半成品，但不包括新鲜果蔬，以及需清洗后加工的原粮、鲜冻畜禽产品和水产品等，即消费者购买后可不需清洗即可烹调加工或直接食用的食品，主要包括各类熟食、面及面制品、速冻食品、酱腌菜、蜜饯、干果及炒货等。《食品安全法》第68条规定，食品经营者销售散装食品，应当在散装食品的容器、外包装上标明食品的名称、生产日期或者生产批号、保质期以及生产经营者名称、地址、联系方式等内容。上述内容只是法定最低要求，食品经营者出于扩大信誉、保障消费者的知情权等因素考虑，可以在标注上述内容前提下，自行标注其他内容。

3. 转基因和辐照食品的标示　转基因食品是利用基因工程技术改变基因组成而形成的食品。为了保障消费者的知情权，让消费者对转基因食品进行充分了解和自主选择，《食品安全法》第69条、《食品安全法实施条例》第23条规定，生产经营转基因食品应当按照规定显著标示，标示办法由国务院食品安全监管部门会同国务院农业行政部门制定。《食品安全法》第151条还规定，转基因食品的食品安全管理，本法未作规定的，适用其他法律、行政法规的规定。

《农业转基因生物标识管理办法》规定，转基因农产品的直接加工品，标注为"转基因××加工品（制成品）"或者"加工原料为转基因××"；用农业转基因生物或用含有农业转基因生物成分的产品加工制成的产品，但最终销售产品中已不再含有或检测不出转基因成分的产品，标注为"本产品为转基因××加工制成，但本产品中已不再含有转基因成分"或者标注为"本产品加工原料中有转基因××，但本产品中已不再含有转基因成分"。2018年6月21日国家市场监管总局、农业农村部、国家卫健委联合发布的《关于加强食用植物油标识管理的公告》规定，转基因食用植物油应当按照规定在标签、说明书上显著标示。对我国未批准进口用作加工原料且未批准在国内商业化种植，市场上并不存在该种转基因作物及其加工品的，食用植物油标签、说明书不得标注"非转基因"字样。

食品辐照是利用电离辐射在食品中产生的辐射化学与辐射生物学效应而达到抑制发芽、延迟或促进成熟、杀虫、杀菌、防腐或灭菌等目的的辐照过程。辐照食品是为了达到某种实用目的，按辐照工艺规范规定的要求，经过一定剂量电离辐射辐照过的食品。《食品安全法实施条例》第23规定，对食品进行辐照加工，应当遵守食品安全国家标准，并按照食品安全国家标准的要求对辐照加工食品进行检验和标注。

4.预包装食品的销售要求　《食品安全法》第72条规定，食品经营者应当按照食品标签标示的警示标志、警示说明或者注意事项的要求销售食品。食品标签标示的警示标志、警示说明或者注意事项，指为引起人们对某些不安全因素的警惕或者注意，避免食品本身损坏或者危及人身、财产安全，而标示的图形标志或者文字说明。如《果冻》（GB 19299—2015）规定，凝胶果冻应在外包装和最小食用包装的醒目位置处，用白底（或黄底）红字标示警示语和食用方法，且文字高度不应小于3 mm。警示语和食用方法应采用下列方法标示"勿一口吞食；三岁以下儿童不宜食用，老人儿童须监护下食用。"

销售特殊食品，应当核对食品标签、说明书内容是否与注册或者备案的标签、说明书一致，不一致的不得销售。省级以上食品安全监管部门应当在其网站上公布注册或者备案的特殊食品的标签、说明书。特殊食品不得与普通食品或者药品混放销售。特殊医学用途配方食品中的特定全营养配方食品应当通过医疗机构或者药品零售企业向消费者销售。医疗机构、药品零售企业销售特定全营养配方食品的，不需要取得食品经营许可，但是应当遵守《食品安全法》及其实施条例关于食品销售的规定。

5.食品广告要求　广告是指商品经营者或者服务提供者承担费用，通过一定媒介和形式直接或者间接地介绍自己所推销的商品或者所提供的服务的商业广告。食品广告包括普通食品广告、保健食品广告和特殊膳用食品广告等。

《食品安全法》第73条规定，食品广告的内容应当真实合法，不得含有虚假内容，不得涉及疾病预防、治疗功能。食品生产经营者对食品广告内容的真实性、合法性负责。《食品安全法》第79条规定，保健食品广告除应当符合上述的规定外，还应当声明"本品不能代替药物"；禁止利用包括会议、讲座、健康咨询在内的任何方式对食品进行虚假宣传。食品安全监管部门发现虚假宣传行为的，应当依法及时处理。特殊医学用途配方食品广告适用《广告法》和其他法律、行政法规关于药品广告管理的规定，其中的特定全营养配方食品广告按照处方药广告管理，其他类别的特殊医学用途配方食品广告按照非处方药广告管理。

食品安全监管部门、检验机构、行业协会等特定主体不得以广告或者其他形式向消费者推荐食品。消费者组织不得以收取费用或者其他牟取利益的方式向消费者推荐食品。保健食品广告还要取得批准文件。

四、特殊食品管理

特殊食品是指保健食品、特殊医学用途配方食品、婴幼儿配方食品和其他专供特定人群的主辅食品。特殊食品都有不同于普通食品的风险特点和特殊食用人群，食品生产经营者的义务与国家对相关产品或者配方都有不同于普通食品的管理要求，其生产经营除应当遵守《食品安全法》对普通食品的要求以外，国家对其还要实行比普通食品更加严格的监督管理。①注册或者备案制度。特殊食品除需要取得食品生产许可外，还要进行产品或者配方的注册或者备案。②生产质量管理体系。特殊食品强制要求企业按照良好生产规范的要求建立与所生产食品相适应的生产质量管理体系，并保证其有效运行，而且还要定期报告。③其他管理制度。如保健食品的标签、说明书和除遵守普通食品的上述规定外，还应载明适宜人群、不适宜人群、功效成分或者标志性成分及其含量等，并声明"本品不能代替药物"等；广告内容应当经生产企业所在地省级监管部门审查批准，取得保健食品广告批准文件；特殊医学用途配方食品实施逐批检验，其中的特定全营养配方食品广告按照处方药广告管理，其他类别的特殊医学用途配方食品广告按照非处方药广告管理；婴幼儿配方食品实施逐批检验、配方实行注册制，不得以分装方式生产婴幼儿配方乳粉等，强调从原料进厂到成品出厂的全过程质量控制等。这些都是比普通食品更严的要求。

1. 保健食品管理 《食品安全国家标准　保健食品》（GB 16740—2014）规定，保健食品是声称并具有特定保健功能或者以补充维生素、矿物质为目的的食品。即适用于特定人群食用，具有调节机体功能，不以治疗疾病为目的，并且对人体不产生任何急性、亚急性或慢性危害的食品。

（1）保健食品原料和功能声称管理。为保证保健食品声称保健功的科学性和安全性，《食品安全法》第75条规定，保健食品声称保健功能，应当具有科学依据，不得对人体产生急性、亚急性或者慢性危害。保健食品原料目录和允许保健食品声称的保健功能目录，由国务院食品安全监管部门会同国务院卫生行政部门、国家中医药管理部门制定、调整并公布。保健食品原料目录应当包括原料名称、用量及其对应的功效；列入保健食品原料目录的原料只能用于保健食品生产，不得用于其他食品生产。

（2）保健食品注册和备案。保健食品注册是指食品安全监管部门根据注册申请人申请，依照法定程序、条件和要求，对申请注册的保健食品的安全性、保健功能和质量可控性等相关申请材料进行系统评价和审评，并决定是否准予其注册的审批过程。保健食品备案，是指保健食品生产企业依照法定程序、条件和要求，将表明产品安全性、保健功能和质量可控性的材料提交食品安全监管部门进行存档、公开、备查的过程。

《食品安全法》第76条规定，使用保健食品原料目录以外原料的保健食品和首次进口的保健食品应当经国务院食品安全监管部门注册。但是，首次进口的保健食品中属于补充维生素、矿物质等营养物质的，应当报国务院食品安全监管部门备案。其他保健食品应当报省、自治区、直辖市人民政府食品安全监管部门备案。进口的保健食品应当是出口国（地区）主管部门准许上市销售的产品。

（3）保健食品注册和备案的材料。《食品安全法》第77条明确了保健食品注册与备案应当提交的材料和食品安全监管部门实施注册的程序。规定依法应当注册的保健食品，注册时应当提交保健食品的研发报告、产品配方、生产工艺、安全性和保健功能评价、标签、说明书等材料及样品，并提供相关证明文件。国务院食品安全监管部门经组织技术审评，对符合安全和功能声称要求的，准予注册；对不符合要求的，不予注册并书面说明理由。对使用保健食品原料目录以外原料的保健食品做出准予注册决定的，应当及时将该原料纳入保健食品原料目录。依法应当备案的保健食品，备案时应当提交产品配方、生产工艺、标签、说明书以及表明产品安全性和保健功能的材料。

（4）保健食品标签、说明书和广告。除《食品安全法》第77、78条的规定外，《保健食品注册与备案管理办法》第5章也对保健食品的标签、说明书提出了要求。为指导保健食品警示用语标注，规范保健食品注册与备案产品名称命名，避免误导消费，我国先后发布《关于规范保健食品功能声称标识的公告》《关于规范保健食品功能声称标识的公告》

《保健食品标注警示用语指南》《保健食品命名指南（2019年版）》《药品、医疗器械、保健食品、特殊医学用途配方食品广告审查管理暂行办法》等法规。

2. 特殊医学用途配方食品和婴幼儿配方食品

（1）特殊医学用途配方食品。特殊医学用途配方食品是指为了满足进食受限、消化吸收障碍、代谢紊乱或特定疾病状态人群对营养素或膳食的特殊需要，专门加工配制而成的配方食品。该类产品必须在医生或临床营养师指导下，单独食用或与其他食品配合食用，包括适用于0~12月龄的特殊医学用途婴儿配方食品和适用于1岁以上人群的特殊医学用途配方食品。

特殊医学用途配方食品不同于普通食品，是为了满足特定疾病状态人群的特殊需要专门生产的，安全性要求高，需要在医生指导下使用，为保障特定疾病状态人群的膳食安全，《食品安全法》第80条规定，特殊医学用途配方食品应当经国务院食品安全监管部门注册。注册时，应当提交产品配方、生产工艺、标签、说明书以及表明产品安全性、营养充足性和特殊医学用途临床效果的材料。

（2）婴幼儿配方食品。婴幼儿配方食品包括婴儿配方食品、较大婴儿和幼儿配方食品。与成年人相比，婴幼儿的免疫系统、消化系统尚未发育完全，更易受到不合格食品的伤害，婴幼儿配方食品生产企业必须符合比普通食品生产更严格的要求。《食品安全法》第81条规定，婴幼儿配方食品生产企业应当实施从原料进厂到成品出厂的全过程质量控制，对出厂的婴幼儿配方食品实施逐批检验，保证食品安全。生产婴幼儿配方食品使用的生鲜乳、辅料等食品原料、食品添加剂等，应当符合法律、行政法规的规定和食品安全国家标准，保证婴幼儿生长发育所需的营养成分。婴幼儿配方食品生产企业应当将食品原料、食品添加剂、产品配方及标签等事项向省、自治区、直辖市人民政府食品安全监管部门备案。

婴幼儿配方乳粉是一种重要的婴幼儿配方食品，是指符合相关法律法规和食品安全国家标准要求，以乳类及乳蛋白制品为主要原料，加入适量的维生素、矿物质和（或）其他成分，仅用物理方法生产加工制成的粉状产品，适用于正常婴幼儿食用。婴幼儿配方乳粉产品配方，是指生产婴幼儿配方乳粉使用的食品原料、食品添加剂及其使用量，以及产品中营养成分的含量。《食品安全法》第81条还规定，婴幼儿配方乳粉的产品配方应当经国务院食品安全监管部门注册。注册时，应当提交配方研发报告和其他表明配方科学性、安全性的材料。不得以分装方式生产婴幼儿配方乳粉，同一企业不得用同一配方生产不同品牌的婴幼儿配方乳粉。为严格婴幼儿配方乳粉产品配方注册管理，2016年6月6日国家食药监管总局发布了《婴幼儿配方乳粉产品配方注册管理办法》。

五、食品检验管理

食品检验是对食品原料、辅助材料、成品的质量和安全性进行的检验，包括对食品理化指标、卫生指标、外观特性以及外包装、内包装、标志等进行的检验。食品检验是保证食品安全，加强食品安全监管的重要技术支撑，良好的食品安全管理需要客观公正、科学高效的食品检验。

1. 食品检验机构　食品检验机构是指依法设立或者经批准，从事食品检验活动并向社会出具具有证明作用的检验数据和结果的检验机构。

食品检验是一项科学性、技术性、规范性很强的工作，为保证食品检验工作的科学性、公正性和客观性，《食品安全法》第84条规定，食品检验机构按照国家有关认证认可的规定取得资质认定后，方可从事食品检验活动。但是，法律另有规定的除外。食品检验机构的资质认定条件和检验规范，由国务院食品安全监管部门规定。符合本法规定的食品检验机构出具的检验报告具有同等效力。

2.食品检验人　良好的食品安全管理需要严格、训练有素、高效、客观公正的食品检验服务。为了保证检验结果的客观公正，《食品安全法》第85条规定，食品检验由食品检验机构指定的检验人独立进行。检验人应当依照有关法律、法规的规定，并按照食品安全标准和检验规范对食品进行检验，尊重科学，恪守职业道德，保证出具的检验数据和结论客观、公正，不得出具虚假检验报告。

3.食品检验报告与复检　为明确法律责任，《食品安全法》第86条规定，食品检验实行食品检验机构与检验人负责制。食品检验报告应当加盖食品检验机构公章，并有检验人的签名或者盖章。食品检验机构和检验人对出具的食品检验报告负责。为保证食品检验工作的准确、科学、客观和公正，《食品安全法》第87条要求，县级以上食品安全监管部门应当对食品进行定期或者不定期的抽样检验，并依据有关规定公布检验结果，不得免检。《食品安全法》第88条规定，对依照本法规定实施的检验结论有异议的，食品生产经营者可以自收到检验结论之日起7个工作日内向实施抽样检验的食品安全监管部门或者其上一级食品安全监管部门提出复检申请，由受理复检申请的食品安全监管部门在公布的复检机构名录中随机确定复检机构进行复检。复检机构出具的复检结论为最终检验结论。复检机构与初检机构不得为同一机构。复检机构名录由国务院认证认可监督管理、食品安全监督管理、卫生行政、农业行政等部门共同公布。采用国家规定的快速检测方法对食用农产品进行抽查检测，被抽查人对检测结果有异议的，可以自收到检测结果时起4 h内申请复检。复检不得采用快速检测方法。

为规范食品安全抽样检验工作，加强食品安全监督管理，2019年8月8日国家市场监管总局令第15号公布《食品安全抽样检验管理办法》，对抽样检验计划方案、抽样、检验与结果报送、复检和异议、核查处置及信息发布、法律责任等做出了规定。根据工作目的和工作方式的不同，将食品安全抽检工作分为监督抽检、风险监测和评价性抽检。办法所称监督抽检是指市场监管部门按照法定程序和食品安全标准等规定，以排查风险为目的，对食品组织的抽样、检验、复检、处理等活动。办法所称风险监测是指市场监管部门对没有食品安全标准的风险因素，开展监测、分析、处理的活动。明确食品安全抽样工作应当遵守随机选取抽样对象、随机确定抽样人员的要求。市场监管部门组织实施的食品安全监督抽检和风险监测的抽样检验工作，适用本办法。

>>> 任务五　食品进出口和食品安全事故处置 <<<

根据2018年《国务院机构改革方案》，国家海关总署承担出入境检验检疫管理职责，主管全国进出口食品安全监督管理工作。海关总署设在省、自治区、直辖市以及进出口商品的口岸、集散地的直属海关和隶属海关，管理所负责地区的进出口食品安全监督管理工作。

一、进出口食品要求

1.进口食品要求 《食品安全法》第92、93条及《食品安全法实施条例》第44~49条对进口食品做出了规定。

（1）基本要求。进口的食品、食品添加剂、食品相关产品应当符合我国食品安全国家标准。

（2）检验。进口的食品、食品添加剂应当经海关依照进出口商品检验相关法律、行政法规的规定检验合格。

（3）报检。进口商进口食品、食品添加剂，应当按照规定向海关报检，如实申报产品相关信息，并随附法律、行政法规规定的合格证明材料。合格证明材料，是指境外生产企业或者境外出口商根据出口国家（地区）的食品安全标准，自行或委托出口国家（地区）的食品检验机构对进口到我国境内的食品、食品添加剂进行检验后，所出具的合格证明材料。该合格证明材料至少能够证明进口到我国境内的食品、食品添加剂符合出口国家（地区）的食品安全标准。

（4）存放。进口食品运达口岸后，应当存放在海关指定或者认可的场所；需要移动的，应当按照海关的要求采取必要的安全防护措施。大宗散装进口食品应当在卸货口岸进行检验。实施指定口岸进口的食品（包括进口肉类、冰鲜水产品、毛燕等高风险类动物源性食品）应当从海关总署指定的口岸进口并存储在海关认可并报海关总署备案的存储库或者其他场所。进口口岸主管海关应当具备该类食品现场查验和实验室检验检疫的设备设施以及相应的专业技术人员。

（5）进口尚无食品安全国家标准食品。如果我国还没有制定该产品的国家安全标准，由境外出口商、境外生产企业或者其委托的进口商向国务院卫生行政部门提交所执行的相关国家（地区）标准或者国际标准。国务院卫生行政部门对相关标准进行审查，认为符合食品安全要求的，决定暂予适用并予以公布，并及时制定相应的食品安全国家标准。暂予适用的标准公布前，不得进口尚无食品安全国家标准的食品。《进出口食品安全管理办法》第9条规定，进口尚无食品安全国家标准的食品，应当符合国务院卫生行政部门公布的暂予适用的相关标准要求。食品安全国家通用标准中已经涵盖的食品按通用标准执行。依照《食品安全法》第37条的规定，进口"三新"产品由国家卫健委进行安全性评估。

2.出口食品要求 出口食品的安全直接关系到进口该食品的国家消费者的身体健康与生命安全，同时影响到我国食品出口企业的商业信誉和国际市场竞争能力，更关系到我国在国际上的政治形象。《食品安全法》第99条、《食品安全法实施条例》第53条规定：出口食品、食品添加剂的生产企业应当保证其出口食品、食品添加剂符合进口国家（地区）的标准或者合同要求；我国缔结或者参加的国际条约、协定有要求的，还应当符合国际条约、协定的要求。出口食品生产企业和出口食品原料种植、养殖场应当向国家出入境检验检疫部门备案。

3.进出口食品注册与备案 《食品安全法》第96条规定，向我国境内出口食品的境外出口商或者代理商、进口食品的进口商应当向国家出入境检验检疫部门备案。向我国境内出口食品的境外食品生产企业应当经国家出入境检验检疫部门注册。

二、境外出口商、境外生产企业和进口商的义务

1. 境外出口商、生产企业的义务　一要要保证符合我国食品安全国家标准。二要保证符合我国其他法律、行政法规的规定。三要对标签、说明书的内容负责。《食品安全法》第97条规定，进口的预包装食品、食品添加剂应当有中文标签；依法应当有说明书的，还应当有中文说明书。标签、说明书应当符合本法以及我国其他有关法律、行政法规的规定和食品安全国家标准的要求，并载明食品的原产地以及境内代理商的名称、地址、联系方式。预包装食品没有中文标签、中文说明书或者标签、说明书不符合本规定的，不得进口。

2. 进口商的义务　《食品安全法》第94、98条、《食品安全法实施条例》第48、49条规定，进口商的义务有以下两个方面。

（1）应当建立境外出口商、境外生产企业审核制度。重点审核境外出口商、境外生产企业制定和执行食品安全风险控制措施的情况以及向我国出口的食品是否符合《食品安全法》及其实施条例和其他有关法律、行政法规的规定以及食品安全国家标准的要求。审核不合格的，不得进口。发现进口食品不符合我国食品安全国家标准或者有证据证明可能危害人体健康的，进口商应当立即停止进口，并依照《食品安全法》第63条的规定召回，并将食品召回和处理情况向所在地县级食品安全监管部门和所在地海关报告。审核制度主要包括5个方面内容：①向我国境内出口食品的境外出口商或者代理商是否已经在国家出入境检验检疫部门备案；②向我国境内出口食品的境外食品生产企业是否已经国家出入境检验检疫部门注册；如果没有备案或者未经注册，进口商不得与之签订食品进口合同；③进口的食品、食品添加剂是否随附合格证明材料；如果进口的是肉类，是否随附输出国家或者地区政府动植物检疫机关出具的检疫证书；④进口的食品、食品添加剂、食品相关产品是否符合我国食品安全国家标准的要求；⑤进口的预包装食品、食品添加剂是否有中文标签或者按规定应有的中文说明书。标签和说明书是否符合我国食品安全国家标准的要求。

（2）应当建立进口和销售记录制度，如实记录食品、食品添加剂的卫生证书编号、名称、规格、数量、生产日期、生产或者进口批号、保质期、境外出口商和购货者名称、地址及联系方式、交货日期等内容，并保存相关凭证。记录和凭证保存期限同国产食品要求。为掌握进口食品来源和流向，确保进口食品可追溯性，加强食品进口记录和销售记录的监督管理，2012年4月5日国家质检总局制定了《食品进口记录和销售记录管理规定》，对收货人建立的食品进口记录的内容、档案材料保存等作了具体的规定。

三、进出口食品安全风险预警通报及控制

近年来，国外的食品安全问题也时有发生，如"口蹄疫事件""疯牛病事件""大肠杆菌O157中毒"等。如果进出口食品中发现严重食品安全问题或者疫情的，以及境内外发生食品安全事件或者疫情可能影响到进出口食品安全，或者在已经进口的食品、食品添加剂、食品相关产品中发现严重食品安全问题的，海关当及时采取风险预警及控制措施，并向相关部门通报。接到通报的部门应当及时采取相应措施。县级以上食品安全监管部门对国内市场上销售的进口食品实施监督管理。发现存在严重食品安全问题的，应当及时向海关通报。海关应当及时采取相应措施。

风险预警是部门内或者行业内发布警示公告，目的是为了采取控制措施。海关按照相关规定对收集到的食品安全信息进行风险分析研判，确定风险信息级别，发布风险预警通报。海关总署视情况可以发布风险预警通告，并决定采取以下控制措施：①有条件地限制进出口，包括严密监控、加严检验、责令召回等；②暂停或者禁止进出口，就地销毁或者作退运处理；③启动进出口食品安全应急处置预案。海关负责组织实施风险预警及控制措施。

四、食品安全事故处置

食品安全事故是指食源性疾病、食品污染等源于食品，对人体健康有危害或者可能有危害的事故。食源性疾病是指食品中致病因素进入人体引起的感染性、中毒性等疾病，包括食物中毒。食品安全事故一般是突然发生的，为最大限度地减少人员伤亡、财产损失，必须事先制定预案，保证事故处置反应迅速，协调一致，及时有效采取应对措施。《食品安全法》第7章及《食品安全法实施条例》第7章，对食品安全事故预案、事故调查、处置、报告、信息发布工作程序相关方的义务做出了要求。

1.食品生产经营企业的责任和义务　①食品生产经营企业应当制定食品安全事故处置方案，定期检查防范措施的落实情况，及时消除事故隐患；②发生事故的单位应当对导致或者可能导致食品安全事故的食品及原料、工具、设备、设施等，立即采取封存等控制措施，防止事故扩大；③事故单位和接收病人进行治疗的单位应当及时向事故发生地县级人民政府食品安全监督管理、卫生行政部门报告；④配合相关部门调查，按照要求提供相关资料和样品。

2.县级以上政府的责任和义务　按照国家食品安全事故应急预案实行分级管理。①根据本行政区域的实际情况制定、修改、完善食品安全事故应急预案，并报上一级政府备案；②按照应急预案的规定上报食品安全事故；③发生食品安全事故需要启动应急预案的，应当立即成立事故处置指挥机构，启动应急预案，依照规定进行处置。

3.县级以上政府食品安全监管部门的责任和义务　①接到事故报告，应按照预案规定向本级政府和上级监管部门报告；②应当立即会同同级卫生、农业行政等部门进行调查处理，并采取措施，防止或者减轻社会危害；③发生食品安全事故，设区的市级以上食品安全监管部门应当立即会同有关部门进行事故责任调查，督促有关部门履行职责，向本级人民政府和上一级主管部门提出事故责任调查处理报告。

4.县级以上卫生部门的责任和义务　①在调查处理传染病或者其他突发公共卫生事件中发现与食品安全相关的信息，应当及时通报同级食品安全监管部门；②发生食品安全事故，县级以上疾病预防控制机构应当对事故现场进行卫生处理，并对与事故有关的因素开展流行病学调查，有关部门应当予以协助。县级以上疾病预防控制机构应当向同级食品安全监督管理、卫生行政部门提交流行病学调查报告。

5.医疗机构的责任和义务　①医疗机构和接收病人进行治疗的单位发现其接收的病人属于食源性疾病病人或者疑似病人的，应按规定及时将相关信息向所在地县级人民政府卫生行政部门报告。县级卫生行政部门认为与食品安全有关的，应当及时通报同级食品安全监管部门。②开展应急救援工作，组织救治因食品安全事故导致人身伤害的人员。

6.事故责任调查 发生重大食品安全事故后，应当开展食品安全事故责任调查工作，查清事故原因，分清事故责任，这既是为了吸取事故教训，防止类似事故发生，也是为了惩戒有关责任人。

（1）开展食品安全事故责任调查的主体。食品安全事故责任调查的牵头部门为食品安全监管部门。接到食品安全事故的报告后，县级以上食品安全监管部门应当立即会同同级卫生行政、农业行政、公安机关等部门进行调查处理。为了减小事故责任调查工作的阻力，规定由设区的市级以上人民政府食品安全监管部门进行事故责任调查。如果重大食品安全事故涉及两个以上省、自治区、直辖市的，由国务院食品安全监管部门组织事故责任调查。

（2）调查食品安全事故的原则。调查食品安全事故，应坚持实事求是、尊重科学原则，及时、准确查清事故性质和原因，认定事故单位、监管部门、食品检验机构、认证机构及其工作人员责任，提出整改措施。

（3）开展食品安全事故责任调查的时间。考虑到被污染食品、原料、食品相关产品不易保存或者容易被毁灭，一旦发生食品安全事故，就应当立即组织人员进行事故责任调查。事故责任调查与事故应急处理应当同步进行，边报告、边调查、边处置，尽快查明事故原因。

（4）开展食品安全事故责任调查的内容。食品安全事故责任调查应当查清事故发生原因、人员伤亡和经济损失等情况，查明事故性质，分析事故责任和影响因素，提出防范措施和对事故责任人的处理意见。这里事故责任人不仅包括食品生产经营者，还包括没有依法履行监管职责的行政机关等单位及其工作人员。事故责任调查处理报告应当向本级人民政府和上一级食品安全监管部门提出。

7.事故处置可采取的措施 县级以上食品安全监管部门接到食品安全事故的报告后，应当立即会同同级卫生行政、农业行政等部门进行调查处理，并采取下列措施，防止或者减轻社会危害：①开展应急救援工作，组织救治因食品安全事故导致人身伤害的人员；②封存可能导致食品安全事故的食品及其原料，并立即进行检验；对确认属于被污染的食品及其原料，责令食品生产经营者依照《食品安全法》的规定召回或者停止经营；③封存被污染的食品相关产品，并责令进行清洗消毒；④做好信息发布工作，依法对食品安全事故及其处理情况进行发布，并对可能产生的危害加以解释、说明。

食品安全事故调查部门有权向有关单位和个人了解与事故有关的情况，并要求提供相关资料和样品。有关单位和个人应当予以配合，按照要求提供相关资料和样品，不得拒绝。任何单位和个人不得对食品安全事故隐瞒、谎报、缓报，不得隐匿、伪造、毁灭有关证据，不得阻挠、干涉食品安全事故的调查处理。

▶▶▶ 任务六 食品安全监督管理和法律责任 ◀◀◀

一、食品安全监督管理

1.食品安全风险分级管理 食品安全风险分级管理是指食品安全监管部门以风险分析为基础，结合生产经营者的食品类别、经营业态及生产经营规模、食品安全管理能力和监督管理记录情况，按照风险评价指标，划分食品生产经营者风险等级，并结合当地监管资源和监管能力，对食品生产经营者实施的不同程度的监督管理。《食品安全法》第109条规定，县级以上食品安全监管部门根据食品安全风险监测、风险评估结果和食品安全状况等，确定监督管理的重点、方式和频次，实施风险分级管理；县级以上政府组织本级食品安全监管、农业行政等部门制定本行政区域的食品安全年度监督管理计划，向社会公布并组织实施。

根据食品安全风险程度，将专供婴幼儿和其他特定人群的主辅食品；保健食品生产过程中的添加行为和按照注册或者备案的技术要求组织生产的情况，保健食品标签、说明书以及宣传材料中有关功能宣传的情况；发生食品安全事故风险较高的食品生产经营者；食品安全风险监测结果表明可能存在食品安全隐患的事项作为食品安全年度监督管理计划的监督管理重点。

2. 食品安全监督检查措施　为了保障和监督食品安全监管部门依法履行职责，《食品安全法》第110条规定，县级以上食品安全监管部门履行食品安全监管职责，有权采取下列措施，对生产经营者遵守本法的情况进行监督检查。

（1）进入生产经营场所实施现场检查。是对生产经营过程进行监督检查，有利于食品安全问题的早预防、早发现、早整治、早解决，防止发生安全事故。

（2）对生产经营的食品、食品添加剂、食品相关产品进行抽样检验。抽样检验是指借助数理统计和概率论的基本原理，从成批的食品中随机抽取部分样本进行检验，根据对样本的检验结果，判断食品、食品添加剂、食品相关产品是否合格的方法。《食品安全法》第111、112条规定：①可以采用临时限量值和临时检验方法作为生产经营和监督管理的依据；②可以采用国家规定的快速检测方法进行抽查检测；③快速检测结果表明可能不符合食品安全标准的，依照《食品安全法》第87条的规定，委托符合规定的食品检验机构进行检验。

（3）查阅、复制有关合同、票据、账簿以及其他有关资料。如食品生产经营者的许可证，生产经营人员的健康证明，生产企业的进货查验记录、出厂检验记录等与食品安全有关的资料。

（4）查封、扣押有证据证明不符合食品安全标准或者有证据证明存在安全隐患以及用于违法生产经营的食品、食品添加剂、食品相关产品。查封是指食品安全监管部门以封条或其他必要措施，将有证据证明不符合食品安全标准或者有证据证明存在安全隐患以及用于违法生产经营的有关产品封存起来，未经查封部门许可，任何单位和个人不得启封、动用。扣押是指食品安全监管部门将上述物品等运到另外的场所予以扣留。查封、扣押的期限不得超过30日，情况复杂的，经食品安全监管部门负责人批准，最多延长期限不得超过45日。

（5）查封违法从事生产经营活动的场所。查封违法场所目的：①方便调查取证，为进一步处罚和遏制违法生产经营不安全食品行为保留现场证据；②在责令停产停业、吊销许可证等正式行政处罚做出之前防止违法行为继续进行。

3. 食品安全信用档案制度　食品安全信用档案是食品安全信用制度的基础，建立食品安全信用档案制度，就是要在各领域根据信用等级状况，对食品生产经营者实行分类监管。①对有不良信用记录的食品生产经营者要加强监管，增加监督检查的频次，对长期信用良好的，给予宣传、支持和表彰；②对严重违反食品安全管理制度，制假售假等严重失信的，

☑ **学习笔记**

可采用信用提示、警示、公示等方式进行惩戒，涉嫌犯罪的，要依法移送公安机关，追究其刑事责任；③对违法行为情节严重的食品生产经营者，县级以上食品安全监管部门可以通报投资主管部门、证券监督管理机构和有关的金融机构，通过这些部门或机构直接影响食品生产者的信用评级和资金管理；④县级以上食品安全监管部门应建立生产经营者信用档案，记录许可颁发、日常监督检查结果、违法行为查处等情况，依法向社会公布并实时更新，借助新闻媒体的舆论宣传和消费者等的社会监督，发挥食品安全信用档案对违法食品生产经营行为的威慑和惩处力度；⑤建立严重违法生产经营者黑名单制度，国务院食品安全监管部门会同国务院有关部门建立守信联合激励和失信联合惩戒机制，结合生产经营者信用档案，建立严重违法生产经营者黑名单制度，将食品安全信用状况与准入、融资、信贷、征信等相衔接，及时向社会公布。

4.食品安全检查员制度 食品从产地环境、农业投入品、生产加工过程、销售、贮存、运输、消费等环节都可能发生食品安全风险。食品安全的影响因素众多，是一个既涉及化学、生物、物理、医学等自然科学方面知识，又涉及法律、管理、经济等社会科学方面知识的复杂领域。食品安全监管属于专业监管，从事食品安全监管的人员需要具有相关的专业知识、专业技能和专业素养。《食品安全法实施条例》第60条规定，国家建立食品安全检查员制度，依托现有资源加强职业化检查员队伍建设，强化考核培训，提高检查员专业化水平。目前我国并没有关于食品安全检查员的职责与权力、遴选资质或是考核标准方面的规定，相信随着条例的发布实施，我国会陆续出台上述各个方面的配套规定。

5.责任约谈 责任约谈是指依法享有监督管理职权的行政主体，发现其所监管的行政相对人出现了特定问题，为了防止发生违法行为，在事先约定的时间、地点与行政相对人进行沟通、协商，然后给予警示、告诫的一种非强制行政行为。

（1）对食品生产经营者进行责任约谈。《食品安全法》第114条的规定，食品生产经营过程中存在食品安全隐患，未及时采取措施消除的，县级以上食品安全监管部门可对食品生产经营者的法定代表人或者主要负责人进行责任约谈。食品生产经营者应当立即采取措施，进行整改，消除隐患。责任约谈情况和整改情况应当纳入食品生产经营者食品安全信用档案。

（2）对网络食品交易第三方平台提供者进行责任约谈。《食品安全法实施条例》第62条规定，多次出现入网食品经营者违法经营或者入网食品经营者的违法经营行为造成严重后果的，县级以上食品安全监管部门可以对网络食品交易第三方平台提供者的法定代表人或者主要负责人进行责任约谈。

（3）本级政府约谈。《食品安全法》第117条规定，县级以上食品安全监管等部门未及时发现食品安全系统性风险，未及时消除监督管理区域内的食品安全隐患的，本级人民政府可以对其主要负责人进行责任约谈。地方人民政府未履行食品安全职责，未及时消除区域性重大食品安全隐患的，上级人民政府可以对其主要负责人进行责任约谈。被约谈的食品安全监管等部门、地方人民政府应当立即采取措施，对食品安全监督管理工作进行整改。责任约谈情况和整改情况应当纳入地方人民政府和有关部门食品安全监督管理工作评议、考核记录。

6.上级监管部门对下级的监督 为强化政府体系的内部监督，破除地方保护对食品安全的影响，《食品安全法实施条例》第59条规定，设区的市级以上食品安全监管部门根据监督管理工作需要，可以对由下级监管部门负责日常监督管理的食品生产经营者实施随机监督检查；可以组织下级监管部门对食品生产经营者实施异地监督检查；必要时，可以直接调查处理下级监管部门管辖的食品安全违法案件，也可以指定其他下级安全监管部门调查处理。

7. 涉嫌犯罪案件的移送处理　依照我国刑事诉讼法的规定，对一般刑事案件的侦查、拘留、执行逮捕、预审，由公安机关负责。除法律特别规定的以外，其他任何机关、团体和个人都无权行使这些权力。为了加强行政处罚和刑事责任追究之间的无缝衔接，《食品安全法》第121条、《食品安全法实施条例》第77、78条规定了食品安全犯罪案件的双向移送和协同处理机制。

（1）县级以上食品安全监管部门发现违法情形且情节严重涉嫌食品安全犯罪可能需要行政拘留的，应当按照有关规定及时将案件及有关材料移送同级公安机关。对移送的案件，公安机关应当及时审查，认为有犯罪事实需要追究刑事责任的，应当立案侦查，公安机关认为需要补充材料的，食品安全监管等部门应当及时提供。

（2）公安机关在食品安全犯罪案件侦查过程中认为没有犯罪事实，或者犯罪事实显著轻微，不需要追究刑事责任，不符合行政拘留条件的，但依法应当追究行政责任的，应当及时将案件及有关材料退回移送食品安全监管部门和监察机关，有关部门应当依法处理。关于及时移送的时间节点、移送的具体程序等，应当按照国务院颁布的《行政执法机关移送涉嫌犯罪案件的规定》、最高检印发的《人民检察院办理行政执法机关移送涉嫌犯罪案件的规定》等执行。

二、主要法律责任

1. 食品生产经营者和其他相关方的法律责任　食品生产经营者、食品安全监管部门、检验机构、认证机构和地方政府等相关方的食品安全法律责任主要为民事责任、行政责任和刑事责任3种。

（1）民事责任。民事责任是是指民事主体违反民事法律规范所应当承担的法律责任。《中华人民共和国民法典》第179条规定，承担民事责任的方式主要有11种：停止侵害；排除妨碍；消除危险；返还财产；恢复原状；修理、重作、更换；继续履行；赔偿损失；支付违约金；消除影响、恢复名誉；赔礼道歉。法律规定惩罚性赔偿的，依照其规定。本条规定的承担民事责任的方式，可以单独适用，也可以合并适用。

《食品安全法》第147条规定："违反本法规定，造成人身、财产或者其他损害的，依法承担赔偿责任。生产经营者财产不足以同时承担民事赔偿责任和缴纳罚款、罚金时，先承担民事赔偿责任。"《食品安全法》第148条特别规定了首负责任制和惩罚性赔偿制度，规定"消费者因不符合食品安全标准的食品受到损害的，可以向经营者要求赔偿损失，也可以向生产者要求赔偿损失。接到消费者赔偿要求的生产经营者，应当实行首负责任制，先行赔付，不得推诿；属于生产者责任的，经营者赔偿后有权向生产者追偿，属于经营者责任的，生产者赔偿后有权向经营者追偿。生产不符合食品安全标准的食品或者经营明知是不符合食品安全标准的食品，消费者除要求赔偿损失外，还可以向生产者或者经营者要求支付价款10倍或者损失3倍的赔偿金；增加赔偿的金额不足1 000元的，为1 000元。但是，食品的标签、说明书存在不影响食品安全且不会对消者造成误导的瑕疵的除外"。

（2）行政责任。行政责任是指个人或者单位违反行政管理方面的法律规定所应当承担的法律责任。行政责任包括行政处分和行政处罚。行政处分是行政机关内部，上级对有隶属关系的下级违反纪律的行为或者是尚未构成犯罪的轻微违法行为给予的纪律制裁。其种类有：警告、记过、记大过、降级、降职、撤职、开除留用察看、开除。行政处罚是指行政机关依法对违反行政管理秩序的公民、法人或者其他组织，以减损权益或者增加义务的方式予以惩戒的行为。《中华人民共和国行政处罚法》第9条规定，行政处罚的种类有以下6种：警告、通报批评；罚款、没收违法所得、没收非法财物；暂扣许可证件、降低资质等级、吊销许可证件；限制开展生产经营活动、责令停产停业、责令关闭、限制从业；行政拘留；法律、行政法规规定的其他行政处罚。

（3）刑事责任。刑事责任是指违反刑事法律规定的个人或者单位所应当承担的法律责任。《刑法》规定的刑罚有主刑和附加型2类。其中主刑有管制、拘役、有期徒刑、无期徒刑、死刑5种，附加刑有罚金、剥夺政治权利和没收财产等3种。附加刑可以单独适用，也可以与主刑合并适用。

食品生产经营者和其他相关方违反法律法规构成犯罪的，应当追究刑事责任。涉嫌食品安全犯罪相关罪名主要有以下几种：生产、销售不符合安全标准的食品罪；生产、销售有毒、有害食品罪；生产、销售伪劣产品罪；非法经营罪；虚假广告罪；提供虚假证明文件罪；食品监管渎职罪；徇私舞弊罪；渎职罪等。

《食品安全法》及《食品安全法实施条》规定了食品生产经营者、地方政府、食品监管部门、检验机构、认证机构等相关方的责任和义务，并规定了其相应的法律责任，见表2-1-1。

表2-1-1 《食品安全法》及《食品安全法实施条例》规定的主要法律责任

条款	违法行为	处罚		
122	未经许可从事生产经营活动	由县级以上食品安全监管部门没收违法所得、食品和食品添加剂及违法的工具、设备、原料等物品		
		罚款额度	货值不足1万元	5万~10万元
			货值1万元以上	10~20倍货值金额
		非法提供场所或其他条件的（需明知），责令停止违法行为，没收违法所得，并处5万~10万元罚款，承担连带责任		
123	8类最严重的违法食品生产经营行为	1~6类违法行为，尚不构成犯罪的，由县级以上食品安全监管部门没收违法所得和违法生产经营的食品，并可以没收用于违法生产经营的工具、设备、原料等物品		
		1~6类违法行为的罚款额度	货值不足1万元	10万~15万元
			货值1万元以上	15~30倍货值金额
		非法提供场所或其他条件的（需明知），责令停止违法行为，没收违法所得，并处10万~20万元罚款，承担连带责任		
		情节严重的7种情形（1~6类违法行为和第8类违法行为）：吊销许可证，由公安机关对直接负责的主管人员和其他直接责任人员处5~15日拘留		

（续）　　

条款	违法行为	处　　罚		
124	11类较为严重的违法生产经营行为	尚不构成犯罪的，由县级以上食品安全监管部门没收违法所得和违法生产经营的食品、食品添加剂，并可没收用于违法生产经营的工具、设备、原料等物品		
		罚款额度	货值不足1万元	5万~10万元
			货值1万元以上	10~20倍货值金额
		情况严重的，吊销许可证		
125	4类违法生产经营行为	由县级以上食品安全监管部门没收违法所得和违法生产经营的食品和食品添加剂，并可以没收用于违法生产经营的工具、设备、原料等物品		
		罚款额度	货值不足1万元	0.5万~5万元
			货值1万元以上	5~10倍货值金额
		情节严重的，责令停产停业，直至吊销许可证		
		标签、说明书瑕疵（不影响食品安全且不会产生误导）先责令改正；拒不改正，处2 000元以下罚款		
126	生产经营16类违法行为	有16种违法行为之一的，由县级以上食品安全监管部门责令改正，给予警告；拒不改正的0.5万~5万元罚款		
		情节严重的，责令停产停业，直至吊销许可证		
128	食品安全事故单位违法行为	事故后未处置、报告，由主管部门责令改正，给予警告		
		事故后隐匿、伪造、毁灭证据，责令停产停业，没收违法所得，并处10万~50万元罚款；造成严重后果的，吊销许可证		
129	进出口违法行为	1~4类，由海关按照本法124条的规定处罚		
		第5类，由海关按照本法126条的规定处罚		
130	集中交易市场违法行为	由县级以上食品安全监管部门责令改正，没收违法所得，并处5万~20万元罚款		
		造成严重后果的，责令停业，直至由原发证部门吊销许可证		
		使消费者的权益受到损害的，与食品经营者承担连带责任		
131	网络食品交易违法行为	1类	由县级以上食品安全监管部门责令平台提供者整改，没收违法所得，并处5万~20万元罚款	
			造成严重后果的，责令平台提供者停业，直至吊销许可证	
			使消费者权益受到损害的，平台提供者承担连带责任	
		2类	消费者可以向入网食品经营者或者食品生产者要求赔偿	
		3类	由网络食品交易第三方平台提供者赔偿	

（续）

条款	违法行为	处罚		
132	食品贮存、运输和装卸违法行为	由食品安全监督管理等部门责令改正，给予警告		
		拒不改正的，责令停产停业，并处1万~5万元罚款		
		情节严重的，吊销许可证		
133	拒绝、阻挠、干涉工作、打击报复举报人等	由有关主管部门责令停产停业，并处0.2万~5万元罚款		
		情节严重的，吊销许可证		
		构成违反治安管理行为的，由公安机关依法给予治安管理处罚		
134	屡次违法	由食品安全监管部门责令停产停业，直至吊销许可证		
135	严重违法犯罪者的从业禁止	被吊销许可证的食品生产经营者及其法定代表人、直接负责的主管人员和其他直接责任人员，5年内不得申请食品生产经营许可或者从事食品生产经营管理工作、担任食品生产经营企业食品安全管理人员		
		因食品安全犯罪被判处有期徒刑以上刑罚的，终身不得从事食品生产经营管理工作、也不得担任食品安全管理人员		
		食品生产经营者聘用人员违反前两款规定，吊销许可证		
136	免予行政处罚	免于行政处罚，但仍应没收食品经营者的违法食品；造成人身、财产或者其他损害的，依法承担赔偿责任		
137	提供虚假监测、评估信息	对技术机构直接负责的主管人员和技术人员给予撤职、开除处分；有执业资格的，吊销执业证书		
138	提供虚假检验报告	撤销该食品检验机构的检验资质，没收所收取的检验费用		
		罚款额度	检测费用不足1万元	5万~10万元
			检测费用1万元以上	5~10倍检测费用
		对食品检验机构直接负责的主管人员和食品检验人员给予撤职或者开除处分，被开除者10年内不得从事食品检验工作		
		导致发生重大食品安全事故的对直接负责的主管人员和食品检验人员给予开除处分，终身不得从事食品检验工作		
		因食品安全违法行为受到刑事处罚，受到开除处分的食品检验机构人员，终身不得从事食品检验工作		
		食品检验机构出具虚假检验报告，使消费者的合法权益受到损害的，与食品生产经营者承担连带责任		
		食品检验机构聘用不得从事食品检验工作的人员的，撤销该食品检验机构的检验资质		

（续） ✓ **学习笔记**

条款	违法行为	处罚		
139	提供虚假认证结论	由认证认可监管部门没收所收取的认证费用		
		罚款额度	费用不足1万元	5万~10万元
			费用1万元以上	5~10倍认证费用
		情节严重的，责令停业，直至撤销认证机构批准文件，并向社会公布		
		对直接负责的主管人员和负有直接责任的认证人员，撤销其执业资格		
		认证机构出具虚假认证结论，使消费者的合法权益受到损害的，与食品生产经营者承担连带责任		
140	虚假宣传和违法推荐食品	1类，依照《广告法》的规定给予处罚		
		2、3类，与食品生产经营者承担连带责任		
		4类，由主管部门没收违法所得，对直接负责的主管人员和其他直接责任人给予记大过、降级或者撤职处分；情节严重的，给予开除处分		
		5类，情节严重的经营者，由省级以上食品安全监管部门决定暂停销售该食品，并向社会公布；仍然销售该食品的，由县级以上食品安全监管部门没收违法所得和违法销售的食品，并处2万~5万元罚款		
141	编造、散布虚假信息	构成违反治安管理行为的，由公安机关依法给予治安管理处罚		
		媒体编造、散布虚假食品安全信息的，由有关主管部门依法给予处罚，并对直接负责的主管人员和其他直接责任人员给予处分		
		使公民、法人或者其他组织的合法权益受到损害的，依法承担消除影响、恢复名誉、赔偿损失、赔礼道歉等民事责任		
142	地方政府未按规定处置食品安全事故	对直接负责的主管人员和其他直接责任人员给予记大过处分		
		情节较重的，给予降级或者撤职处分		
		情节严重的，给予开除处分		
		造成严重后果的，其主要负责人还应当引咎辞职		
143	地方政府不作为	对直接负责的主管人员和其他直接责任人给予警告、记过或记大过处分		
		造成严重后果的，给予降级或者撤职处分		
144	监管部门违反规定（一）	同142条		

（续）

条款	违法行为	处罚	
145	监管部门违反规定（二）	造成不良后果的，对直接负责的主管人员和其他直接责任人员给予警告、记过或者记大过处分	
		情节较重的，给予降级或者撤职处分	
		情节严重的，给予开除处分	
146	违法检查、强制	给生产经营者造成损失的，应当依法予以赔偿，对直接负责的主管人员和其他直接责任人员依法给予处分	
149	违法构成犯罪的	依法追究刑事责任	
条例68条	4类违法情形	按《食品安全法》第125条第一款处罚	
		同时对单位的法定代表人、主要负责人、直接负责的主管人员和其他直接责任人员处以其上1年度从本单位取得收入的1~10倍罚款	
条例69条~72条	条款规定的违法情形	按《食品安全法》第126条第一款处罚	
		同时对单位的法定代表人、主要负责人、直接负责的主管人员和其他直接责任人员处以其上1年度从本单位取得收入的1~10倍罚款	
条例73条	虚假宣传	由县级以上食品安全监管部门责令消除影响，没收违法所得	
		情节严重的，依照《食品安全法》第140条第5款的规定进行处罚	
		属于单位违法的，依照本条例第75条的规定进行处罚	
条例74条	不符合所标注的企业标准规定的安全指标食品	由县级以上食品监管部门给予警告，并责令停止经营，责令企业改正	
		拒不停止经营或者改正的，没收违法食品，并罚款	
		罚款额度	货值金额不足1万元	1万~5万元
			货值金额1万元以上	5~10倍货值金额
条例75条	单位有违法情形且有3情形之一的	依照《食品安全法》的规定给予处罚	
		同时对单位的法定代表人、主要负责人、直接负责的主管人员和其他直接责任人员处以其上一年度从本单位取得收入的1~10倍罚款	
条例79条	无正当理由拒绝承担复检任务	由县级以上食品监管部门给予警告	
		无正当理由1年内2次拒绝承担复检任务的，撤销复检机构资质并向社会公布	
条例80条	发布非法检验信息欺骗误导消费者的	责令改正，没收违法所得，并处10万~50万元罚款	
		拒不改正的，处50万~100万元罚款	
		构成违反治安管理行为的，由公安机关依法给予治安管理处罚	

条款	违法行为	处　　罚
条例82条	阻碍执行职务	构成违反治安管理行为的，由公安机关依法给予治安管理处罚
条例83条	编造散布虚假食品安全信息	涉嫌构成违反治安管理行为的，应当将相关情况通报同级公安机关
条例84条	泄露第三方平台信息	依照《食品安全法》第145条的规定给予处分

2.情节严重的情形　《食品安全法》多个条文都规定了"情节严重"的法律责任，《食品安全法实施条例》第67条规定，有下列情形之一的，属于《食品安全法》第123~126条、第132条以及《食品安全法实施条例》第72条、73条规定的情节严重情形：①违法行为涉及的产品货值金额2万元以上或者违法行为持续时间3个月以上；②造成食源性疾病并出现死亡病例，或者造成30人以上食源性疾病但未出现死亡病例；③故意提供虚假信息或者隐瞒真实情况；④拒绝、逃避监督检查；⑤因违反食品安全法律、法规受到行政处罚后1年内又实施同一性质的食品安全违法行为，或者因违反食品安全法律、法规受到刑事处罚后又实施食品安全违法行为；⑥其他情节严重的情形。

3.罚款处罚权限　罚款是行政处罚手段之一，是行政执法单位对违反行政法规的个人和单位给予的行政处罚。它不需要经人民法院判决，只要行政执法单位依据行政法规的规定，做出处罚决定即可执行。为增强法律责任适用的统一性、严肃性、权威性，《食品安全法实施条例》第81条规定，食品安全监管部门依照《食品安全法》及《食品安全法实施条例》对违法单位或者个人处以30万元以上罚款的，由设区的市级以上人民政府食品安全监管部门决定。罚款具体处罚权限由国务院食品安全监管部门规定。

思考与练习

1.我国食品法律法规体系由哪些方面组成？

2.我国目前的食品安全监管体制是什么？

3.《食品安全法》的立法目的和适用范围是什么？

4.食品安全管理的工作原则是什么？

5.什么是食品安全风险监测和食品安全风险评估？

6.食品生产经营的基本要求是什么？

7.哪些食品是禁止生产经营的？

8.患有哪些疾病的人员不得从事接触直接入口食品的工作？

9.《食品安全法》涉及的食品行政许可或审批事项有哪些？

10.实现食品安全全程追溯，食品生产经营者应建立哪些制度？

11.食品生产经营过程控制包括哪些要求？

12.《食品安全法》对餐饮服务提供者、网络食品交易第三方平台提供者有哪些要求？

13.食品经营者在贮存、销售散装食品时的标注要求是什么？

14.《食品安全法》对进出口食品有哪些要求？

15.食品检验人应遵守哪些规定？

16.什么是食品安全风险分级管理？

17.《食品安全法》对严重违法犯罪者的从业禁止和提供虚假检验报告的处罚规定是什么？

18.我国对食品安全犯罪案件的双向移送和协同处理规定是什么？

食用农产品安全监管法律法规

>>> 任务一　农产品质量安全法 <<<

食用农产品是城乡居民食物结构的重要组成部分，也是加工食品的重要原料来源，因此，农产品的质量安全状况直接关系着人民群众的身体健康乃至生命安全，必须管好源头，源头管好了，餐桌上才安全。为保障农产品质量安全，维护公众健康，促进农业和农村经济发展，2006年4月29日，我国颁布了《农产品质量安全法》，2018年10月26日第十三届全国人民代表大会常务委员会第六次会议修正。《农产品质量安全法》颁布实施以来，对规范农产品生产经营活动、保障农产品质量安全发挥了重要作用，农产品质量安全整体水平得到有效提升。

《农产品质量安全法》（2018年修正）

一、农产品质量安全法的调整范围

1.调整的产品范围　联合国粮食组织（FAO）和世界卫生组织（WHO）及其联合成立的国际食品法典委员会（CAC）将农产品统称为"农产食品"。为了做好《农产品质量安全法》与当时《食品卫生法》和《产品质量法》的衔接，减少和防止农产品与食品的交叉，《农产品质量安全法》没有使用FAO和WHO及CAC通用的农产品概念，而是根据我国农产品、食品的当时的管理体制与《国务院关于进一步加强食品安全工作的决定》关于"农业部门负责初级农产品生产环节的监管""按照一个监管环节由一个部门监管的原则，采取分段监管为主、品种监管为辅的方式，进一步理顺食品安全监管职能，明确责任"的规定，将农产品定义为来源于农业的初级产品，即在农业活动中获得的植物、动物、微生物及其产品。而农产品质量安全，是指农产品质量符合保障人的健康、安全的要求。

关于农业初级产品的范围，2014年10月31日农业部、国家食品药品监督管理总局《关于加强食用农产品质量安全监督管理工作的意见》有更具体的规定，食用农产品是指来源于农业活动的初级产品，即在农业活动中获得的、供人食用的植物、动物、微生物及其产品。"农业活动"既包括传统的种植、养殖、采摘、捕捞等农业活动，也包括设施农业、生物工程等现代农业活动。"植物、动物、微生物及其产品"是指在农业活动中直接获得的以及经过分拣、去皮、剥壳、粉碎、清洗、切割、冷冻、打蜡、分级、包装等加工，但未改变其基本自然性状和化学性质的产品，如蔬菜、瓜果、未经加工的肉类等等。

2.调整的行为主体 既包括农产品的生产者和销售者，也包括农产品质量安全管理者和相应的检测技术机构和人员等。

3.调整的管理环节 既包括产地环境、农业投入品的合理使用、农产品生产和产后处理的标准化管理，也包括农产品的包装、标识、标志和市场准入管理。

二、农产品质量安全法的基本内容

《农产品质量安全法》共分8章56条。

第1章 总则，共10条，对立法目的，调整范围，农产品质量安全的内涵，法律的实施主体，经费投入，农产品质量安全风险评估、风险管理和风险交流，农产品质量安全信息发布，安全优质农产品生产，公众质量安全教育等方面做出了规定。确立了政府统一领导、农业主管部门依法监管、其他有关部门分工负责的农产品质量安全管理体制。

第2章 农产品质量安全标准，共4条，对于农产品质量安全标准体系的建立；农产品质量安全标准的性质、制定、发布、实施的程序和要求等做出了规定。确立了农产品质量安全标准的强制实施制度。政府有关部门应当按照保障农产品质量安全的要求，依法制定和发布农产品质量安全标准并监督实施；国家引导、推广农产品标准化生产，鼓励和支持生产优质农产品，禁止生产、销售不符合国家规定的农产品质量安全标准的农产品。

第3章 农产品产地，共5条，对于农产品禁止生产区域的确定，农产品标准化生产基地的建设，农业投入品的合理使用等方面做出了规定。确立了防止因农产品产地污染而危及农产品质量安全的农产品产地管理制度。

第4章 农产品生产，共8条，对农产品生产技术规范的制定，农业投入品的生产许可和监督抽查，农产品质量安全技术培训与推广，农产品生产档案记录，农产品生产者自检，农产品行业协会自律等方面做出了规定。

第5章 农产品包装和标识，共5条，对于农产品分类包装、包装标识、包装材质、转基因标识、动植物检疫标识、优质农产品质量标志做出了规定，确立了农产品的包装和标识管理制度。

第6章 监督检查，共10条，对农产品质量安全市场准入条件、监测计划与抽查、检验机构、复检与赔偿、批发市场和销售企业责任、社会监督、现场检查和行政强制、事故报告、责任追究、进口农产品质量安全要求等方面做出了规定。有下列情形之一的农产品，不得销售：①含有国家禁止使用的农药、兽药或者其他化学物质的；②农药、兽药等化学物质残留或者含有的重金属等有毒有害物质不符合农产品质量安全标准的；③含有的致病性寄生虫、微生物或者生物毒素不符合农产品质量安全标准的；④使用的保鲜剂、防腐剂、添加剂等材料不符合国家有关强制性的技术规范的；⑤其他不符合农产品质量安全标准的。

第7章 法律责任，共12条，主要对监管人员责任、监测机构责任、产地污染责任、投入品使用责任、生产记录违法行为处罚、包装标识违法行为处罚、保鲜剂等使用违法行为处罚、农产品销售违法行为处罚、冒用标志行为处罚、行政执法机关、刑事责任和民事责任等内容进行了规定。根据违法情节的轻重分别给予行政处分、罚款、撤销其检验资格、赔偿等，直到依法追究刑事责任。

第8章 附则，共2条，对生猪屠宰管理和《农产品质量安全法》的实施日期进行了规定。

>>> 任务二 食用农产品的安全管理 <<<

利用剧毒农药、化肥、膨大剂等对蔬菜瓜果进行病虫害防治、催肥的问题，是百姓最担忧的食品安全问题之一。在从农田到餐桌的食品安全系统工程中，必须做好源头治理，守住第一道关口，确保食用农产品质量安全。《农产品质量安全法》在加强食品安全源头管理方面主要有以下规定。

一、农产品产地管理

农产品产地是农业生产的载体，农产品产地环境直接影响农产品质量安全。农产品产地的土壤、农用水容易受到农业投入品、工业排放等污染，一旦污染物进入农产品产地环境，就很难消除，会在土壤中富集，并随农作物根系进入植株，危害农产品质量安全，最终影响人体健康和生命安全。《农产品质量安全法》规定，县级以上地方人民政府农业行政主管部门按照保障农产品质量安全的要求，根据农产品品种特性和生产区域大气、土壤、水体中有毒有害物质状况等因素，认为不适宜特定农产品生产的，提出禁止生产的区域，报本级人民政府批准后公布。具体办法由国务院农业行政主管部门商国务院生态环境主管部门制定。禁止在有毒有害物质超过规定标准的区域生产、捕捞、采集食用农产品和建立农产品生产基地。禁止违反法律、法规的规定向农产品产地排放或者倾倒废水、废气、固体废物或者其他有毒有害物质。农业生产用水和用作肥料的固体废物，应当符合国家规定的标准。农产品生产者应当合理使用化肥、农药、兽药、农用薄膜等化工产品，防止对农产品产地造成污染。我国颁布的与农产品产地保护有关的法律法规还有《环境保护法》《水污染防治法》《农业法》《土地管理法》《基本农田保护条例》[①]《农产品产地安全管理办法》《土地复垦条例》等。《农产品产地安全管理办法》规定，县级以上人民政府农业行政管理部门应当建立健全农产品产地安全监测管理制度，加强农产品产地安全调查、监测和评价工作。

二、农产品生产管理

优质安全的农产品是生产出来的。生产者只有严格按照规定的技术要求和操作规程进行农产品生产，科学合理地使用符合国家要求的农药、兽药、肥料、饲料及饲料添加剂等农业投入品，适时地收获、捕捞和屠宰动植物或其产品，才能生产出符合标准要求的农产品，才能保证消费安全。《农产品质量安全法》要求：

（1）国务院农业行政主管部门和省人民政府农业行政主管部门应当制定保障农产品质量安全的生产技术要求和操作规程，对可能影响农产品质量安全的农药、兽药、饲料和饲料添加剂、肥料、兽医器械，依照有关法律、行政法规的规定实行许可制度。

（2）农产品生产企业和农民专业合作经济组织应当建立农产品生产记录，如实记载：

---

① 《中华人民共和国环境保护法》，本教材统一简称《环境保护法》；

《中华人民共和国水污染防治法》，本教材统一简称《水污染防治法》；

《中华人民共和国农业法》，本教材统一简称《农业法》；

《中华人民共和国土地管理法》，本教材统一简称《土地管理法》；

《中华人民共和国基本农田保护条例》，本教材统一简称《基本农田保护条例》。

①使用农业投入品的名称，来源，用法，用量和使用、停用的日期；②动物疫病，植物病虫草害的发生和防治情况；③收获、屠宰或者捕捞的日期等生产资料。农产品生产记录应当保存2年，禁止伪造农产品生产记录。

（3）农产品生产者应当合理使用农业投入品，严格执行农业投入品使用安全间隔期或者休药期的规定，防止危及农产品质量安全。禁止在农产品生产过程中使用国家明令禁止使用的农业投入品。

（4）农产品生产企业和农民专业合作经济组织，应当自行或者委托检测机构对农产品质量安全状况进行检测，经检测不符合农产品质量安全标准的农产品，不得销售。

三、农业投入品管理

1.农药管理　《农药管理条例》规定：①农药生产应取得农药登记证和生产许可证，农药经营应取得经营许可证；②农药使用者应当严格按照农药的标签标注的使用范围、使用方法和剂量、使用技术要求和注意事项使用农药，不得扩大使用范围、加大用药剂量或者改变使用方法；③农药使用者不得使用禁用的农药；④标签标注安全间隔期（农药安全间隔期是指最后一次施药至作物收获时的间隔天数）的农药，在农产品收获前应当按照安全间隔期的要求停止使用；⑤剧毒、高毒农药不得用于防治卫生害虫，不得用于蔬菜、瓜果、茶叶、菌类、中草药材的生产，不得用于水生植物的病虫害防治；⑥农产品生产企业、食品和食用农产品仓储企业、专业化病虫害防治服务组织和从事农产品生产的农民专业合作社等应当建立农药使用记录，如实记录使用农药的时间、地点、对象以及农药名称、用量、生产企业等；⑦农药使用记录应当保存2年以上。

为从源头上解决农产品尤其是蔬菜、水果、茶叶的农药残留超标问题，我国农业农村部自2002年开始先后发布禁限用农药公告，截至2019年11月，禁止（停止）使用的农药46种，在部分范围禁止使用的农药20种。

2.兽药管理　《兽药管理条例》规定：①兽药使用单位应当遵守国务院兽医行政管理部门制定的兽药安全使用规定，并建立用药记录；②禁止使用假、劣兽药以及国务院兽医行政管理部门规定禁止使用的药品和其他化合物；③有休药期规定的兽药用于食用动物时，饲养者应当向购买者或者屠宰者提供准确、真实的用药记录；④休药期指食品动物从停止给药到可屠宰或其产品（乳、蛋）许可上市的间隔时间；对于奶牛和蛋鸡也称弃乳期或弃蛋期；蜜蜂指从停止给药到其产品收获的间隔时间；购买者或者屠宰者应当确保动物及其产品在用药期、休药期内不被用于食品消费；⑤禁止在饲料和动物饮用水中添加激素类药品和国务院兽医行政管理部门规定的其他禁用药品；⑥经批准可以在饲料中添加的兽药，应当由兽药生产企业制成药物饲料添加剂后方可添加；⑦禁止将原料药直接添加到饲料及动物饮用水中或者直接饲喂动物；⑧禁止将人用药品用于动物。

为进一步规范养殖用药行为，保障动物源性食品安全，根据《兽药管理条例》有关规定，2019年12月27日农业农村部第250号公告，发布了《食品动物中禁止使用的药品及其他化合物清单》。

四、农产品包装和标识的管理

农产品包装和标识是实施农产品追踪和溯源，建立农产品质量安全责任追究制度的前提，是防止农产品在运输、销售或购买时被污染或被损坏的关键措施，是培育农产品品牌，提高我国农产品市场竞争力的必由之路。2006 年 11 月 1 日实施的《农产品包装和标识管理办法》规定了农产品的包装和标识活动。

1. 农产品的包装　农产品生产企业、农民专业合作经济组织以及从事农产品收购的单位或者个人，销售经过认证的绿色食品、有机农产品等农产品，必须包装，但鲜活畜、禽、水产品除外。此外，省级以上人民政府农业行政主管部门规定的需要包装销售的农产品也应包装。符合规定包装的农产品拆包后直接向消费者销售的，可以不再另行包装。包装农产品的材料和使用的保鲜剂、防腐剂、添加剂等物质必须符合国家强制性技术规范要求。包装农产品应当防止机械损伤和二次污染。

2. 农产品的标识　农产品生产企业、农民专业合作经济组织以及从事农产品收购的单位或者个人包装销售的农产品，应当在包装物上标注或者附加标识标明品名、产地、生产者或者销售者名称、生产日期。生产日期对于植物产品是指收获日期，畜禽产品是指屠宰或者产出日期，水产品是指起捕日期，其他产品是指包装或者销售时的日期。有分级标准或者使用添加剂的，还应当标明产品质量等级或者添加剂名称。未包装的农产品，应当采取附加标签、标识牌、标识带、说明书等形式标明农产品的品名、生产地、生产者或者销售者名称等内容。农产品标识所用文字应当使用规范的中文。标识标注的内容应当准确、清晰、显著。销售获得绿色食品、有机农产品等质量标志使用权的农产品，应当标注相应标志和发证机构。禁止冒用绿色食品、有机农产品等质量标志。依法需要实施检疫的动植物及其产品，应当附具检疫合格的标志、证明，如生猪屠宰检疫验讫印章、牛羊肉塑料卡环式检疫验讫标志等。

销售食用农产品可以不进行包装，销售食用农产品应当在摊位（柜台）明显位置标示相关信息，如实公布食用农产品名称、产地、生产者或者销售者名称或者姓名等相关内容。产地标示到市县一级或者农场的具体名称。除必须要标示的信息外，销售者可以自行决定增加标示的内容。

《农业转基因生物安全管理条例》规定，在我国境内销售列入农业转基因生物标识目录的农业转基因生物，由生产、分装单位和个人负责标识；经营单位和个人拆开原包装进行销售的，应当重新标识，未标识的，不得销售；畜禽及其产品、属于农业转基因生物的农产品，标识应当载明产品中含有转基因成分的主要原料名称；有特殊销售范围要求的，还应当载明销售范围，并在指定范围内销售。关于转基因生物标识的具体标注方法依照《农业转基因生物标识管理办法》执行。

进口食用农产品的包装或者标签应当符合我国法律法规的规定和食品安全国家标准的要求，并载明原产地，境内代理商的名称、地址、联系方式。进口鲜冻肉类产品的包装应当标明产品名称、原产国（地区）、生产企业名称、地址以及企业注册号、生产批号；外包装上应当以中文标明规格、产地、目的地、生产日期、保质期、贮存温度等内容。分装销售的进口食用农产品，应当在包装上保留原进口食用农产品全部信息以及分装企业、分装时间、地点、保质期等信息。

五、食用农产品合格证制度

1. 食用农产品合格证制度的背景　农业是人类利用植物或动物生长繁殖机能，通过人工培育，获得食物、工业原料和其他农副产品，以解决人们吃、穿、用等基本生活资料的生产部门。它既是人类赖以生存和发展的首要条件，又是国民经济其他部门得以存在和发展的基础。一般来说，农业单指种植业（或操作业），全面而言，则包括种植业、畜牧业、水产业。

随着农业机械、化肥、农药和良种等现代农业技术的应用，在促进了生产力水平的提高的同时，滥施滥用化肥、农药、兽药、饲料和添加剂、动植物激素等农业投入品，造成耕地土壤和农业用水中有毒、有害物质富集，并通过物质循环进入农作物、牲畜、水生动植物体内，一部分还将延伸到食品加工环节，最终损害人体健康。为适应农业和农村经济结构战略性调整和加入世界贸易组织需要，全面提高我国农产品质量安全水平和市场竞争力，2001年农业部启动了"无公害食品行动计划"，2002年，农业部和国家质检总局联合发布了《无公害农产品管理办法》；同年，农业部又和国家认监委①联合发布了《无公害农产品标志管理办法》。2003年，农业部正式启动了全国统一标志的无公害农产品认证工作。

无公害农产品是指产地环境、生产过程和产品质量符合国家有关标准和规范的要求，经认证合格获得认证证书并使用无公害农产品标志的未经加工或者初加工的食用农产品。无公害农产品认证作为实施"无公害食品行动计划"的一项重要措施，经十多年的发展，在推进农业标准化生产、保障农产品质量安全等方面取得明显成效。但随着我国农业进入高质量发展新阶段，无公害农产品的内外部形势和要求发生了深刻变化，目标定位滞后、市场导向不突出、推动手段不足等问题逐步显现。针对无公害农产品面临的新情况、新问题，中共中央办公厅、国务院办公厅印发了《关于创新体制机制推进农业绿色发展的意见》，明确提出要改革无公害农产品认证制度。2017年12月29日，农业部办公厅印发了《关于调整无公害农产品认证、农产品地理标志审查工作的通知》，明确自2018年1月1日至2018年3月31日，农业部暂停无公害农产品认证（包括复查换证）申请、受理、审核和颁证等工作，原颁发证书有效期延续，待新规章制度出台后按新要求开展认证工作。为加快推进无公害认证制度改革，避免在无公害农产品认证工作停止后出现监管"真空"，2016年7月22日，农业部印发《关于开展食用农产品合格证管理试点工作的通知》，制定了《食用农产品合格证管理办法（试行）》，并于2017年起在浙江、山东等6个省开展食用农产品合格证试点工作。

农产品质量安全是农业高质量发展的基础，农产品种植养殖生产者是农产品质量安全的第一责任人。近些年，农产品质量安全水平不断提升，但是使用禁用药物、超范围超剂量使用农药兽药、违反农药安全间隔期和兽药休药期规定等行为仍然存在。为深入贯彻落实《中共中央　国务院关于深化改革加强食品安全工作的意见》，中共中央办公厅、国务院办公厅《关于创新体制机制推进农业绿色发展的意见》有关要求，推进生产者落实农产品质量安全主体责任，2019年12月17日农业农村部印发《全国试行食用农产品合格证制度实施方案》的通知，决定在全国试行食用农产品合格证（以下简称"合格证"）制度，逐步构建以合格证管理为核心的农产品质量安全监管新模式。

2.食用农产品合格证制度的概念　食用农产品合格证制度是借鉴工业品合格证管理模式，由农产品种植、养殖生产者在自我管理、自控自检的基础上，自我承诺农产品安全合格上市的一种新型农产品质量安全治理制度。

食用农产品合格证是指食用农产品生产者根据国家法律法规、农产品质量安全国家强

---

① 国家认证认可监督管理委员会，本教材统一简称国家认监委。

制性标准，在严格执行现有的农产品质量安全控制要求的基础上，对所销售的食用农产品自行开具并出具的质量安全合格承诺标识。食用农产品合格证视同于产地证明、购货凭证和合格证明文件。生鲜乳依据《生鲜乳生产收购管理办法》执行。

3.合格证制度的试行范围　试行主体为食用农产品生产企业、农民专业合作社、家庭农场，其农产品上市时要出具合格证。鼓励小农户参与试行。试行品类为蔬菜、水果、畜禽、禽蛋、养殖水产品。

4.合格证开具要求

（1）合格证基本样式。全国统一合格证基本样式，食用农产品生产经营者可根据产品、包装的实际情况调整合格证大小、尺寸。内容应至少包含：食用农产品名称、数量（质量）、种植养殖生产者信息（名称、产地、联系方式）、开具日期、承诺声明等。若开展自检或委托检测的，可以在合格证上标示。鼓励有条件的主体附带电子合格证、追溯二维码等。

（2）合格证承诺内容。种植养殖生产者承诺不使用禁限用农药兽药及非法添加物，遵守农药安全间隔期、兽药休药期规定，销售的食用农产品符合农药兽药残留食品安全国家强制性标准，对产品质量安全以及合格证真实性负责。

（3）合格证开具依据。食用农产品生产经营者应根据实际情况采取以下方式之一作为开具合格证的依据，确保其生产经营食用农产品的质量安全，对合格证的真实性负责：①自检合格；②委托检测合格；③内部质量控制合格；④自我承诺合格。食用农产品生产经营者销售食用农产品时应当附合格证。无公害农产品、绿色食品、有机农产品及地理标志农产品有效期内的认证证书或登记证书复印件；有效的食用农产品质量安全追溯标签；肉品品质检验合格证章视同合格证，不必重复开具。

（4）合格证开具方式。种植养殖生产者自行开具，一式两联，一联出具给交易对象，一联留存一年备查。

（5）合格证开具单元。有包装的食用农产品应以包装为单元开具，张贴或悬挂或印刷在包装材料表面。散装食用农产品应以运输车辆或收购批次为单元，实行一车一证或一批一证，随附同车或同批次使用。

食用农产品生产经营者应当建立合格证开具的档案记录，并至少保存两年。

思考与练习

1.食用农产品和农产品质量安全的概念是什么？

2.《农产品质量安全法》的调整范围是什么？

3.《农产品质量安全法》的禁止性规定有哪些？

4.哪些情形的农产品不得销售？

5.农产品生产应记录哪些内容？

6.什么是农药安全间隔期和休药期？

7.食用农产品合格证的概念与内涵是什么？

8.食用农产品合格证制度的试行范围是什么？

9.食用农产品合格证开具要求是什么？

进出口食品安全监管法律法规

>>> **任务一 商检法及其实施条例** <<<

一、进出口商品检验概述

为了保护人类健康与安全，保护动植物生命和健康，保护环境，防止欺诈行为和维护国家安全，保障国际贸易顺利进行，进出口商品检验制度应运而生，目前它已成为世界大多数国家发展对外贸易，维护国际贸易秩序的重要依据。

进出口商品检验是指由国家设立的商检机构或向政府注册的独立检验机构，对进出口货物的质量、规格、卫生、安全、数量等进行检验、鉴定，并出具证书的工作，简称商检。通过商检确定进出口商品的品质、规格、质量、数量、包装、安全性能、卫生方面的指标及装运技术和装运条件等项目实施检验和鉴定，以确定其是否与贸易合同、有关标准规定一致，是否符合进出口国有关法律和行政法规的规定。进出口商品检验的内容包括出口商品品质检验、出口商品包装检验、进口商品品质检验、进口商品残损检验、出口动物产品检疫、进出口食品卫生检疫、进出口商品数量和质量鉴定、运输工具检验以及其他国家或商品用户要求实施的检验、检疫。

我国是食品生产大国，也是食品贸易大国。为保证进出口食品安全，我国先后颁布了《食品安全法》及《食品安全法实施条例》、《商检法》及《商检法实施条例》、《进出境动植物检疫法》及《进出境动植物检疫法实施条例》和《国境卫生检疫法》及《国境卫生检疫法实施细则》[①]等法律法规。

二、商检法及其实施条例的主要内容

1989年2月21日我国颁布了《商检法》，2021年4月29日修改发布。它以法律的形式明确了对进出口商品的法定检验、抽查检验、验证管理、鉴定业务、适载性检验、报检业务办理、进出口商品检验以及监督管理等基本内容，并规定了国家商检部门、商检机构、依法设立的检验机构、进出口商、代理报检企业及出入境快件运营企业的职责和

《商检法》
（2021年4
月29日修
改）

---

① 《中华人民共和国进出口商品检验法实施条例》，本教材统一简称《商检法实施条例》；

《中华人民共和国进出境动植物检疫法实施条例》，本教材统一简称《进出境动植物检疫法实施条例》；

《中华人民共和国国境卫生检疫法》，本教材统一简称《国境卫生检疫法》；

《中华人民共和国国境卫生检疫法实施细则》，本教材统一简称《国境卫生检疫法实施细则》。

法律责任。《商检法》分为总则、进口商品的检验、出口商品的检验、监督管理、法律责任和附则，共6章，39条。2005年8月31日中华人民共和国国务院令第447号公布了《商检法实施条例》，2019年3月2日根据《国务院关于修改和废止部分行政法规的规定》第4次修订。《商检法实施条例》作为《商检法》的配套法规，是对《商检法》的补充和细化，整体框架与《商检法》一致，共6章，60条。

1.进出口商品检验管理部门和检验鉴定机构

（1）进出口商品检验管理部门。国务院设立进出口商品检验部门（以下简称国家商检部门，即海关总署）主管全国进出口商品检验工作。国家商检部门设在各地的进出口商品检验机构（以下简称商检机构，即海关总署设在省、自治区、直辖市以及进出口商品的口岸、集散地的直属海关和隶属海关）管理所辖地区的进出口商品检验工作。

《商检法实施条例》（2019年修订）

（2）进出口商品检验鉴定机构。商检机构和依法设立的检验机构（以下简称其他检验机构），依法对进出口商品实施检验。国家市场监管总局根据海关总署关于进出口商品检验检测机构的特别准入要求，拟定检验检测机构（进出口商品检验领域）资质准入特别条件。新增、变更业务范围的检测机构（进出口商品检验领域）或续期的进出口商品检验检测机构直接向市场监管部门申请办理有关许可，市场监管部门审批时征求海关总署意见。其他检验机构可以接受对外贸易关系人或者外国检验机构的委托，办理进出口商品检验鉴定业务。

国家商检部门和商检机构依法对其他检验机构的进出口商品检验鉴定业务活动进行监督，可以对其检验的商品抽查检验。

商检机构是管理进出口商品检验工作的行政执法机关，行使行政执法和管理监督职能。列入《出入境检验检疫机构实施检验检疫的进出境商品目录》（以下简称《法检目录》）的商品必须由商检机构检验。其他检验机构是经过国家商检部门许可才具备从事委托的进出口商品检验鉴定业务的资格第三方商业机构。

2.进出口商品检验与验证的管理

（1）确定必须实施检验的进出口商品范围的原则。国际贸易商品种类繁多，涉及工业产品、农产品及其他消费品，国家对一些重要的进出口商品必须实施检验管理。《商检法》及《商检法实施条例》规定，进出口商品检验应当根据保护人类健康和安全、保护动物或者植物的生命和健康、保护环境、防止欺诈行为、维护国家安全的原则，由国家进出口商品检验部门制定、调整必须实施检验的进出口商品目录（即《法检目录》）并公布实施。制定、调整、公布实施《法检目录》的职责，专属国家商检部门（即海关总署）。《法检目录》应当至少在实施之日30日前由海关总署以法律文件形式公布。在紧急情况下，应当不迟于实施之日公布。

（2）《法检目录》的内容。《法检目录》是法定进出口商品检验商品、法定进出境动植物检疫商品、法定进出口食品检验商品、需签发通关单的法定卫生检疫商品、法定入境验证商品等与海关HS编码（海关商品编码）的对照目录，集多种功能于一体，既作为检验检疫、海关监管的依据，也方便进出口企业报关、报检时查阅使用。《法检目录》的基本结构由HS编码、HS名称（商品名称及备注）、标准计量单位、海关监管条件、检验检疫类别5项组成（表2-3-1）。

表2-3-1 《法检目录》示例

HS编码	HS名称	标准计量单位	海关监管条件	检验检疫类别
0210119090	其他干、熏、盐制的带骨猪腿肉	035	A/B	P.R/Q.S
1902303000	即食或快熟面条	035	A/B	R/S
1902309000	其他面食	035	A/B	P.R/Q.S
2203000000	麦芽酿造的啤酒	095	A/B	R/S
2208909099	其他蒸馏酒及酒精饮料	095	A/B	M.R/N.S

　　《商品名称及编码协调制度的国际公约》简称《协调制度》，缩写为HS。1983年6月海关合作理事会（现名世界海关组织）主持制定的一部供海关、统计、进出口管理及与国际贸易有关各方共同使用的商品分类编码体系。HS编码除了用于海关税则和贸易统计外，对运输商品的计费、统计、计算机数据传递、国际贸易单证简化以及普遍优惠制税号的利用等方面，都提供了一套可使用的国际贸易商品分类体系，目前全球贸易量98%以上使用这一目录，已成为国际贸易的一种标准语言。

　　从1992年1月1日起，我国进出口税则采用世界海关组织HS编码。目前我国使用的HS编码，一共10位，其中前6位为国际标准编码。国际标准编码把所有国际贸易商品按生产部门分为22类。在各类内，基本上按同一起始原料或同一类型的产品设章，共有98章，章以下再分为目和子目。编码第一、二位数码代表"章"，第三、四位数码代表"目"，第五、六位数码代表"子目"。任何进出口商品都能在这个分类体系中找到自己适当的位置，如第一类为活动物、动物产品（第1~5章）；第二类为植物产品（第6~14章）；第三类为动、植物油、脂及其分解产品，精制的食用油脂、动、植物蜡（第15章）；第四类为食品，饮料、酒及醋，烟草、烟草及烟草代用品的制品（第14~16章）。

　　在法检目录中，标准计量单位用3位数字表示，如032——平方米，035——千克，036——克，038——万个，039——具，040——百副。海关监管条件项下的代码A表示须实施进境检验检疫；B表示须实施出境检验检疫；A/B表示进境和出境时均须实施检验检疫。检验检疫类别分别用不同的字母表示：①P表示须实施进境动植物、动植物产品检疫；②Q表示须实施出境动植物、动植物产品检疫；③R表示须实施进口食品卫生监督检验；④S表示须实施出口食品卫生监督检验；⑤M表示须实施进口商品检验；⑥N表示须实施出口商品检验；⑦V表示须实施进境卫生检疫；⑧W表示须实施出境卫生检疫；⑨L表示须实施民用商品入境验证。

　　现行《法检目录》事实上是一个"五合一"的检验检疫监管商品目录，分别来源于不同的法律或者行政法规的规定。①实施检验的进出口商品目录，其法律依据是《商检法》第4条和《商检法实施条例》第3条，具体是《法检目录》中标有"M"和"N"的商品。②实行验证管理的进出口商品目录，即验证目录，法律依据是《商检法》第26条和《商检法实施条例》第10条"实行验证管理的进出口商品目录，由海关总署商有关部门后制定、调整并公布。"具体是《法检目录》中标有"L"的商品。③实施进出境动植物检疫的商品与HS编码对照表，即法定进出境动植物检疫对照表。《进出境动植物检疫法》及《进出境动植物检疫法实施条例》只规定了实施进出境动植物检疫的范围，没有规定发布具体商品目录，此处的目录仅仅具备对照功能。具体是《法检目录》中标有"P"和"Q"的商品。④实施进出口食品检验的食品、食品添加剂和食品相关产品与HS编码对照表，即法定进出口食品检验对照表。《食品安全法》及《食品安全法实施条例》也只规定了实施进出口食品检验的范围，没有具体商品目录。具体是《法检目录》中标有"P"和"S"的商品。⑤海关凭检验检疫通关证明放行的需要实施卫生检疫的商品与HS编码对照表，即海关查验卫生检疫通关证明的商品对照表。《国境卫生检疫法》及《国家卫生检疫法实施细则》规定的卫生检疫的范围较广，但海关只对生物制品、血液制品等少部分商品凭检验检疫通关证明验放。具体是《法检目录》中标有"V"和"W"的商品。

（3）法定检验与抽查检验。法定检验和抽查检验是我国政府对进出口商品实施检验的两种基本类型，体现了国家的强制管理权。

必须实施的进出口商品检验我国称为法定检验。《商检法》及《商检法实施条例》规定，法定检验的范围不仅包括列入《法检目录》的进出口商品，还包括法律、行政法规规定必须经商检机构检验的其他进出口商品，如对出口危险货物包装容器的性能鉴定和使用鉴定、对进口可用作原料的固体废物、旧机电产品的检验等均属于法定检验。列入《法检目录》的进出口商品，由商检机构实施检验。列入《法检目录》的进口商品未经检验的，不准销售、使用；列入《法检目录》的出口商品未经检验合格的，不准出口。也就是说，《法检目录》内的进出口商品必须经过检验，而该检验必须由商检机构实施。

法定检验是指确定列入《法检目录》的进出口商品是否符合国家技术规范的强制性要求的合格评定活动。合格评定程序包括：抽样、检验和检查；评估、验证和合格保证；注册、认可和批准以及各项的组合。对列入《法检目录》进出口商品的检验，商检机构可以采信检验机构的检验结果；国家商检部门对前述检验机构实行目录管理。列入《法检目录》的进出口商品，按照国家技术规范的强制性要求进行检验；尚未制定国家技术规范的强制性要求的，应当依法及时制定，未制定之前，可以参照国家商检部门指定的国外有关标准进行检验。法律、行政法规规定由其他检验机构实施检验的进出口商品或者检验项目，依照有关法律、行政法规的规定办理。

出入境检验检疫机构对法定检验以外的进出口商品，根据国家规定实施抽查检验。出入境检验检疫机构对进出口商品实施检验的内容，包括是否符合安全、卫生、健康、环境保护、防止欺诈等要求以及相关的品质、数量、质量等项目。

（4）验证管理。商检机构依照《商检法》的规定，对实施许可制度和国家规定必须经过认证的进出口商品实行验证管理，查验单证，核对证货是否相符。实行验证管理的进出口商品目录，由海关总署商有关部门后制定、调整并公布。

为加强对国家实行进口许可制度的民用商品的验证管理，保证进口商品符合安全、卫生、环保要求，依据《商检法》及《商检法实施条例》和有关法律法规的规定，2001年12月4日国家质检总局令公布《进口许可制度民用商品入境验证管理办法》。入境验证是指对进口许可制度民用商品，在通关入境时，由海关核查其是否取得必需的证明文件，抽取一定比例批次的商品进行标志核查，并按照进口许可制度规定的技术要求进行检测。《进口许可制度民用商品入境验证管理办法》适用于对国家实行进口质量许可制度和强制性产品认证的民用商品的入境验证管理工作，如中国强制性产品认证制（CCC认证）。

海关总署统一管理全国进口许可制度民用商品的入境验证管理工作。主管海关负责所辖地区进口许可制度民用商品的入境验证工作。海关总署根据需要，制定、调整并公布《出入境检验检疫机构实施入境验证的进口许可制度民用商品目录》。对列入《出入境检验检疫机构实施入境验证的进口许可制度民用商品目录》的进口商品，由主管海关实施入境验证。进口许可制度民用商品的收货人或其代理人，在办理进口报检时，应当提供进口许可制度规定的相关证明文件，并配合海关实施入境验证工作。海关受理报检时，应当审查进口质量许可等证明文件。

属于法定检验检疫的进口许可制度民用商品，海关应当按照有关规定实施检验检疫，同时应当核查产品的相关标志是否真实有效。不属于法定检验检疫的进口许可制度民用商品，主管海关可以根据需要，进行抽查检测。

3.进出口商品的报检 报检是指进口商品的收货人或者其代理人按照《商检法实施条例》等法律法规的规定，对外贸合同的约定或证明履约的需要，向检验检疫机构申请出入境检验、检疫、鉴定，以获益出入境或取得销售使用的合法凭证及某种公证应证明所必须履行的法定程序和手续。出入境报检一般包括准备报检单证、电子报检数据录入、现场递交单证、缴纳检验检疫费用、联系配合检验检疫、签领检验检疫证单6个程序。报关是指的是进出境运输工具的负责人、进出口货物和物品的收发货人或其代理人，在通过海关监管口岸时，依法进行申报并办理报数纳税等有关手续的过程。并不是所有的出口商品都需要经过报检，一般只有国家规定的一些需要报检的商品才必须要经过报检，但是所有的进出口商品却都是需要报关的。

进出口商品的收货人或者发货人可以自行办理报检手续，也可以委托代理报检企业办理报检手续。采用快件方式进出口商品的，收货人或者发货人应当委托出入境快件运营企业办理报检手续。进出口商品的收货人或者发货人办理报检手续应依法向出入境检验检疫机构备案。

代理报检企业办理报检业务时应提交授权委托书，代理报检企业以自己名义报检的，应当承担与收货人或者发货人相同的法律责任。出入境快件运营企业接受委托报检业务时，应当以自己的名义办理报检手续，承担与收货人或者发货人相同的法律责任。

自2018年8月1日起海关进出口货物将实行整合申报报关单、报检单合并为一张报关单。关于进出口商品报检及报关有关规定，详细可见《出入境检验检疫报检规定》《出入境检验检疫报检企业管理办法》《海关进出口货物报关单填制规范》《进出口货物申报项目录入指南》。

4.进口商品的检验 法定检验的进口商品的收货人或者其代理人应当持合同、发票、装箱单、提单等必要的凭证和相关批准文件，向报关地的出入境检验检疫机构报检。通关放行后20日内，向出入境检验检疫机构申请检验，法定检验的进口商品应当在收货人报检时申报的目的地检验。商检机构应当在国家商检部门统一规定的期限内检验完毕，并出具检验证单。法定检验的进口商品未经检验的，不准销售，不准使用。大宗散装商品、易腐烂变质商品、可用作原料的固体废物以及已发生残损、短缺的商品，应当在卸货口岸检验。对前两款规定的进口商品，海关总署可以根据便利对外贸易和进出口商品检验工作的需要，指定在其他地点检验。

进口实行验证管理的商品，收货人应当向报关地的出入境检验检疫机构申请验证。出入境检验检疫机构按照海关总署的规定实施验证。

法定检验的进口商品经检验，涉及人身财产安全、健康、环境保护项目不合格的；法定检验以外的进口商品经抽查检验不合格的；实行验证管理的进口商品经验证不合格的；

由出入境检验检疫机构责令当事人销毁，或者出具退货处理通知单，办理退运手续；其他项目不合格的，可以在出入境检验检疫机构的监督下进行技术处理，经重新检验合格的，方可销售或者使用。

5. 出口商品的检验　《商检法》及《商检法实施体例》规定，法定检验的出口商品的发货人应当在海关总署统一规定的地点和期限内，持合同等必要的凭证和相关批准文件向出入境检验检疫机构报检。出口商品应当在商品的生产地检验。海关总署可以根据便利对外贸易和进出口商品检验工作的需要，指定在其他地点检验。商检机构应当在国家商检部门统一规定的期限内检验完毕，并出具检验证单。法定检验的出口商品未经检验或者经检验不合格的，不准出口。

经商检机构检验合格发给检验证单的出口商品，应当在出入境检验检疫机构规定的期限内报关出口；超过期限的，应当重新报检。

出口实行验证管理的商品，发货人应当向出入境检验检疫机构申请验证，出入境检验检疫机构按照海关总署的规定实施验证。

在商品生产地检验的出口商品需要在口岸换证出口的，由商品生产地的出入境检验检疫机构按照规定签发检验换证凭单。发货人应当在规定的期限内持检验换证凭单和必要的凭证，向口岸出入境检验检疫机构申请查验。经查验合格的，由口岸出入境检验检疫机构签发货物通关单。

法定检验的出口商品、实行验证管理的出口商品，海关凭按照规定办理海关通关手续。根据海关总署2018年第50号规定公告，自2018年6月1日起，海关统一发送一次放行指令，海关监管作业场所经营单位凭海关放行指令为企业办理货物提离手续。

法定检验、法定检验以外的出口商品及实行验证管理的出口商品经检验或查验发现不合格的，在出入境检验检疫机构监督下进行技术处理，经重新检验合格的，方准出口；不能进行技术处理或者技术处理后重新检验仍不合格的，不准出口。对装运出口的易腐烂变质食品、冷冻品的集装箱、船舱、飞机、车辆等运载工具，承运人、装箱单位或者其代理人应当在装运前向出入境检验检疫机构申请清洁、卫生、冷藏、密固等适载检验。未经检验或者经检验不合格的，不准装运。

6. 监督管理

（1）卫生注册登记管理。国家对进出口食品生产企业实施卫生注册登记管理。获得卫生注册登记的进出口食品生产企业，方可生产、加工、储存出口食品。获得卫生注册登记的进出口食品生产企业生产的食品，方可进口或者出口。实施卫生注册登记管理的进口食品生产企业，应当按照规定向海关总署申请卫生注册登记。实施卫生注册登记管理的出口食品生产企业，应当按照规定向出入境检验检疫机构申请卫生注册登记。出口食品生产企业需要在国外卫生注册的，应当按照规定向出入境检验检疫机构申请卫生注册登记后，由海关总署统一对外办理。

（2）不合格品复验及行政复议。进出口商品的报检人对出入境检验检疫机构做出的检验结果有异议的，可以自收到检验结果之日起15日内，向做出检验结果的出入境检验检疫机构或者其上级出入境检验检疫机构以至海关总署申请复验，受理复验的出入境检验检疫机构或者海关总署应当自收到复验申请之日起60日内做出复验结论。技术复杂，不能在规定期限内做出复验结论的，经本机构负责人批准，可以适当延长，但是延长期限最多不超过30日。

71

报检人对复验结论不服或者对商检机构做出的处罚决定不服的，可以依法申请行政复议，也可以依法向人民法院提起诉讼。

（3）法检目录外商品抽查检验。商检机构对《商检法》规定必须经商检机构检验的进出口商品以外的进出口商品，根据国家规定实施抽查检验。

（4）法检目录内出口商品的监管与检验。商检机构根据便利对外贸易的需要，可以按照国家规定对列入目录的出口商品进行出厂前的质量监督管理和检验。商检机构进行出厂前的质量监督管理和检验的内容，包括对生产企业的质量保证工作进行监督检查，对出口商品进行出厂前的检验。

（5）进出口商品认证制度。认证是指由认证机构证明产品、服务、管理体系符合相关技术规范、相关技术规范的强制性要求或者标准的合格评定活动。认可是指由认可机构对认证机构、检查机构、实验室以及从事评审、审核等认证活动人员的能力和执业资格，予以承认的合格评定活动。国务院认证认可监督管理部门对有关的进出口商品实施认证管理。认证机构可以根据国务院认证认可监督管理部门同外国有关机构签订的协议或者接受外国有关机构的委托进行进出口商品质量认证工作，准许在认证合格的进出口商品上使用质量认证标志。

国务院认证认可监督管理部门根据国家统一的认证制度，对有关的进出口商品实施认证管理。认证机构可以根据国务院认证认可监督管理部门同外国有关机构签订的协议或者接受外国有关机构的委托进行进出口商品质量认证工作，准许在认证合格的进出口商品上使用质量认证标志。

商检机构依照《商检法》对实施许可制度的进出口商品实行验证管理，查验单证，核对证货是否相符。商检机构根据需要，对检验合格的进出口商品，可以加施商检标志或者封识。

三、进出口食品安全管理法规

1.进出口食品安全管理办法　为保证进出口食品安全，保护人类、动植物生命和健康，根据《食品安全法》及《食品安全法实施条例》、《海关法》及《海关法实施条例》[①]、《商检法》及《商检法实施条例》、《进出境动植物检疫法》及《进出境动植物检疫法实施条例》、《国境卫生检疫法》及《国境卫生检疫法实施细则》、《农产品质量安全法》和《国务院关于加强食品等产品安全监督管理的特别规定》等法律、行政法规的规定，2021年4月12日，海关总署第249号令公布了《进出口食品安全管理办法》[②]，自2022年1月1日起实施。

《进出口食品安全管理办法》共分6章，79条，主要内容包括对我国进出口食品安全监管的一般要求、食品进口管理、食品出口管理、相应的监督管理措施和法律责任等。办法整合吸纳了进出口肉类产品、水产品、乳品以及出口蜂蜜检验检疫监督管理办法等5部单项食品规章中的共性内容，其他需进一步明确的事项将以规范性文件形式发布。同时，考虑到"出口食品生产企业备案"已由许可审批项目调整为备案管理，并已发布相关规范性文件，原《进出口食品安全管理办法》《出口蜂蜜检验检疫管理办法》《进出口水产品检验检疫监督管理办法》《进出口肉类产品检验检疫监督管理办法》《进出口乳品检验检疫监督

《进出口食品安全管理办法》（2021年4月12公布）

---

① 《中华人民共和国海关法》，本教材统一简称《海关法》；

《中华人民共和国海关法行政处罚实施条例》，本教材统一简称《海关法实施条例》。

② 《中华人民共和国进出口食品安全管理办法》，本教材统一简称《食品安全管理办法》。

管理办法》《出口食品生产企业备案管理规定》同时一并予以废止。

通过本次修订，在海关进出口食品监管领域基本形成以《进出口食品安全管理办法》为基础、《进口食品境外生产企业注册管理规定》[①]为辅，相关规范性文件为补充的执法体系。

新的《进出口食品安全管理办法》规定，从事进出口食品生产经营活动、海关对进出口食品生产经营者及其进出口食品安全实施监督管理，应当遵守本办法。进出口食品添加剂、食品相关产品的生产经营活动按照海关总署相关规定执行。

进出口食品安全工作坚持安全第一、预防为主、风险管理、全程控制、国际共治的原则。进出口食品生产经营者对其生产经营的进出口食品安全负责。进出口食品生产经营者应当依照中国缔结或者参加的国际条约、协定，中国法律法规和食品安全国家标准从事进出口食品生产经营活动，依法接受监督管理，保证进出口食品安全，对社会和公众负责，承担社会责任。海关总署主管全国进出口食品安全监督管理工作。各级海关负责所辖区域进出口食品安全监督管理工作。

2.进口食品境外生产企业注册管理规定 为加强进口食品境外生产企业的注册管理，根据《食品安全法》及《食品安全法实施条例》、《商检法》及《商检法实施条例》、《进出境动植物检疫法》及《进出境动植物检疫法实施条例》、《国务院关于加强食品等产品安全监督管理的特别规定》等法律、行政法规的规定，2021年4月12日，海关总署第248号令公布了《进口食品境外生产企业注册管理规定》，自2022年1月1日起施行。

《进口食品境外生产企业注册管理规定》（2021年4月12日公布）

《进口食品境外生产企业注册管理规定》共分总则、注册条件与程序、注册管理和附则共4章28条。向中国境内出口食品的境外生产、加工、贮存企业的注册管理适用本规定。进口食品境外生产企业不包括食品添加剂、食品相关产品的生产、加工、贮存企业。海关总署统一负责进口食品境外生产企业的注册管理工作。向中国境内出口食品的境外生产、加工、贮存企业应当获得海关总署注册。

>>> **任务二　进口食品安全监督管理** <<<

进口食品安全作为我国食品安全的重要组成部分，关系人民群众身体健康和生命安全，关系社会和谐稳定，是重大民生问题。依据《食品安全法》确立的"预防为主、风险管理、全程控制和社会共治"原则，我国构建了覆盖"进口前准入、进口时查验、进口后监管"三个环节共21项制度的进口食品全过程治理体系，明确出口方的责任、进出口商的主体责任和政府部门的监管职责，引导进口食品安全治理工作走向法治化、规范化、科学化。

一、进口食品的基本要求

1.进口食品的基本要求 进口食品应当符合中国法律法规和食品安全国家标准，中国缔结或者参加的国际条约、协定有特殊要求的，还应当符合国际条约、协定的要求。进口尚无食品安全国家标准的食品，应当符合国务院卫生行政部门公布的暂予适用的相关标准要求。利用新的食品原料生产的食品，应当依照《食品安全法》第37条的规定，取得国务

---

① 《中华人民共和国进口食品境外生产企业注册管理规定》，本教材统一简称《进口食品境外生产企业注册管理规定》。

院卫生行政部门新食品原料卫生行政许可。

2.进口食品的基本程序 见图2-3-1。

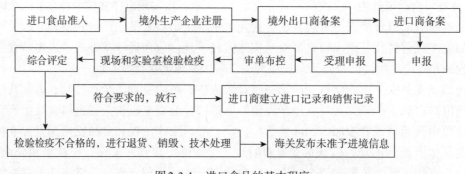

图2-3-1 进口食品的基本程序

二、进口食品进口准入管理

《进出口食品安全管理办法》第10条规定，海关依据进出口商品检验相关法律、行政法规的规定对进口食品实施合格评定。进口食品合格评定活动包括：向中国境内出口食品的境外国家（地区）[以下简称境外国家（地区）]食品安全管理体系评估和审查、境外生产企业注册、进出口商备案和合格保证、进境动植物检疫审批、随附合格证明检查、单证审核、现场查验、监督抽检、进口和销售记录检查以及各项的组合。

按照国际通行做法，我国设立了进口食品国家或地区食品安全管理体系审查制度、进口食品生产企业注册管理制度、进口食品境外出口商备案管理制度、进口食品进口商备案管理制度、进口食品官方证书制度、进口食品进口商对境外出口商、境外生产企业审核制度、进境动植物源性食品检疫审批制度、进口食品境外预先检验制度、优良进口商认定制度，施行进口前的严格准入管理，将监管延伸到境外源头，向出口方政府和生产企业传导和配置进口食品安全责任，对出口国（地区）食品安全体系实施全面审查，不符合要求的不允许进口。

1.进口食品国家或地区食品安全管理体系审查 《进出口食品安全管理办法》第11条规定，海关总署可以对境外国家（地区）的食品安全管理体系和食品安全状况开展评估和审查，并根据评估和审查结果，确定相应的检验检疫要求。

（1）评估和审查的条件。有下列情形之一的，海关总署可以对境外国家（地区）启动评估和审查：①境外国家（地区）申请向中国首次输出某类（种）食品的；②境外国家（地区）食品安全、动植物检疫法律法规、组织机构等发生重大调整的；③境外国家（地区）主管部门申请对其输往中国某类（种）食品的检验检疫要求发生重大调整的；④境外国家（地区）发生重大动植物疫情或者食品安全事件的；⑤海关在输华食品中发现严重问题，认为存在动植物疫情或者食品安全隐患的；⑥其他需要开展评估和审查的情形。

（2）评估和审查的主要内容。境外国家（地区）食品安全管理体系评估和审查主要包括对以下内容的评估、确认：①食品安全、动植物检疫相关法律法规；②食品安全监督管理组织机构；③动植物疫情流行情况及防控措施；④致病微生物、农兽药和污染物等管理和控制；⑤食品生产加工、运输仓储环节安全卫生控制；⑥出口食品安全监督管理；⑦食品安全防护、追溯和召回体系；⑧预警和应急机制；⑨技术支撑能力；⑩其他涉及动植物疫情、食品安全的情况。

（3）评估和审查的方式、审查材料及结果应用。海关总署可以组织专家通过资料审查、视频检查、现场检查等形式及其组合，实施评估和审查。海关总署组织专家对接受评估和审查的国家（地区）递交的申请资料、书面评估问卷等资料实施审查，审查内容包括资料的真实性、完整性和有效性。根据资料审查情况，海关总署可以要求相关国家（地区）的主管部门补充缺少的信息或者资料。对已通过资料审查的国家（地区），海关总署可以组织专家对其食品安全管理体系实施视频检查或者现场检查。对发现的问题可以要求相关国家（地区）主管部门及相关企业实施整改。相关国家（地区）应当为评估和审查提供必要的协助。

为便于国内外监管部门、经营主体和广大消费者了解相关信息，更好地服务进出口贸易健康发展，海关总署进出口食品安全局开发了"符合评估审查要求及有传统贸易的国家或地区输华食品目录信息系统"。目前包括肉类（鹿产品、马产品、牛产品、禽产品、羊产品、猪产品）（内脏和副产品除外）、乳制品、水产品、燕窝、肠衣、植物源性食品、中药材、蜂产品8大类进口产品信息，海关总署将根据评估和审查结果进行动态调整。

2. 进口食品境外生产企业注册管理制度 《进出口食品安全管理办法》第18条规定，海关总署对向中国境内出口食品的境外生产企业实施注册管理，并公布获得注册的企业名单。

（1）进口食品境外生产企业注册条件。①所在国家（地区）的食品安全管理体系通过海关总署等效性评估、审查；②经所在国家（地区）主管当局批准设立并在其有效监管下；③建立有效的食品安全卫生管理和防护体系，在所在国家（地区）合法生产和出口，保证向中国境内出口的食品符合中国相关法律法规和食品安全国家标准；④符合海关总署与所在国家（地区）主管当局商定的相关检验检疫要求。

（2）进口食品境外生产企业注册的方式。《进口食品境外生产企业注册管理规定》规定，进口食品境外生产企业注册方式包括所在国家（地区）主管当局推荐注册和企业申请注册。海关总署根据对食品的原料来源、生产加工工艺、食品安全历史数据、消费人群、食用方式等因素的分析，并结合国际惯例确定进口食品境外生产企业注册方式和申请材料。经风险分析或者有证据表明某类食品的风险发生变化的，海关总署可以对相应食品的境外生产企业注册方式和申请材料进行调整。

下列食品的境外生产企业由所在国家（地区）主管当局向海关总署推荐注册：肉与肉制品、肠衣、水产品、乳品、燕窝与燕窝制品、蜂产品、蛋与蛋制品、食用油脂和油料、包馅面食、食用谷物、谷物制粉工业产品和麦芽、保鲜和脱水蔬菜以及干豆、调味料、坚果与籽类、干果、未烘焙的咖啡豆与可可豆、特殊膳食食品、保健食品。上述食品之外的其他食品由企业申请注册。

所在国家（地区）主管当局应当对其推荐注册的企业进行审核检查，确认符合注册要求后，向海关总署推荐注册并提交以下申请材料：①所在国家（地区）主管当局推荐函；②企业名单与企业注册申请书；③企业身份证明文件，如所在国家（地区）主管当局颁发的营业执照等；④所在国家（地区）主管当局推荐企业符合本规定要求的声明；⑤所在国家（地区）主管当局对相关企业进行审核检查的审查报告。必要时，海关总署可以要求提供企业食品安全卫生和防护体系文件，如企业厂区、车间、冷库的平面图以及工艺流程图等。

上述所列食品以外的其他食品境外生产企业，应当自行或者委托代理人向海关总署提出注册申请并提交以下申请材料：①企业注册申请书；②企业身份证明文件，如所在国家（地区）主管当局颁发的营业执照等；③企业承诺符合本规定要求的声明。

进口食品境外生产企业注册有效期为5年。海关总署在对进口食品境外生产企业予以注册时，应当确定注册有效期起止日期。海关总署统一公布获得注册的进口食品境外生产企业名单。

3. 进口食品境外出口商和境内进口商备案制度 为掌握进口食品进出口商信息及进口食品来源和流向，保障进口食品可追溯性，有效处理进口食品安全事件，《进出口食品安全管理办法》第19条规定，向中国境内出口食品的境外出口商或者代理商（以下简称"境外出口商或者代理商"）应当向海关总署备案。食品进口商应当向其住所地海关备案。境外出口商或者代理商、食品进口商办理备案时，应当对其提供资料的真实性、有效性负责。境外出口商或者代理商、食品进口商备案名单由海关总署公布。

4. 进口商对境外出口商、境外生产企业审核制度 《食品安全法实施条例》第48条和《进出口食品安全管理办法》第22条规定，进口商应当建立境外出口商、境外生产企业审核制度，重点审核境外出口商、境外生产企业制定和执行食品安全风险控制措施的情况以及向我国出口的食品是否符合中国法律法规和食品安全国家标准的情况。

海关依法对食品进口商实施审核活动的情况进行监督检查。食品进口商应当积极配合，如实提供相关情况和材料。

5. 进境动植物源性食品检疫审批制度 《进出口食品安全管理办法》规定，海关依法对应当实施入境检疫的进口食品实施检疫。海关依法对需要进境动植物检疫审批的进口食品实施检疫审批管理。食品进口商应当在签订贸易合同或者协议前取得进境动植物检疫许可。

《进出境动植物检疫法》及《进出境动植物检疫法实施条例》、《进境动植物检疫审批管理办法》规定，海关总署根据法律法规的有关规定以及国务院有关部门发布的禁止进境物名录，制定、调整并发布需要检疫审批的动植物及其产品名录。《进境动植物检疫审批管理办法》规定进口商在签署贸易合同前向审批机构申请检疫审批，并提交规定的材料。各直属海关作为检疫审批的初审机构，负责所辖地区进境动植物检疫审批申请的初审工作，海关总署可以授权直属海关对其所辖地区进境动植物检疫审批申请进行审批。初审合格的，由初审机构签署初审意见，并将所有材料上报海关总署审核。必要时，可以组织有关专家对申请进境的产品进行风险分析。海关总署根据审核情况，自初审机构受理申请之日起20日内签发《检疫许可证》或者《检疫许可证申请未获批准通知单》[①]。《检疫许可证》的有效期分别为3个月或者1次有效。除对活动物签发的《检疫许可证》外，不得跨年度使用。

《出入境检验检疫机构实施检验检疫的进出境商品目录》规定了需要检验检疫的进境商品。需要办理检疫审批的进境动物源性食品有：肉类及其产品（含脏器、肠衣）、鲜蛋类、乳品（包括生乳、生乳制品、巴氏杀菌乳、巴氏杀菌工艺生产的调制乳）、水产品（包括两栖类、爬行类、水生哺乳动物及其他养殖水产品及其非熟制加工品等），可食骨蹄角及其制

---

① 《中华人民共和国进境动植物检疫许可证》，本教材统一简称《检疫许可证》；《中华人民共和国检疫许可证申请未获批准通知单》，本教材统一简称《检疫许可证申请未获批准通知单》。

品、动物源性中药材、燕窝等。植物源性食品包括，各种杂豆、杂粮、茄科类蔬菜、植物源性中药材等具有疫情传播风险的食品。

6.指定存放场所　《进出口食品安全管理办法》规定，进口食品运达口岸后，应当存放在海关指定或者认可的场所；需要移动的，必须经海关允许，并按照海关要求采取必要的安全防护措施。指定或者认可的场所应当符合法律、行政法规和食品安全国家标准规定的要求。大宗散装进口食品应当按照海关要求在卸货口岸进行检验。

三、进口食品进口时查验管理

在食品进口时，严格报关审查和检验检疫。我国设立了输华食品检验检疫申报制度、输华食品随附合格证明制度、输华食品口岸检验检疫管理制度和输华食品合格第三方检验认证机构认定制度，每月在海关总署网站发布未予准入的食品信息。同时设立了输华食品安全风险监测制度，持续系统地收集食品中有害因素的监测数据及相关信息，并进行分析处理，实现进口食品安全风险"早发现"。针对进口食品，我国还施行了严格的输华食品检验检疫风险预警及快速反应制度，对口岸检验检疫中发现的问题，及时发布风险警示通报，采取控制措施。设立输华食品进境检疫指定口岸管理制度，依据《进出境动植物检疫法》，对于肉类、冰鲜水产品等有特殊存储要求的产品，需在具备相关检疫防疫条件的指定口岸进境。

1.报关　食品进口商或者其代理人进口食品时应当依法向海关如实申报。

2.食品进口商随附合格证明材料制度　对风险较高或有其他特殊要求的进口食品，在货物抵达口岸申报时，由输华食品进口商或代理人向报关地检验检疫机构提交该批产品随附的合格证明材料，如①符合性声明或合格保证；②实验室检验报告；③出口国家（地区）主管部门或其授权机构出具的证明文件；④食品进口应当持有的其他合格证明材料等。

3.进口食品口岸检验检疫管理制度　《进出口食品安全管理办法》规定，海关依法对应当实施入境检疫的进口食品实施检疫。海关依法对需要进境动植物检疫审批的进口食品实施检疫审批管理。食品进口商应当在签订贸易合同或者协议前取得进境动植物检疫许可。

海关根据监督管理需要，对进口食品实施现场查验，现场查验包括但不限于以下内容：①运输工具、存放场所是否符合安全卫生要求；②集装箱号、封识号、内外包装上的标识内容、货物的实际状况是否与申报信息及随附单证相符；③动植物源性食品、包装物及铺垫材料是否存在《进出境动植物检疫法实施条例》第22条规定的情况；④内外包装是否符合食品安全国家标准，是否存在污染、破损、湿浸、渗透；⑤内外包装的标签、标识及说明书是否符合法律、行政法规、食品安全国家标准以及海关总署规定的要求；⑥食品感官性状是否符合该食品应有性状；⑦冷冻冷藏食品的新鲜程度、中心温度是否符合要求、是否有病变、冷冻冷藏环境温度是否符合相关标准要求、冷链控温设备设施运作是否正常、温度记录是否符合要求，必要时可以进行蒸煮试验。

海关制定年度国家进口食品安全监督抽检计划和专项进口食品安全监督抽检计划，并组织实施。

4.进口食品标签标识要求　《进出口食品安全管理办法》第30条规定，进口食品的包装和标签、标识应当符合中国法律法规和食品安全国家标准；依法应当有说明书的，还应当有中文说明书。

对于进口鲜冻肉类产品，内外包装上应当有牢固、清晰、易辨的中英文或者中文和出口国家（地区）文字标识，标明以下内容：产地国家（地区）、品名、生产企业注册编号、生产批号；外包装上应当以中文标明规格、产地（具体到州/省/市）、目的地、生产日期、保质期限、储存温度等内容，必须标注目的地为中华人民共和国，加施出口国家（地区）官方检验检疫标识。

对于进口水产品，内外包装上应当有牢固、清晰、易辨的中英文或者中文和出口国家（地区）文字标识，标明以下内容：商品名和学名、规格、生产日期、批号、保质期限和保存条件、生产方式（海水捕捞、淡水捕捞、养殖）、生产地区（海洋捕捞海域、淡水捕捞国家或者地区、养殖产品所在国家或者地区）、涉及的所有生产加工企业（含捕捞船、加工船、运输船、独立冷库）名称、注册编号及地址（具体到州/省/市）、必须标注目的地为中华人民共和国。

进口保健食品、特殊膳食用食品的中文标签必须印制在最小销售包装上，不得加贴。

进口食品内外包装有特殊标识规定的，按照相关规定执行。

5.不合格产品处置制度 进口食品经海关合格评定合格的，准予进口。进口食品经海关合格评定不合格的，由海关出具不合格证明；涉及安全、健康、环境保护项目不合格的，由海关书面通知食品进口商，责令其销毁或者退运；其他项目不合格的，经技术处理符合合格评定要求的，方准进口。相关进口食品不能在规定时间内完成技术处理或者经技术处理仍不合格的，由海关责令食品进口商销毁或者退运。

6.食品进境检疫指定口岸管理制度 《进出口食品安全管理办法》第24条规定，海关可以根据风险管理需要，对进口食品实施指定口岸进口，指定监管场地检查。指定口岸、指定监管场地名单由海关总署公布。

2019年12月23日海关总署发布《海关指定监管场地管理规范》，自发布之日起施行。指定监管场地是指符合海关监管作业场所（场地）的设置规范，满足动植物疫病疫情防控需要，对特定进境高风险动植物及其产品实施查验、检验、检疫的监管作业场地，包括进境肉类指定监管场地、进境冰鲜水产品指定监管场地、进境粮食指定监管场地、进境水果指定监管场地、进境食用水生动物指定监管场地、进境植物种苗指定监管场地、进境原木指定监管场地、进境动物隔离检疫场、其他进境高风险动植物及其产品指定监管场地。

海关总署口岸监管司负责监督管理、指导协调和组织实施全国海关指定监管场地规范管理工作。直属海关口岸监管部门负责监督管理、指导协调和组织实施本关区指定监管场地规范管理工作。隶属海关负责实施本辖区指定监管场地日常规范管理和监督检查工作。通过验收的指定监管场地在海关门户网站公布。经公布的指定监管场地可正式承载特定进境高风险动植物及其产品的海关监管业务。

四、食品进口后监督管理

1.食品进出口商和生产企业不良记录制度 《进出口食品安全管理办法》[①]第64条规定，海关依法对进出口企业实施信用管理。根据《海关企业信用管理办法》，所有海关注册登记或备案企业按照信用状况认定为认证企业、一般信用企业和失信企业，其中认证企业分为高级认证企业和一般认证企业；海关按照诚信守法便利、失信违法惩戒原则，实施差别化

---

① 《中华人民共和国海关企业信用管理办法》，本教材统一简称《海关企业信用管理办法》。

监管，赋予与信用状况相适应的优惠便利措施；对列入黑名单的企业实施联合惩戒，并采取下调认证级别、信用登记、限制申请认证，列为高风险企业或稽查重点对象等措施。

海关发现不符合法定要求的进口食品时，可以将不符合法定要求的进口食品境外生产企业和出口商、国内进口商、报检人、代理人列入不良记录名单；对有违法行为并受到行政处罚的，可以将其列入违法企业名单并对外公布。

2018年11月28日，《关于实施<海关企业信用管理办法>有关事项的公告》（海关总署公告2018年第178号），海关还可以采集能够反应企业信用状况下列信息：企业产品检验检疫合格率、国外通报、退运、召回、索赔等情况；因虚假申报等导致进口方原产地证书核查等情况。企业有违反国境卫生检疫、进出境动植物检疫、进出口食品化妆品安全、进出口商品检验规定被追究刑事责任的，海关认定为失信企业。企业在申请认证期间，海关应当终止认证。

2.食品进口和销售记录制度 《进出口食品安全管理办法》第21条规定，食品进口商应当建立食品进口和销售记录制度，如实记录食品名称、净含量/规格、数量、生产日期、生产或者进口批号、保质期、境外出口商和购货者名称、地址及联系方式、交货日期等内容，并保存相关凭证。记录和凭证保存期限不得少于食品保质期满后6个月；没有明确保质期的，保存期限为销售后2年以上。进口商未建立食品进口和销售记录制度的、建立的食品进口和销售记录信息不真实的或记录保存期限少于两年的按照《食品安全法》第129、126条的规定给予处罚。

3.进口食品召回制度 《进出口食品安全管理办法》第37条规定，食品进口商发现进口食品不符合法律、行政法规和食品安全国家标准，或者有证据证明可能危害人体健康，应当按照《食品安全法》第六十三条和第九十四条第三款规定，立即停止进口、销售和使用，实施召回，通知相关生产经营者和消费者，记录召回和通知情况，并将食品召回、通知和处理情况向所在地海关报告。

4.进口食品安全风险监测制度 《进出口食品安全管理办法》第57、58、60条规定，海关总署依照《食品安全法》第100条规定，收集、汇总进出口食品安全信息，建立进出口食品安全信息管理制度。各级海关负责本辖区内以及上级海关指定的进出口食品安全信息的收集和整理工作，并按照有关规定通报本辖区地方政府、相关部门、机构和企业。通报信息涉及其他地区的，应当同时通报相关地区海关。海关收集、汇总的进出口食品安全信息，除《食品安全法》第100条规定内容外，还包括境外食品技术性贸易措施信息。

海关应当对收集到的进出口食品安全信息开展风险研判，依据风险研判结果，确定相应的控制措施。

海关制定年度国家进出口食品安全风险监测计划，系统和持续收集进出口食品中食源性疾病、食品污染和有害因素的监测数据及相关信息。

5.进口食品安全风险预警通报制度 进口食品中发现严重食品安全问题或疫情的，以及境外发生食品安全事件或疫情可能影响到进口食品安全的，海关应当及时采取风险预警或控制措施。《进出口食品安全管理办法》第35条规定，有下列情形之一的，海关总署依据风险评估结果，可以对相关食品采取暂停或者禁止进口的控制措施：①出口国家（地区）发生重大动植物疫情，或者食品安全体系发生重大变化，无法有效保证输华食品安全的；②进口食品被检疫传染病病原体污染，或者有证据表明能够成为检疫传染病传播媒介，且无法实施有效卫生处理的；③海关实施本办法第34条第2款规定控制措施的进口食品，再次发现相关安全、健康、环境保护项目不合格的；④境外生产企业违反中国相关法律法规，情节严重的；⑤其他信息显示相关食品存在重大安全隐患的。

《进出口食品安全管理办法》第59条规定，境内外发生食品安全事件或者疫情疫病可能影响到进出口食品安全的，或者在进出口食品中发现严重食品安全问题的，直属海关应当及时上报海关总署；海关总署根据情况进行风险预警，在海关系统内发布风险警示通报，并向国务院食品安全监督管理、卫生行政、农业行政部门通报，必要时向消费者发布风险警示通告。海关总署发布风险警示通报的，应当根据风险警示通报要求对进出口食品采取本办法第34、35、36条和第54条规定的控制措施。

▶▶▶ 任务三 出口食品安全监督管理 ◀◀◀

一、出口食品安全监管概述

出口食品的卫生安全不仅关系到进口该食品的国家（地区）的消费者的身体健康和生命安全，也直接影响到我国出口食品企业的国际市场的竞争能力，更关系到我国在国际上的政治形象。出口食品安全管理体系涉及原料种植养殖环节、生产加工环节、出口检验环节。为把好进出口食品安全关，落实地方政府的源头治理责任和企业的质量安全主体责任，有效落实检验检疫部门监督管理职责，海关总署在出口食品种植、养殖源头环节，实施出口食品原料种植、养殖场备案管理制度，疫情疫病检测制度和农药、兽药残留监控制度。在出口食品生产加工环节，设立出口食品生产企业备案管理制度、出口食品生产企业安全管理责任制度、出口企业分类管理制度和大型出口企业驻厂检验检疫官制度；在出口食品产品监管环节设立出口食品抽查检验制度、检疫合格评定制度、质量追溯和不合格品召回制度、风险预警与快速反应制度。此外，针对出口食品企业进行诚信管理，加强质量安全诚信体系建设，全面实行出口企业质量承诺和红黑名单制度，强化源头管理、全链条监管，督促出口企业落实主体责任。

二、出口食品基本求

《进出口食品安全管理办法》第38条规定，出口食品生产企业应当保证其出口食品符合进口国家（地区）的标准或者合同要求；中国缔结或者参加的国际条约、协定有特殊要求的，还应当符合国际条约、协定的要求。进口国家（地区）暂无标准，合同也未作要求，且中国缔结或者参加的国际条约、协定无相关要求的，出口食品生产企业应当保证其出口食品符合中国食品安全国家标准。第39条条规定，海关依法对出口食品实施监督管理。出口食品监督管理措施包括：出口食品原料种植养殖场备案、出口食品生产企业备案、企业核查、单证审核、现场查验、监督抽检、口岸抽查、境外通报核查以及各项的组合。

食品出口的一般流程为：出口食品企业备案→报检→现场检验→检验检疫（包括食品检验、包装运输检验）→检验检疫合格的由海关出具通关证明，不合格的不允许出口。

三、出口食品原料种植、养殖场环节安全监管

《进出口食品安全管理办法》第40、41条规定，出口食品原料种植、养殖场应当向所在地海关备案。海关总署统一公布原料种植、养殖场备案名单，备案程序和要求由海关总

署制定。海关依法采取资料审查、现场检查、企业核查等方式，对备案原料种植、养殖场进行监督。

出口备案的具体要求见《出口食品原料种植场备案管理规定》（质检总局2012年56号公告）相关规定。

2012年10月8日国家质检总局发布《关于公布实施备案管理出口食品原料品种目录的公告》（质检总局〔2012〕第149号公告），包括蔬菜（含栽培食用菌）、茶叶、大米、禽肉、禽蛋、猪肉、兔肉、蜂产品和水产品共9大类原料品种。

1. 出口食品原料养殖场（畜禽原料）**备案**

（1）出口加工用畜禽备案养殖场应当具备的条件。出口加工用畜禽备案养殖场应当取得农业行政主管部门养殖许可，拟向出口生产企业提供养殖畜禽原料；申请备案的养殖场自觉遵守相关法律法规，接受海关监督管理；必须是由出口加工注册企业直接管理下，并达到"五统一"（即由出口肉禽生产加工注册企业统一供应畜/禽苗、统一防疫消毒、统一供应饲料、统一供应药物、统一屠宰加工）要求的养殖场，养殖场应是出口畜/禽产品生产企业的原料基地，或事先与相关加工厂签订合同，明确双方责任、义务、要求，建立稳定的原料供求关系。

（2）办理流程。养殖场向所在地隶属海关窗口申请备案，所在地隶属海关受理申请后应当进行文件审核，必要时可以实施现场审核。审核符合条件的，予以备案。海关总署官方网站公布备案名单。

（3）出口畜禽原料养殖场备案申请材料。①出口加工用畜/禽饲养场备案申请书；②畜/禽饲养场的质量控制体系文件；③《企业法人营业执照》复印件；④《动物防疫合格证》（复印件）；⑤专职兽医资质证明；⑥出口畜/禽及其制品生产企业与饲养场的协议书；⑦饲养场平面图（标明大门、禽舍、生活区、水域、饲料库、药品库等）；⑧员工健康证明；⑨使用药物及饲料清单；⑩加工厂出口食品生产企业备案证明复印件；⑪畜/禽饲养场饮用水水质检测报告；⑫饲养畜禽产品有资格的检测实验室检测报告（兽药残留、重金属和环境污染物等有毒有害物质，根据风险分析原则结合本地实际确定具体检测项目）；⑬由拟供货加工厂代为办理的，需提供养殖场委托加工厂办理的授权委托书原件；⑭种苗采购的证明材料。人工繁育的国内种苗必须来自农业行政主管部门批准的种苗场。海关应监督备案养殖场确保所投入种苗健康安全，无禁用药物残留。

2. 出口食品原料种植场备案

（1）备案依据。《食品安全法》第99条；《进出口食品安全管理办法》；《出口食品原料种植场备案管理规定》（质检总局2012年56号公告）、《关于公布实施备案管理出口食品原料品种目录的公告》（质检总局〔2012〕第149号公告）。

（2）出口食品原料种植场备案应当具备的条件。①有合法经营种植用地的证明文件，申报材料真实有效；②土地相对固定连片，周围具有天然或者人工的隔离带（网），符合当地海关机构根据实际情况确定的土地面积要求；③大气、土壤和灌溉用水符合国家有关标准的要求，种植场及周边无影响种植原料质量安全的污染源；④有专门部门或者专人负责农药等农业投入品的管理，有适宜的农业投入品存放场所，农业投入品符合中国或者进口国家（地区）有关法规要求；⑤有完善的质量安全管理制度，应当包括组织机构、农业投入品使用管理制度、疫情疫病监测制度、有毒有害物质控制制度、生产和追溯记录制度等；

⑥配置与生产规模相适应、具有植物保护基本知识的专职或者兼职管理人员；⑦法律法规规定的其他条件。

（3）办理流程。同出口食品原料养殖场（畜禽原料）备案。

（4）出口食品原料种植场备案申请材料。申请人应当在种植生产季开始前3个月向种植场所在地的检验检疫机构提交书面备案申请，并提供以下材料：①出口食品原料种植场备案申请表；②申请人工商营业执照或者其他独立法人资格证明的复印件；③申请人合法使用土地的有效证明文件以及种植场平面图；④要求种植场建立的各项质量安全管理制度，包括组织机构、农业投入品管理制度、疫情疫病监测制度、有毒有害物质控制制度、生产和追溯记录制度等；⑤种植场负责人或者经营者身份证复印件，植保员有关资格证明或者相应学历证书；⑥种植场常用农业化学品清单；⑦法律法规规定的其他材料。上述资料均需加盖申请单位公章。

四、出口食品生产加工环节安全监管

1.出口食品生产企业备案制度 《进出口食品安全管理办法》第42条规定，出口食品生产企业应当向住所地海关备案，备案程序和要求由海关总署制定。2019年11月27日海关总署发布《关于开展"证照分离"改革全覆盖试点的公告》（公告〔2019〕182号），在全国范围内，自2019年12月1日起，对"出口食品生产企业备案核准"实施"审批改为备案"改革。

2.出口食品生产企业对外注册管理 《进出口食品安全管理办法》第43条规定，境外国家（地区）对中国输往该国家（地区）的出口食品生产企业实施注册管理且要求海关总署推荐的，出口食品生产企业须向住所地海关提出申请，住所地海关进行初核后报海关总署。海关总署结合企业信用、监督管理以及住所地海关初核情况组织开展对外推荐注册工作，对外推荐注册程序和要求由海关总署制定。

3.出口食品生产企业安全管理责任制度 《进出口食品安全管理办法》第44条规定，出口食品生产企业应当建立完善可追溯的食品安全卫生控制体系，保证食品安全卫生控制体系有效运行，确保出口食品生产、加工、贮存过程持续符合中国相关法律法规、出口食品生产企业安全卫生要求；进口国家（地区）相关法律法规和相关国际条约、协定有特殊要求的，还应当符合相关要求。

出口食品生产企业应当建立供应商评估制度、进货查验记录制度、生产记录档案制度、出厂检验记录制度、出口食品追溯制度和不合格食品处置制度。相关记录应当真实有效，保存期限不得少于食品保质期期满后6个月；没有明确保质期的，保存期限不得少于2年。

《进出口食品安全管理办法》第47条规定，海关应当对辖区内出口食品生产企业的食品安全卫生控制体系运行情况进行监督检查。监督检查包括日常监督检查和年度监督检查。

监督检查可以采取资料审查、现场检查、企业核查等方式，并可以与出口食品境外通报核查、监督抽检、现场查验等工作结合开展。

4.出口食品包装和运输要求 《进出口食品安全管理办法》第45、46条规定，出口食品生产企业应当保证出口食品包装和运输方式符合食品安全要求。出口食品生产企业应当在运输包装上标注生产企业备案号、产品品名、生产批号和生产日期。进口国家（地区）或者合同有特殊要求的，在保证产品可追溯的前提下，经直属海关同意，出口食品生产企业可以调整前款规定的标注项目。

5.出口食品申报及检验检疫　《进出口食品安全管理办法》第48、49条规定，出口食品应当依法由产地海关实施检验检疫。海关总署根据便利对外贸易和出口食品检验检疫工作需要，可以指定其他地点实施检验检疫。

出口食品生产企业、出口商应当按照法律、行政法规和海关总署规定，向产地或者组货地海关提出出口申报前监管申请。产地或者组货地海关受理食品出口申报前监管申请后，依法对需要实施检验检疫的出口食品实施现场检查和监督抽检。

五、出口食品生产企业备案管理

1.申请（办理）条件

（1）中华人民共和国境内拟从事出口的食品生产企业。

（2）应当建立和实施以危害分析和预防控制措施为核心的食品安全卫生控制体系，该体系还应当包括食品防护计划。出口食品生产企业应当保证食品安全卫生控制体系有效运行，确保出口食品生产、加工、储存过程持续符合我国相关法律法规和出口食品生产企业安全卫生要求，以及进口国（地区）相关法律法规要求。

2.食品防护和食品防护计划　食品防护是指防范和消除以达到危害和破坏为目的而对食品实施的故意的污染（如人为破坏、投毒等等）。

食品防护和传统的食品安全不同。传统的食品安全着重于食品在加工和储藏过程中，在生物、化学和物理危害的影响下受到的一种偶然的非故意污染。这种食品的非蓄意污染能够根据加工的类型合理的预测出来，可通过建立HACCP体系来控制。食品因不当逐利、恶性竞争、社会矛盾和恐怖主义等原因影响，而受到生物、化学、物理等方面因素的故意污染或蓄意破坏，一般称为非传统食品安全。故意污染，又称经济利益驱动型掺杂，是指为谋取不当利益，故意向原辅料或食品中添加非食用物质，故意超范围、超限量使用农兽药和食品（饲料）添加剂或采用其他不适合人类食用的方法生产加工食品等的行为。蓄意破坏，又称意识驱动型掺杂，是指为伤害他人或扰乱社会，通过生物、化学、物理等因素对食品和食品生产过程进行破坏的行为。这种蓄意的行动通常是不合常理的而且是很难预测的。

非传统食品安全由食品防护计划来控制。食品安全防护计划是为确保食品生产和供应过程的安全，通过进行食品防护评估、实施食品防护措施等，最大限度降低食品受到生物、化学、物理等因素故意污染或蓄意破坏风险的方法和程序。

2001年美国在"9·11"事件以后，认为食品业也将可能成为恐怖组织的目标，率先提出了食品防护的理念，为此颁布了《2002年公共卫生安全和生物恐怖防范应对法》，提出要保护美国食品供应的传统安全和非传统安全，传统的安全着重防止食品在生产加工过程中受到生物、化学和物理危害的偶然污染，而非传统安全着重降低食品遭到人为蓄意污染和破坏的危险。达到保护非传统安全的控制方法就是食品防护。食品防护计划是为达到食品防护目的而制定的一系列制度化、程序化的书面文件，它建立在全面的食品防护安全评估基地上，遵循适应不同产品类型和企业实际的原则。2007年1月，美国农业部食品安全检查署（FSIS）发布《建立肉类、禽肉屠宰场和加工厂食品防护计划的指南》，阐述了食品防护的定义、食品防护与食品安全的区别，建立食品防护计划的必要性、有动机掺杂污染产品的人等基本内容，并提出了食品防护评估、制定食品防护计划、实施食品防护计划。

2011年1月5日，美国发布《食品安全现代化法案》，把"防范蓄意掺假"即食品防护作为其第106节。

2007年12月底至2008年1月22日，日本千叶、兵库两县3户家庭共有10人，在食用了中国河北省天洋食品加工厂生产的速冻水饺后，先后出现呕吐、腹泻等中毒症状。原因是员工吕某因对该厂给其的工资待遇和个别职工不满，为报复泄愤，利用工作之便进入该厂冷库，使用注射器先后三次进入冷库向6~9箱速冻饺子内注射甲胺磷。投毒人员判无期徒刑。事件被日本媒体报道之后，中国食品的声誉严重受损。天洋厂也因此停工数年最终倒闭，上千名职工下岗。

鉴于输日水饺中毒事件，2008年2月19日国家认监委下发《关于采取紧急措施切实加强输日食品生产企业卫生注册和监督管理工作的通知》明确要求"出口食品企业参照美国《肉类、禽肉屠宰场和加工厂食品防护计划》，结合本厂实际情况，在SSOP和HACCP体系的基地上，补充制定和实施《食品防护计划》，提高对产品的保护意识和水平"。2010年，由国家认监委牵头起草的《食品防护计划及其应用指南　食品生产企业》（GB/T 27320—2010）发布，标准规定了食品生产企业防护计划的建立、实施和改进的基本要求。适用于食品生产企业食品防护计划的建立、实施和改进，初级生产、贮藏、运输、饲料生产等企业可参照执行。

为加强出口食品全过程防护，防范出口食品在原料种植/养殖、原辅料控制、生产、包装、储存、运输等过程中，遭受人为蓄意通过化学、生物、物理等因素破坏，或受其他有毒有害物质的污染，保障出口食品安全，2015年12月21日原质检总局发布了《出口食品全过程防护工作指南（试行）》，自2016年1月1日起试行。鼓励出口食品生产加工企业在2018年12月31日前将《出口食品全过程防护工作指南（试行）》及GB/T 27320转化为企业管理制度，建立并实施食品防护计划。制定并有效实施食品防护计划能够帮助企业把其食品受到故意污染或蓄意破坏降到最小，帮助企业对恐怖分子的袭击进行预防和做出反应，有助于企业为顾客提供有质量保证的产品，从而保障企业利益，维护社会稳定。

3.出口食品生产企业安全卫生要求和产品目录　2011年9月14日国家认监委发布《关于发布出口食品生产企业安全卫生要求和产品目录的公告》（2011年第23号公告），制定了《出口食品生产企业安全卫生要求》《实施出口食品生产企业备案的产品目录》和《出口食品生产企业备案需验证HACCP体系的产品目录》，自2011年10月1日起施行。

《实施出口食品生产企业备案的产品目录》包括罐头类；水产品类；肉及肉制品类；茶叶类；肠衣类；蜂产品类；蛋制品类；速冻果蔬类、脱水果蔬类；糖类；乳及乳制品类；饮料类；酒类；花生、干果、坚果制品类；果脯类；粮食制品及面、糖制品类；食用油脂类；调味品类；速冻方便食品类；功能食品类；食用明胶类；腌渍菜类；其他共22类；出口食品生产企业不包括出口食品添加剂、食品相关产品的生产、加工、储存企业。供港澳食品、边境小额和互市贸易出口食品，海关总署另有规定的，从其规定。

出口食品生产企业备案需验证HACCP体系的产品目录包括罐头类、水产品类（活品、冰鲜、晾晒、腌制品除外）、肉及肉制品类、速冻蔬菜、果蔬汁、含肉或水产品的速冻方便食品、乳及乳制品类共7大类。

4.材料要求　填写完整的《出口食品生产企业备案申请表》。

5.办理流程

（1）申请备案。申请人向所在地主管海关提出申请并递交材料。主管海关对申请人提出的申请进行审核，对材料齐全、符合法定条件的，核发《出口食品生产企业备案证明》。

（2）备案变更。出口食品生产企业的名称、法定代表人、生产企业地址发生变化的，申请人应当自发生变更之日起15日内，向原发证海关递交申请材料，原发证海关对申请变更内容进行审核。变更申请材料齐全、证明材料真实有效的，准予变更。

（3）备案注销。申请人需要注销《出口食品生产企业备案证明》的，向主管海关提出书面申请，经主管海关审核后，办理注销手续。

6.监管措施

（1）健全出口食品生产企业备案管理系统，建立系统与通关系统有效链接，在通关过程中校验出口食品生产企业备案结果，强化海关系统内部信息共享。

（2）强化与市场监管等部门之间的信息共享，积极建立和市场监管等部门沟通渠道。

（3）各主管海关要加强信用监管，多渠道完善信用信息采集，综合运用稽查等方面数据，及时调整企业信用等级，按照"诚信守法便利、失信违法惩戒"原则，对企业进行信用监管。

（4）各主管海关要通过企业年报、现场检查等方式，加强对出口食品生产企业的监管。

思考与练习

1.什么是法定检验？《法检目录》的基本结构是什么？

2.什么是报检和报关？

3.出口食品生产企业备案应当具备哪些条件？

4.什么是食品防护？制定食品防护计划的依据是什么？

5.实施出口食品生产企业备案的产品目录包括哪些？

6.出口食品生产企业备案需验证HACCP体系的产品目录包括哪些？

7.我国进口食品安全监督管理的法律法规有哪些？

8.出口加工用畜禽备案养殖场应当具备哪些条件？

9.出口食品原料种植场备案应当具备的哪些条件？

模块三

我国的食品安全标准

3

【模块提要】本模块简要介绍了食品安全标准的概念和内容；系统介绍了食品安全通用标准、食品产品和检测标准、食品生产经营规范标准；详细介绍了食品添加剂使用标准、预包装食品标签通则、预包装食品营养标签通则和食品生产通用卫生规范。

【学习目标】熟悉食品安全通用标准的使用原则和具体要求，了解食品产品的相关要求和检测标准的类型，能够根据要求正确使用食品添加剂、审核食品标签、制作营养标签、建立食品企业安全管理体系。

项目一

我国的食品安全通用标准

>>> 任务一 食品安全标准的概念和内容 <<<

一、食品安全标准的概念

食品安全标准是以保障公众身体健康为宗旨，为了保证食品安全、防止疾病的发生，由国家食品安全管理部门对食品生产经营过程中影响食品安全的各种要素以及各关键环节所规定的唯一强制性的食品标准。按照《标准化法》[①]，我国食品标准可分为强制性的食品安全标准和非强制性的食品质量标准。食品安全标准包括食品安全国家标准和食品安全地方标准。

食品安全标准是食品生产经营者必须遵循的最低要求，是食品能够合法生产、进入消费市场的门槛；其他非食品安全方面的食品标准是食品生产经营者自愿遵守的，可以为组织生产、提高产品品质提供指导，以增加产品的市场竞争力。

食品安全标准是食品安全监督执法的法定技术依据，食品生产经营者不得生产经营不符合食品安全标准的食品，否则将予以处罚。符合法律法规的要求是食品安全生产经营的大前提，是保障食品安全的第一道门槛。食品生产经营者首先应当保证自己生产经营的食品是按照法律法规的要求，采用安全的原料、规范的生产工艺、有序的生产过程管理，且未涉及任何法律禁止的生产经营行为，在此基础上，才可以用食品安全标准判断是否安全、适于食用。任何违反法律法规的食品生产经营行为，如在食品中非法添加非食用物质、掺杂使假的行为本身就违反了法律规定，无须以食品安全标准作为监管依据，更不能以没有标准为理由逃避生产经营者的责任和监管责任。食品安全标准是在这一前提下，保障食品安全的第二道门槛。

二、食品安全标准的内容

《食品安全法》第26条规定，食品安全标准应当包括下列8个方面的内容：①食品、食品添加剂、食品相关产品中的致病性微生物，农药残留、兽药残留、生物毒素、重金属等污染物质以及其他危害人体健康物质的限量规定；②食品添加剂的品种、使用范围、用量；③专供婴幼儿和其他特定人群的主辅食品的营养成分要求；④对与卫生、营养等食品安全

---

① 《中华人民共和国标准化法》，本教材统一简称《标准化法》。

要求有关的标签、标志、说明书的要求；⑤食品生产经营过程的卫生要求；⑥与食品安全有关的质量要求；⑦与食品安全有关的食品检验方法与规程；⑧其他需要制定为食品安全标准的内容。

我国的食品安全国家标准根据其属性可分为通用标准、产品标准、生产经营规范标准、检验方法与规程标准4种类别（图3-1-1）。

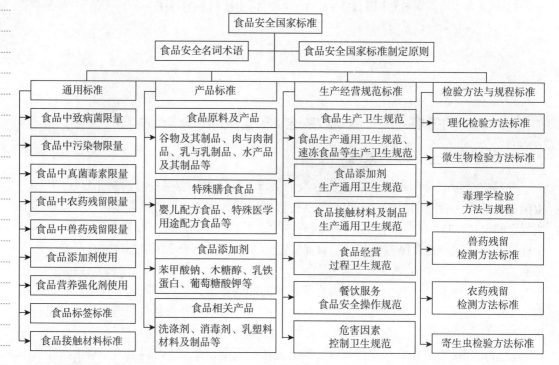

图3-1-1　我国的食品安全标准体系

截至2021年5月底，我国已发布1 282项食品安全国家标准，包括通用标准12项、食品产品标准70项、特殊膳食食品标准10项、食品添加剂质量规格及相关标准640项、食品营养强化剂质量规格标准50项、食品相关产品标准14项、生产经营规范标准34项、理化检验方法标准233项、微生物检验方法标准32项、毒理学检验方法与规程标准29项、兽药残留检测方法标准38项、农药残留检测方法标准120项。

>>> 任务二　食品中污染物质及危害人体
健康的物质的限量标准 <<<

一、概述

食品是人体生命活动所需能量和必须物质的来源，同时食品也是造成健康损害、引发疾病的主要物质或媒介。食品生产和加工从生产（包括农作物种植和动物饲养）、加工、包装、贮存、运输、销售、食用等过程中不可避免地会产生或由环境污染带入各种对人体危害污染物质。这些污染物按其来源可以划分为4个方面：①环境污染，大自然界本身存在的，空气中、土壤中的有毒化合物被植物吸收、富集，造成食品原料源头污染。②食品中存在的天然有害物质，就是在正常条件或者应激条件下生物体通过代谢或生物合成而产生的有毒化合物。比如河豚毒素、马铃薯发芽后产生的龙葵素、毒蘑菇中含有的蘑菇毒素等。③滥用食品添加剂。④食品加工、贮存、运输及烹调过程中产生的物质或工具、用具中的污染物。如含高淀粉的食品在高温下加工处理，可能生成具有潜在致癌性的丙烯酰胺；对食品进行烟熏、烘烤可产生具有致癌性的多环芳烃类物质等。

致病性微生物，农药残留、兽药残留、生物毒素、重金属等污染物质以及其他危害人体健康的物质，禁止人为添加到食品中，但是在食品生产（包括农作物种植、动物饲养和兽医用药）、加工、包装、贮存、运输、销售直至食用等过程中，可能会或多或少进入食品中。如果人体摄入的危害物质超过一定含量，就会危害人体健康。因此，必须对食品中各种危害物质的限量做出规定。

二、食品中真菌毒素限量

真菌毒素是真菌在生长繁殖过程中产生的次生有毒代谢产物，主要对谷物及其制品和部分加工水果造成污染，人和动物食用后会引起致死性的急性疾病，并且与癌症风险增高有关，且一般加工方式难以去除，所以要对食品中真菌毒素制定严格的限量标准。我国现行标准为《食品安全国家标准　食品中真菌毒素限量》（GB 2761—2017）。

GB
2761—2017

1. 术语和定义

（1）限量。限量是指真菌毒素在食品原料和（或）食品成品可食用部分中允许的最大含量水平。

（2）可食用部分。可食用部分是食品原料经过机械手段（如谷物碾磨、水果剥皮、坚果去壳、肉去骨、鱼去刺、贝去壳等）去除非食用部分后，所得到的用于食用的部分。非食用部分的去除不可采用任何非机械手段（如粗制植物油精炼）。用相同的食品原料生产不同产品时，可食用部分的量依生产工艺不同而异。如用麦类加工麦片和全麦粉时，可食用部分按100%计算；加工小麦粉时，可食用部分按出粉率折算。这里强调非食用部分的去除使用"机械手段"是指采取物理性的手段，而不可采用任何非机械手段，如粗制植物油精炼过程等。采用"机械手段"进行描述主要为了区分于化学手段以及水分蒸发等物理手段，并非指只能机器加工。引入此概念，一是有利于重点加强食品可食用部分加工过程管理，防止和减少污染，提高了标准的针对性；二是可食用部分客观反映了居民膳食消费实际情况，提高了标准的科学性和可操作性。GB 2761和GB 2762规定的食品中真菌毒素和污染物限量，如无特别规定，均以食品的可食用部分计算。

2. 应用原则

（1）无论是否制定真菌毒素限量，食品生产和加工者均应采取控制措施，使食品中真菌毒素的含量达到最低水平。

（2）标准列出了可能对公众健康构成较大风险的真菌毒素，制定限量值的食品是对消费者膳食暴露量产生较大影响的食品。膳食暴露量是某物质通过空气、食物及水等暴露途径进入体内的总量称为该物质的暴露量。膳食暴露量=食品化学物质含量 × 食品消费量/人体体重。

（3）食品类别（名称）说明。GB 2761及GB 2762两个标准均有一个"附录A——食品类别（名称）说明"，用于界定真菌毒素及污染物限量的适用范围，即确定真菌毒素及污染物限量针对的食品范围。两个标准的附录A借鉴了国际食品法典委员会（CAC）《食品和饲料中污染物和毒素通用标准》中的食品分类系统，并参考了我国现行食品标准中的分类名称，结合我国食品中污染物的污染状况制定。该食品类别不完全按照行业分类，如根据食品中污染物的污染规律，薯类归为块根和块茎蔬菜类。标准制定附录A目的，仅是为进一步说明标准文本中食品类别情况，并非对我国市场上的食品进行系统分类。当某种真菌毒素（或污染物）限量应用于某一食品类别（名称）时，则该食品类别（名称）内的所有类别食品均适用，有特别规定的除外。如酒类中展青霉素限量指标为50μg/kg，仅限于以苹果、山楂为原料制成的产品。

（4）食品中真菌毒素限量以食品通常的可食用部分计算，有特别规定的除外。如稻谷中的黄曲霉毒素 B_1 限量为10μg/kg，是以糙米计。

3. 主要内容 GB 2761—2017规定了食品中黄曲霉毒素 B_1、黄曲霉毒素 M_1、脱氧雪腐镰刀菌烯醇、展青霉素、赭曲霉毒素A及玉米赤霉烯酮6种真菌毒素在10个大类47个亚类60小类食品中的28项限量指标和检测方法。

三、食品中污染物限量

1983年，联合国粮农组织（FAO）和世界卫生组织（WHO）食品添加剂法规委员会（CCFA）第十六次会议对食品污染物的定义是：凡不是有意加入食品中，而是在生产、制造、处理、加工、填充、包装、运输和贮藏等过程中，或是由于环境污染带入食品中的任何物质。这个定义中涉及的污染物范围非常广，包括生物毒素、农药、抗生素、激素、食品添加剂和包装材料溶出物等。这些有毒有害物质进入食品之后，会使食品的营养价值和品质降低而对人体产生不同程度的危害。

《食品安全国家标准 食品中污染物限量》（GB 2762—2017）规定，食品污染物是食品在生产（包括农作物种植、动物饲养和兽医用药）、加工、包装、贮存、运输、销售、直至食用等过程中产生的或由环境污染带入的、非有意加入的化学性危害物质。

GB
2762—2017

这两个定义都强调食品污染物是非人为故意而自然发生、不可避免、反复在食品中存在的物质。我国对食品中真菌毒素限量、农药残留限量、兽药残留限量、放射性物质限量都分别制定了相关食品安全国家标准。GB 2762规定了除农药残留、兽药残留、生物毒素和放射性物质以外的化学污染物限量要求。其术语与定义同GB 2761。

1. 应用原则 GB 2762的应用原则共有5个，前4个与GB 2761相同。第五个原则是限量指标对制品有要求的情况下，干制品中污染物限量以相应新鲜食品中污染物限量结合其脱水率或浓缩率折算。脱水率或浓缩率可通过对食品的分析、生产者提供的信息以及其他可获得的数据信息等确定，有特别规定的除外。也就是说除标准中特别规定的干制食品外，所有食品均是指未经脱水、晒干或浓缩的食品原料或制品。除非是标准正文中明确是干制品的污染物，否则都需要折算脱水率。

我们食用的食品多种多样，污染物也有无数种，不可能也不必要把每种食品、每种污染物都列入标准。是否将一个污染项目列入国家标准，要看这个污染物的危害、暴露评估情况等。某类食品是否制定某一限量指标，要经过风险评估，根据此类食品中该类污染物暴露程度的影响比重来衡量。GB 2762列出了可能对公众健康构成较大风险的污染物。制定限量值的食品是对消费者膳食暴露产生较大影响的食品。对于未制定污染物限量的食品可以理解为，基于目前科学发展的阶段，该类食品不是该类污染物值得控制的暴露来源。未制定限量并非不得检出。无论是否制定污染物限量，食品生产和加工者均应采取控制措施，使食品中污染物的含量达到最低水平。对于未规定污染物指标及限量的部分加工食品，企业要实施污染物的源头管理，在采购前按标准的污染物指标及限量，对农、副、畜、禽、鱼等初级农产品实施源头管理。

2.主要内容 GB 2762规定了铅、镉、汞、砷、锡、镍、铬、亚硝酸盐、硝酸盐、苯并［a］芘、N-二甲基亚硝胺、多氯联苯、3-氯-1，2-丙二醇13种污染物在谷物、蔬菜、水果、肉类、水产品、调味品、饮料、酒类等22大类食品的162项限量规定和检测方法。

GB 2762标准先后发布了2005、2012、2017三个版本，自2012版开始，GB 2762取消了硒、铝、氟、稀土的限量指标。取消不是不管了，而是以其他方式管理，比如铝纳入GB 2760，氟纳入地方病防治，硒随着饮食方式的变化，已经不需要按污染物管理，而且它是人体需要的微量元素。

食品中的污染物不同于食品添加剂、农药、兽药，不是有意加入的化学物质。限量标准是建立在食品正常生产加工基础上的，在保证食品安全方面有重要作用，但仅仅依靠限量标准不能保证食品安全，也不能保证食品不受污染物的污染。

需要说明的是，不是所有食品均要制定污染物限量标准，也不是所有污染物均需要制定限量标准。GB 2762重点对我国居民健康构成较大风险的食品污染物和对居民膳食暴露量有较大影响的食品种类设置限量规定。制定食品安全标准以科学的风险评估为基础，重点关注与健康相关的内容，通过管理手段能够达到目的的一般不制定食品安全标准。

四、食品中农药最大残留限量

1.农药的概念 农药是指用于预防、控制危害农业、林业的病、虫、草、鼠和其他有害生物以及有目的地调节植物、昆虫生长的化学合成或者来源于生物、其他天然物质的一种物质或者几种物质的混合物及其制剂。农药分类的方法多种多样，按照防治对象区分，GB 2763中涉及的有杀虫剂、杀螨剂、杀菌剂、杀线虫剂、除草剂、植物生长调节剂等。

农药是重要的农业投入品，农药的使用直接关系到农产品的质量安全和生态环境，2021年3月3日国家卫健委、农业农村部、国家市场监管总局发布了《食品安全国家标准 食品中农药最大残留限量》（GB 2763—2021）。

2.术语和定义

（1）农药残留物。由于使用农药而在食品、农产品和动物饲料中出现的任何特定物质，包括被认为具有毒理学意义的农药衍生物，如农药转化物、代谢物、反应产物及杂质等。

（2）最大残留限量（MRL）。在食品或农产品内部或表面法定允许的农药最大浓度，以每千克食品或农产品中农药残留的毫克数表示（mg/kg）。

（3）再残留限量（EMRL）。一些持久性农药虽已禁用，但还长期存在环境中，从而再次在食品中形成残留，为控制这类农药残留物对食品的污染而制定其在食品中的残留限量，以每千克食品或农产品中农药残留的毫克数表示（mg/kg）。

（4）每日允许摄入量（ADI）。人类终生每日摄入某物质，而不产生可检测到的危害健康的估计量，以每千克体重可摄入的量表示（mg/kg bw）。

3.主要内容

（1）农药残留限量。GB 2763规定了2,4-滴丁酸（2,4-DB）等564种农药在376种（类）食品中10 092项最大残留限量，同时规定了每种农药的主要用途、ADI值、残留物、最大残留限量，并规定了374种农药的检验方法。

与2019版相比，新版标准中农药品种增加81个，增幅为16.7%；农药残留限量增加2 985项，增幅为42%；农药品种和限量数量达到国际食品法典委员会（CAC）相关标准的近2倍，全面覆盖我国批准使用的农药品种和主要植物源性农产品。

GB 2763设定了29种禁用农药792项限量值、20种限用农药345项限量值；针对社会关注度高的蔬菜、水果等鲜食农产品，制、修订了5 766项残留限量，占目前限量总数的57.1%；为加强进口农产品监管，制定了87种未在我国登记使用的农药的1 742项残留限量。

对于缺乏完整的膳食风险评估数据；每日允许摄入量是临时值；没有符合要求的残留监测分析方法；在紧急情况下，农药被批准在未登记作物上使用的情况，GB 2763规定了268种农药、3 210项临时限量，以"*"标注。

（2）食品类别及测定部位（附录A）。GB 2763附录A用于界定农药最大残留限量应用范围，仅适用于GB 2763。如某种农药的最大残留限量应用于某一食品类别时，在该食品类别下的所有食品均适用，有特别规定的除外。检测时应注意测定的部位。

（3）豁免制定食品中最大残留限量标准的农药名单（附录B）。用于界定不需要制定食品中农药最大残留限量的范围。按照国际惯例，GB 2763对不存在膳食风险的44种农药，豁免制定食品中最大残留限量标准。这44种农药，有些是原药（母药）为低毒或微毒的微生物农药；有些是原药低毒或微毒的天然植物源农药；有些是原药低毒或微毒的信息素、激素、天然植物生长调节剂、酶等农药；有些是低毒或微毒多糖类物质。个别农药如三十烷醇，则存在于自然界植物或昆虫蜡质中，也无毒性，因此也被列入豁免清单。

4.使用方法　如果查某一具体农药在食品中的最大残留限量，根据目录查到具体农药即可。但如果要查某一食品在GB 2763中的限量，要把483种农药全部查一遍才能确定，还要注意标准规定，"如某种农药的最大残留限量应用于某一食品类别时，在该食品类别下的所有食品均适用，有特别规定的除外"。以茶叶为例，在GB 2763中茶叶归为饮料类，所以，除了查各"农药限量表"中茶叶的限量外，还要注意是否出现饮料类的限量。

五、食品中兽药最大残留限量

1.兽药的概念　兽药是指用于预防、治疗、诊断动物源疾病或者有目的地调节其生理机能的物质（含药物饲料添加剂）。主要包括：血清制品、疫苗、诊断制品、微物态制品、中药材、中成药、化学药品、抗生素、生化药品、放射性药品及外用杀虫剂、消毒剂等。

兽药残留是动物性食品中最重要的污染源之一，与动物性食品安全息息相关。为加强兽药残留监控工作，保证动物性食品安全，根据《兽药管理条例》规定，2002年12月24日农业部组织修订了《动物性食品中兽药最高残留限量》（农业部235号公告）。2019年10月12日农业农村部、国家卫健委、国家市场监管总局三部门联合发布了《食品安全国家标准　食品中兽药最大残留限量》（GB 31650—2019），替代农业部公告第235号《动物性食品中兽药最高残留限量》的相应部分。

2.术语和定义 GB 31650规定了兽药残留等17个术语和定义。

（1）兽药残留、总残留、最大残留限量和每日允许摄入量（ADI）。兽药残留指食品动物用药后，动物产品的任何可食用部分中所有与药物有关的物质的残留，包括药物原形或/和其代谢产物。总残留指对食品动物用药后，动物产品的任何可食用部分中药物原形或/和其所有代谢产物的总和。最大残留限量是对食品动物用药后，允许存在于食物表面或内部的该兽药残留的最高量/浓度（以鲜重计，表示为µg/kg）。每日允许摄入量（ADI）同前文。

（2）食品动物、鱼和家禽。食品动物指各种供人食用或其产品供人食用的动物。鱼指包括鱼纲、软骨鱼和圆口鱼的水生冷血动物，不包括水生哺乳动物、无脊椎动物和两栖动物。但应注意，此定义可适用于某些无脊椎动物，特别是头足动物。家禽包括鸡、火鸡、鸭、鹅、鸽和鹌鹑等在内的家养的禽。

（3）动物性食品和可食性组织。动物性食品指供人食用的动物组织以及蛋、乳和蜂蜜等初级动物性产品。可食性组织指全部可食用的动物组织，包括肌肉、脂肪以及肝、肾等脏器。

（4）皮+脂和皮+肉。皮+脂，指带脂肪的可食皮肤。皮+肉，一般特指鱼的带皮肌肉组织。

（5）副产品、可食下水和肌肉。副产品指除肌肉、脂肪以外的所有可食组织，包括肝、肾等。可食下水指除肌肉、脂肪、肝、肾以外的可食部分。肌肉仅指肌肉组织。

（6）蛋、乳和其他食品动物。蛋，指家养母禽所产的带壳蛋。乳，指由正常乳房分泌而得，经一次或多次挤乳，既无加入也未经提取的乳。此术语也可用于处理过但未改变其组分的乳，或根据国家立法已将脂肪含量标准化处理过的乳。其他食品动物，指各品种项下明确规定的动物种类以外的其他所有食品动物。

3.主要内容 GB 31650规定了267种（类）兽药在畜禽产品、水产品、蜂产品中的2 191项残留限量及使用要求，适用于与最大残留限量相关的动物性食品。

（1）已批准动物性食品中最大残留限量规定的兽药。规定了动物性食品中阿苯达唑等104种（类）兽药的最大残留限量，同时规定了每种兽药的兽药名称、兽药分类（主要用途）、每日允许摄入量（ADI值）、残留标志物、限量表（靶动物范围、靶组织范围、残留限量）等7项内容，没有规定检验方法。

（2）允许用于食品动物，但不需要制定残留限量的兽药。规定了醋酸等154种兽药的适用动物种类和使用规定。

（3）允许作治疗用，但不得在动物性食品中检出的兽药。规定了氯丙嗪等9种兽药的残留标志物、适用动物种类和靶组织。

六、食品中致病菌限量

1.概述 食品因富含有微生物可依赖生长的营养成分，因此会不同程度的受微生物污染。食物污染后可在食品中生长繁殖并可引起人或动物疾病的细菌称为食品致病菌。食品致病菌可通过直接或间接途径污染食品及水源，人经口摄入可导致肠道传染病、食物中毒等食源性疾病的发生。食品中的致病菌主要有沙门氏菌、副溶血性弧菌、大肠杆菌、金黄色葡萄球菌等。为控制食品中致病菌污染，预防微生物性食源性疾病发生，同时整合分散在不同食品标准中的致病菌限量规定，2013年12月26日我国发布《食品安全国家标准 食品中致病菌限量》(GB 29921—2013)。

评价食品安全、质量的常用微生物指标有两类,一是指示菌,如菌落总数、大肠菌群、霉菌和酵母计数。这些指示菌指示食品腐败变质的程度及劣化程度、指示食品的加工过程是否规范、指示食品的原料是否卫生、指示食品的存放和运输过程是否规范,与食品安全没有必然联系。二是致病菌,如沙门氏菌、金黄色葡萄球菌、副溶血性弧菌、大肠埃希氏菌O157:H7、单核细胞增生李斯特氏菌等。它们与食品安全有一定的必然联系,未检出不表示真的食品安全,主要针对目前可培养的微生物。标准参照国际管理经验,对"食品-致病菌"组合开展风险评估,根据风险监测和风险评估结果,优先制定高危食品中的重要致病菌限量,降低高危致病菌导致食源性疾病的风险。

2. 适用范围和主要内容 GB 29921规定了沙门氏菌、单核细胞增生李斯特氏菌、大肠埃希氏菌O157:H7、金黄色葡萄球菌、副溶血性弧菌5种致病菌在肉制品、水产制品、即食蛋制品、粮食制品、即食豆类制品、巧克力类及可可制品、即食果蔬制品、饮料、冷冻饮品、即食调味品、坚果籽实制品等11大类食品中的24项限量规定和检测方法,适用于预包装食品。非预包装食品的生产经营者应当严格生产经营过程卫生管理,尽可能降低致病菌污染风险。罐头食品应达到商业无菌要求,不适用于GB 29921。乳与乳制品、特殊膳食食品中的致病菌限量,按照现行食品安全国家标准执行。由于蜂蜜、脂肪和油及乳化脂肪制品、果冻、糖果、食用菌等食品或原料的微生物污染的风险很低,参照国际食品法典委员会(CAC)、国际食品微生物标准委员会(ICMSF)等国际组织的制标原则,暂不设置上述食品的致病菌限量。志贺氏菌污染通常是由于手被污染、食物被飞蝇污染、饮用水处理不当或者下水道污水渗漏所致。根据我国志贺氏菌食品安全事件情况,以及我国多年风险监测极少在加工食品中检出志贺氏菌,参考CAC、ICMSF、欧盟、美国、加拿大、澳大利亚和新西兰等国际组织、国家和地区规定,GB 29921未设置志贺氏菌限量规定。菌落总数和大肠菌群等指示菌限量不在GB 29921进行规定。某一食品类别的致病菌限量适用于该类别内的所有食品,有特别规定的除外。

3. 应用原则 ①无论是否规定致病菌限量,食品生产、加工、经营者均应采取控制措施,尽可能降低食品中的致病菌含量水平及导致风险的可能性。②按《食品安全国家标准 食品微生物学检验总则》(GB 4789.1—2016)规定采样后,按规定的检验方法检验。③GB 29921规定的肉制品、水产制品、即食蛋制品、粮食制品、即食豆类制品、巧克力类及可可制品、即食果蔬制品、饮料、冷冻饮品、即食调味品和坚果籽实制品11大类食品类别用于界定致病菌限量的适范围,仅适用于本标准。GB 29921不对香辛料类调味品规定致病菌限量。

4. 采样方案及结果判定 GB 4789.1规定的采样方案分为二级和三级采样方案。二级采样方案设有n、c和m值,三级采样方案设有n、c、m和M值。n:同一批次产品应采集的样品件数;c:最大可允许超出m值的样品数;m:微生物指标可接受水平限量值(三级采样方案)或最高安全限量值(二级采样方案);M:微生物指标的最高安全限量值。

按照二级采样方案设定的指标,在n个样品中,允许有$\leq c$个样品其相应微生物指标检验值$>m$值。按照三级采样方案设定的指标,在n个样品中,允许全部样品中相应微生物指标检验值$\leq m$值;允许有$\leq c$个样品其相应微生物指标检验值在m值和M值之间;不允许有样品相应微生物指标检验值$>M$值。

【举例3-1-1】$n=5$，$c=2$，$m=100$ CFU/g，$M=1\,000$ CFU/g。含义是从一批产品中采集5个样品，若5个样品的检验结果均≤m值（≤100 CFU/g），则这种情况是允许的；若≤2个样品的结果（X）位于m值和M值之间（100 CFU/g<X≤1\,000 CFU/g），则这种情况也是允许的；若有3个及以上样品的检验结果位于m值和M值之间，则这种情况是不允许的；若有任一样品的检验结果>M值（>1\,000 CFU/g），则这种情况也是不允许的。

七、放射性物质和三聚氰胺限量规定

1.食品中放射性物质限制浓度　我国目前现行有效的标准是《食品中放射性物质限制浓度标准》（GB 14882—1994）。GB 14882是食品安全通用标准的重要组成部分，规定了主要食品中 ^{3}H、^{89}Sr、^{90}Sr、^{137}Cs、^{131}I、^{147}Pm、^{239}Pu 等7种人工放射性核素和 ^{210}Po、^{226}Ra、^{228}Ra、天然钍、天然铀等5种天然放射性核素的导出限制浓度，适用于各种粮食、薯类（包括红薯、马铃薯、木薯）、蔬菜及水果、鱼肉虾类和鲜乳食品。

2.三聚氰胺　三聚氰胺不是食品原料，也不是食品添加剂，禁止人为添加到食品中。对在食品中人为添加三聚氰胺的，依法追究法律责任。三聚氰胺是一种化工原料，毒性轻微，但长期摄入三聚氰胺会造成生殖、泌尿系统的损害，膀胱、肾部结石，并可进一步诱发膀胱癌。三聚氰胺作为化工原料，可用于塑料、涂料、黏合剂、食品包装材料的生产。资料表明，三聚氰胺可能从环境、食品包装材料等途径进入到食品中，其含量很低。为确保人体健康和食品安全，在总结乳与乳制品中三聚氰胺临时管理限量值公告（2008年第25号公告）实施情况基础上，考虑到国际食品法典委员会已提出食品中三聚氰胺限量标准，国家下发公告（2011年第10号）公布我国三聚氰胺在食品中的限量值：婴儿配方食品中三聚氰胺的限量值为1 mg/kg，其他食品中三聚氰胺的限量值为2.5 mg/kg，高于上述限量的食品一律不得销售。

≫≫≫ 任务三　食品添加剂使用标准 ≪≪≪

一、概述

1.食品添加剂的由来　人类使用食品添加剂的历史十分久远。公元前1 500年的埃及墓碑上就描绘了糖果的着色，在公元前4世纪就有人工着色葡萄酒的工艺。我国早在东汉时期，就使用盐卤作凝固剂制作豆腐。南宋"一矾二碱三盐"的油条配方就有了记载。作为肉制品防腐和发色的亚硝酸盐约在南宋时就用于腊肉生产，并于13世纪传入欧洲。随着现代食品工业的发展，科学家也研发了许多新的食品添加剂，以满足食品加工和运输存储过程中防腐、保鲜、改善食品性状和风味等需求。

传统使用的食品添加剂都是采用天然物质，包括动物、植物与矿物等。这些天然物质无论在品种上还是在性能上，都远远不能满足食品工业发展的需要。食品添加剂的真正发展和在食品中的大量应用始于西方发达国家。1856年英国人威廉·亨利·柏琴（W.H.Perkins）从煤焦油中制取的食用色素苯胺紫，是最早使用的化学合成食品添加剂。随后合成色素就以其成本低廉、色泽鲜艳、稳定性好等特点广泛应用于食品工业中。现代食品工业就是建立在食品添加剂的基础上的。正是得益于食品添加剂的发明和使用才使我们目前的食品丰富多彩和易于接受，食品才从人类饮食生活转化成为了一门产业。

2.食品添加剂的概念与安全性 《食品安全国家标准 食品添加剂使用标准》（GB 2760—2014）规定，食品添加剂指为改善食品品质和色、香、味，以及为防腐、保鲜和加工工艺的需要而加入食品中的人工合成或者天然物质。食品用香料、胶基糖果中基础剂物质、食品工业用加工助剂也包括在内。《食品安全法》规定，食品添加剂指为改善食品品质和色、香、味以及为防腐、保鲜和加工工艺的需要而加入食品中的人工合成或者天然物质，包括营养强化剂。

上述定义说明了食品添加剂的属性：①食品添加剂是人为加入到食品中的物质，但一般不单独作为食品食用；②食品添加剂既包括人工合成物质，也包括天然物质；③食品添加剂加入到食品中的目的是为改善食品品质和色、香、味以及为防腐、保鲜和满足加工工艺的需要。

我国现行的食品添加剂使用标准有《食品安全国家标准 食品添加剂使用标准》（GB 2760—2014）、《食品安全国家标准 食品营养强化剂使用标准》（GB 14880—2012）、《食品安全国家标准 食品添加剂 胶基及其配料》（GB 29987—2014）、《食品安全国家标准 食品添加剂 食品工业用酶制剂》（GB 1886.174—2016）、《食品安全国家标准 食品用香料通则》（GB 29938—2020）和《食品安全国家标准 食品用香精》（GB 30616—2020）。

GB 2760中的食品添加剂，包括酸度调节剂、膨松剂、着色剂、乳化剂、甜味剂、防腐剂等22类具有特定功能技术作用的物质，一般称为普通的食品添加剂。营养强化剂和普通的食品添加剂不同，它是为了增加食品的营养成分（价值）而加入食品中的天然或人工合成的营养素和其他营养成分，但所有食品添加剂在使用时都要遵循GB 2760规定的"使用原则"和"使用规定"，包括食品营养强化剂、食品工业用酶制剂、食品用香料香精都属于《食品安全法》的管理范畴。

食品添加剂按来源分为两类，一是天然食品添加剂，它是利用动植物或微生物的代谢产物等为原料，经提取所获得的天然物质。二是化学合成食品添加剂，采用化学手段，使元素或化合物通过氧化、还原、缩合、聚合、成盐等合成反应而得到的物质。目前广泛使用的食品添加剂多为是经过分离提纯、化学合成、生物技术生产的化学合成食品添加剂。

适当添加食品添加剂，可以改善食品的色、香、味，延长食品的保质期，满足了人们对食品品质的新需求，但如果滥用食品添加剂，则会严重危害人体健康，因此必须对其品种、使用范围和用量进行严格限制。消费者对于食品添加剂产生疑虑的主要原因是不法商家使用"非法添加物"。三聚氰胺、苏丹红、吊白块、工业明胶等，都是非食用物质，不是国家批准使用的食品添加剂。凡是不在GB 2760和国家卫生行政部门公告允许使用的食品添加剂名单中的物质都不是食品添加剂，无论添加多少，都是违法行为。

二、食品添加剂使用标准

GB 2760—2014包括前言、范围、术语和定义、食品添加剂的使用原则、食品分类系统、食品添加剂的使用规定、食品用香料、食品用加工助剂等8个部分。GB 2760不包含营养强化剂和胶基糖果中的基础剂物质及其配料，这两类食品添加剂另由标准GB 14880和GB 29987进行规定。GB 2760是一个动态变化的标准，它根据生产、科技发展的需要定期进行增加和删减。

GB
2760—2014

1. 术语和定义

（1）最大使用量。食品添加剂使用时所允许的最大添加量。

（2）最大残留量。食品添加剂或其分解产物在最终食品中的允许残留水平。

（3）国际编码系统（INS）。食品添加剂的国际编码，用于代替复杂的化学结构名称表述。

（4）中国编码系统（CNS）。食品添加剂的中国编码，由食品添加剂的主要功能类别代码和在本功能类别中的顺序号组成。

2. 食品添加剂的使用原则

（1）食品添加剂使用的基本要求。①不应对人体产生任何健康危害；②不应掩盖食品腐败变质；③不应掩盖食品本身或加工过程中的质量缺陷或以掺杂、掺假、伪造为目的而使用食品添加剂；④不应降低食品本身的营养价值；⑤在达到预期效果的前提下尽可能降低在食品中的使用量。

（2）在下列情况下可使用食品添加剂。①保持或提高食品本身的营养价值；②作为某些特殊膳食用食品的必要配料或成分；③提高食品的质量和稳定性，改进其感官特性；④便于食品的生产、加工、包装、运输或者贮藏。

（3）食品添加剂质量标准。我国的食品添加剂标准体系包括使用标准、产品标准、标识标准和生产规范。按照GB 2760使用的食品添加剂应当符合相应的质量规格要求。食品添加剂产品标准规定了食品添加剂的纯度、杂质限量以及相应的检验方法。食品生产经营中使用的食品添加剂要符合食品安全国家标准的要求，严禁添加未经许可的食品添加剂。

（4）食品添加剂的带入原则。食品添加剂的带入是指某种食品添加剂不是直接加入到食品中的，而是通过其他含有该种食品添加剂的食品原（配）料带入到食品中的。带入原则有两种。

【带入原则一】在下列情况下食品添加剂可以通过食品配料（含食品添加剂）带入食品中：①根据GB 2760，食品配料中允许使用该食品添加剂；②食品配料中该添加剂的用量不应超过允许的最大使用量；③应在正常生产工艺条件下使用这些配料，并且食品中该添加剂的含量不应超过由配料带入的水平；④由配料带入食品中的该添加剂的含量应明显低于直接将其添加到该食品中通常所需要的水平。符合带入原则一时，准许这一食品添加剂在某食品中存在，带入量不超过由于原料或配料的使用而随之带入的量，也不必在食品配料、标签等中标明。

假设食品终产品A中不允许添加食品添加剂a，但A使用的食品配料B中允许使用该食品添加剂a，在正常生产工艺条件下，可允许从终产品中检出该食品添加剂a，但其量不应该超过在配料B中的允许最大使用量；食品终产品中不允许使用某种食品添加剂，却有这种食品添加剂存在，应考虑是否因为该食品的某种配料允许使用这种食品添加剂，是否符合带入原则一。

假设终产品食品A本身允许使用食品添加剂a，其使用的配料B也允许使用食品添加剂a，但为追求食品添加剂a的作用更为显著，在其食品配料B中超量使用食品添加剂a，使食品添加剂a以配料作为载体进入最终食品A，配料中使用食品添加剂a的目的是为了在最终食品中发挥功能作用，这种情况则不符合带入原则一，为了防止这种想利用带入原则钻空子的行为，在计算该食品添加剂时其食品本身使用及配料带入的总量不能超过其在食品中的最大限量。

【举例3-1-2】GB 2760规定，酱牛肉中不允许添加苯甲酸钠，但其生产辅料酱油中允许使用，若产品中检出微量苯甲酸，且符合带入量。如：酱油中苯甲酸钠最大使用量为1 g/kg，若酱牛肉中酱油配料用量为10%，则其在酱牛肉中的含量不应超过0.1 g/kg。

【举例3-1-3】某液态复合调味料，其配料中含有酱油及醋的成分，最终食品本身和配料都允许使用苯甲酸作为防腐剂，其限量均为1.0 g/kg。若其食品配方中，酱油及醋各加10%，配料最高可带入0.2 g/kg的苯甲酸，在判定液态复合调味料苯甲酸使用是否符合GB 2760的要求时，液态复合调味料本身使用及酱油、醋带入的苯甲酸总量不得大于1.0 g/kg，而不是液态复合调味料本身允许使用量及酱油、醋允许带入的总量不得大于1.2 g/kg。

【举例3-1-4】酱牛肉的检验报告显示：氯化钠3.1%，水分45%，苯甲酸钠0.08 g/kg，菌落总数5 000 CFU/g，大肠菌群30 MPN/100g，铅（以Pb计）0.1 mg/kg，砷（以As计）0.05 mg/kg。根据GB 2760酱牛肉不允许使用苯甲酸钠，但酱油允许用。因酱牛肉检测出苯甲酸钠，执法人员判为产品不合格，准备给以行政处罚。

在告知阶段，行政相对人带来了一份检验报告和配料记录表，并解释该苯甲酸钠系所用原料酱油带来的。酱油的检验报告显示：氯化钠含量25.5%，水分38%，菌落总数8 000 CFU/g，大肠菌群60 MPN/100g，铅（以Pb计）0.1 mg/kg，苯甲酸钠0.88 g/kg，总砷（以As计，mg/kg）未检出。配料记录表表明：每100 kg酱牛肉中加入10 kg酱油，3.5 kg糖，2.5 kg食盐，0.5 kg辣椒，0.5 kg香辛料，1 kg白酒，150 kg水。这种情况如何处理呢？

首先计算苯甲酸钠的物料平衡：根据企业配料表，每1 kg酱牛肉加入0.1 kg酱油。根据酱油的检测结果，按最大量估算：每1 kg酱牛肉约折合含有苯甲酸钠为：0.1 kg×0.88 g/kg=0.088 g。与检验报告结果苯甲酸钠0.08 g/kg相吻合。

仅凭苯甲酸钠的物料平衡吻合还不能判断该产品合格。我们再看看食盐的物料平衡：按最大量估算，100 kg酱牛肉中的食盐=食盐原料加入量+酱油中带入的食盐量=2.5 kg+10 kg×25.5%=5.5 kg；酱牛肉的食盐含量应为5.5%，这与酱牛肉检验报告结果食盐含量3.1%相差甚远，说明企业提供的配料记录表是不真实的，苯甲酸钠不全是原料带入，还有额外加入的。计算表明企业没有严格按照GB 2760使用食品添加剂苯甲酸钠，所以该产品仍然应判为不合格。

【带入原则二】当某食品配料作为特定终产品的原料时，批准用于上述特定终产品的添加剂允许添加到这些食品配料中，同时该添加剂在终产品中的量应符合本标准的要求。在所述特定食品配料的标签上应明确标示该食品配料用于上述特定食品的生产。

带入原则二规定，在食品配料中添加的食品添加剂，是GB 2760规定可以用于该食品终产品中的品种；配料中添加的食品添加剂并不是在食品配料中发挥工艺作用，而是为了在特定终产品中发挥工艺作用；在食品配料中使用量应保证在食品终产品中的量不超过GB 2760规定。该规定只是改变了食品添加剂的添加环节，并未改变食品添加剂品种的使用范围和使用量；添加上述食品添加剂的食品配料仅能作为特定食品终产品的原料；配料标签上必须明确标识该食品配料是用于特定食品终产品的生产。

食品配料中不允许使用某种食品添加剂，却有这种食品添加剂的存在，或者食品配料中某种食品添加剂的用量不符合本标准规定，应结合该配料的标签标识来判断其是否符合带入原则。

【举例3-1-5】某植物油产品是某种蛋糕的配料，为方便蛋糕（终产品）生产，该植物油中添加了在蛋糕生产过程中起着色作用的 β-胡萝卜素（脂溶性色素，在植物油中分散均匀，便于在蛋糕中使用）。根据 GB 2760 的规定，β-胡萝卜素不能在植物油中使用，但可作为着色剂在焙烤食品中食用，蛋糕属于焙烤食品，因此 β-胡萝卜素可在蛋糕中使用，最大使用量为 1.0 g/kg。由此可判断，在该植物油中可添加 β-胡萝卜素且在植物油中的添加量换算到蛋糕中时不超过 1.0 g/kg，该情况符合带入原则二。同时，该植物油标签上应明确标示"用于蛋糕生产"。

GB 2760 规定带入原则二的原因有两点：①食品生产加工行业上下游的专业性和匹配性越来越高，食品原辅料行业应食品终产品行业的需求，为食品终产品"量身定制"的食品配料（预混料）有时会提前在食品原料中添加允许在终产品中使用的食品添加剂。如用于肉制品加工的复合调味料和裹粉、煎炸粉，其中加入着色剂、水分保持剂、膨松剂、酸度调节剂、甜味剂、抗氧化剂、防腐剂等，在最终产品肉制品中发挥改善色泽、调整口感、增加风味以及增加出品率等工艺作用。用于糕点加工的蛋糕预拌粉，其中加入膨松剂、乳化剂、增稠剂、水分保持剂、酸度调节剂、着色剂等，使最终产品糕点品质改良、更具弹性和松软性。②GB 2760 若缺少专门用于某种食品生产的特定食品配料中的食品添加剂使用的规定，会造成食品添加剂监管上的混乱。

两个带入原则的异同见表 3-1-1。

表 3-1-1 两个带入原则的异同

相同点		食品添加剂都是由食品原料带入到食品终产品中	
不同点	项目	带入原则一	带入原则二
	工艺作用	在配料中发挥作用，在终产品中不起作用	在终产品中发挥作用，在配料中不起作用
	带入的食品添加剂是否允许使用	终产品中不允许使用，配料中允许使用	终产品中允许使用，配料中不允许使用
	带入到主观性	非主动带入	主动带入
	带入的量	对配料和终产品均进行规定	终产品符合规定
	标签标注	为了方便，可在配料表中列明可能带入的添加剂的配料的原始配料	必须明确标识该配料用于特定终产品的生产

关于食品添加剂的使用原则要求对食品用香料、胶基糖果中基础剂物质、食品工业用加工助剂同样适用。

（5）同一功能的食品添加剂混合使用时的规定。同一功能的食品添加剂（如相同色泽着色剂等）在混合使用时，各自用量占其最大使用量的比例之和不应超过 1。需要明确的是，①同一功能的食品添加剂特指具有同一功能和共同使用范围的着色剂、防腐剂、抗氧化剂在其共同的使用范围内混合使用时如何确定各自使用量。仅这三类功能的食品添加剂受约束，其他功能的食品添加剂不受约束。②着色剂要求具有同一色泽，不同色泽的着色剂不受本条的约束。如同是红色或蓝色；若一种添加剂是红色，一种添加剂是蓝色，即使其具有相同的使用范围，在使用时也不受本条的约束。③不具有同一功能或具有同一功能没有相同的使用范围的食品添加剂不受本条约束。

【举例3-1-6】GB 2760规定果蔬汁饮料中新红和胭脂红的最大用量均为0.05 g/kg，若这两种着色剂在果蔬汁饮料中同时使用且其实际用量分别为a和b，则应符合（a＋b）/0.05≤1。

【举例3-1-7】某面包中脱氢乙酸使用量为0.25 g/kg，山梨酸使用量为0.6 g/kg，请问该产品防腐剂使用是否符合GB 2760中的规定？

第一步，查询GB 2760，列出两种食品添加剂的最大使用量：脱氢乙酸0.5 g/kg；山梨酸1 g/kg；第二步，两种食品添加剂实际使用量与最大使用量比值相加为1.1，因此该产品防腐剂使用不符合GB 2760的规定。

【举例3-1-8】某企业生产的瑞士卷蛋糕，使用了山梨酸（GB 2760规定最大使用量为1.0 g/kg）、脱氢乙酸（标准规定最大使用量为0.5 g/kg）、纳他霉素（标准规定最大使用量为0.3 g/kg，表面使用，混悬液喷雾或浸泡，残留量<10 mg/kg）；某检测机构检测山梨酸、脱氢乙酸、纳他霉素含量分别为600 mg/kg、160 mg/kg、5.93 mg/kg，问该产品防腐剂使用是否符合GB 2760中的规定？

正确计算应为：600/1000+160/500+5.93/300=0.94<1，结论：符合规定。

3. 食品分类系统 GB 2760的附录E（食品分类系统）用于界定食品添加剂的使用范围，是食品添加剂在使用中的定位方法，共分为16大类，每一大类下分若干亚类，亚类下分次亚类，次亚类下分小类，有的小类还可再分为次小类。如允许某一食品添加剂应用于一个总的类别时，则允许其可应用于总类下的所有亚类，另有规定的除外，如柠檬黄及其铝色淀，03.0冷冻饮品（03.04食用冰除外）；06.06即食谷物，包括碾轧燕麦（片）；07.04焙烤食品馅料及表面用挂浆（仅限饼干夹心和蛋糕夹心），仅限使用柠檬黄；12.10.03液体复合调味料（不包括12.03，12.04）。下级食品类别中与上级食品类别中对于同一食品添加剂的最大使用量规定不一致的，应遵守下级食品类别的规定。

分类系统适用于所有食品，包括哪些不允许使用添加剂的食品。分类系统只用于食品添加剂使用定位，不是法定产品归类，也不得用于产品标签。

4. 食品添加剂的使用规定 GB 2760主要对常规食品添加剂、食品用香料、食品工业用加工助剂三大类食品添加剂的使用进行了规定，分别对应GB 2760的附录A、附录B、附录C（表3-1-2）。

表3-1-2 GB 2760—2014食品添加剂的使用规定

常规食品添加剂	食品用香料	食品工业用加工助剂
附录A：食品添加剂的使用规定	附录B：食品用香料使用规定	附录C：食品工业用加工助剂使用规定
表A.1食品添加剂的允许使用品种、使用范围以及最大使用量或残留量	表B.1不得添加食品用香料、香精的食品名单	表C.1可在各类食品加工过程中使用，残留量不需限定的加工助剂名单（不含酶制剂）
表A.2可在各类食品中按生产需要适量使用的食品添加剂名单	表B.2允许使用的食品用天然香料名单	表C.2需要规定功能和使用范围的加工助剂名单（不含酶制剂）
表A.3按生产需要适量使用的食品添加剂所例外的食品类别名单	表B.3允许使用的食品用合成香料名单	表C.3食品用酶制剂及其来源名单

（1）常规食品添加剂的使用规定。常规食品添加剂的使用应符合GB 2760附录A的规定。GB 2760附录A为规范性附录，由表A.1、A.2、A.3组成。表A.1按照其中文名称的汉语拼音顺序排列规定了β-阿朴-8′-胡萝卜素醛等354种食品添加剂（各类组合拆分统计）的允许使用品种、使用范围以及最大使用量或残留量。针对某一食品添加剂，表A.1列出了其中文和英文名称、食品添加剂的CNS号（中国编码系统）、食品添加剂的INS号（国际编码系统）、食品添加剂的功能、食品添加剂的使用范围、食品添加剂的最大使用量（或残留量）和备注。

食品添加剂的CNS号和INS号用于代替复杂的化学结构名称表述。CNS号由食品添加剂的主要功能类别代码和在本功能类别中的顺序号组成，中间以"·"作为分割符分隔。如铵磷脂的CNS号为10.033。INS号参考了CAC的《食品添加剂分类名称和编码系统》，我国所特有的一些食品添加剂没有INS编号，如黑豆红、竹叶抗氧化物等。

每个添加剂在食品中可具有一种或多种功能，GB 2760仅列出了该食品添加剂常用的主要功能，并非详尽的列举，供使用时参考。同时，也不用作食品标签的目的，生产实践中根据其发挥的实际作用确定其实际功能。

标准中主要规定的是食品添加剂的最大使用量，只是对2,4-二氯苯氧乙酸、4-己基间苯二酚、联苯醚（又名二苯醚）、硫酸铝钾（又名钾明矾），硫酸铝铵（又名铵明矾）、纳他霉素、肉桂醛、硝酸钠、硝酸钾、乙氧基喹等部分品种规定了在使用范围中的残留量。食品添加剂的最大允许使用量的涵义是：①在使用具体的食品添加剂时，其使用量不一定达到最大使用量，而应该按照食品添加剂的使用原则，在达到其使用目的的条件下尽可能减少在食品中的使用量。②在具体食品类别中的使用量不能超过最大使用量。③最大使用量并不能作为确定产品中最终残留量的依据，而要根据实际使用情况和带入原则等进行综合判定。

有一些食品添加剂没有限制使用量，在标准中的描述是"按生产需要适量使用"。这些食品添加剂要么安全性高到随便用都不会有问题，比如很多乳化剂、增稠剂，如瓜尔胶、黄原胶、果胶、卡拉胶等，不仅安全性相当高，而且它们还是"膳食纤维"；要么是不可能用到产生健康损害的量，也就是具有"自限性"，比如香精香料加一点就很香，如果用多了，味道反而没法接受，再比如甜味剂阿斯巴甜、甜菊糖苷、甜蜜素，增味剂呈味核苷酸、谷氨酸钠等，也都是加多了根本没法吃。比如碳酸氢钠，做馒头的时候如果放多了，馒头会发黄，味道发涩。

备注有些是对于食品添加剂"最大使用量"计算方式的说明，有些是对使用范围和最大使用量的说明。

GB 2760附录A表A.2列出了5′-呈味核苷酸二钠（又名呈味核苷酸二钠）等75种（其中有32种在表A.1也同时列出）可在各类食品（表A.3所列食品类别除外）中按生产需要适量使用的食品添加剂的中文名称、CNS号、英文名称、INS号、功能。表A.2列出的食品添加剂的使用范围是除表A.3以外的食品类别，最大使用量为按生产需要适量使用；表A.3中的食品类别如果需要使用表A.2中规定的75种食品添加剂则需要在表A.1中进行规定。

GB 2760附录A表A.3规定了表A.2所例外的39个食品类别，这些食品类别使用添加剂时应符合表A.1的规定。同时，这些食品类别不得使用表A.1规定的其上级食品类别中允许使用的食品添加剂。例如：果胶在表A.2中，果蔬汁（浆）在表A.3中，果蔬汁（浆）使用果胶要按照表A.1规定使用。果蔬汁（浆）不能使用表A.1规定的其上级食品类别中允许使用的食品添加剂——聚赖氨酸和栀子蓝。一个食品类别如果只出现在表A.3中，则该类食品中不允许使用食品添加剂。

（2）食品用香料的使用规定。食品用香料、香精的使用原则：①在食品中使用食品用香料、香精的目的是使食品产生、改变或提高食品的风味。通常它们不直接用于消费，而是用于食品加工。食品用香料一般配制成食品用香精后用于食品加香，部分也可直接用于食品加香。食品用香料、香精不包括只产生甜味、酸味或咸味的物质，也不包括增味剂。②食品用香料、香精在各类食品中按生产需要适量使用，GB 2760附录B表B.1中所列巴氏杀菌乳等28种食品没有加香的必要，不得添加食品用香料、香精，法律、法规或国家食品安全标准另有明确规定者除外。除表B.1所列食品外，其他食品是否可以加香应按相关食品产品标准规定执行。③用于配制食品用香精的食品用香料品种应符合GB 2760的规定。用物理方法、酶法或微生物法（所用酶制剂应符合GB 2760的有关规定）从食品（可以是未加工过的，也可以是经过了适合人类消费的传统的食品制备工艺的加工过程）制得的具有香味特性的物质或天然香味复合物可用于配制食品用香精。天然香味复合物是一类含有食品用香味物质的制剂。④具有其他食品添加剂功能的食品用香料，在食品中发挥其他食品添加剂功能时，应符合GB 2760的规定，如苯甲酸、肉桂醛、瓜拉纳提取物、双乙酸钠（二醋酸钠）、琥珀酸二钠、磷酸三钙等。⑤食品用香精可以含有对其生产、贮存和应用等所必需的食品用香精辅料（包括食品添加剂和食品）。食品用香精辅料应符合以下要求：一是食品用香精中允许使用的辅料应符合《食品安全国家标准　食用香精》（GB 30616）的规定，在达到预期目的前提下尽可能减少使用品种；二是作为辅料添加到食品用香精中的食品添加剂不应在最终食品中发挥功能作用，在达到预期目的前提下尽可能降低在食品中的使用量。⑥食品用香精的标签应符合相关标准的规定，凡添加了食品用香料、香精的食品应按照《食品安全国家标准　食品添加剂标识通则》（GB 29924）、《食品安全国家标准　预包装食品标签通则》（GB 7718）等国家标准进行标示。

食品用香料包括天然香料和合成香料两种。GB 2760附录B表B.2列出了393种允许使用的食品用天然香料名单，GB 2760附录B表B.3列出了1 477种允许使用的食品用合成香料名单。

（3）食品工业用加工助剂的使用规定。食品工业用加工助剂是指为了保证食品加工能顺利进行，有意在原料、食物或其成分的加工中使用的各种物质，与食品本身无关，如助滤、澄清、吸附、脱模、脱色、脱皮、提取溶剂、发酵用营养物质等。这些物质本身与食品无关，本身不作为食物成分消费，一般应在食品成品中除去，或仅有允许量的残留。食品用酶制剂也是食品工业用加工助剂中的一种。食品工业用酶制剂是由动物或植物的可食或非可食部分直接提取，或由传统或通过基因修饰的微生物（包括但不限于细菌、放线菌、真菌菌种）发酵、提取制得，用于食品加工，具有特殊催化功能的生物制品。

食品工业用加工助剂的使用原则：①加工助剂应在食品生产加工过程中使用，使用时应具有工艺必要性，在达到预期目的前提下应尽可能降低使用量。②加工助剂一般应在制成最终成品之前除去，无法完全除去的，应尽可能降低其残留量，其残留量不应对健康产生危害，不应在最终食品中发挥功能作用。③加工助剂应该符合相应的质量规格要求。

食品工业用加工助剂的使用规定：GB 2760附录C表C.1以加工助剂名称汉语拼音排序规定了38种可在各类食品加工过程中使用，残留量不需限定的加工助剂名单（不含酶制剂）。GB 2760附录C表C.2以加工助剂名称汉语拼音排序规定了77种需要规定功能和使用范围的加工助剂名单（不含酶制剂）。GB 2760附录C表C.3以酶制剂名称汉语拼音排序规定了54种食品加工中允许使用的酶。各种酶的来源和供体应符合附录C中的规定。

三、食品营养强化剂使用标准

食品营养强化剂，指为了增加食品的营养成分（价值）而加入到食品中的天然或人工合成的营养素和其他营养成分。现行食品营养强化剂使用标准为GB 14880—2012。营养强化剂是食品添加剂的一类特殊类型，与GB 2760中的食品添加剂的区别见表3-1-3。

GB
14880—2012

表3-1-3　营养强化剂与GB 2760中的食品添加剂的区别

区别	食品添加剂	营养强化剂
法律地位	GB 2760—2014中的食品添加剂范围包括直接使用的食品添加剂（附录A），还明确食品用香料、胶基糖果中基础剂物质、食品工业用加工助剂也包括在内	GB 14880—2012为独立标准；食品添加剂包括营养强化剂，都属于《食品安全法》的管理范畴；营养强化剂新品种审批仍然按照食品添加剂新品种申请和评审
使用目的	改善食品品质和色、香、味以及为防腐、保鲜和加工工艺需要	增加食品的营养成分（价值）
品种特性	人工合成或者天然物质，有少数品种也同时是营养强化剂，如β-胡萝卜素、维生素E、维生素B₁、维生素C以及一些元素的化合物来源（如碳酸钙、硫酸镁、硫酸锌等），但作为食品添加剂使用时不是发挥营养强化剂作用	是天然或人工合成的营养素和其他营养成分；一种营养素可能会有多种化合物来源；少数营养素的化合物来源物质同时也是食品添加剂；在同一种食品中不能同时添加作为营养强化剂使用量和食品添加剂使用量的总和量
食品类型	添加食品以辅食类为主，尽量不用到主食	选择目标人群普遍消费且容易获得的食品进行强化，作为强化载体的食品消费量应相对比较稳定；原则上如果食品原成分中含有某种物质的含量达到营养强化剂最低限量标准1/2者，不得进行强化
应用规定	GB 2760为强制标准，生产者可以不添加，但一旦添加就要在食品配料中标示	GB 14880为强制标准，生产者可以选择强化，但如果一旦强化就应在配料、营养成分表中标示
使用量	规定了最大使用量，有些还规定了最大残留量；要求在满足生产工艺的前提下尽量减少添加量	规定了使用量的添加剂量范围；一旦添加就至少要添加到规定的低限量，但也不能超过添加的最高限量

1. 术语和定义

（1）营养素和其他营养成分。食物中具有特定生理作用，能维持机体生长、发育、活动、繁殖以及正常代谢所需的物质，包括蛋白质、脂肪、糖类、矿物质、维生素等。其他营养成分是指除营养素以外的具有营养和（或）生理功能的其他食物成分。

（2）特殊膳食用食品。特殊膳食用食品是为满足特殊的身体或生理状况和（或）满足疾病、紊乱等状态下的特殊膳食需求，专门加工或配方的食品。这类食品的营养素和（或）其他营养成分的含量与可类比的普通食品有显著不同。

2.营养强化的主要目的

（1）弥补食品在正常加工、贮存时造成的营养素损失。多数食品在贮存、运输、加工、烹调过程中，由于机械的、化学的、生物的因素均会引起食品部分营养素的损失，有时甚至造成某种或某些营养素的大量损失。如在碾米和小麦磨粉时有多种维生素的损失，而且加工精度愈高，损失愈大。又如在水果、蔬菜的加工过程中，很多水溶性和热敏性维生素均被损失50%以上。

（2）在一定的地域范围内，有相当规模的人群出现某些营养素摄入水平低或缺乏，通过强化可以改善其摄入水平或缺乏导致的健康影响。例如对缺碘地区的人采取食盐加碘可大大降低甲状腺肿的发病率（下降率可达40%~95%）。

（3）某些人群由于饮食习惯和（或）其他原因可能出现某些营养素摄入量水平低或缺乏，通过强化可以改善其摄入水平或缺乏导致的健康影响。例如，以米、面为主食的地区，除了可能有维生素缺乏外，赖氨酸等必需氨基酸的含量偏低可能影响食物的营养价值。新鲜果蔬含有丰富的维生素C，但其蛋白质和能源物质欠缺。至于那些含有丰富优质蛋白质的乳、肉、禽、蛋等食物，其维生素含量则多不能满足人类需要，尤其缺乏维生素C。

（4）补充和调整特殊膳食用食品中营养素和（或）其他营养成分的含量。对于不同年龄、性别、工作性质，以及处于不同生理、病理状况的人来说，他们所需营养是不同的，对食品进行不同的营养强化可分别满足需要。例如，人乳化配方乳粉就是以牛乳为主要原料，以类似人乳的营养素组成为目标，通过强化维生素、添加乳清蛋白、不饱和脂肪酸及乳糖等营养成分，使其组成成分在数量上和质量上都接近母乳，更适合婴儿的喂养。

食品营养强化是在现代营养科学的指导下，根据不同地区、不同人群的营养缺乏状况和营养需要，以及为弥补食品在正常加工、贮存时造成的营养素损失，在食品中选择性地加入一种或者多种微量营养素或其他营养物质。食品营养强化不需要改变人们的饮食习惯就可以增加人群对某些营养素的摄入量，从而达到纠正或预防人群微量营养素缺乏的目的。食品营养强化的优点在于，既能覆盖较大范围的人群，又能在短时间内收效，而且花费不多，是经济、便捷的营养改善方式，在世界范围内广泛应用。

3.使用营养强化剂的要求 ①营养强化剂的使用不应导致人群食用后营养素及其他营养成分摄入过量或不均衡，不应导致任何营养素及其他营养成分的代谢异常。②营养强化剂的使用不应鼓励和引导与国家营养政策相悖的食品消费模式。③添加到食品中的营养强化剂应能在特定的贮存、运输和食用条件下保持质量的稳定。④添加到食品中的营养强化剂不应导致食品一般特性如色泽、滋味、气味、烹调特性等发生明显不良改变。⑤不应通过使用营养强化剂夸大食品中某一营养成分的含量或作用误导和欺骗消费者。⑥按照本标准使用的营养强化剂化合物来源应符合相应的质量规格要求。

4.可强化食品类别的选择要求 ①应选择目标人群普遍消费且容易获得的食品进行强化。②作为强化载体的食品消费量应相对比较稳定。③我国居民膳食指南中提倡减少食用的食品不宜作为强化的载体。

5.营养强化剂的使用规定 我国食品营养强化剂的生产和使用由GB 14880和GB 2760进行管理，并且根据生产、科技发展的需要，由国家卫生行政部门以发布公告的形式定期进行更新。

（1）营养强化剂在食品中的使用范围、使用量应符合GB 14880附录A的要求。GB 14880附录A表A.1规定了37种营养强化剂的使用范围和使用量，其中维生素类A、维生素D等维生素类共16种；铁、钙等矿物质类9种；L-赖氨酸等其他类共12种。

（2）允许使用的化合物来源应符合GB 14880附录B的规定。GB 14880附录B表B.1规定了允许使用的营养强化剂化合物来源名单（婴幼儿食品除外）。对大多数营养素而言，均提供了一个以上的化合物供生产者进行选择。

（3）特殊膳食用食品中营养素及其他营养成分的含量按相应的食品安全国家标准执行，允许使用的营养强化剂及化合物来源应符合GB 14880附录C和（或）相应产品标准的要求。GB 14880附录C表C.1规定了允许用于特殊膳食用食品的营养强化剂及化合物来源。GB 14880附录C表C.2规定了仅允许用于部分特殊膳食用食品的其他营养成分及使用量。

根据《食品安全法》和我国乳品系列食品安全标准，参考国际组织和其他国家的经验，为保证各标准之间的统一性和协调性，避免矛盾。对于婴幼儿等特殊膳食用产品标准中有具体含量规定的营养物质，仅规定其化合物来源名单，对其使用量或终产品含量不再进行规定，即婴幼儿食品中各营养物质的含量要求应符合相应的产品标准，其使用的化合物来源则应符合GB 14880的要求。产品标准中没有规定具体含量的营养物质则根据国家卫生行政部门公告对使用量进行规定。

部分化合物已经批准在普通食品中添加，但尚未列入国际食品法典GL-10"婴幼儿等特殊膳食用食品的营养物质名单"中，因此仅包含在GB 14880附录B中，而不列入GB 14880附录C；部分营养物质对婴幼儿的生长发育有重要作用，但对普通人群可以从日常膳食中获得，因此仅列入GB 14880附录C，而不列入GB 14880附录B中，如钠、铬、钼等。

与其他通用标准一样，GB 14880也有一个食品类别（名称）说明（附录D）用于界定营养强化剂的使范围。如允许某一营养强化剂应用于某食品类别（名称）时，则允许其应用于该类别下的所有类别食品，另有规定的除外。

任务四　食品标签标识标准

与食品安全、营养有关的标签、标识、说明书是沟通生产者、销售者和消费者的一种信息传播手段，它提供了食品的配料、营养成分及含量，为消费者特别是婴幼儿和其他特定人群提供选择食品的途径。同时，它提供的生产者的名称、地址、联系方式、所使用的食品添加剂等信息也为食品溯源、保障消费者健康和利益、维护食品生产者经营者的合法权益等方面提供了必要的保证。这些内容的标示都应当真实准确、通俗易懂、科学合法，需要制定标准规定统一的要求。

一、预包装食品标签通则

食品标签是指食品包装上的文字、图形、符号及一切说明物。图形商标、条码、代言人、环保图形荣誉称号、食用方法、健康常识等都属食品标签范畴。食品标签是向消费者传递产品信息的载体。做好预包装食品标签管理，即是维护消费者权益、保障行业健康发展的有效手段，也是实现食品安全科学管理的需求。我国标签管理标准已经延续了30余

GB
7718—2011

年，标准经过了多次的变更，现行有效标准为GB 7718—2011《食品安全国家标准　预包装食品标签通则》。GB 7718规定了预包装食品标签的通用性要求，如果其他食品安全国家标准有特殊规定的，应同时执行预包装食品标签的通用性要求和特殊规定。

1.术语和定义

（1）预包装食品。预包装食品是指预先定量包装或者制作在包装材料和容器中的食品，包括预先定量包装以及预先定量制作在包装材料和容器中，并且在一定量限范围内具有统一的质量或体积标识的食品。预包装食品应同时具有两个基本特征，①在一定量限范围内预先定量；②包装或者制作在包装材料和容器中。如，对于简易包装茶叶应根据产品销售实际情况判断，若产品已经预先包装完好，且在一定量限范围内具有统一的质量或体积标识，则应按预包装食品管理。

（2）配料。配料是指在制造或加工食品时使用的，并存在（包括以改性的形式存在）于产品中的任何物质，包括食品添加剂。"以改性形式存在"是指制作食品时使用的原料、辅料经过加工后，形成的产品改变了原来的性质。例如：淀粉生产谷氨酸钠，经过化学变化，淀粉转化为谷氨酸钠。谷氨酸钠的性质、成分与淀粉的性质、成分完全不同。粮食酿酒，酒的形态和成分与粮食的成分完全不同。可用于食品生产的配料包括传统食品原料、食品添加剂、营养强化剂、可食用菌种、既是食品又是药品的物品名单及批准的新食品原料。

（3）生产日期（制造日期）。生产日期是食品成为最终产品的日期，也包括包装或灌装日期，即将食品装入（灌入）包装物或容器中，形成最终销售单元的日期。也就是说只有当食品经过生产、加工、包装、检验等一系列的环节后，才能称为是生产日期。"最终产品"是完成了全部生产工序的产品。如成品检验是必要的生产工序，一批成品经过检验（一天或数天），签发合格证后才能称其为最终产品。"最终销售单元"是指直接卖给消费者的单件预包装食品。比如一批液体乳产品的包装（灌装）日期为2020年4月1日，而后又经过降温、48 h发酵、3 d检验，时间可能已到了2020年4月6日，这时的日期才能称之为生产日期。大包装产品分装后，其生产日期依据其形成最终销售单元的日期标示。进口食品在国内进行分装，属于应形成最终销售单元的操作。根据GB 7718规定，生产日期应标示为在国内分装成为最终销售单元的日期。

（4）保质期。保质期是预包装食品在标签指明的贮存条件下，保持品质的期限。在此期限内，产品完全适于销售，并保持标签中不必说明或已经说明的特有品质。

（5）主要展示版面。主要展示版面是消费者购买预包装食品时，预包装食品包装物或包装容器上最容易观察到的版面。"最容易被消费者观察到的版面"是指包装物或包装容器最明显，无须特意寻找的部位。例如，长方体形包装或长方体形包装容器的最大侧面，正方体形包装物或正方体形包装容器的任意侧面，圆柱形或近似圆柱形包装或包装容器的一个可平视侧面，扁圆形包装物或扁圆形容器的圆周面或顶盖，均为"容易被观察到的版面"。因此，同样大小的包装，展示版面可能不止一个。确定主要展示版面最重要的原则是，应该有足够的大小容纳应标示的内容。通常应选择面积最大的一面作为展示版面，或其中的一个作为主要展示版面。与普通食品不同，保健食品对主要展示版面的要求为"在包装标签上最容易看到或展示面积最大的表面"，并且要在该版面应设置保健食品标志、警示用语区及警示用语，并对其颜色、字体、大小等均有要求，需要特别注意。

2.适用范围 GB 7718适用于两类预包装食品标签。①直接提供给消费者的预包装食品，包括生产者直接或通过食品经营者（包括餐饮服务）提供给消费者的预包装食品和既直接提供给消费者，也提供给其他食品生产者的预包装食品。②非直接提供给消费者的预包装食品标签，包括生产者提供给其他食品生产者的预包装食品和提供给餐饮业作为原料、辅料使用的预包装食品。进口商经营的此类进口预包装食品也应按照上述规定执行。

GB 7718不适用于以下两类食品，①不适用食品储运包装标签，贮存运输过程中为产品提供保护和便于搬运、贮存的食品储运包装已经越来越普遍，虽然该包装也可能进入消费者手中，但不属于本标准适用范围。②不适用散装和现制现售食品。散装食品指无预包装的食品、食品原料及加工半成品，但不包括新鲜果蔬，以及需清洗后加工的原粮、鲜冻畜禽产品和水产品等，即消费者购买后可不需清洗即可烹调加工或直接食用的食品，主要包括各类熟食、面及面制品、速冻食品、酱腌菜、蜜饯、干果及炒货等。散装和现制现售食品在销售场所通常会有计量过程，这两类食品通常有保护性包装，目的是避免或减少贮存、运输和销售过程中被污染的可能。散装食品生产经营企业可以以"计量""称量"等字样在包装上明确销售方式，并应当按照《食品安全法》第68条规定执行，故不在GB 7718适用范围内。根据《食品安全法》第33条第7款规定"直接入口的食品应当使用无毒、清洁的包装材料、餐具、饮具和容器"，已经有越来越多的散装食品开始使用保护性的小包装，鼓励生产者参照GB 7718规定，尽可能地将商品信息标示在保护性包装上。

保健食品应符合GB 7718的规定，同时还应符合《保健食品标识规定》《保健食品标注警示用语指南》的规定要求。特殊膳食用食品产品标签除应符合各产品执行标准外，还应符合《食品安全国家标准　预包装特殊膳食用食品标签》（GB 13432—2013）的规定。食用农产品不同于预包装食品，其产品标签则应符合《农产品包装和标识管理办法》《食用农产品市场销售质量安全监督管理办法》《鲜活农产品标签标识》（GB/T 32950—2016）等法规和标准的规定。

3.预包装食品标签的基本要求

（1）应符合法规的规定，并符合相应食品安全标准的规定。这是对食品标签合法性的要求。如《食品安全法》关于预包装食品标签的规定；《广告法》第二章关于"广告内容准则"的相关规定；《商标法》[①]第14条关于"生产、经营者不得将'驰名商标'字样用于商品、商品包装或者容器上"等规定。某些食品的标签除了符合GB 7718的通用性要求外，如果与之相应的食品安全标准对标签有特殊规定也应同时遵守特殊要求。国家食品安全标准中涉及特别标签标识的内容，主要包括饮料、调味品、乳及乳制品、酒类、焙烤食品、方便食品、粮食及其制品、油脂及其制品、特殊膳食食品等。如《食醋》（GB 2719—2018）规定，预包装食醋的标签应标示总酸含量，产品的包装标识上应醒目标出"食醋"或"甜醋"字样。又如，对于使用了人参（人工种植）的食品，应按照要求在终产品的标签上标示"不适宜人群"。

（2）应清晰、醒目、持久，使消费者购买时易于辨认和识读。这是对食品标签的质量要求，不论标签是粘贴、打印还是印压在包装上，在消费者（或使用者）打开包装食用（使用）前，都是不可分离的。确保产品标签内容清晰，是为了确保产品的相关信息能传达

---

① 《中华人民共和国商标法》，本教材统一简称《商标法》。

给消费者，也在一定程度上保证了消费者不会因为遗漏重要信息而发生风险，企业也可以避免由于低级错误导致不应有的惩罚。

（3）应通俗易懂、有科学依据，不得标示封建迷信、色情、贬低其他食品或违背营养科学常识的内容。这是对食品标签科学性的要求。

（4）应真实、准确，不得以虚假、夸大、使消费者误解或欺骗性的文字、图形等方式介绍食品，也不得利用字号大小或色差误导消费者。这是对食品标签真实性的要求。"使消费者误解"是指食品标签的内容使消费者对食品的真实性产生错误的联想。"欺骗性的文字、图形"是指不顾商业道德，利用标签弄虚作假，坑害消费者，如有意识地把掩盖真实属性的名称标示得大而明显，把真实属性名称标示得很小、与背景色基本一致，甚至真实属性名称远离食品的名称等。"利用字号大小或色差误导消费者"，如"酸牛乳饮料"中"酸牛乳"为大号字，"饮料"为小号字。如果产品中没有添加某种食品配料，仅添加了相关风味的香精香料，如果在标签上标示该种食品实物图案，应用清晰醒目的文字加以说明。

（5）不应直接或以暗示性的语言、图形、符号，误导消费者将购买的食品或食品的某一性质与另一产品混淆。这是对食品标签直观性的要求。如"脉动"与"脉劲"，"康师傅"与"庚师傅"，"雪碧"与"雷碧"等。

（6）不应标注或者暗示具有预防、治疗疾病作用的内容，非保健食品不得明示或者暗示具有保健作用。

（7）不应与食品或者其包装物（容器）分离。

（8）应使用规范的汉字（商标除外）。具有装饰作用的各种艺术字，应书写正确，易于辨认。可以同时使用拼音或少数民族文字，拼音不得大于相应汉字。可以同时使用外文，但应与中文有对应关系（商标、进口食品的制造者和地址、国外经销者的名称和地址、网址除外）。所有外文不得大于相应的汉字（商标除外）。这是对食品标签的文字要求。食品标签使用规范的汉字，但不包括商标。"规范的汉字"指《通用规范汉字表》中的汉字，不包括繁体字。食品标签可以在使用规范汉字的同时，使用相对应的繁体字。"具有装饰作用的各种艺术字"包括篆书、隶书、草书、手书体字、美术字、变体字、古文字等。使用这些艺术字时应书写正确、易于辨认、不易混淆。

（9）预包装食品包装物或包装容器最大表面面积>35 cm^{2}时（最大表面面积计算方法见GB 7718附录A），强制标示内容的文字、符号、数字的高度不得<1.8 mm（相当于小7号字）。这是对食品标签上的文字、符号、数字字体大小的要求。10 cm^2<预包装食品包装物或包装容器最大表面面积≤35 cm^{2}时，食品标签应当按照本标准要求标示所有强制性内容。根据标签面积具体情况，标签内容中的文字、符号、数字的高度可以<1.8 mm，但应当清晰，易于辨认。强制标示内容既有中文又有字母、字符时，中文字高应≥1.8 mm，kg、mL等单位或其他强制标示字符应按其中的大写字母或"k、f、l"等小写字母判断是否≥1.8 mm。

（10）一个销售单元的包装中含有不同品种、多个独立包装可单独销售的食品，每件独立包装的食品标识应当分别标注。"含有不同品种"是指销售单元内包含多个不同品种的食品。应当分别在最外层包装上标示每个品种的所有强制标示内容，但共有信息可统一标示。"多个独立包装可单独销售"是指该销售单元内包含多个可单独销售的预包装食品。外包装的标签也应按照GB 7718的要求标示。如整袋（里面含数根）香肠作为销售单元出售，不需要标识，至于自愿再重复标识一次，也不违规。拆开销售是独立的销售单元，必须标识。

（11）若外包装易于开启识别或透过外包装物能清晰地识别内包装物（容器）上的所有强制标示内容或部分强制标示内容，可不在外包装物上重复标示相应的内容；否则应在外包装物上按要求标示所有强制标示内容。

4.直接向消费者提供的预包装食品标签标示内容

（1）食品名称。

①应在食品标签的醒目位置，清晰地标示反映食品真实属性的专用名称。这是对食品名称在食品标签上的位置要求，"醒目位置"即食品标签最引人注目，消费者购买或食用时一目了然的部位。"真实属性"即食品本身固有的性质、特性、特征，使消费者一看名称就能联想到食品的本质。

当国家标准、行业标准或地方标准中已规定了某食品的一个或几个名称时，应选用其中的一个或等效的名称。"等效的名称"是指标签上的产品名称或配料表中的配料名称，可以采用与国家标准或行业标准同义、本质相同的名称，如碳酸饮料（汽水）；用类可可脂或代可可脂制作的巧克力应命名为"类可可脂巧克力"或"代可可脂巧克力"；根据《饼干》（GB/T 20980—2007）应标识产品分类名称。

无国家标准、行业标准或地方标准规定的名称时，应使用不使消费者误解或混淆的常用名称或通俗名称。指在无国家标准、行业标准、地方标准规定名称的情况下，可以使用各地广为流传、通俗易懂的名称，但前提是不使消费者误解或混淆。

②标示"新创名称""奇特名称""音译名称""地区俚语名称""牌号名称"或"商标名称"时，应在所示名称的同一展示版面标示前述规定的名称。"新创名称"是指历史上从未出现而又令人费解的名称，如：果茶——山楂果肉果汁饮料；果珍——速溶橙味固体饮料。"奇特名称"是指脱离食品范畴、稀奇古怪的名称，如：力多精——含铁质初生婴儿配方乳粉；一滴香——小磨香油；强力宝——猪肉脯。"音译名称"是指根据外文发音直接译过来的名称，如：克力架——饼干（cracker）；芝士——奶酪（cheese）；可口可乐——果味型碳酸饮料。"地区俚语名称"指通行面极窄的方言名称，如"甘薯"有的地区称"山芋"。"牌号名称"和"商标名称"是一个意思，是企业（公司）或经销者以注册或未注册的商标名称命名的食品名称，如健力宝（运动饮料）、燕潮酩等。

当上述名称含有易使人误解食品属性的文字或术语（词语）时，应在所示名称的同一展示版面邻近部位使用同一字号标示食品真实属性的专用名称。当食品真实属性的专用名称因字号或字体颜色不同易使人误解食品属性时，也应使用同一字号及同一字体颜色标示食品真实属性的专用名称。

③为不使消费者误解或混淆食品的真实属性、物理状态或制作方法，可以在食品名称前或食品名称后附加相应的词或短语。如干燥的、浓缩的、复原的、熏制的、油炸的、粉末的、粒状的等。为了保护消费者知情权，2016年3月国家食品药品监督管理总局办公厅《关于加强复原乳标签标识监管的通知》要求，使用了复原乳的液体乳，需要在标签上明确标识。

（2）配料表。预包装食品的标签上应标示配料表，配料表中的各种配料应按上述"食品名称"的要求标示具体名称；食品添加剂应标示其在GB 2760中的食品添加剂通用名称。

①配料表应以"配料"或"配料表"为引导词。当加工过程中所用的原料已改变为其他成分（如酒、酱油、食醋等发酵产品）时，可用"原料"或"原料与辅料"代替"配

☑ **学习笔记**

料""配料表",并按GB 7718相应条款的要求标示各种原料、辅料和食品添加剂。加工助剂仅是为满足特定生产工艺而使用的物质,如过滤用的硅藻土、脱模用的食品用石蜡等,在完成生产工艺后应在食品中除去,不应成为最终食品的成分或仅有残留,在最终产品中没有任何工艺功能,所以不需在产品成分中标注。酶制剂如果在终产品中已经失去酶活力的不需要标示;如果在终产品中仍然保持酶活力的应标示。

②各种配料应按制造或加工食品时加入量(质量)的递减顺序一一排列;加入量不超过2%的配料可以不按递减顺序排列。"各种配料"指所有配料,尤其是饮料中的水和食品添加剂不能遗漏。"各种配料"不包括食品本身在制造或配制过程中产生的副产物,也不包括原料、辅料、复合配料本身以外的物质。配料表中不能加"等"字。"加入量不超过2%的配料可以不按递减顺序排列"主要是指调味料、食品添加剂,在配料比例中占的份额很少,不要求按递减顺序排列。预包装食品所用的原料、辅料、食品添加剂成分比较复杂,不应利用配料清单过分追究未添加的成分。单一配料的预包装食品应当标示配料表。

③如果某种配料是由两种或两种以上的其他配料构成的复合配料(不包括复合食品添加剂),应在配料表中标示复合配料的名称,随后将复合配料的原始配料在括号内按加入量的递减顺序标示。当某种复合配料已有国家标准、行业标准或地方标准,且其加入量小于食品总量的25%时,不需要标示复合配料的原始配料。如甜面酱、黄豆酱、酱油、味精、色拉酱不需标示原始配料。加入量小于食品总量25%的复合配料中含有的食品添加剂,若符合GB 2760规定的带入原则且在最终产品中不起工艺作用的,不需要标示,但复合配料中在终产品起工艺作用的食品添加剂应当标示。推荐的标示方式为:在复合配料名称后加括号,并在括号内标示该食品添加剂的通用名称,如"酱油(含焦糖色)"。如果直接加入食品中的复合配料没有国家标准、行业标准或地方标准,或者该复合配料已有国家标准、行业标准或地方标准且加入量大于食品总量的25%,则应在配料表中标示复合配料的名称,并在其后加括号,按加入量的递减顺序一一标示复合配料的原始配料,其中加入量不超过食品总量2%的配料可以不按递减顺序排列。

④食品添加剂应当标示其在GB 2760中的食品添加剂通用名称。配料表中食品添加剂通用名称的标示方式有3种形式:一是具体名称;二是功能类别名称+国际编码(INS号);三是功能类别名称+具体名称。如:食品添加剂"丙二醇"可以选择标示为:丙二醇、增稠剂(1520)、增稠剂(丙二醇)。食品添加剂可能具有一种或多种功能,GB 2760列出了食品添加剂的主要功能,生产经营企业应当按照其在产品中的实际功能在标签上标示功能类别名称。

在同一预包装食品的标签上,应选择GB 7718附录B中的一种形式标示食品添加剂。当采用同时标示食品添加剂的功能类别名称和国际编码的形式时,若某种食品添加剂尚不存在相应的国际编码,或因致敏物质标示需要,可以标示其具体名称前增加来源描述。食品添加剂的名称不包括其制法。如"磷脂"可以标示为"大豆磷脂"。根据GB 2760规定,阿斯巴甜应标示为"阿斯巴甜(含苯丙氨酸)"。加入量小于食品总量25%的复合配料中含有的食品添加剂,若符合GB 2760规定的带入原则且在最终产品中不起工艺作用的,不需要标示。

食品营养强化剂应当按照GB 14880或相关公告中的名称标示。既可作为食品添加剂或食品营养强化剂又可作为其他配料使用的配料按其在终产品中发挥的作用规范标示。例:

味精（谷氨酸钠），作为食品添加剂使用时，应标示为谷氨酸钠；作为调味品使用时，应标示为味精。又如核黄素作为食品添加剂使用时，应标示为核黄素；作为营养强化剂时，应标示为维生素 B_2。

食品添加剂的标示方法如表3-1-4。

表3-1-4　配料表中食品添加剂的标示方式

要　　求		未建立食品添加剂项	建立食品添加剂项
标示食品添加剂的具体名称		卡拉胶，瓜尔胶	食品添加剂（卡拉胶，瓜尔胶）
标示食品添加剂的功能类别名称和具体名称		增稠剂（卡拉胶，瓜尔胶）	食品添加剂［增稠剂（卡拉胶，瓜尔胶）］
标示食品添加剂的功能类别名称和国际编码（INS号）	—	增稠剂（407，412）	食品添加剂［增稠剂（407，412）］
	某种食品添加剂尚不存在相应的国际编码，或因致敏物质标示需要	增稠剂（卡拉胶，聚丙烯酸钠）或增稠剂（407，聚丙烯酸钠）	食品添加剂［增稠剂（卡拉胶，聚丙烯酸钠）或增稠剂（407，聚丙烯酸钠）］

⑤在食品制造或加工过程中，加入的水应在配料表中标示。在加工过程中已挥发的水或其他挥发性配料不需要标示。饼干、酥饼、膨化食品等食品虽然在制作过程中有水的存在，但经过烘烤水分挥发了，不需要在配料清单中标示"水"。

⑥可食用的包装物也应在配料表中标示原始配料，国家另有法律法规规定的除外。可食用包装物是指由食品制成的，既可以食用又承担一定包装功能的物质。这些包装物容易和被包装的食品一起被食用，因此应在食品配料表中标示其原料，如香肠肠衣、食用的胶囊、糖果的糯米纸。对于已有相应的国家标准和行业标准的可食用包装物，当加入量小于预包装食品总量25%时，可免于标示该可食用包装物的原始配料，如《食品安全国家标准胶原蛋白肠衣》（GB 14967）、《天然肠衣》（GB/T 7740）。下列食品配料，可以选择按表3-1-5的方式标示。

表3-1-5　配料标示方式

配料类别	标示方式
各种植物油或精炼植物油，不包括橄榄油	"植物油"或"精炼植物油"；如经过氢化处理，应标示为"氢化"或"部分氢化"
各种淀粉，不包括化学改性淀粉	"淀粉"
加入量不超过2%的各种香辛料或香辛料浸出物（单一的或合计的）	"香辛料""香辛料类"或"复合香辛料"
胶基糖果的各种胶基物质制剂	"胶姆糖基础剂""胶基"
添加量不超过10%的各种果脯蜜饯水果	"蜜饯""果脯"
食用香料、香精	"食用香精""食用香料""食用香精香料"

目前，我国已公布了《可用于食品的菌种名单》《可用于婴幼儿食品的菌种名单的公告》等，预包装食品中使用了上述菌种的，应当按照GB 7718的要求标注其菌种名称，企业可同时在预包装食品上标注相应菌株号及菌种含量。

（3）配料的定量标示。如果在食品标签或食品说明书上特别强调添加了或含有一种或多种有价值、有特性的配料或成分，应标示所强调配料或成分的添加量或在成品中的含量。"特别强调"是指食品生产者通过对配料或成分的宣传引起消费者对该产品配料或成分的重视，以文字的形式在配料表内容以外的标签上突出或暗示添加或含有一种或多种配料或成分。"有价值、有特性的配料"是指暗示所强调的配料或成分对人体有益的程度超出该食品一般情况所应当达到的程度，并且配料或成分具有不同于该食品的一般配料或成分的属性，是相对特殊的配料。如"高钙饼干"添加了符合GB 14880规定的活性离子钙（不同于一般的钙的化合物）。

并不是所有的"特别强调有价值、有特性的配料"都需要定量标示，用真实属性名称或图示对食品的风味、口味、香味或配料来源进行说明不属于特别强调，不需要对该原料进行定量标示。

如果在食品的标签上特别强调一种或多种配料或成分的含量较低或无时，应标示所强调配料或成分在成品中的含量。当使用"不添加"等词汇修饰某种配料（含食品添加剂）时，应真实准确地反映食品配料的真实情况，即生产过程中不添加某种物质，其原料也未使用该物质，否则可视为对消费者的误导。

只在食品名称中出于反映食品真实属性需要，提及某种配料或成分而未在标签上特别强调时，不需要标示该种配料或成分的添加量或在成品中的含量。只在食品名称中强调食品的口味时也不需要定量标示。例如"杏仁味冰淇淋"，添加了微量杏仁油，不需要标示成品中的含量。

（4）净含量和规格。净含量的标示应由净含量、数字和法定计量单位组成。净含量应与食品名称在包装物或容器的同一展示版面标示。

应依据法定计量单位，按以下形式标示包装物（容器）中食品的净含量：液态食品，用体积升（L或l）、毫升（mL或ml），或用质量克（g）、千克（kg）；固态食品，用质量克（g）、千克（kg）；半固态或黏性食品，用质量克（g）、千克（kg）或体积升（L或l）、毫升（mL或ml）。

净含量的计量单位按表3-1-6标示，字符的最小高度符合表3-1-7的规定。

表3-1-6　净含量的计量单位的标示方式

计量方式	净含量（Q）的范围	净含量的计量单位
体积	$Q<1\,000$ mL	mL或ml
	$Q \geqslant 1\,000$ mL	L或l
质量	$Q<1\,000$ g	g
	$Q \geqslant 1\,000$ g	kg

表3-1-7　字符的最小高度的标示方式

净含量（Q）的范围	字符的最小高度/mm
$Q \leqslant 50$ mL；$Q \leqslant 50$ g	2
50 mL$<Q \leqslant 200$ mL；50 g$<Q \leqslant 200$ g	3
200 mL$<Q \leqslant 1$ L；200 g$<Q \leqslant 1$ kg	4
$Q>1$ kg；$Q>1$ L	6

规格是同一预包装内含有多件预包装食品时，对净含量和内含件数关系的表述。单件预包装食品的规格等同于净含量，可以不另外标示规格（具体标示方式参见GB 7718附录C.2.1）；容器中含有固、液两相物质的食品，且固相物质为主要食品配料时，除标示净含量外，还应以质量或质量分数的形式标示沥干物（固形物）的含量（标示形式参见GB 7718附录C.2.2）。同一预包装内含有多个单件预包装食品时，大包装在标示净含量的同时还应标示规格（标示形式参见GB 7718附录C.2.3）。同一预包装内含有多件不同种类的预包装食品时，净含量和规格的具体标示方式参见GB 7718附录C的C.2.4；规格的标示应由单件预包装食品净含量和件数组成，或只标示件数，可不标示"规格"二字。标示"规格"时，不强制要求标示"规格"二字。

赠送装或促销装预包装食品净含量可以分别标示销售部分的净含量和赠送部分的净含量；如："净含量500 g、赠送50 g"，"净含量500 g+50 g"；也可以标示销售部分和赠送部分的总净含量并同时用适当的方式标示赠送部分的净含量。如："净含量550 g（含赠送50 g）"

（5）生产者和（或）经销者的名称、地址和联系方式。应当标注生产者的名称、地址和联系方式。生产者名称和地址应当是依法登记注册、能够承担产品安全质量责任的生产者的名称、地址。有下列情形之一的，应按下列要求予以标示：依法独立承担法律责任的集团公司、集团公司的子公司，应标示各自的名称和地址；不能依法独立承担法律责任的集团公司的分公司或集团公司的生产基地，应标示集团公司和分公司（生产基地）的名称、地址；或仅标示集团公司的名称、地址及产地，产地应当按照行政区划标注到地市级地域；受其他单位委托加工预包装食品的，应标示委托单位和受委托单位的名称和地址；或仅标示委托单位的名称和地址及产地，产地应当按照行政区划标注到地市级地域。

"产地"指食品的实际生产地址，是特定情况下对生产者地址的补充。如果生产者的地址就是产品的实际产地，或者生产者与承担法律责任者在同一地市级地域，则不强制要求标示"产地"项。以下情况应同时标示"产地"项：一是由集团公司的分公司或生产基地生产的产品，仅标示承担法律责任的集团公司的名称、地址时，应同时用"产地"项标示实际生产该产品的分公司或生产基地所在地域；二是委托其他企业生产的产品，仅标示委托企业的名称和地址时，应用"产地"项标示受委托企业所在地域。

依法承担法律责任的生产者或经销者的联系方式，应标示以下至少一项内容：电话、传真、网络联系方式等，或与地址一并标示的邮政地址。

进口预包装食品应标示原产国国名或地区区名（指食品成为最终产品的国家或地区名称，包括包装（或灌装）国家或地区名称），以及在中国依法登记注册的代理商、进口商或经销者的名称、地址和联系方式，可不标示生产者的名称、地址和联系方式。进口需要境外生产企业注册的食品需要在标签上如实标明注册编号。进口预包装饮料酒中文标签应当如实准确标示原产国国名或地区区名。原有外文的生产者的名称地址等不需要翻译成中文。进口预包装食品可以免于标示产品标准号。当预包装食品包装物或包装容器的最大表面面积＜10 cm²时可以只标示产品名称、净含量、生产者（或经销商）的名称和地址。

（6）日期标示。应按年、月、日的顺序清晰标示预包装食品的生产日期和保质期。如日期标示采用"见包装物某部位"的形式，应标示所在包装物的具体部位。日期标示不得另外加贴、补印或篡改。

当同一预包装内含有多个标示了生产日期及保质期的单件预包装食品时，外包装上标示的保质期应按最早到期的单件食品的保质期计算。外包装上标示的生产日期应为最早生产的单件食品的生产日期，或外包装形成销售单元的日期；也可在外包装上分别标示各单件食品的生产日期和保质期。

包装日期（灌装日期）是将食品装入（灌入）包装物或容器中，形成最终销售单元的日期。有些预包装食品难以标出生产日期，只能标示包装日期或灌装日期，如经过经销商分装的白砂糖、茶叶，葡萄酒；包装日期或灌装日期不是产品的产出日期，而是产品形成最终销售单元的日期。

进口预包装食品如仅有保质期和最佳食用日期，应根据保质期和最佳食用日期，以加贴、补印等方式如实标示生产日期。进口食品在国内分装，生产日期为在国内分装形成最终销售单元的日期。保质期由企业根据生产工艺、贮存条件等确定，但进口食品在国内分装后所形成的最终销售单元的保质期不应超过原进口食品的保质期。

酒精度≥10%的饮料酒、食醋、食用盐、固态食糖类（指白砂糖、冰糖之类，不包括糖果）、味精可以免除标示保质期。

（7）贮存条件。预包装食品标签应标示贮存条件。贮存条件可以标示："贮存条件""贮藏条件""贮藏方法"等标题，或不标示标题。贮存条件可以有如下标示形式：常温（或冷冻，或冷藏，或避光，或阴凉干燥处）保存；××～××℃保存；请置于阴凉干燥处；常温保存，开封后需冷藏；温度：≤××℃，湿度：≤××%。

（8）食品生产许可证编号。预包装食品标签应标示食品生产许可证编号的，标示形式按照相关规定执行。委托生产加工实施生产许可证管理的食品，委托企业具有其委托加工食品生产许可证的，可以标注委托企业或者被委托企业的生产许可证编号。

（9）产品标准代号。在国内生产并在国内销售的预包装食品（不包括进口预包装食品）应标示产品所执行的标准代号和顺序号，可以不标示年代号。

（10）其他需要标示的内容。

①辐照食品。经电离辐射线或电离能量处理过的食品，应在食品名称附近标示"辐照食品"。经电离辐射线或电离能量处理过的任何配料，应在配料表中标明。《食品安全国家标准 食品辐照加工卫生规范》（GB 18524）规定"辐照食品种类应在GB 14891规定的范围内，不允许对其他食品进行辐照处理"。GB 14891规定了8类辐照卫生标准：猪肉；新鲜水果、蔬菜类；香辛料类；熟畜禽肉类；冷冻包装畜禽肉类；花粉；干果果脯类和豆类、谷类及其制品这些食品类别才允许进行辐照处理。

②转基因食品。转基因食品的标示应符合相关法律、法规的规定。未采用转基因原料

生产的食品，不得标示"非转基因食品"。

③营养标签。特殊膳食类食品和专供婴幼儿的主辅类食品，应当标示主要营养成分及其含量，标示方式按照《食品安全国家标准 预包装特殊膳食用食品标签》（GB 13432）执行。除上述食品外，营养标签的标注方式按《食品安全国家标准 预包装食品营养标签通则》（GB 28050）执行。

④质量（品质）等级。食品所执行的相应产品标准已明确规定质量（品质）等级的，应标示质量（品质）等级。

5. 非直接提供给消费者的预包装食品标签标示内容 非直接提供给消费者的预包装食品标签应按照前述"直接向消费者提供的预包装食品标签标示内容"的相应要求标示食品名称、净含量和规格、生产日期、保质期和贮存条件，其他内容如未在标签上标注，则应在说明书或合同中注明。

6. 推荐标示内容

（1）批号。根据产品需要，可以标示产品的批号。

（2）食用方法。根据产品需要，可以标示容器的开启方法、食用方法、烹调方法、复水再制方法、开启后的食用期限等对消费者有帮助的说明。

（3）致敏物质。以下食品及其制品可能导致过敏反应，如果用作配料，宜在配料表中使用易辨识的名称，或在配料表邻近位置加以提示：①含有麸质的谷物及其制品（如小麦、黑麦、大麦、燕麦、斯佩耳特小麦或它们的杂交品系）；②甲壳纲类动物及其制品（如虾、龙虾、蟹等）；③鱼类及其制品；④蛋类及其制品；⑤花生及其制品；⑥大豆及其制品；⑦乳及乳制品（包括乳糖）；⑧坚果及其果仁类制品。如加工过程中可能带入上述食品或其制品，宜在配料表临近位置加以提示。

根据《国家卫生计生委食品司关于预包装食品含新食品原料标签标示以及低聚果糖有关问题的复函》（国卫食品标便函〔2015〕279号）规定，预包装食品中含有已公告的新食品原料，若公告中明确要求在标签、说明书中标示食用量和不适宜人群，则应当按照相关公告要求进行标示；若公告中有食用量和不适宜人群要求，但未要求在标签、说明书中标示的，可以由食品生产企业自行选择是否标示。

二、预包装食品营养标签通则

1. 概述 食品营养标签是预包装食品标签的组成部分，它是向消费者提供食品营养信息和特性的说明，也是消费者直观了解食品营养组分、特征的有效方式。根据《食品安全法》有关规定，为指导和规范我国食品营养标签标示，引导消费者合理选择预包装食品，促进公众膳食营养平衡和身体健康，保护消费者知情权、选择权和监督权，卫生部在参考国际食品法典委员会和国内外管理经验的基础上，组织制定了《食品安全国家标准 预包装食品营养标签通则》（GB 28050—2011）。

2. 适用范围和对象 GB 28050适用于预包装食品营养标签上营养信息的描述和说明。直接提供给消费者的预包装食品，应按照GB 28050规定标示营养标签（豁免标示的食品除外）；非直接提供给消费者的预包装食品，可以参照GB 28050执行，也可以按企业双方约定或合同要求标注或提供有关营养信息。

GB 28050不适用于保健食品及预包装特殊膳食用食品的营养标签标示。保健食品按

GB
28050—2011

《保健食品注册与备案管理办法》等规定执行。特殊膳食用食品按《食品安全国家标准　预包装特殊膳食用食品标签》（GB 13432）规定执行。

3.术语和定义

（1）营养标签。营养标签是预包装食品标签上向消费者提供食品营养信息和特性的说明，包括营养成分表、营养声称（公开表示、宣称）、营养成分功能声称。营养标签是预包装食品标签的一部分。

（2）营养成分。食品中的营养素和除营养素以外的具有营养和（或）生理功能的其他食物成分。

（3）核心营养素。营养标签中的核心营养素包括蛋白质、脂肪、糖类和钠。

（4）营养成分表。标有食品营养成分名称、含量和占营养素参考值（NRV）的百分比的规范性表格。

（5）营养素参考值（NRV）。是"中国食品营养素参考值"的简称，专用于食品标签，用于比较食品营养成分含量多少的参考标准，是消费者选择食品时的一种参照尺度。

（6）营养声称。对食品营养特性的描述和声明，如能量水平、蛋白质含量水平。营养声称包括含量声称和比较声称。含量声称是指描述食品中能量或营养成分含量水平的声称。含量声称用语包括"含有""高""低"或"无"等。比较声称是指与消费者熟知的同类食品的营养成分含量或能量值进行比较以后的声称。比较声称用语包括"增加"或"减少"等。

（7）营养成分功能声称。某营养成分可以维持人体正常生长、发育和正常生理功能等作用的声称。

（8）可食部分。预包装食品净含量去除其中不可食用的部分后的剩余部分。

4.基本要求　预包装食品营养标签的基本要求有6个方面，①营养标签标示的任何营养信息，应真实、客观，不得标示虚假信息，不得夸大产品的营养作用或其他作用。②营养标签应使用中文。如同时使用外文标示的，其内容应当与中文相对应，外文字号不得大于中文字号。③营养成分表应以一个"方框表"的形式表示（特殊情况除外），方框可为任意尺寸，并与包装的基线垂直，表题为"营养成分表"。④食品营养成分含量应以具体数值标示，数值可通过原料计算或产品检测获得。各营养成分的营养素参考值（NRV）见GB 28050附录A。⑤营养标签的格式见GB 28050附录B，食品企业可根据食品的营养特性、包装面积的大小和形状等因素选择使用其中的一种格式。⑥营养标签应标在向消费者提供的最小销售单元的包装上。

5.强制标示内容

（1）所有预包装食品营养标签强制标示的内容包括能量、核心营养素（蛋白质、脂肪、糖类和钠）的含量值及其占营养素参考值（NRV）的百分比。当标示其他成分时，应采取适当形式使能量和核心营养素的标示更加醒目，如增大字号、改变字体、改变颜色或改变对齐等方式。

（2）对除能量和核心营养素外的其他营养成分进行营养声称或营养成分功能声称时，在营养成分表中还应标示出该营养成分的含量及其占营养素参考值（NRV）的百分比。

（3）使用了营养强化剂的预包装食品，除标示第一条要求的内容外，在营养成分表中还应标示强化后食品中该营养成分的含量值及其占营养素参考值（NRV）的百分比。

（4）食品配料含有或生产过程中使用了氢化和（或）部分氢化油脂时，在营养成分表中还应（强制）标示出反式脂肪（酸）的含量。

（5）上述未规定营养素参考值（NRV）的营养成分仅需标示含量。

6.可选择标示内容

（1）除上述强制标示内容外，营养成分表中还可选择标示GB 28050表1（能量和营养成分名称、顺序、表达单位、修约间隔和"0"界限值）中的其他31种成分。

（2）当某营养成分含量标示值符合GB 28050表C.1（预包装食品能量和营养成分含量声称的要求和条件）的含量要求和限制性条件时，可对该成分进行含量声称，声称方式见GB 28050表C.1。当某营养成分含量满足GB 28050表C.3（预包装食品能量和营养成分比较声称的要求和条件）的要求和条件时，可对该成分进行比较声称，声称方式见GB 28050表C.3。当某营养成分同时符合含量声称和比较声称的要求时，可以同时使用两种声称方式，或仅使用含量声称。含量声称和比较声称的同义语见GB 28050表C.2（预包装食品能量和营养成分含量声称的同义语）和GB 28050表C.4（预包装食品能量和营养成分比较声称的同义语）。

（3）当某营养成分的含量标示值符合含量声称或比较声称的要求和条件时，可使用GB 28050附录D（能量和营养成分功能声称标准用语）中相应的一条或多条营养成分功能声称标准用语。不应对功能声称用语进行任何形式的删改、添加和合并。

7.营养成分的表达方式

（1）预包装食品中能量和营养成分的含量，应以每100 g或100 mL或每份食品可食部分中的具体数值标示。当用"份"标示时，应标每份食品的量。份的大小根据食品的特性或推荐量规定。

（2）营养成分表中强制标示和可选择性标示的营养成分的名称、顺序、单位、修约间隔（四舍五入）、"0"界限值符合表1的规定。当不标示某一营养成分时，依序上移。

（3）当标示GB 14880和卫生行政部门公告中允许强化的除GB 28050表1外的其他营养成分时，其排列顺序应位于GB 28050表1所列营养素之后。

（4）在产品保质期内，能量和营养成分含量的允许误差范围应符合GB 28050表2（能量和营养成分含量的允许误差范围）的规定。考虑到营养标签标准实施的主要目标和意义，从保护消费者利益考虑，应尽量要求真实客观，但是，食品中营养成分含量受许多因素影响，不可能每一批次的产品实际含量与标示的含量完全一致。因此，为了反映客观情况，本处制定了标示值允许误差范围。这与国际上各国的通行做法一致。允许误差的制定除了技术上的考虑，如食品加工过程、检测方法的误差等，还主要从营养素性质和人群摄入情况考虑，因此，GB 28050规定对限制性营养成分采用≤120%标示值的"封顶"限值；对于非限制性营养成分，采用≥80%标示值的"托底"限值。

8.豁免强制标示营养标签的预包装食品 下列7类预包装食品豁免强制标示营养标签：①生鲜食品，如包装的生肉、生鱼、生蔬菜和水果、禽蛋等；②乙醇含量≥0.5%的饮料酒类；③包装总表面积≤100 cm²或最大表面面积≤20 cm²的食品；④现制现售的食品；⑤包装的饮用水；⑥每日食用量≤10 g或10 mL的预包装食品；⑦其他法律法规标准规定可以不标示营养标签的预包装食品。这些食品有的是食品的营养素含量波动大的，如生鲜食品、现制现售食品；有的是包装小，不能满足营养标签内容的，如包装总表面积≤100 cm²或最

大表面面积 $\leq 20\ cm^2$ 的预包装食品；有的是食用量小、对机体营养素的摄入贡献较小的，如饮料酒类、包装饮用水、每日食用量 $\leq 10\ g$ 或 $10\ mL$ 的。

需要特别强调的是，豁免标示营养标签不意味着企业可以在产品上随便描述营养信息而不受任何限制，如果属于豁免范围的产品，出现了以下情形，则应当按照GB 28050的要求，强制标注营养标签：①企业自愿选择标识营养成分或相关内容的；②标签中有任何营养信息（如"蛋白质 $\geq 3.3\%$"等）的。但是，相关产品标准中允许使用的工艺、分类等内容的描述，不应当作为营养信息，如"脱盐乳清粉"等；③使用了营养强化剂、氢化和（或）部分氢化植物油的；④标签中有营养声称或营养成分功能声称的，如声称"高钙""不含胆固醇"等。

9.食品标签营养素参考值（NRV）及使用方法 GB 28050表A.1规定了能量和32种营养成分参考数值（NRV），用于比较和描述能量或营养成分含量的多少，使用营养声称和零数值的标示时，用作标准参考值，判定营养声称、零数值。

使用方式为营养成分含量占营养素参考值（NRV）的百分比；指定NRV%的修约间隔为1，如1%、5%、16%等。NRV的百分比按下述计算公式计算：

$$NRV\%=\frac{X}{NRV} \times 100\%$$

式中：X——食品中某营养素的含量（由原料计算或产品检测得知）；

NRV——该营养素的营养素参考值（查GB 28050表A.1得知）。

10.有关制作"营养成分表"的几个问题

（1）修约间隔。修约间隔是修约值的最小数值单位，是对营养成分含量的标示数值的要求，如整数、小数点后一位等，以四舍五入处理。

（2）"0"界限值。"0"界限值是某成分含量数值先按GB 28050表1的修约间隔修约，再与"0"界限值比较，若某成分含量数值 $\leq$ "0"界限值时，应标示含量为0，NRV%也标示为0%；若某成分含量数值 > "0"界限值应标示具体数值。当含量 > "0"界限值，而NRV%<1%时，应根据NRV%的计算结果四舍五入取整数，如：NRV%<0.5%，标示为"0%"，0.5% $\leq$ NRV%<1%，标示为1%。

（3）能量计算。能量以计算法获得。即产能营养素蛋白质、脂肪、糖类、膳食纤维等各自的含量乘以相应的能量系数（蛋白质17；脂肪37；糖类17；乙醇29；有机酸13；膳食纤维8），然后相加。产能营养素的能量值相加即得能量。能量值［kJ/100 g（mL）］=产能营养素含量（g/100 g或g/100 mL）×能量系数。

（4）糖类计算。可用加法和减少计算。减法计算（仅适于固体食品）：如食品总质量为100 g，蛋白质12.5 g、脂肪3 g、水分10 g、灰分5 g。总糖=100-12.5-3-10-5=69.5 g/100 g（总糖）；加法计算：淀粉+糖=总糖，如54（淀粉含量%）+7（糖含量%）=61（总糖%）。

【举例3-1-9】100 g某食品中，含蛋白质9.5 g，脂肪21.12 g，糖类61.6 g，钠5 000 μg。制作营养成分表的方法如下：

①蛋白质计算。根据GB 28050表1，蛋白质的表达单位为克（g），单位符合；修约间隔为0.1，修约间隔符合，"0"界限值（每100 g或100 mL） ≤ 0.5 g，蛋白质9.5 g>0.5 g，不是"0"。查GB 28050表A.1，蛋白质的NRV为60 g。蛋白质含量占营养素参考值（NRV）的百分数（蛋白质NRV%）=9.5/60=15.83%→16%。

②脂肪计算。根据GB 28050表1脂肪的表达单位为克（g），单位符合；修约间隔为0.1，21.12 g→21.1 g；"0"界限值≤0.5 g，脂肪21.1 g>0.5 g，不是"0"。查GB 28050表A.1，脂肪NRV≤60 g（计算时按60 g）。脂肪NRV%=21.1/60=35.17%→35%。

③糖类计算。根据GB 28050表1，单位符合。修约间隔符合。"0"界限值0.5 g，糖类61.6 g>0.5 g，不是"0"。查GB 28050表A.1，糖类NRV为300 g。糖类NRV%=61.6/300=20.53%→21%。

表3-1-8　营养成分表

项目	每100 g	NRV%
能量	1 990 kJ	24%
蛋白质	9.5 g	16%
脂肪	21.1 g	35%
糖类	61.6 g	21%
钠	0 mg	0%

④钠计算。根据GB 28050表1，单位不符合，5 000 μg→5 mg；修约间隔符合；"0"界限值≤5 mg，与"0"界限值相等，含量应表示为：0 mg。NRV%为0%。

⑤能量计算。$9.5 \times 17+21.12 \times 37+61.6 \times 17=1\,990.14$ kJ。根据GB 28050表1，单位符合；"0"界限值（每100 g或100 mL）≤17 kJ，不是"0"；修约间隔为1，四舍五入取整数1 990.14 kJ→1 990 kJ。查GB 28050表A.1，能量NRV为8 400 kJ。

NRV%=1 990/8 400=23.69%→24%。

⑥制作营养成分表。根据上述计算，该食品的营养成分表如表3-1-8所示。

思考与练习

1. 什么是食品安全标准？食品安全标准的应当包括哪些内容？

2. 什么是食品中真菌毒素？GB 2761的主要内容和应用原则是什么？

3. 什么是食品中的污染物？GB 2762的主要内容和应用原则是什么？

4. 什么是农药残留？GB 2763的主要内容是什么？

5. 什么是兽药残留？GB 31650的主要内容是什么？

6. GB 29921的主要内容和应用原则是什么？

7. 二级、三级采样方案如何判断检测结果？

8. 食品添加剂的使用原则是什么？

9. 什么是食品添加剂的带入？食品添加剂的两个带入原则有何异同？

10. 食品用香料、香精和食品工业用加工助剂的使用原则和规定是什么？

11. 食品营养强化剂和食品添加剂的区别是什么？

12. 使用营养强化剂的要求是什么？

13. 营养强化剂的使用规定有哪些？

学习笔记

14. 什么是预包装食品？GB 7718适用范围是什么？

15. 预包装食品标签的基本要求是什么？

16. 直接向消费者提供的预包装食品标签应标示哪些内容？

17. GB 28050的适用范围和对象是什么？

18. 预包装食品营养标签的基本要求有哪几个方面？

19. 预包装食品营养标签强制标示内容有哪些？

20. 怎么理解营养素参考值NRV？

21. 100 g某食品中，含蛋白质11.5 g，脂肪19.12 g，糖类50.6 g，钠4 000 μg。试制作营养成分表。

项 目 二

食品产品和检测标准

>>> **任务一　食品产品安全标准** <<<

一、食品产品安全标准

1.我国现行有效的食品产品安全标准　根据《食品安全法》及《食品安全法实施条例》要求，我国先后开展了乳品标准、食品安全基础标准以及其他食品标准的清理整合工作，对食用农产品质量安全标准、食品卫生标准、食品质量标准和有关食品的行业标准中强制执行的标准予以整合，形成了覆盖通用标准、产品标准、规范标准以及方法标准的四类强制性的食品安全标准。

我国食品安全国家标准体系中的产品标准包括各类食品标准以及特殊膳食食品标准、食品添加剂质量规格标准、食品容器与包装材料标准，适用于某类食品、某种具体的食品添加剂或食品相关产品。

我国现行食品产品安全国家标准包括70项食品产品国家安全标准（表3-2-1）和与原《食品卫生法》配套的现行有效的14项强制性食品卫生标准（表3-2-2），涵盖了乳与乳制品、谷物及其制品、肉与肉制品、蛋与蛋制品、油脂及其制品、水产及其制品、调味品、饮料、酒、糖果巧克力、焙烤食品、罐头食品、辐照食品等全部食品类别，基本涵盖了所有食品产品。

表3-2-1　我国现行有效的食品产品安全标准

序号	标准名称	标准代号	序号	标准名称	标准代号
1	干酪	GB 5420—2021	9	灭菌乳	GB 25190—2010
2	乳清粉和乳清蛋白粉	GB 11674—2010	10	调制乳	GB 25191—2010
3	炼乳	GB 13102—2010	11	再制干酪	GB 25192—2010
4	生乳	GB 19301—2010	12	蜂蜜	GB 14963—2011
5	发酵乳	GB 19302—2010	13	速冻面米制品	GB 19295—2011
6	乳粉	GB 19644—2010	14	食用盐碘含量	GB 26878—2011
7	巴氏杀菌乳	GB 19645—2010	15	蒸馏酒及其配制酒	GB 2757—2012
8	稀奶油、奶油和无水奶油	GB 19646—2010	16	发酵酒及其配制酒	GB 2758—2012

（续）

序号	标准名称	标准代号	序号	标准名称	标准代号
17	面筋制品	GB 2711—2014	44	食用油脂制品	GB 15196—2015
18	豆制品	GB 2712—2014	45	食品工业用浓缩液（汁、浆）	GB 17325—2015
19	酿造酱	GB 2718—2014	46	方便面	GB 17400—2015
20	食用菌及其制品	GB 7096—2014	47	果冻	GB 19299—2015
21	巧克力、代可可脂巧克力及其制品	GB 9678.2—2014	48	食用植物油料	GB 19641—2015
22	水产调味品	GB 10133—2014	49	干海参	GB 31602—2015
23	食糖	GB 13104—2014	50	鲜（冻）畜、禽产品	GB 2707—2016
24	淀粉糖	GB 15203—2014	51	粮食	GB 2715—2016
25	保健食品	GB 16740—2014	52	熟肉制品	GB 2726—2016
26	膨化食品	GB 17401—2014	53	蜜饯	GB 14884—2016
27	包装饮用水	GB 19298—2014	54	食品加工用粕类	GB 14932—2016
28	坚果与籽类食品	GB 19300—2014	55	糖果	GB 17399—2016
29	淀粉制品	GB 2713—2015	56	冲调谷物制品	GB 19640—2016
30	酱腌菜	GB 2714—2015	57	藻类及其制品	GB 19643—2016
31	味精	GB 2720—2015	58	食品加工用植物蛋白	GB 20371—2016
32	食用盐	GB 2721—2015	59	花粉	GB 31636—2016
33	腌腊肉制品	GB 2730—2015	60	食用淀粉	GB 31637—2016
34	鲜、冻动物性水产品	GB 2733—2015	61	酪蛋白	GB 31638—2016
35	蛋与蛋制品	GB 2749—2015	62	食品加工用酵母	GB 31639—2016
36	冷冻饮品和制作料	GB 2759—2015	63	食用酒精	GB 31640—2016
37	罐头食品	GB 7098—2015	64	植物油	GB 2716—2018
38	糕点、面包	GB 7099—2015	65	酱油	GB 2717—2018
39	饼干	GB 7100—2015	66	食醋	GB 2719—2018
40	饮料	GB 7101—2015	67	饮用天然矿泉水	GB 8537—2018
41	动物性水产制品	GB 10136—2015	68	乳糖	GB 25595—2018
42	食用动物油脂	GB 10146—2015	69	复合调味料	GB 31644—2018
43	胶原蛋白肠衣	GB 14967—2015	70	胶原蛋白肽	GB 31645—2018

注：标准名称有省略"食品安全国家标准"字样。

表3-2-2　我国现行有效的食品产品卫生标准

序号	标准名称	标准代号	序号	标准名称	标准代号
1	生活饮用水卫生标准	GB 5749—2006	8	辐照猪肉卫生标准	GB 14891.6—1994
2	复合食品包装袋卫生标准	GB 9683—1988	9	辐照冷冻包装畜禽肉类卫生标准	GB 14891.7—1997
3	辐照熟畜禽肉类卫生标准	GB 14891.1—1997	10	辐照豆类、谷类及其制品卫生标准	GB 14891.8—1997
4	辐照花粉卫生标准	GB 14891.2—1994	11	一次性使用卫生用品卫生标准	GB 15979—2002
5	辐照干果果脯类卫生标准	GB 14891.3—1997	12	干果食品卫生标准	GB 16325—2005
6	辐照香辛料类卫生标准	GB 14891.4—1997	13	油炸小食品卫生标准	GB 16565—2003
7	辐照新鲜水果、蔬菜类卫生标准	GB 14891.5—1997	14	豆芽卫生标准	GB 22556—2008

注：标准名称有省略"食品安全国家标准"字样。

2.我国食品产品安全标准的设置原则

（1）通用性。整合后的食品产品安全标准更注重标准的通用性，例如《食品安全国家标准　发酵酒及其配制酒》（GB 2758—2012），适用于以粮谷、水果、乳类等为主要原料，经发酵或部分发酵酿制而成的饮料酒以及以发酵酒为酒基，加入可食用的辅料或食品添加剂，进行调配、混合或加工制成的，已改变了其原酒基风格的饮料酒。因此，无论是黄酒、啤酒、葡萄酒在食品安全的要求方面均须遵循GB 2758。

（2）适应性。除了考虑标准的通用性外，标准设置时还需充分考虑我国居民膳食消费情况。例如腌腊肉制品、水产调味品等是我国消费者喜爱的传统食品，尽管国际上鲜有相应的产品标准，为规范行业发展，确保消费者饮食安全，我国食品产品安全标准中分别设置了对应的标准，而对于油脂涂抹物等在我国基本没有食用习惯的食品，目前未设置对应的产品标准。

（3）确保安全。按照食品安全风险分析的原则，主要食品安全指标和控制要求符合国际通行做法。食品中化学污染物的控制遵循尽可能的低剂量原则（as low as reasonably achievable，ALARA），充分考虑危害因素可能导致的健康风险和在食品中的污染水平；食品中致病性微生物的控制按照"食品-致病菌"组合，考虑微生物在食品中的非均匀分布，根据致病菌的健康风险程度采用国际食品微生物标准委员会（ICMSF）分级采样方案设定限量指标；可以添加于食品中的物质必须经过安全性评估不会给消费者健康带来风险并在食品加工过程中具有使用的必要性才可以添加；检验方法中具体检验技术的参数要求与国际原则基本一致。

3.食品产品安全标准的主要内容　食品安全产品标准的内容一般包括前言、适用范围、规范性引用文件、术语和定义、产品分类、技术要求、分析方法、检验规则、标签标识、包装、贮藏和运输等内容。

（1）前言。前言中要注意标准的替代情况，尤其注意修改部分的内容。这些内容可以从标准的编制说明、标准发布后的解读充分掌握。如国家卫健委发布的关于《食品安全国家标准　植物油》（GB 2716—2018）标准解读中指出，GB 2716—2018是对《食用植物油卫生标准》（GB 2716—2005）和《食用植物油煎炸过程中的卫生标准》（GB 7102.1—2003）的整合修订。与原标准相比，主要变化是完善了术语和定义、删除了煎炸过程中植物油的羰基价指标、修改了酸价和溶剂残留指标、增加了对食用植物调和油命名和标识的要求等。

（2）适用范围。说明该标准具体适用于哪些食品，标准中范围内容明确界定可能与原料、工艺、包装等与食品相关的因素，影响日常抽检中采样方案、采样方式和结果判定等。如《食品安全国家标准　蜜饯》（GB 14884—2016）中规定："本标准适用于各类蜜饯产品，表明预包装、散装（无包装或非定量包装）产品均应满足该标准要求。依据3.4微生物限量表2的规定，对无包装样品中的菌落总数、大肠菌群、霉菌进行结果判定时，需要依据表2开展三级采样方案，并且要进行无菌采样。"

（3）术语和定义。标准中的术语和定义对于界定一个产品是否属于该类标准范畴至关重要。一般对标准中出现的、需要加以明确解释的各类术语和需要定义的食品产品名称、需要加以进一步明确的食品分类要求进行说明。术语和定义一般会明确原料要求、工艺特点等产品内在特性，会影响技术要求中的部分指标的判定结论。如《食品安全国家标准　酱油》（GB 2717—2018）和《食品安全国家标准　食醋》（GB 2719—2018）的术语及定义表明上述两项标准仅适用于传统酿造工艺生产的酱油和食醋，不再适用于采用配制工艺生产的酱油和食醋。对采用配制工艺生产的酱油、食醋将按照复合调味料管理。《食品安全国家标准　酿造酱》（GB 2718—2014）术语和定义中明确，酿造酱为以谷物和（或）豆类为主要原料经微生物发酵而制成的半固态的调味品，如面酱、黄酱、蚕豆酱等。而西南地区以辣椒为主的豆瓣酱则不属于该标准范畴，技术要求中的氨基酸态氮限量要求不适用于该类产品。

（4）技术要求。技术要求一般包括原料要求、感官要求、理化指标要求、安全性指标和微生物要求、食品添加剂和营养强化剂的使用要求等内容。

①原料要求。说明该食品的原料应当满足的安全要求或应当符合的标准。

②感官要求。是对产品的色泽、气味、滋味和组织状态等感官指标进行的描述，有的还给出感官检验的方法说明。感官指标可以用检验者的感官进行感知而判断是否合格。感官指标的变化一般来说是由于污染物污染或理化成分发生变化而引起的。感官指标作为食品的一个重要指标，具有优先否决权，即若感官指标不合格，则可直接判定此批产品不合格，没有必要再进行后续指标检验。

③理化指标要求。食品理化指标的设置与原料、工艺、内在质量、腐败变质等密切相关。产品安全标准仅给出可影响或预示食品安全质量变化的、与食品安全相关的间接反映食品质量与卫生质量相关的指标。

A.反映食品质量变化的指标。如挥发性盐基氮、酸度、酸价、过氧化值、三甲胺氮等。挥发性盐基氮指动物性食品由于酶和细菌的作用，在腐败过程中，使蛋白质分解而产生氨以及胺类等碱性含氮物质。挥发性盐基氮通常作为评价动物性食品新鲜度的经典理化指标。挥发性盐基氮与动物性食品的腐败程度有明显的对应关系，其数值随着新鲜度的下降会不断增大，其含量越高，表明氨基酸被破坏的越多，动物性食品的新鲜度越低。过氧化值表示油脂和脂肪酸等被氧化程度的一种指标，它用于说明样品是否因已被氧化而变质。那些以油脂、脂肪为原料而制作的食品，通过检测其过氧化值来判断其质量和变质程度。酸价是脂肪中游离脂肪酸含量的标志，脂肪在长期保藏过程中，由于微生物、酶和热的作用发生缓慢水解，产生游离脂肪酸。而脂肪的质量与其中游离脂肪酸的含量有关。酸价主要反映食品中的油脂酸败程度。过氧化值是油脂酸败的早期指标。酸价是油脂酸败的晚期指标。如果酸价不合格，说明这个食品油脂酸败程度已经很高了，时间已经很长了。而过氧化值不合格说明这种食品刚开始酸败，还远没有达到不可食用的程度。

B.与可能间接导致食品安全风险和防止掺杂使假有关的水分、盐分、灰分和含砂量等指标。如干海参是以刺参等海参为原料，经去内脏、煮制、盐渍（或不盐渍）、脱盐（或不脱盐）、干燥等工序制成的产品；或以盐渍海参为原料，经脱盐（或不脱盐）、干燥等工序制成的产品。在刺参收获的季节，通常的做法是将鲜刺参煮制、盐渍，制成半成品（即盐渍海参），贮存于冷库中，作为干海参生产的原料贮备。所以，很大一部分市售的干海参是由盐渍海参加工而成的。

当干海参中水分含量过高时，一是会缩短干海参的存放时间，导致海参变质；二是能增重，会变相损害消费者的利益。在干海参加工过程中，水分一般可控制在8%~10%，但水分含量过低，会造成运输和贮藏过程中容易破碎，也不利于复水。同时考虑到目前相当多的海参是散装销售的，因此在销售过程中可能会有吸潮的情况，导致含水量增加。综合各方面意见，《食品安全国家标准　干海参》（GB 31602—2015）规定干海参的水分含量为≤ 15 g/100g。

海参是生活在海水中，鲜海参的体内盐分与海水相当，若将其直接干燥制成干海参，则含盐量高于13%。由于鲜海参的自溶作用，很难存放，而且刺参的收获季节集中，此时厂家的主要精力为收获并储备原料，通常的做法是在刺参收获的季节，将收获的鲜刺参加盐煮制、盐渍，制成半成品（即盐渍海参）作为干海参生产的原料储备，贮存于冷库中。我国传统的干海参生产工艺，是用饱和盐水煮或者预煮后再裹盐，加盐是为了保鲜及脱除海参体内水分，此时产品中盐含量为35%~40%。实验证明干海参加工过程中加盐有利于食用前的复水，也有利于营养成分的保持。因此GB 31602规定干海参产品盐分含量≤ 40 g/100g。

掺糖的干海参产品，刺挺直，着色深，外形美观，优于盐干海参甚至淡干海参，为防止在干海参生产过程中添加糖类物质增重、美容、谋取暴利。GB 31602规定干海参中水溶性总糖含量≤ 3 g/100g。

海参本身具有容易吸附多种物质，为防止在海参加工过程中，以增重为目的大量掺加糖、盐、胶类物质等，"复水后干重率"能有效应对在干海参加工中恶意掺加各类物质的行为，标准规定复水后干重率≥ 40%，含砂量≤ 3 g/100g。

C.反映食品质量的特征性指标和为规范行业生产需强制实施的指标。如氨基酸态氮、总酸、固形物、蛋白质、脂肪等。乳制品类一般会有蛋白质含量要求；酱油、食醋、酿造酱、味精、食盐分别设置了与质量相关的氨基酸态氮、总酸、谷氨酸钠、氯化钠、碘等指标。海参是富含蛋白质的营养保健食品。市场抽样检验表明，正常工艺生产的干海参产品，其蛋白质含量为40%~65%，伪劣干海参的蛋白含量最低为6.5%，经与正常生产工艺生产的特制样品检验验证，GB 31602规定，干海参中粗蛋白含量为≥ 40%。又如《食品安全国家标准　发酵乳》（GB 19302—2010）规定了什么是发酵乳、酸乳、风味发酵乳和风味酸乳，明确发酵菌种应使用保加利亚乳杆菌（德氏乳杆菌保加利亚亚种）、嗜热链球菌或其他由国务院卫生行政部门批准使用的菌种，要求发酵乳和风味发酵乳的蛋白质含量分别≥2.9 g/100g和2.3 g/100 g，酸度≥70°T，未经热处理的产品中乳酸菌数≥1×10^6 CFU/g（mL）等。

D.营养与保健作用的指标。表示食品的营养价值与保健功能。主要见于特殊膳食食品和保健食品。为满足特殊的身体或生理状况和（或）满足疾病、紊乱等状态下的特殊膳食需求专门加工或配方的食品，专供婴幼儿和其他特定人群食用的主辅食，对营养成分有特殊的需要，各种营养成分必须科学搭配，不能过多、也不能过少，少了会导致营养不足，多了也可能引起营养过剩，甚至中毒，因此必须在进行风险评估后规定营养成分的最高量、最低量等要求，既要满足特定人群的营养需求，又要保证食用安全。

④安全性指标和微生物要求。

A.严重危害人体健康的致病性微生物，农药残留、兽药残留、生物毒素、重金属等污染物质限量要求。

B.某些产品具有特殊性，如存在基础标准未涵盖其他危害物质或内在质量的指标，也会在安全标准中制定相应的限量和其他必要的技术要求。如《食品安全国家标准　蒸馏酒及其配制酒》（GB 2757—2012）要求粮谷类蒸馏酒中甲醇含量≤0.6 g/L；其他类蒸馏酒甲醇含量≤2.0 g/L；要求蒸馏酒中氰化物（以HCN计）含量≤8.0 mg/L。

C.对人体有一定威胁或危险性的指标（常表示食品可能被污染及污染程度），如菌落总数、大肠菌群、霉菌和酵母等指示菌指标和其他微生物指标等。又如豆科植物和动物内脏都含有一种抗营养因子——胰蛋白酶抑制剂（TI），它与小肠液中胰蛋白酶结合生成无活性的复合物，降低胰蛋白酶的活性，导致蛋白质的消化率和利用率降低。胰蛋白酶抑制剂的成分是多肽或蛋白质，胰蛋白酶抑制剂，对热不稳定，充分加热可使之变性失活，从而消除其有害作用。为了判断大豆与豆粕中胰蛋白酶抑制剂的破坏程度及其营养价值，可采用脲酶活性定性测定。脲酶活性可以用来表示豆制品的烘烤加热程度。因此目前多以脲酶活性来表示胰蛋白酶抑制剂抗营养因子的去除情况。脲酶活性呈阴性就表明胰蛋白酶抑制剂去除了。《食品安全国家标准　豆制品》（GB 2712—2014）、《食品安全国家标准　饮料》（GB 7101—2015）、《食品安全国家标准　婴儿配方食品》（GB 10765—2021）、《食品安全国家标准　较大婴儿配方食品》（GB 10766—2021）、《食品安全国家标准　幼儿配方食品》（GB 10767—2021）、《食品安全国家标准　婴幼儿谷类辅助食品》（GB 10769—2010）、《食品安全国家标准　辅食营养补充品》（GB 22570—2014）、《食品安全国家标准　孕妇及乳母营养补充食品》（GB 31601—2015）都规定了脲酶活性指标。

⑤食品添加剂和营养强化剂的使用要求。在食品产品标准中涉及基础标准或其他标准的内容一般均直接引用相应的基础标准或其他标准。真菌毒素、污染物、农药残留、兽药残留、致病菌、微生物限量要求和食品添加剂及营养强化剂使用要求，一般都会直接引用GB 2760、GB 2761、GB 2762、GB 2763、GB 14880、GB 29921、GB 31650等食品安全通用标准，并说明其在该标准中的食品类别。微生物指标中有涉及菌落总数、大肠菌群、霉菌、酵母等要求，需要注意与包装相关的标准适用范围、采样方案、采样方式等，还要注意该类指标设置时的一些特殊细类备注。如《食品安全国家标准　罐头食品》（GB 7098—2015）微生物限量要求中明确了番茄酱罐头霉菌计数（%视野）≤50和

检测方法要求;《食品安全国家标准 调制乳》(GB 25191—2010)中明确,采用灭菌工艺的调制乳应符合商业无菌的要求等。另外,原辅料也可能对结果判定产生影响,如《食品安全国家标准 婴儿配方食品》(GB 10765—2021)微生物限量中明确,菌落总数不适用于添加活性菌种(好氧和兼性厌氧益生菌)的产品[(产品中活性益生菌的活菌数应≥ 10^6 CFU/g(mL)]。

(5)食品产品安全标准涉及的其他内容。包括标签标识、贮藏、运输、消费警示用语和生产卫生规范等方面的特殊要求。标准中涉及的检测方法一般直接引用相应的标准。例如《食品安全国家标准 食品工业用浓缩液(汁、浆)》(GB 17325—2015)要求大肠菌群的检测使用《食品安全国家标准 食品微生物学检验 大肠菌群计数》(GB 4789.3—2016)中的平板计数法;霉菌和酵母的检测依照《食品安全国家标准 食品微生物学检验 霉菌和酵母计数》(GB 4789.15—2016)。食品生产加工过程的要求应符合GB 14881或相应类别食品的卫生规范。

除上述内容外,对该类食品需要强调或阐明的内容也应在标准中明确。例如,若食品产品标准中某些指标尚缺乏适用的检测方法标准,则在该产品标准中应写出具体的检测操作。如《食品安全国家标准 食糖》(GB 13104—2014)中将螨的检测方法列于附录A。《食品安全国家标准 干海参》(GB 31602—2015)的附录A中列出了干海参复水后干重率、含砂量的检测方法。若产品的标签标识除了满足GB 7718—2014的要求外还需要满足特别要求,则在产品标准中明确提出。例如《食品安全国家标准 蒸馏酒及其配制酒》(GB 2757—2012)要求产品应以"%vol"为单位标示酒精度、应标示"过量饮酒有害健康"等警示语;《食品安全国家标准 发酵乳》(GB 19302—2010)要求,发酵后经热处理的产品应标识"××热处理发酵乳""××热处理风味发酵乳""××热处理酸乳/奶"或"××热处理风味酸乳/奶"。全部用乳粉生产的产品应在产品名称紧邻部位标明"复原乳"或"复原奶";在生牛(羊)乳中添加部分乳粉生产的产品应在产品名称紧邻部位标明"含××%复原乳"或"含××%复原奶"。"××%"是指所添加乳粉占产品中全乳固体的质量分数。"复原乳"或"复原奶"与产品名称应标识在包装容器的同一主要展示版面;标识的"复原乳"或"复原奶"字样应醒目,其字号不小于产品名称的字号,字体高度不小于主要展示版面高度的1/5。《食品安全国家标准 灭菌乳》(GB 25190—2010)中强调,应标注纯牛奶(乳)或纯羊奶(乳)字样,并且要标明使用复原乳情况等。果冻、啤酒、特殊膳食食品、保健食品等都有相应的消费警示用语要求。

若产品的加工过程除了满足GB 14881—2013的要求外还需要满足特别要求,则在产品标准中明确提出。例如《食品安全国家标准 鲜、冻动物性水产品》(GB 2733—2015)标准规定:贝类、淡水蟹类、龟鳖、黄鳝应活体加工,其冷冻品应在活体状态下清洗(宰杀或去壳)后冷冻;冷冻动物性水产品应贮存在-18℃或更低的温度下。《食品安全国家标准 速冻面米制品》(GB 19295—2011)标准规定,产品标识应注明速冻、生制、熟制,以及烹调加工方式。产品贮存、销售应控制在-18℃以下,温度波动应控制在2℃以内。运输过程的最高温度不得高于-12℃。

这些指标并非在所有食品安全标准中都同时出现,有的产品安全标准中只有其中几项。

二、特殊膳食食品标准

1.特殊膳食用食品的概念与分类 《食品安全国家标准 预包装特殊膳食用食品标签》

（GB 13432—2013）规定，特殊膳食用食品是为满足特殊的身体或生理状况和（或）满足疾病、紊乱等状态下的特殊膳食需求，专门加工或配方的食品。这类食品的营养素和（或）其他营养成分的含量与可类比的普通食品有显著不同。

特殊膳食用食品需具备两个条件：一是某种或某类食品最适宜特定（特殊）人群食用，如婴儿、幼儿、糖尿病患者、严重缺乏某些营养素的人等。这类人群由于生理原因，需要的膳食结构与一般人群的膳食结构有明显区别。二是为这类人群制作的食品与可类比的普通食品的营养成分有显著不同，有些营养素含量很低或很高。如无母乳喂养的婴儿需要的婴儿配方乳粉，其营养成分和含量与成年人食用的乳粉有显著不同。两个条件同时具备，才能称为特殊膳食用食品。

我国特殊膳食用食品主要包括以下4类9个产品类别：婴幼儿配方食品（婴儿配方食品、较大婴儿和幼儿配方食品、特殊医学用途婴儿配方食品）、婴幼儿辅助食品（婴幼儿谷类辅助食品；婴幼儿罐装辅助食品）、特殊医学用途配方食品（特殊医学用途婴儿配方食品涉及的品种除外）、除上述类别外的其他特殊膳食用食品（包括辅食营养补充品、运动营养食品以及其他具有相应国家标准的特殊膳食用食品）。

2.特殊膳食用食品与普通食品和药品的区别　特殊膳食用食品是食品的一个类别，既不属于保健食品更不是药品。

（1）与普通食品的区别。特殊膳食用食品的目的在于对特殊人群强化针对营养、减少代谢负担、调节生理机能、减轻药副作用等。具有特殊的营养指向性，为特殊人群提供丰富的难以从日常普通膳食中摄取的营养成分。普通食品只提供人体所需基本营养物质，满足正常生理需要。在普通食品中也含有生理活性物质，由于含量较低，不能实现功效作用。普通食品不强调特定功能，没有特定的食用范围（食用人群）。通过直接食用普通食品不能满足特殊人群的营养需求，同时也带来许多非必需的营养负担（饱和脂肪、糖分等）。此外，普通食品不能满足某些特殊状态群体的消化吸收，存在着较大的代谢负担。

（2）与保健食品的区别。特殊膳食用食品对特殊人群具有全面的营养价值，即提供特殊的生理和营养成分（无法从日常的普通膳食中摄取）可作为日常食品长期食用。保健食品含有一定含量的功效成分（生理活性物质），生理活性物质通过提取、分离、浓缩或者是添加了纯度较高的某种生理活性物质，使其能调节人体的机能，具有特定的功能；保健食品一般有特定的食用范围（特定人群），不以治疗为目的，可以声称保健功能，但无法满足特定人群全面营养补充。保健食品对机体的某些生理功能可提供一些保健作用，一般不以提供营养为目的，尤其无法满足特定生理阶段的针对性营养补充。

（3）与药品的区别。特殊膳食用食品为特殊人群提供特殊营养成分，最大程度降低代谢负担，但不同于药品，不能直接用于治疗疾病。以针对性补充营养为目的，可以最大程度的减少机体的代谢负担，没有毒副作用。药品有明确的治疗目的，并有确定的适应证和功能主治，可以有不良反应，有规定的使用期限。

《食品安全法》将特殊食品专设一节规定，体现了对保健食品、特殊医学用途配方食品和婴幼儿配方食品等特殊食品实行严格监督管理的原则，即指比普通食品更加严格的监督管理。

3.我国的特殊膳食用食品标准　我国现行的特殊食品安全标准见表3-2-3。

表3-2-3　我国现行有效的特殊膳食用食品安全标准

序号	标准名称	标准代号	序号	标准名称	标准代号
1	婴儿配方食品	GB 10765—2021	6	特殊医学用途配方食品通则	GB 29922—2013
2	较大婴儿配方食品	GB 10767—2021	7	辅食营养补充品	GB 22570—2014
3	幼儿配方食品	GB 10769—2021	8	运动营养食品通则	GB 24154—2015
4	婴幼儿罐装辅助食品	GB 10770—2010	9	孕妇及乳母营养补充食品	GB 31601—2015
5	特殊医学用途婴儿配方食品通则	GB 25596—2010			

注：标准名称有省略"食品安全国家标准"字样。

（1）婴儿配方食品（GB 10765—2021）。婴儿配方食品是指适用于正常婴儿食用，其能量和营养成分能满足0~6月龄婴儿正常营养需要的配方食品。婴儿配方食品分为乳基婴儿配方食品和豆基婴儿配方食品，分别是以乳类及乳蛋白制品和大豆及大豆蛋白制品为主要蛋白来源，加入适量的维生素、矿物质和（或）其他原料，仅用物理方法生产加工制成的产品。

GB 10765规定了婴儿配方食品的原料要求、感官要求、必需成分（基本要求，能量要求，蛋白质、脂肪、糖类、维生素、矿物质要求）、可选择性成分、其他指标（水分、灰分、杂质度）、污染物限量、真菌毒素限量、微生物限量、食品添加剂和营养强化剂、脲酶活性共10项技术要求。另外，还规定了产品的标签、使用说明和包装要求。GB 10765适用于0~6月龄婴儿食用的配方食品。

（2）较大婴儿配方食品（GB 10766—2021）。较大婴儿配方食品是指适用于正常较大婴儿食用，其能量和营养成分能满足6~12月龄较大婴部分营养需要的配方食品。较大婴儿配方食品分为乳基大婴儿配方食品和豆基大婴儿配方食品，分别是以乳类及乳蛋白制品和大豆及大豆蛋白制品为主要蛋白来源，加入适量的维生素、矿物质和（或）其他原料，仅用物理方法生产加工制成的产品。

GB 10766规定了较大婴儿配方食品的原料要求、感官要求、必需成分（基本要求，能量要求，蛋白质、脂肪、糖类、维生素、矿物质要求）、可选择性成分、其他指标（水分、灰分、杂质度）、污染物限量、真菌毒素限量、微生物限量、食品添加剂和营养强化剂、脲酶活性共10项技术要求。另外还规定了产品的标签、使用说明和包装要求。GB 10766适用于6~12月龄较大婴儿食用的配方食品。

（3）幼儿配方食品（GB 10767—2021）。幼儿配方食品是以乳类及乳蛋白制品和（或）大豆及大豆蛋白制品为主要蛋白来源，加入适量的维生素、矿物质和（或）其他原料，仅用物理方法生产加工制成的产品。适用于幼儿食用，其能量和营养成分能满足正常幼儿的部分营养需要。

GB 10767规定了幼儿配方食品的原料要求、感官要求、必需成分（基本要求，能量要求，蛋白质、脂肪、糖类、维生素、矿物质要求）、可选择性成分、其他指标（水分、灰分、杂质度）、污染物限量、真菌毒素限量、微生物限量、食品添加剂和营养强化剂、脲酶活性共10项技术要求。另外还规定了产品的标签、使用说明和包装要求。GB 10767适用于12~36月龄幼儿食用的配方食品。

（4）婴幼儿谷类辅助食品（GB 10769—2010）。婴幼儿谷类辅助食品以一种或多种谷物（如小麦、大米、大麦、燕麦、黑麦、玉米等）为主要原料，且谷物占干物质组成的25%以上，添加适量的营养强化剂和（或）其他辅料，经加工制成的适于6月龄以上婴儿和幼儿食用的辅助食品。产品分为婴幼儿谷物辅助食品、婴幼儿高蛋白谷物辅助食品、婴幼儿生制类谷物辅助食品和婴幼儿饼干或其他婴幼儿谷物辅助食品4类。GB 10769规定了婴幼儿谷类辅助食品的原料要求、感官要求、基本的营养成分指标、可选择的营养成分指标、糖类添加限量、其他指标（水分和不溶性膳食纤维）、污染物限量、真菌毒素限量、微生物限量、食品添加剂和营养强化剂、脲酶活性共11项技术要求和标签要求。适用于6月龄以上婴儿和幼儿食用的婴幼儿谷类辅助食品。

（5）特殊医学用途配方食品通则（GB 29922—2013）。特殊医学用途配方食品是为了满足进食受限、消化吸收障碍、代谢紊乱或特定疾病状态人群对营养素或膳食的特殊需要，专门加工配制而成的配方食品。该类产品必须在医生或临床营养师指导下，单独食用或与其他食品配合食用。分为全营养配方食品、特定全营养配方食品、非全营养配方食品。

特殊医学用途配方食品定义包含以下内涵：①专门加工配制而成的配方食品；②满足进食受限、消化吸收障碍、代谢紊乱或特定疾病状态这4种人群对营养素或膳食的特殊需要；③必须在医生或临床营养师指导下，单独食用或与其他食品配合食用；④特殊医学用途配方食品的配方应以医学和（或）营养学的研究结果为依据，其安全性及临床应用（效果）均需要经过科学证实。特殊医学用途配方食品的生产条件应符合国家有关规定。

GB 29922规定了特殊医学用途配方食品的基本要求、原料要求、感官要求、营养成分、污染物限量、真菌毒素限量、微生物限量、食品添加剂和营养强化剂8项技术要求和标签、使用说明及包装要求。适用于1岁以上人群的特殊医学用途配方食品。不适用于特殊医学用途婴儿（0~12月龄的人）配方食品。

三、食品添加剂产品质量规格标准

食品添加剂是食品工业中不可缺少的重要配料，食品添加剂虽然不属于食品，不可以单独食用，但它会伴随着食品最终进入消费者口中，其产品质量的优劣直接影响到食品的卫生安全。所以食品添加剂的安全要求与食品并无太大差别，应当符合法律、法规和食品安全国家标准。

食品添加剂的质量规格标准，也称为食品添加剂的产品标准，主要是对已经批准使用的食品添加剂品种提出的质量和安全要求。食品添加剂的质量规格标准也是保证食品安全的重要标准，因为即使严格按照批准的使用范围和用量使用食品添加剂，但如果使用的食品添加剂本身存在食品安全问题，也不能生产出符合食品安全要求的食品产品。

目前，食品添加剂的质量规格标准主要分为两种情况，一种情况是针对单一品种的食品添加剂制定的质量规格标准，如《食品安全国家标准　食品添加剂　硅酸镁》（GB 1886.62—2015）；另一种情况是适用于多种食品添加剂产品的通用安全要求，如《食品安全国家标准　复配食品添加剂通则》（GB 26687—2011）、《食品安全国家标准　食品用香料通则》（GB 29938—2020）、《食品安全国家标准　食品添加剂　食品工业用酶制剂》（GB 1886.174—2016）、《食品安全国家标准　食品添加剂　胶基及其配料》（GB 29987—2014）、《食品安全国家标准　食品用香精》（GB 30616—2020）等食品安全国家标准。

单一品种食品添加剂质量规格标准一般包括标准的范围；食品添加剂的化学式、结构式、分子式和相对分子质量；技术要求和贮存条件等内容。范围一般给出食品添加剂的原料要求、生产工艺要求。技术要求主要有四个方面：①感官指标及检验方法，如颜色、状态等。②理化指标及检验方法，如主要成分含量和纯度、生产过程中产生的杂质要求、干燥失重、灼烧残渣、不溶物、残存溶剂等指标等。③微生物指标及检验方法，如菌落总数、大肠菌群、致病菌、霉菌和酵母菌等。④有毒有害物质指标及检验方法，如铅、砷、铬、镉、铜、镉、汞、锌、黄曲霉毒素 B_1 等有害物质。不同产品的具体要求不同。

四、食品相关产品安全标准

1.食品相关产品的定义和分类　食品相关产品是指用于食品的包装材料、容器、洗涤剂、消毒剂和用于食品生产经营的工具、设备。凡是在食品生产流通过程中直接接触食品的物品都属于食品相关产品，包括以下3类：①用于食品的包装材料和容器，指包装、盛放食品或者食品添加剂用的纸、竹、金属、搪瓷、陶瓷、塑料、橡胶、天然纤维、化学纤维、玻璃等制品和直接接触食品或者食品添加剂的涂料。②用于生产经营的工具、设备，包括在食品或食品添加剂生产、流通、使用过程中直接接触食品或者食品添加剂的机械、管道、传送带、容器、用具、餐具等。餐具和饮具主要是指餐饮服务提供者提供餐饮服务时使用的碗筷、勺子、盘子、杯子等。③用于食品的洗涤剂、消毒剂，包括直接用于洗涤或者消毒食品、餐饮具以及直接接触食品的工具、设备或者食品包装材料和容器的物质。

食品相关产品对食品安全有着双重意义，①合适的包装材料和方式可以保护食品不受外界的污染，保持食品本身的水分、成分、品质等特性不发生改变，达到保质、保鲜的目的。②食品相关产品本身的化学成分由于直接接触食品后，会向食品中发生迁移，如果迁移的量超过一定界限，会影响到食品的安全。

2.我国的食品相关产品标准　食品相关产品是食品生产经营活动中必不可少的物质，与食品安全息息相关，随着食品科技和包装工业的迅速发展，许多新型的包装材料和包装形式不断出现，为规范食品相关产品的使用，根据《食品安全法》规定，我国通过整合食品容器、包装材料卫生标准，形成了以《食品安全国家标准　食品接触材料及制品通用安全要求》（GB 4806.1）、《食品安全国家标准　食品接触材料及制品用添加剂使用标准》（GB 9685）2项标准为基础，13项主要材质类别的产品标准（表3-2-4），1项通用卫生规范《食品安全国家标准　食品接触材料及制品生产通用卫生规范》（GB 31603）、50项检验方法标准组成的食品接触材料及制品食品安全标准框架体系。

表3-2-4　我国现行有效的食品相关产品安全标准

序号	标准名称	标准代号	序号	标准名称	标准代号
1	洗涤剂	GB 14930.1—2015	8	食品接触用塑料树脂	GB 4806.6—2016
2	消毒剂	GB 14930.2—2012	9	食品接触用塑料材料及制品	GB 4806.7—2016
3	食品接触材料及制品通用安全要求	GB 4806.1—2016	10	食品接触用纸和纸板材料及制品	GB 4806.8—2016
4	奶嘴	GB 4806.2—2015	11	食品接触用金属材料及制品	GB 4806.9—2016
5	搪瓷制品	GB 4806.3—2016	12	食品接触用涂料及涂层	GB 4806.10—2016
6	陶瓷制品	GB 4806.4—2016	13	食品接触用橡胶材料及制品	GB 4806.11—2016
7	玻璃制品	GB 4806.5—2016	14	消毒餐（饮）具	GB 14934—2016

注：标准名称有省略"食品安全国家标准"字样。

（1）食品接触材料及制品通用安全要求。GB 4806.1—2016是食品接触材料及制品标准框架体系的纲领性技术法规，其他标准的内容必须在其规定的原则下进行制定。食品接触材料及制品是指在正常使用条件下，各种已经或预期可能与食品或食品添加剂（以下简称食品）接触、或其成分可能转移到食品中的材料和制品，包括食品生产、加工、包装、运输、贮存、销售和使用过程中用于食品的包装材料、容器、工具和设备，及可能直接或间接接触食品的油墨、黏合剂、润滑油等。不包括洗涤剂、消毒剂和公共输水设施。

GB 4806.1规定了食品接触材料及制品的基本要求、限量要求、符合性原则、检验方法、可追溯性和产品信息要求，适用于各类食品接触材料及制品。

（2）洗涤剂（GB 14930.1—2015）　食品用洗涤剂是指用于洗涤和清洁食品、餐饮具以及接触食品的工具和设备、容器和食品包装材料的物质。根据产品用途不同分为两类：A类产品指直接用于清洗食品的洗涤剂；B类产品指用于清洗餐饮具以及接触食品的工具、设备、容器和食品包装材料的洗涤剂。

①原料要求。食品用洗涤剂中所用原材料应符合国家相关标准和有关规定。A类产品所用表面活性剂、防腐剂和着色剂应采用我国允许使用的洗涤剂原料名单规定的品种。B类产品所用表面活性剂应在其所使用的浓度和方式下不影响人体健康；所用防腐剂、着色剂可采用我国允许使用的洗涤剂原料名单或《牙膏用原料规范》（GB 22115）中规定的品种。A类产品所用香精应符合《食品安全国家标准　食品用香精》（GB 30616）的规定。B类产品所用香精应符合《日用香精》（GB/T 22731—2017）中对第10类产品的规定。

②产品要求。对产品中砷、重金属、甲醇含量、甲醛含量等理化指标的限量和检验方法和菌落总数、大肠菌群限量等微生物限量做出了规定。

③其他要求。在产品的最小销售包装上应标明产品所属类别（A类、B类），其中A类产品可以标识"可直接接触食品"。

（3）消毒剂（GB 14930.2—2012）。洗涤消毒剂是指兼有洗涤和消毒作用的制剂。标准规定了消毒剂的原料要求、感官要求、理化指标（砷、重金属）、添加剂、微生物的杀灭试验（大肠菌群、金黄色葡萄球菌和脊髓灰质炎病毒）等技术要求和产品标识要求，适用于清洗食品容器及食品生产经营工具、设备以及蔬菜、水果的消毒剂和洗涤消毒剂。

（4）食品接触用塑料材料及制品（GB 4806.7—2016）。塑料材料是以一种或几种树脂或预聚物为主要结构组分，添加或不添加添加剂，在一定的温度和压力下加工制成的具有一定形状、介于树脂与塑料制成品之间的高分子材料，包括塑料粒子（或切片）、母料、片材等。塑料制品是以树脂或塑料材料为原料，添加或不添加添加剂，成型加工成具有一定形状的成型品。母料是指将影响塑料材料及制品物理特性的塑料添加剂（如着色剂、填料、纤维、稳定剂）超量载附于一种或几种树脂中而制成的、与树脂或粒料混合使用才能加工成其他塑料及最终制品的浓缩体。GB 4806.7规定了食品接触用塑料材料及制品的术语定义，基本要求，原料要求、感官要求、理化指标（总迁移量、高锰酸钾消耗量、脱色实验、单体及其他起始物的特定迁移限量、特定迁移总限量、最大残留量）等技术要求和添加剂要求，并对迁移实验和标签标识做出了要求，适用于各种食品接触用塑料材料及制品，包括未经硫化的热塑性弹性体材料及制品。

（5）食品接触用金属材料及制品（GB 4806.9—2016）。食品接触用金属材料及制品指在正常使用条件下，预期或已经与食品接触的各种金属（包括各种金属镀层及合金）材料及制品。如金属制成的食品包装材料、容器、餐厨具以及食品生产加工用工具、设备或加工处理食品用电器中直接接触食品的金属零部件。标准规定了食品接触用金属材料及制品的术语定义，基本要求，原材料要求、感官要求、理化指标等技术要求，并对迁移实验、特殊使用要求和标签标识做出了规定。

任务二 食品检验方法与规程标准

试验标准是在适合指定目的的精密度范围内和给定环境下，全面描述试验活动以及得出结论的方式的标准。对食品质量安全进行评价，就必须对食品进行分析检验和品质鉴定。食品检验方法与规程是食品安全标准的重要组成部分，它是运用物理、化学、生物学的基本理论及各种科学技术，对各类食品的组成成分和有关限量进行测定、试验和计量所作的统一规定，是基础通用和产品标准中各类限量指标的配套检测方法。食品安全检验方法标准包括食品感官检验标准、食品理化检验标准、食品微生物检验方法标准和其他检验方法与规程标准等。

一、食品感官检验标准

1.食品感官检验的概念 食品感官检验是凭借人体自身的视觉、嗅觉、味觉等感觉器官，对食品的质量状况做出客观的评价。具体地讲就是通过用眼睛看、鼻子嗅、耳朵听、用口品尝和用手触摸等方式，对食品的外观形态、色泽、气味、滋味、香气和硬度（稠度）进行评价、测定或检验并进行统计分析以评定食品质量的方法。通过对食品感官性状的综合性检查，可以及时、准确地鉴别出食品质量有无异常，便于早期发现问题，及时进行处理，可避免对人体健康和生命安全造成损害。一般食品的感官检验方法直观、手段简便，不需要借助任何仪器设备。感官检验能够察觉其他检验方法无法鉴别的食品质量和特殊性污染的微量变化，而且通常是在理化分析和微生物检验之前进行。

对于感官要求，不同食品产品安全标准会给出具体的检验方法，这些感官检验方法有时会以专门的标准提出，如《茶叶感官审评方法》（GB/T 23776—2018）、《肉与肉制品感官评定规范》（GB/T 22210—2008）、《白酒感官品评导则》（GB/T 33404—2016）和《白酒分析方法》（GB/T 10345—2007）等。目前，我国现行有效的食品感官分析方法标准共有27项，均为国家推荐性标准。

2.食品感官检验的要求　食品感官检验应在满足相应条件的场所和环境下进行。

（1）视觉检验。视觉检验应在白昼的散射光线下进行，以免灯光隐色发生错觉。检验固体食品时应注意产品整体外观、大小、形态、块形的完整程度、清洁程度，表面有无光泽、颜色的深浅色调等。在检验液态食品时，要将它注入无色的玻璃器皿中，透过光线来观察，也可将瓶子颠倒过来，观察其中有无夹杂物下沉或絮状物悬浮。

（2）嗅觉检验。食品的气味是一些具有挥发性的成分形成的，这些成分常随温度的高低而增减，所以在进行嗅觉检验时常需稍稍加热，但最好是在15~25℃的常温下进行，可将食品滴在清洁的手掌上摩擦，以增加气味的挥发。识别畜肉等大块食品时，可将一把尖刀或金属签稍微加热刺入深部，拔出后立即嗅闻气味。气味检验的顺序应当是先识别气味淡的，后检验气味浓的，以免影响嗅觉的灵敏度。在检验前禁止吸烟。

（3）味觉检验。味觉器官的敏感性与食品的温度有关，在进行食品的滋味检验时，最好使食品处在20~45℃，以免温度的变化会增强或减低对味觉器官的刺激。几种不同味道的食品在进行感官评价时，应当按照刺激性由弱到强的顺序，最后检验味道强烈的食品。在进行大量样品检验时，中间必须休息，每检验一种食品之后必须用温水漱口。

（4）触觉检验。凭借触觉可检验食品的膨、松、软、硬、弹性（稠度），从而评价食品品质的优劣。例如，根据鱼体肌肉的硬度和弹性，可以判断鱼是否新鲜或腐败；检验动物油脂的稠度，可评价动物油脂的品质。温度的升降会影响到食品状态的改变，在感官测定食品硬度（稠度）时，温度应在15~20℃。

食品感官检验时，检验人员必须具有健康的体魄，健全的精神素质，无不良嗜好、偏食和变态性反应，并应具有丰富的专业知识和感官检验经验。检验人员自身的感觉器官机能良好，对色、香、味的变化有较强的分辨力和较高的灵敏度。非食品专业人员在检查和鉴别食品感官性状时，除具有正常的感觉器官外，还应对该食品正常的色、香、味、形具有充分的认知和了解。

二、食品理化检验标准

1.食品理化检验的概念　食品理化检验是应用物理和化学分析技术，使用某种仪器设备，对食品的质量要素进行测定、试验、计量。

食品物理检验是根据食品的相对密度、折射率、旋光度等物理常数与食品的组成成分及含量之间的关系进行的检验；食品化学检验是以物质的化学反应为基础的检验，如食品中蛋白质、脂肪等的检验。食品理化检验覆盖食品中的污染物、真菌毒素、食品添加剂、营养成分、农药兽药残留、非法添加物、质量指标检验和保健食品、转基因食品的检验、食品容器和包装材料的检验和化学性食品中毒的快速鉴定等项目指标，是日常食品安全抽检监测的重要技术手段。

我国的食品理化检验系列标准最早公布于2003年，编号为GB/T 5009，之后国家卫计委又陆续对部分标准进行了修订、整合，修订后的GB/T 5009系列标准被统一冠名为"GB 5009食品安全国家标准"。目前，GB 5009系列标准共有231个，包括1个《食品卫生检验方法　理化部分　总则》（GB/T 5009.1—2003）及其他食品及相关产品中不同组分的检验标准。

《食品安全法实施条例》规定，对食品进行抽样检验，应当按照食品安全标准、注册或者备案的特殊食品的产品技术要求以及国家有关规定确定的检验项目和检验方法进行。《食品安全抽样检验管理办法》第23条规定，食品安全监督抽检应当采用食品安全标准规定的检验项目和检验方法。没有食品安全标准的，应当采用依照法律法规制定的临时限量值、临时检验方法或者补充检验方法。第34条规定，复检机构实施复检，应当使用与初检机构一致的检验方法。实施复检时，食品安全标准对检验方法有新的规定的，从其规定。

2.食品理化检验方法标准的内容　食品理化检验方法标准一般包括范围、原理、试剂和材料、仪器和设备、分析步骤、分析结果的表述、精密度及其他（如检出限、定量限）等技术内容和附录（如参考条件、典型图谱）。

三、食品微生物检验方法标准

微生物也是造成食品变质的主要因素，其中病原微生物还会导致疾病。食品微生物学检验是运用微生物学的理论与技术，按照相应的检验方法检测食品中微生物的种类和数量，并根据国家微生物限量标准，评价食品卫生、质量与安全。食品微生物学检验是了解和掌握各类食品的安全卫生质量状况，加强食品的卫生管理，确保人们的身体健康的重要手段。

目前，我国现行有效的食品微生物检验方法标准为GB 4789系列标准，共计32个标准，检测项目包括菌落总数、大肠菌群、大肠杆菌、乳酸菌、霉菌和酵母菌等非致病性微生物和大肠埃希氏菌O157：H7，沙门氏菌、志贺氏菌、金黄色葡萄球菌、溶血性链球菌、单核细胞增生李斯特氏菌、副溶血性弧菌、产气荚膜梭菌、诺如病毒等食源性致病微生物的检测方法。

食品微生物检验过程主要包括取样、样品处理及稀释、培养、仪器鉴定、计数和报告等步骤。

四、其他检验方法与规程标准

1.食品毒理学检验方法与规程标准　食品毒理学是研究食品中外源化学物质的性质、来源与形成以及它们的不良作用与可能有益作用及其机制，并确定这些物质的安全限量和评定食品安全性的科学。毒理学检验就是从毒理学角度，通过动物实验和对人群的观察，阐明某种物质的毒性及潜在的危害，对食品中使用这些物质的安全性做出评价的过程。

我国食品安全性毒理学评价程序和方法标准为GB 15193系列标准。包括毒理学评价程序和方法标准共有28项，适用于评价食品生产、加工、保藏、运输和销售过程中涉及的可能对健康造成危害的化学、生物和物理因素的安全性，检验对象包括食品及其原料、食品添加剂、新食品原料、辐照食品、食品相关产品以及食品污染物。内容涉及食品安全性毒理学评价程序、食品毒理学实验室操作规范、急性经口毒性试验、遗传毒性试验、致畸试验、致癌试验等。

2.兽药残留检测方法标准　兽药残留检测方法标准，是兽药残留监控工作的基础和技术指南。食用动物组织中兽药残留量低，成分复杂，干扰物质多，兽药残留分析的基本原理为，首先用物理或化学的方法对组织样品进行前处理，即将待测的兽药残留组分从组织样品中提取出来，然后借助各种现代分析技术进行定性或定量分析。

常用的兽药残留检测方法分为理化分析法、免疫分析法和微生物检测法。理化分析法大多是仪器方法，主要应用的仪器有高效液相色谱仪（HPLC）、气相色谱仪（GC）、液质联用仪（LC/MS，LC/MS/MS）、气质联用仪（GC/MS，GC/MS/MS）等。理化分析方法样品前处理过程复杂，需要昂贵的仪器及熟练的专业分析技术人员。免疫分析法是以抗原抗体结合反应为基础的分析技术，主要包括放射免疫测定法、酶联免疫测定法、荧光免疫测定法等。微生物检测法操作简单，其主要原理是根据抗微生物药物对特异微生物的抑制作用来定性或定量确定样品中抗微生物药物的残留。

3.农药残留检测方法标准　我国农药残留检测方法标准主要是GB 23200系列标准。农药残留作为食品安全的重点检测对象，由于在食品中含量极低，并且食品基质复杂多样，分析前必须采取适当的前处理方法进行分离、富集和净化，降低基质干扰，增大萃取效率，提高灵敏度。主要的检测方法有气相色谱法、液相色谱法、气相色谱－质谱法、液相色谱/超高效液相色谱－质谱法等。

思考与练习

1.食品产品安全标准一般规定哪些技术要求？哪些理化指标？

2.食品理化检验方法标准一般包含哪些内容？

3.食品微生物检验方法标准主要有哪些？

4.食品毒理学检验方法与规程标准主要有哪些？

项目三

食品生产经营规范标准

>>> 任务一 食品生产规范概述 <<<

食品生产经营过程是保证食品安全的重要环节，为了防止食品污染，减少人为的失误，保障食品的安全和质量，食品企业需要一套控制和管理的生产过程的科学方法，包括原料的采购、食品场所的卫生条件、设备和设施要求、人员卫生、工艺操作规程等，这些方法被收集、整理和归纳标准化的做法，一般称之为"生产规范"。目前与其相关的概念有良好卫生规范、良好农业规范、良好生产规范和危害分析及关键控制点体系等。

一、相关概念

1.良好卫生规范（GHP） 国际食品法典委员会（CAC）在《食品卫生通则》（CAC/RC-1）中将"食品卫生"定义为：为确保食物链各个阶段中食品的安全和适于食用所必需的条件和措施。"良好卫生规范"是与"食品卫生"有关的所有操作，包括以下内容，①设计和设施（选址、厂房和车间、设备设施）；②加工的卫生控制（食品危害的控制、卫生控制的关键因素、原料的进货要求、包装、用水、管理和监督、文件和记录）；③维护和清洁（维护和清洁程序、虫害控制系统、废弃物管理、有效性监控）；④个人卫生（健康状况、疾病和损伤、个人清洁和习惯、来访者）；⑤运输（一般要求、使用和维护）；⑥产品信息和对消费者知情权（批号鉴别、产品信息、标签、消费者教育）；⑦培训（知情权和责任、培训项目、指导和监督、培训内容的更新）。

2.良好生产规范（GMP） GMP是为保障食品安全、质量而制定的贯穿食品生产全过程一系列措施、方法和技术要求，也是一种注重制造过程中产品质量和安全卫生的自主性管理制度。GMP实际上是一种包括4M管理要素的质量保证制度，即选用规定要求的原料（material），以合乎标准的厂房设备（machines），由胜任的人员（man），按照既定的方法（methods），制造出品质既稳定又安全卫生的产品的一种质量保证制度。GMP的本质是预防为主的质量管理，即以事后的检验把关为主转变为以预防、改进为主，从管结果变为管因素。实施GMP的主要目的包括三方面：①降低食品制造过程中人为的错误；②防止食品在制造过程中遭受污染或品质劣变；③要求建立完善的质量管理体系。GMP的重点有四个方面：①确认食品生产过程安全性；②防止物理、化学、生物性危害污染食品；③实施双重检验制度；④针对标签的管理、生产记录的存档建立和实施完整的管理制度。一般认为，各类规范均包含硬件、人员和制度方面的要求，硬件包括基础设施、设备等，人员要求包括素质、能力和行为等内容，制度要求包括管理制度和记录等。

二、我国的食品生产经营规范标准

国内外食品安全管理的科学研究和实践经验证明，严格执行食品生产过程卫生要求标准，把监督管理的重点由检验最终产品转为控制生产环节中的潜在危害，做到关口前移，可节约大量的监督检测成本和提高监管效率，更全面地保障食品安全。对企业来讲，生产规范有助于指导企业建立和完善自身的质量管理体系，促进企业管理科学化、规范化。从监管角度来讲，督促企业严格执行食品生产规范，把监管的重点由最终产品检验转化为对生产过程潜在威胁的控制，做到关口前移，有助于更全面的保障食品安全。我国食品生产经营规范的制定工作起步于20世纪80年代中期。截至2021年5月，先后颁布了34个食品企业卫生规范和良好生产规范。现行有效的生产经营规范标准见表3-3-1。

表3-3-1　我国现行有效的食品生产经营规范标准

序号	标准名称	标准代号	序号	标准名称	标准代号
1	罐头食品生产卫生规范	GB 8950—2016	15	糖果巧克力生产卫生规范	GB 17403—2016
2	蒸馏酒及其配制酒生产卫生规范	GB 8951—2016	16	膨化食品生产卫生规范	GB 17404—2016
3	啤酒生产卫生规范	GB 8952—2016	17	食品辐照加工卫生规范	GB 18524—2016
4	酱油生产卫生规范	GB 8953—2018	18	包装饮用水生产卫生规范	GB 19304—2018
5	食醋生产卫生规范	GB 8954—2016	19	肉和肉制品经营卫生规范	GB 20799—2016
6	食用植物油及其制品生产卫生规范	GB 8955—2016	20	水产制品生产卫生规范	GB 20941—2016
7	蜜饯生产卫生规范	GB 8956—2016	21	蛋与蛋制品生产卫生规范	GB 21710—2016
8	糕点、面包卫生规范	GB 8957—2016	22	原粮储运卫生规范	GB 22508—2016
9	乳制品良好生产规范	GB 12693—2010	23	粉状婴幼儿配方食品良好生产规范	GB 23790—2010
10	畜禽屠宰加工卫生规范	GB 12694—2016	24	特殊医学用途配方食品良好生产规范	GB 29923—2013
11	饮料生产卫生规范	GB 12695—2016	25	食品接触材料及制品生产通用卫生规范	GB 31603—2015
12	发酵酒及其配制酒生产卫生规范	GB 12696—2016	26	食品冷链物流卫生规范	GB 31605—2020
13	谷物加工卫生规范	GB 13122—2016	27	食品经营过程卫生规范	GB 31621—2014
14	食品生产通用卫生规范	GB 14881—2013	28	航空食品卫生规范	GB 31641—2016

（续）

序号	标准名称	标准代号	序号	标准名称	标准代号
29	速冻食品生产和经营卫生规范	GB 31646—2018	32	即食鲜切果蔬加工卫生规范	GB 31652—2021
30	食品添加剂生产通用卫生规范	GB 31647—2018	33	食品中黄曲霉毒素污染控制规范	GB 31653—2021
31	餐（饮）具集中消毒卫生规范	GB 31651—2021	34	餐饮服务通用卫生规范	GB 31654—2021

注：标准名称有省略"食品安全国家标准"字样。

任务二　食品生产通用卫生规范

一、概述

《食品安全国家标准　食品生产通用卫生规范》（GB 14881—2013）分为14章，内容包括范围、术语和定义、选址及厂区环境、厂房和车间、设施与设备、卫生管理、食品原料、食品添加剂和食品相关产品、生产过程的食品安全控制、检验、食品的贮存和运输、产品召回管理、培训、管理制度和人员、记录和文件管理和附录（食品加工过程的微生物监控程序指南）。GB 14881规定了食品生产过程中原料采购、加工、包装、贮存和运输等环节的场所、设施、人员基本要求和管理准则，适用于各类食品的生产。如确有必要制定某类食品生产的专项卫生规范，应当以GB 14881作为基础。注意标准所说的"生产"是工业行为，小作坊生产食品不适用GB 14881。食品小作坊由地方食品安全行政管理部门出台相应的管理办法。此外，食品添加剂、食品相关产品和食品接触材料等由其他相应的卫生规范进行管理。

GB 14881—2013

GB 14881进一步细化了《食品安全法》对于食品生产过程控制措施和要求，增强了技术内容的通用性和科学性，是《食品生产许可审查通则》（2016）基础和依据，通则34个项目中26个项目要求源于GB 14881；《食品生产经营日常监督检查要点表》51个条款中70%以上源于规范，标准体现、突出、涵盖食品企业良好生产规范（GMP）危害分析与关键控制点体系（HACCP）的原则要求，是规范食品生产行为，防止食品生产过程的各种污染，生产安全且适宜食用的食品的基础性食品安全国家标准，既是规范企业食品生产过程管理的技术措施和要求，又是监管部门开展生产过程监管与执法的重要依据。

二、术语与定义

1. 污染　污染是指在食品生产过程中发生的生物污染、化学污染、物理污染因素传入的过程。

生物污染是指有害的病毒、细菌、真菌以及寄生虫污染食品。生物污染主要通过以下几种途径污染食品，①对食品原料的污染；②对食品加工过程中的污染；③在食品贮存、运输、销售中对食品造成的污染。没有好的原料难以生产出好的产品。食品原料的微生物和化学污染可分为内源性、外源性和诱发性3种，其中内源性污染是原料本身具有的特征，

☑ 学习笔记

外源性污染是直接受到外来物质的感染或传入而发生的，诱发污染是指原料本身的一些特性在生产加工或贮存过程中由于一些物理和化学条件的变化达到了某种程度而引发的污染。

化学污染是由有害有毒的化学物质污染食品引起的，其污染途径有：①来自生产、生活和环境中的污染物，如农药、兽药、有毒金属、多环芳烃化合物等；②食品容器、包装材料、运输工具等溶入食品的有害物质；③滥用食品添加剂；④食品加工、贮存过程中产生的物质，如酒中有害的醇类、醛类等；⑤掺假、造假过程中加入的化学物质。

物理污染通常指食品生产加工过程中的杂质超过规定的含量，或食品吸附、吸收外来杂物所引起的食品质量安全问题，①来自食品产、储、运、销的污染物，包括玻璃碎片、木块、沙石、骨头、毛发、金属、灰尘、稻草和皮壳等。如小麦粉生产过程中，混入磁性金属物、包装食品中的头发丝、苍蝇等；②食品的掺杂使假，如乳粉中掺入大量的糖等；③食品的放射性污染。

2. 虫害 虫害是指由昆虫、鸟类、啮齿类动物等生物（包括苍蝇、蟑螂、麻雀、老鼠等）造成的不良影响。蚊子、苍蝇、蟑螂等昆虫，麻雀等鸟类，老鼠等啮齿类动物本身或其尸体、碎片、排泄物会带来物理性污染，其携带的病原菌可造成生物性污染并可能传播食源性疾病，活动地域广泛的鸟类或沾染化学药剂的昆虫可能带来化学性污染。

3. 食品加工人员 食品加工人员是指直接接触包装或未包装的食品、食品设备和器具、食品接触面的操作人员。食品加工人员的健康、个人卫生状况及行为，尤其是手部的清洁状况可能对食品安全产生重大影响。不同企业对"食品加工人员"范畴的划分有所不同。我们要根据人员在操作过程中是否会对食品产生安全性的风险来判别他需要来采用或执行什么样的卫生管理措施。标准中的食品加工人员是指配料间的工作人员、生产线各工段操作人员、包装操作人员等。直接接触食品和食品配料、食品设备及器具的操作人员均属于食品加工人员；维修人员在生产过程中进入车间时，也属于食品加工人员范畴。对于在车间外直接接触食品包装袋的人员，如仓储操作人员、转运人员；对食品进行捆绑、组合等操作的二次包装人员；企业管理人员均不属于食品加工人员。

4. 接触表面 接触表面是指设备、工器具、人体等可被接触到的表面。食品接触表面包括食品加工过程中使用的所有设备、案台、工器具、食品加工人员手部、手套、工作服接触部位、包装材料的接触部位等。

5. 分离和分隔 分离是通过在物品、设施、区域之间留有一定空间，而非通过设置物理阻断的方式进行隔离。分隔是通过设置物理阻断如墙壁、卫生屏障、遮罩或独立房间等进行隔离。分离和分隔最根本的作用就是防止交叉污染，维护食品安全。分隔能够在同一建筑物内隔成不同的空间，而分离不存在空间上的硬性划分。通常，食品企业采用分离方式是因为空间上的距离已经足够对防止交叉污染起到作用，同时不会影响到设备排列和连续性的工作形式，便于生产流水线布置和操作与监控。采用分隔方式是为了防止清洁度要求不同的区域间的交叉污染，通常在同一区域内不需要空间上的物流存在或操作相对独立时才设置分隔。

6. 食品加工场所 食品加工场所指用于食品加工处理的建筑物和场地，以及按照相同方式管理的其他建筑物、场地和周围环境等。"用于食品加工处理的建筑物和场地"通常包括原料处理车间、生产车间、包装车间等场所；"用于食品加工处理的建筑物和场地"通常由企业根据原料、产品的实际情况和自身生产条件综合确定，可包括仓库、检验室、设备间、存储间等场所，有的还有水处理车间。

7.监控 监控是按照预设的方式和参数进行观察或测定，以评估控制环节是否处于受控状态。"监"就是观察和测定，"控"即控制，是记录和评估及验证。监控就是为评价控制措施是否按预期执行而对控制参数（如温度、时间、金属、厂房环境等）实施的一系列有计划的、连续性观察或测量的活动，从而评价控制参数是否在受控状态下。

8.工作服 根据不同生产区域的要求，为降低食品加工人员对食品的污染风险而配备的专用服装。《食品从业人员用工作服技术要求》（GB/T 37850—2019）规定了食品从业人员用工作服的总体要求、技术要求、检验方法、检验规则及包装、标签、运输、存储等内容，适用于直接接触包装或未包装的食品、食品设备和器具、食品接触面的操作人员用工作服。

三、食品生产企业的硬件要求

1.选址 食品工厂的选址及厂区环境与食品安全密切相关。适宜的厂区周边环境可以避免外界污染因素对食品生产过程的不利影响。食品工厂选址，应充分考虑来自外部环境的有毒有害因素对食品生产活动的影响，如工业废水、废气、农业投入品、粉尘、放射性物质、虫害等。厂区周围应通风、日照条件良好，空气清新，地势高，排水方便，土质坚实，如果无法避免的存在影响食品安全的因素，应从硬件、软件方面考虑采取有效的措施加以控制，如采取纱窗、沙网、防鼠板、防蝇灯、风幕等有效防止鼠类、昆虫等侵入生产车间及仓库等。厂区的标高应高于当地历史最高洪水位。

2.厂区环境 厂区环境包括厂区周边环境和厂区内部环境。工厂应从基础设施（含厂区布局规划、厂房设施、路面、绿化、排水等）的设计建造到其建成后的维护、清洁等实施有效管理，确保厂区环境符合生产要求，厂房设施能有效防止外部环境的影响。①按行政、生活、生产、仓储和辅助设施功能合理分区布局，各功能区域划分明显，并有适当的分离或分隔措施，防止交叉污染。②厂区应有足够的面积来容纳各功能区。建有与生产能力相适应的符合卫生要求的原料、辅料、化学物品、包装材料贮存等辅助设施和废物、垃圾暂存设施；厂区道路设置要贯彻人流、物流分开的原则，走向合理通畅，便于机动车通行；主要建筑物四周要有消防通道，有条件的应修环形路且便于消防车到达车间。③合理绿化。绿化带应达到改善环境的绿化隔离作用，厂区绿化带要经常修剪整理，防范因绿化地带发生虫害污染的风险（如蚂蚁等昆虫进入车间）。绿化树木、花草要经过严格选择，不应种植毒箭木、夹竹桃等剧毒植物，不宜栽种高大茂盛、根系过于发达的树种和易飞絮的柳树、杨树等，宜种植乔木或灌木。

3.厂房和车间的设计和布局 良好的厂房和车间的设计布局有利于使人员、物料流动有序，设备分布位置合理，减少交叉污染发生风险。食品企业应从原材料入厂至成品出厂，从人流、物流、气流等因素综合考虑，统筹厂房和车间的设计布局，兼顾工艺、经济、安全等原则，满足食品卫生操作要求，预防和降低受污染的风险。标准对食品工厂设施和布局的提出原则性的要求。"交叉污染"是指原辅料或成品与另外一种原辅料或成品之间的污染，包含人、物、空间气体之间的交叉污染三个方面。"应根据生产工艺合理布局"是指厂房和车间的布置应满足生产工艺一过程的要求，保证流程顺畅，便于各生产环节互相衔接及加工过程的卫生控制。合理的厂房和车间布局应是人员、设备和物料在空间上实现理想的组合，食品企业从原材料入厂至成品出厂，要按照生产工艺流程及所要求的洁净级别合理布局厂房和车间。顺应工艺流程布局生产区域，避免生产流程的迂回往返。物料传递路线尽量短捷，尽可能采用缓冲间、传递窗等进行室内传递。人流、物流、气流的分开，原料与半成品、成品分开，生熟食品分开。

不同产品生产过程中的清洁度要求不同，同一产品不同工序的生产清洁度要求也不同。应根据不同生产阶段、不同关键控制点或食品本身的属性（如水分活度、酸碱性等）在适宜等级的洁净区域内进行食品生产，并配备人员防护工作服。有的食品专项生产规范对作业区有明确的要求，如《食品安全国家标准　啤酒生产卫生规范》（GB 8952—2016）规定，清洁作业区包括酵母扩培间（扩培工序全部在密闭罐及管道内进行的除外）、生（鲜）啤酒灌装间（区域）等。准清洁作业区包括水处理间、糖化间、发酵间、过滤间、清酒间、采用自动灌装设备的熟啤酒灌装间（区域）、外包装间等。一般作业区包括原辅料仓库、包装材料仓库、成品仓库、动力辅房等。

车间的面积、高度要与生产能力和设备的安装相应适应，满足加工工艺流程和卫生要求。生产区域只布置必要的工艺设备，设备之间、设备与墙壁之间、设备与地面之间、设备与天花板之间应有足够的空间以便于生产、清洁、检查和维护。

4.厂房和车间的建筑内部结构与材料

（1）内部结构与材质。内部结构应不易堆积脏污及引起微生物滋长，满足承重、易于维护、清洁和消毒的要求。建筑材料（包括涂料）应无毒、无味、防霉，不易脱落，容易清洁，符合食品安全及环保的要求，不能成为新的污染因素或污染源，满足生产加工的要求，对产品风味不会造成影响，能经受产品、水蒸气和清洗消毒剂的侵蚀。顶棚宜使用浅色无网孔金属铝扣板、彩钢夹心板密封吊顶，表面要光滑，易于清洁消毒。车间内部墙壁可采用白色、绿色等浅色乳胶漆等材料涂刷，在操作高度范围内的墙面可宜加贴白色瓷砖或涂浅色涂料等材料处理，车间内用于分隔的墙壁也可采用夹心彩钢板、无毒塑料和玻璃等材料修建。车间内门窗宜选用浅色、密封性好、防吸附、光滑的彩钢夹心板、铝合金等金属材料或塑钢材料，潮湿地区不宜采用木门。车间地面可采用防滑、密封性好，防吸附、易清洗、耐酸碱的无毒材料修建。如现浇水磨石地面、环氧树脂地坪、整体水泥地面等。

（2）顶棚与管线。顶棚与墙面和送风口要密闭连接。钢筋混凝土顶棚室内屋顶应平坦无裂缝。各种管道、管线尽可能集中走向，尽可能封闭大顶棚、夹道内。蒸汽管及水管不宜在生产线和设备包装台上方通过，防止冷凝水及水滴落入食品；其他管线和阀门也不应设置在暴露原料和成品的上方，防止其上的积尘、易脱落物落入食品。若不可避免需安装在暴露食品的上方，则应安装管槽、接盘等防护装置。

（3）墙壁和门窗。车间内部墙面应光滑、平整并根据使用情况定期维护。墙壁、隔断和地面、顶棚交界面应呈漫弯形或有一定的坡度，以减少灰尘积聚，消除死角或沟槽。门窗造型要简单、平整、密闭性好、不易积尘、便于清洁。为防止室内外温差而产生结露，室内不同洁净度的房间之间的门窗缝隙要密封，门缝、门与地面之间缝隙应能够防止鼠类等害虫进入生产贮存区域。高清洁作业区的对外出入口应装设能自动关闭（如安装自动感应器或闭门器等）的门和（或）空气幕。高清洁作业区与普通区域之间建议设置缓冲区域进行隔离，避免交叉污染。在食品加工、贮存区域特别是邻近食品接触面、投料口、原材料、食品接触用配件放置区的窗户宜使用有机玻璃、钢化玻璃、PC阳光板等不碎的材料。可开启的窗户应设防虫窗纱，食品生产车间尽量不要设置窗台，可采用窗台留在室外等方式解决。如有窗台，台面与水平面间宜有斜面，以便于清洁和保持。

（4）地面。车间地面应光滑平整，便于清洁消毒。经常会产生水的生产车间地面应采取缓降式排水坡度流向地漏或排水沟。

5.设施　企业设施与设备是否充足和适宜，不仅对确保企业正常生产运作、提高生产效率起到关键作用，同时也直接或间接地影响产品的安全性和质量的稳定性。正确选择设施与设备所用的材质以及合理配置安装设施与设备，有利于创造维护食品卫生与安全的生产环境，降低生产环境、设备及产品受直接污染或交叉污染的风险，预防和控制食品安全事故。设施与设备涉及生产过程控制的各直接或间接的环节，其中，设施包括供水设施、排水设施，清洁、消毒设施，废弃物存放设施，个人卫生设施，通风设施，照明设施，仓储设施，温控设施等；设备包括生产设备、监控设备以及设备的保养和维修等。

（1）供水设施。食品工厂要具备与水质、水压和水量等生产需要相适应水处理、贮存和管路输送设施。食品加工用水一般包括作为食品原料和配料的水，如清洗原料、浸泡原料用水、提取用水、培养用水；与食品直接接触的用于食品加工和处理的水（包括冰）；直接接触设备、模具、工器具的清洁用水；被制作为冰或水蒸气并与食品接触面有接触关系的水。要定期对水质进行送检，送检频次根据水源和公司控制目标确定，一般每年2次。加工用水必须用单独的管道输送，可通过颜色与其他用水加以区别，避免交叉污染。管路系统的走向和名称应明确标示和区分，以方便管理和维修。供水管道应尽可能短并避免盲端（即存有死水的地方）。

（2）排水设施。排水设施是指排水的收集、输送、水质的处理和排放等设施。对于经常需要向地面排放液体、进行冲洗的车间，地面可保持一定的坡度使积水能顺畅地排到地漏或地沟，当地漏变干或无水时，地漏能盖上，避免虫害侵入。排水设施的设计和维护也应考虑将产品污染风险降到最低限度，如管道通畅，排水沟内壁刷环氧树脂漆或不锈钢材质以达平整防腐；有防止臭气溢出装置，如U形/P型/S型存有水弯的水封；排水沟、管要有一定的斜度、坡度，有防止逆流的装置，确保污水从清洁区流向非清洁区等。如排水管有较大残留杂物时，可设带篦子的排水明沟，沟底可为圆弧、明沟终点设沉渣坑，除渣后的废水接排水管道。排水管离沟渠出口及与外界连通处要有防护网等防鼠、防虫措施。

（3）清洁、消毒设施。专用清洁设施指为防止交叉污染，为不同清洁要求的作业区域环境、同一区域不同设备、同一设备不同部位等需要分开清洁而提供的不同清洁工器具。如专用清洗间、现场清洗系统及相应验证设备、管道反冲洗装置、真空吸尘器、刷子、刮刀、吸水器、水枪、清洁布等。消毒设施包括为确保将食品、工器具、人员、生产设备及生产环境中微生物、污染物的数量减少到不会危及食品安全的水平而设置的包括化学的和物理的设施，如紫外线灯、消毒柜、工器具消毒浸泡池、灭菌锅、臭氧与热风杀菌设施等。用于清洁与产品直接接触面的工具应标识清晰，便于与其他清洁工具区分。清洁器具应处于良好的状态，防止因老化、脱落带来物理污染。食品企业应建立清洁消毒制度，包括专物专用制度，管理检查和维修制度等，以避免交叉污染。

（4）废弃物存放设施。废弃物是指在生产中产生的丧失原有利用价值或者虽未丧失利用价值但被抛弃或都放弃的物品、物质，如掉落在地面的产品、生产过程产生的废弃物和废弃的包装材料等。存放弃物的专用设施是指收集、存放和转运废弃物的设施，应专用，不可用于其他用途。废弃物收集区应该远离车间，设置单独区域，并与其他设施留有足够的距离，对清空的废弃物存放容器及时清洁，便于重复使用。废弃物存放容器或设施应采用耐用、易清洁消毒和无吸附性的材料制作，设计上应能够防止昆虫和鼠类进入并防止泄漏材料，内部可放置塑料袋或耐湿的纸袋，以方便废弃物转运。在生产区域的废弃物存放容器应有盖，以文字、图案或颜色明确标识并及时清理（以不超过 1 d 为宜），废弃物的收集和处理不可再成为新污染源。

（5）个人卫生设施。食品企业应根据不同产品及加工工艺的要求设置更衣室，其数量应满足工作人员的需要。在某些清洁度要求高的区域，可设置二次更衣室或在车间入口设置风淋室等工具或设施，减少头发等异物带入车间。更衣室内应通风良好，有足够的照明及空间，以方便检查和清洁。更衣室应有更衣柜，更衣柜可设置隔层，保证能将工作服与个人服装与其他物品分隔。食品企业应根据需要设置足够数量的卫生间，其中有足够的照明及空间，以便于检查和清洁。卫生间洗手设施一般设置在使用卫生间之后、走出卫生间之前的位置。

洗手设施的设置位置应设在换鞋之前，一般200人以内，每10人设一个出水口，超过200人，每增加20人，增加一个出水口。洗手设施应为非手动式，如自动的、用膝盖和脚踏板式的给水设施。洗手池、干手装置、消毒设施的先后顺序应符合逻辑。洗手池内应光滑、易清洁、不积水。

（6）通风设施。食品企业应根据产品对微生物的敏感度，工艺要求以及不同生产加工工段的要求，如产品是否裸露等，来确定通风方式及空气处理系统。应保持清洁度高的作业区域空气压力大于清洁度低的作业区域，可安装压差表进行监控。进气口特别是机械通风的进气口应与其他的排气口及垃圾堆放地有一定的距离和角度，以防止潜在污染风险。所有通风装置应有合适的防虫害装置，如纱窗等。通风系统易于清洁，更换滤布和维护，如纱窗可拆卸，空调送风管可拆洗，人员能够得着所有部件以利于维护、清洁和更换等。根据产品及作业区域的需要加装合适级别的空气净化处理装置，并且要制定检查，清洁和更换制度，以保证空气质量。对于过滤器最好用内外压差来指示是否需要清洁和更换。当生产加工过程中有粉尘产生时，可在该工序设置除尘设施，如真空吸尘器。在蒸煮、油炸、烟熏、烧烤等有蒸汽和油烟产生的区域应配置足够的排气设施。

（7）照明设施。厂房车间内的灯光应能满足相应区域和岗位作业的需要，光泽应能确保反映产品的真实颜色，亮度一般车间推荐150~250 lx（勒克斯）为宜，若是肉眼检查（如生产过程中的异物检查，打码检查等）岗位推荐350~500 lx。照明设施要求的重点是关键位置，不是要求整个车间照明。

（8）仓储设施。食品企业应设置与产能、实际生产需要、物料及产品周转周期相适应的原材料、包装材料、成品、半成品及非生产物料存储设施。仓库建筑及其设施不应对物料造成污染或影响物料质量。仓库的设计应易于清洁、维护和检查。地面平整无卫生死角。仓库应有良好通风（如有百叶窗），并能防尘、冷凝水、异味或其他污染源，同时有纱窗、挡鼠板、捕鼠器、风幕、门帘、快速门等防虫害措施，保护物料和产品的质量与安全。为防止混放、混用及交叉污染，应根据物料和产品的特性以分离或分隔的方式划分存储区域并明确标识。当物料和产品需要冷（藏）冻时，要设置冷（藏）冻库，并对温度进行监控和记录。物料和产品贮存应离地存放，堆垛之间，堆垛与地面、墙壁、天花板之间应有适当的距离，以利于空气流通、物品搬运和人员通过进行检查和清洁等日常作业。

食品添加剂、清洁剂、消毒剂、杀虫剂、润滑剂、燃料等物质应盛放在其原始包装或专用容器中，提供单独的安全区域分隔存放，标识明确并指定专人管理。

（9）温控设施。根据产品特性、加工工艺等对温度、湿度的要求，配备蒸汽设施、冷冻机、冷却塔、热交换、空调、冷冻库房等加热、冷却、冷冻等设施。在需要控制温度的车间（如分割肉车间）设置空调系统等控温设施。

（10）生产设备。食品企业应根据产品类型、加工工艺和生产能力配备生产设备，并按照工艺流程垂直或水平流向有序排列，避免加工工序前后错位、迂回曲折，防止食品加工人员交叉移动、互相干扰和工艺倒流，引起不同加工步骤或区域间的交叉污染。安装位置要便于人员操作和在线控制，设备可不留空隙地固定在墙壁或地面上，或安装时与地面、墙壁保留适当的空间，设备之间、设备与墙壁、顶棚之间保持适当的距离以方便清洁和维护。危险的移动部件要考虑人员的安全，并有相应固定的位置。加工生、熟食品的设备应完全分隔。

生产设备与原材料、食品接触的表面应使用不锈钢等无毒、无味的食品级材料，无泄漏，抗腐蚀（不与清洁剂、消毒剂、润滑油等发生化学反应），无吸收性，避免使用木质材料。表面光滑、转角处弧形连接，易于清洁、排空和维护，不能有易积留残留物或不容易清洁的部件，满足取样和在线监控的需要。

（11）监控设备。应制定校准、维护计划，定期对监控设备进行检查并留存记录，计量设备要按规定由计量部门定期进行校准。食品生产线监控避免使用水银温度计，以免破损后造成污染。

（12）设备的保养和维修。食品企业应根据使用规律和频率，建立保养和维修制度，制定保养和维修计划，对设备进行必要的检查，及时掌握设备状况，做好日常和定期设备维护保养，同时做好记录，使设备处于良好的状态，避免给产品带来污染风险。设备保养和维修制度包括，保养和维修的责任和时间、材料的使用、第三方人员（如有）的维修监管、对维护维修人员的培训、保养和维修后的检查放行等。临时维护不应对产品质量安全带来风险。

四、食品生产企业的软件要求

1. 卫生管理　卫生管理是食品生产企业食品安全与质量管理的核心内容，贯穿从原辅料采购、进货、使用、生产加工、包装到产品贮藏、运输整个食品生产经营的全过程。GB 14881中的卫生管理涵盖卫生管理制度、厂房与设施、食品加工人员健康管理与卫生要求、虫害控制、废弃物处理、工作服管理6个方面。其中卫生管理制度是确保企业生产活动正常运行的基础，制度的制定和执行情况决定了企业的卫生程度及管理水平；其他5个方面提出的具体要求和（或）行为的结果，是企业应有的行为和（或）应该达到的水准和目标。这6个方面共同构筑了企业食品安全卫生管理的所有基础，直接影响到食品的品质及安全。

食品生产企业卫生管理制度包括食品加工人员和食品生产过程两个方面。根据企业自身规模状况、基本设施条件、生产特点、管理需求、岗位设置情况，卫生管理制度包括制度制定目的、制度覆盖范围、实施部门及人员岗位职责、相关人员的分工与岗位安排、考核办法及奖惩制度等内容。

食品生产企业应按产品类别及加工工艺特点分别建立食品生产过程中对食品安全具有显著意义的关键控制环节的监控制度，明确各种类、车间、工艺等关键环节，并对这些关键环节进行定期检查、考核；如有偏离标准或控制失控等情况出现时，应及时采取有效应对措施，及时纠正问题，并修正管理制度，内容根据各类食品特性制定。食品生产加工过程中的关键环节卫生管理制度包括但不限于原材料（包括原辅料和包材）进货卫生要求、原材料贮存要求、生产过程的卫生要求、成品贮存和运输卫生要求等。卫生监控制度包括生产环境基本要求、人员基本要求、设备及设施基本要求、记录要求、监督检查要求等内容。

清洁就是把食品生产过程中产生或涉及的，出现在设备、设施，特别是食品接触面等处的食物残渣和其他污物从表面清除。消毒是在清洁之后用物理或化学方法消除或杀灭芽孢以外的所有病原微生物。加工过程中器具的清洁消毒由生产线专人负责执行，监督人员需要不定时抽查检验。根据不同卫生级别采用专用清洁工具，工具用易于识别的方式进行标识，不同用途的工具避免交叉污染。食品生产企业清洁消毒制度应涵盖区域、设备或器具名称，工作职责，使用的洗涤、消毒剂，方法和频率，效果的验证及不符合的处理，工作及监控记录等内容。

2. 食品原料、食品添加剂和食品相关产品　有效管理食品原料、食品添加剂和食品相关产品等物料的采购和使用，确保物料合格是保证最终食品产品安全的先决条件。食品生产者应根据国家法律法规和标准的要求采购原料，根据企业自身的监控重点采取适当措施保证物料合格。可现场查验物料供应企业是否具有生产合格物料的能力，包括硬件条件和管理，应查验供货者的许可证和物料合格证明文件，如产品生产许可证、动物检疫合格证明、进口卫生证书等，并对物料进行验收审核。

在贮存物料时，应依照物料的特性分类存放，对有温度、湿度等要求的物料，应配置必要的设备设施。物料的贮存仓库应由专人管理，并制定有效的防潮、防虫害、清洁卫生等管理措施，及时清理过期或变质的物料，超过保质期的物料不得用于生产。不得将任何危害人体健康的非食用物质添加到食品中。此外使用食品添加剂和食品相关产品应符合GB 2760、GB 9685等食品安全国家标准。

3. 生产过程的食品安全控制　生产过程中的食品安全控制措施是保障食品安全的重中之重。企业应高度重视生产加工、产品贮存和运输等食品生产过程中的潜在危害控制，根据企业的实际情况制定并实施生物性、化学性、物理性污染的控制措施，确保这些措施切实可行和有效，并做好相应的记录。企业宜根据工艺流程进行危害因素调查和分析，确定生产过程中的关键控制环节，如杀菌、配料、异物检测探测等，并通过科学依据或行业经验，制定有效的控制措施。

在降低微生物污染风险方面，通过清洁和消毒能使生产环境中的微生物始终保持在受控状态，降低微生物污染的风险。应根据原料、产品和工艺的特点，选择有效的清洁和消毒方式。例如考虑原料是否容易腐败变质，是否需要清洗或解冻处理，产品的类型、加工方式、包装形式及贮藏方式，加工流程和方法等；同时，通过监控措施，验证所采取的清洁、消毒方法行之有效。

微生物是造成食品污染、腐败变质的重要原因。企业应依据食品安全法规和标准，结合生产实际情况确定微生物监控指标限值、监控时点和监控频次。企业在通过清洁、消毒措施做好食品加工过程微生物控制的同时，还应当通过对微生物监控的方式验证和确认所采取的清洁、消毒措施能够有效达到控制微生物的目的。微生物监控包括环境微生物监控和加工中的过程监控。监控指标主要以指示微生物（如菌落总数、大肠菌群、霉菌酵母菌或其他指示菌）为主，配合必要的致病菌。监控对象包括食品接触表面、与食品或食品接触表面邻近的接触表面、加工区域内的环境空气、加工中的原料、半成品，以及产品、半成品经过工艺杀菌后微生物容易繁殖的区域。通常采样方案中包含一个已界定的最低采样量，若有证据表明产品被污染的风险增加，应针对可能导致污染的环节，细查清洁、消毒措施执行情况，并适当增加采样点数量、采样频次和采样量。环境监控接触表面通常以涂抹取样为主，空气监控主要为沉降取样，检测方法应基于监控指标进行选择，参照相关项目的标准检测方法进行检测。

　　监控结果应依据企业积累的监控指标限值进行评判环境微生物是否处于可控状态，环境微生物监控限值可基于微生物控制的效果以及对产品食品安全性的影响来确定。当卫生指示菌监控结果出现波动时，应当评估清洁、消毒措施是否失效，同时应增加监控的频次。如检测出致病菌时，应对致病菌进行溯源，找出致病菌出现的环节和部位，并采取有效的清洁、消毒措施，预防和杜绝类似情形发生，确保环境卫生和产品安全。

　　在控制化学污染方面，应对可能污染食品的原料带入、加工过程中使用、污染或产生的化学物质等因素进行分析，如重金属、农药残留、兽药残留、持续性有机污染物、卫生清洁用化学品和实验室化学试剂等，并针对产品加工过程的特点制定化学污染控制计划和控制程序，如对清洁消毒剂等专人管理，定点放置，清晰标识，做好领用记录等。

　　在控制物理污染方面，应注重异物管理，如玻璃、金属、沙石、毛发、木屑、塑料等，并建立防止异物污染的管理制度，制定控制计划和程序，如工作服穿着、灯具防护、门窗管理、虫害控制等。

　　4.检验　检验是验证食品生产过程管理措施有效性、确保食品安全的重要手段。通过检验，企业可及时了解食品生产安全控制措施上存在的问题，及时排查原因，并采取改进措施。企业对各类样品可以自行进行检验，也可以委托具备相应资质的食品检验机构进行检验。企业开展自行检验应配备相应的检验设备、试剂、标准样品等，建立实验室管理制度，明确各检验项目的检验方法。检验人员应具备开展相应检验项目的资质，按规定的检验方法开展检验工作。为确保检验结果科学、准确，检验仪器设备精度必须符合要求。企业应妥善保存检验记录，以备查询。

　　5.食品的贮存和运输　贮存不当易使食品腐败变质，丧失原有的营养物质，降低或失去应有的食用价值。科学合理的贮存环境和运输条件是避免食品污染和腐败变质、保障食品性质稳定的重要手段。企业应根据食品的特点、卫生和安全需要选择适宜的贮存和运输条件。贮存、运输食品的容器和设备应当安全无害，避免食品污染的风险。

　　6.产品召回管理　食品召回可以消除缺陷产品造成危害的风险，保障消费者的身体健康和生命安全，体现了食品生产经营者是保障食品安全第一责任人的管理要求。食品生产者发现其生产的食品不符合食品安全标准或会对人身健康造成危害时，应立即停止生产，召回已经上市销售的食品；及时通知相关生产经营者停止生产经营，通知消费者停止消费，记录召回和通知的情况，如食品召回的批次、数量，通知的方式、范围等；及时对不安全食品采取补救、无害化处理、销毁等措施。为保证食品召回制度的实施，食品生产者应建立完善的记录和管理制度，准确记录并保存生产环节中的原辅料采购、生产加工、贮存、运输、销售等信息，保存消费者投诉、食源性疾病、食品污染事故记录以及食品危害纠纷信息等档案。

7.培训 食品安全的关键在于生产过程控制，而过程控制的关键在人。企业是食品安全的第一责任人，可采用先进的食品安全管理体系和科学的分析方法有效预防或解决生产过程中的食品安全问题，但这些都需要由相应的人员去操作和实施。所以对食品生产管理者和生产操作者等从业人员的培训是企业确保食品安全最基本的保障措施。企业应按照工作岗位的需要对食品加工及管理人员进行有针对性的食品安全培训，培训的内容包括：现行的法规标准，食品加工过程中卫生控制的原理和技术要求，个人卫生习惯和企业卫生管理制度，操作过程的记录等，提高员工对执行企业卫生管理等制度的能力和意识。

8.管理制度和人员 完备的管理制度是生产安全食品的重要保障。食品安全管理制度是涵盖从原料采购到食品加工、包装、贮存、运输等全过程，具体包括食品安全管理制度、设备保养和维修制度、卫生管理制度、从业人员健康管理制度、食品原料、食品添加剂和食品相关产品的采购、验收、运输和贮存管理制度、进货查验记录制度、食品原料仓库管理制度、防止化学污染的管理制度、防止异物污染的管理制度、食品出厂检验记录制度、食品召回制度、培训制度、记录和文件管理制度等。

9.记录和文件管理 记录和文件管理是企业质量管理的基本组成部分，涉及食品生产管理的各个方面，与生产、质量、贮存和运输等相关的所有活动都应在文件系统中明确规定。所有活动的计划和执行都必须通过文件和记录证明。良好的文件和记录是质量管理系统的基本要素。文件内容应清晰、易懂，并有助于追溯。当食品出现问题时，通过查找相关记录，可以有针对性地实施召回。

思考与练习

1.什么是污染，食品污染的来源有哪些方面？

2.食品加工人员、接触表面、分离和分隔的概念是什么？

3.GB 14881对食品生产企业的硬件有哪些要求？

4.GB 14881对食品生产企业的软件有哪些要求？

模块四

食品标准的制定与编写

4

【模块提要】本模块简要介绍了标准化的基本原理、我国标准化的管理与标准分类、食品企业标准制定的程序，详细介绍了食品企业标准的内容、制定原则和备案要求，重点阐述了标准的结构和编写要求。

【学习目标】熟悉食品标准的分类，理解标准化的基本原理、食品企业标准的制定原则，掌握食品企业标准的制定程序和编写方法，能够规范编写食品企业标准。

项目一

标准化原理与食品标准的分类

>>> 任务一　标准化的基本原理 <<<

一、标准化的产生和发展

1.我国古代的标准化　标准化是人类由自然人进入社会共同生活实践的必然产物，它既是社会生产发展的产物，又是推动社会生产发展的手段。标准化随着生产的发展、科技的进步和生活质量的提高而发生、发展，它在受生产力发展制约的同时又为生产力的进一步发展创造条件。在人类社会发展的漫长历史进程中，标准化经历了从自发到自觉、从经验到科学的逐步飞跃。

作为世界文明古国之一的中国，不仅创造了先进的古代科学技术，也谱写了悠久的标准化史。我国是最早使用"简化、统一、协调和最优化"等标准化原理的国家。原始社会晚期，我们的祖先就创立了一些统一的标准，据《大戴礼记·五帝德》记载，黄帝"设五量"，有"权衡、斗斛、尺丈、里步、十百"。到了商周时期，已经出现了长度、容积、质量的标准器，如商代的象牙尺。春秋战国时代的《周礼·考工记》明确地记载了冶金、农具、战车等工艺和器具的标准化。如其中记有六种青铜合金的成分标准：钟鼎"铜六锡一"，即锡约占14%，这种合金质坚而有韧性，声音好。斧斤，铜占83%，锡占17%，此种合金适于砍伐时承受较大的冲击力。统一是标准的本质特征。秦统一中国之后，用政令对量衡、文字、货币、道路、兵器进行大规模的标准化，颁布了《工律》《金布律》《田律》等律令，规定"与器同物者，其大小长短必等"，并实现"车同轨、书同文、行同伦"，这是历史上以标准化手段治理国家的范例。

标准化在我国历史上广泛运用于生产和技术领域。隋代产生的雕版印刷术、宋代毕昇发明的活字印刷术都是标准化活动的结晶。李时珍整理汇编的《本草纲目》是关于药物分类法、药物特性、制备方法和方剂的标准化文献。

2.近现代标准化发展　进入以机器生产、社会化大生产为基础的近代标准化阶段，科学技术适应工业的发展，为标准化提供了大量生产实践经验，也为之提供了系统实验手段，摆脱了凭直观和零散的形式对现象的表述和总结经验的阶段，从而使标准化活动进入了定量地以实验数据科学阶段，并开始通过民主协商的方式在广阔的领域推行工业标准化体系，作为提高生产率的途径。如1798年美国人艾利·惠特尼在武器制造中，制定了相应的公差与配合标准，成批地生产了具有互换性的零部件；1834年英国制定了惠物沃思"螺纹型标准"，并于1904年以英国标准BS 84颁布；1897年英国斯开尔顿建议在钢梁生产中实现生产规格和图纸统一，并促成建立了工程标准委员会；1901年英国标准化学会正式成立；1902年英国纽瓦尔公司制定了公差和配合方面的公司标准——"极限表"，这是最早出现的公差制，后正式成为英国标准BS 27；1906年国际电工委员会（IEC）成立、1911美国泰勒发表了《科学管理原理》，应用标准化方法制定"标准时间"和"作业"规范，在生产过程中实现标准化管理，提高了生产率，创立了科学管理理论；1914年美国福特汽车公司运用标准化原理把生产过程的时空统一起来创造了连续生产流水线。1926年在国际上成立了国家标准化协会国际联合会（ISA）。1946年国际标准化组织（ISO）成立，其前身是ISA和联合国标准协调委员会。从此人类的标准化活动由企业行为步入国家管理，进而成为全球的事业，活动范围从机电行业扩展到各行各业，标准化使生产的各个环节，各个分散的组织到各个工业部门，扩散到全球经济的各个领域，由保障互换性的手段，发展成为保障合理配置资源、降低贸易壁垒和提高生产力的重要手段。

我国食品标准经历了从无到有、从重要食品到一般食品的覆盖、从卫生标准到产品质量安全标准、检验方法等标准的全面拓展，从繁杂散广的食品标准到统一权威的食品安全国家标准。

二、标准化原理

认识标准化活动的基本规律和原理，寻求有效方法解决食品标准化过程中的问题，是标准化理论研究的主要内容。由于标准化活动本身更加注重其应用性和实践性，因此至今为止的标准化尚未形成独立的理论体系。我国早在两千多年前就提出的"不以规矩，无以成方圆"的观念，至今仍被作为揭示标准化本质特征的至理名言。在20世纪前50年，标准化的理论成果并不很多。至1972年T.R.B.桑德斯的《标准化的目的与原理》和松浦四郎的《工业标准化原理》的出版，才开始有了标准化理论研究。我国标准化工作者在总结标准化实践经验的基础上，经过归纳、概括，提出了简化、统一、协调、优化的标准化原理。

1.统一原理 统一是标准化的本质和基本形式，人类的标准化活动就是从统一开始的。统一原理是为了保证事物发展所必需的秩序和效率，对标准化对象的形式、功能或其他技术特性，确定适合于一定范围、一定时期和一定条件的一致规范，并使这种一致规范与被取代的对象在功能上达到等效。统一的目的是确立一致性，是标准化活动的本质和核心。统一原理包含以下要点：①统一是为了确定一组对象的一致规范，其目的是保证事物所必需的秩序和效率。②统一的原则是功能等效，从一组对象中选择确定一致规范，应能包含被取代对象所具备的必要功能。等效是统一的前提条件，只有统一后的标准与被统一的对象具有功能上的等效性，才能替代。③统一要先进、科学、合理，也就是说要有度。④统一要恰当的把握时机，适时进行。过早统一，有可能将尚不完善、不稳定、不成熟的类型以标准的形式固定下来，这不利于科学技术的发展和更优秀的类型出现；过迟统一，当低效能类型大量出现并形成定局时，要统一就比较困难，而且要付出一定的经济代价。经统一确立的一致性仅适用于一定时期，随着时间的推移，还须确立新的更高水平的一致性。⑤统一分为绝对统一和相对统一。绝对统一不允许有灵活性，如编码、代号、标志、名称、单位等。相对统一是出发点和总趋势统一，这种统一具有灵活性，可以根据情况区别对待。如产品质量标准虽对产品质量指标作了统一规定，但标准的技术指标却允许有一定的灵活性，如分等分级规定、技术指标上下限值等。

2.简化原理 简化是标准化的方法，就是在一定范围内减缩标准化对象的类型数目，使在一定的时间内满足一般需要的标准化形式和方法要求。简化原理包含以下要点：①简化的目的是为了经济，使之更有效的满足需要。②简化的原则是从全面满足需要出发，保持整体构成精简合理，使之功能效率最高。所谓功能效率系指功能满足全面需要的能力。③简化的基本方法是对处于自然状态的对象进行科学的筛选提炼，剔除其中多余的、低效能的、可替换的环节，精练出高效能的能满足全面需要所必要的环节。对简化方案的论证应以确定的时间、空间范围为前提。简化的结果必须保证在既定的时间内满足一般需要，不能因简化而损害用户和消费者的利益。④简化的实质是对客观事物的构成加以调整，并使之最优化的一种有目的的标准化活动。简化不是简单化而是精练化，其结果不是以少替多，而是以少胜多。

3.协调原理 协调是标准化的途径。协调原理就是为了使标准的整体功能达到最佳，并产生实际效果，必须通过有效的方式协调好系统内外相关因素之间的关系，确定为建立和保持相互一致，适应或平衡关系所必须具备的条件。标准是一种成体系的文件，各个标准之间存在着广泛的内在联系。各种标准之间只有相互协调，才能保证生产、流通、使用和管理等各环节之间协调一致，才能充分发挥标准系统的功能，获得良好的系统效应。要达到标准整体协调，必须注意每项标准都应遵循现有基础标准的有关条款，尤其涉及术语、量、公差、单位、符号、缩略语及检验检测方法等时，更应注意相关标准间的协调一致。协调原理包含以下要点：①协调的目的在于使标准系统的整体功能达到最佳并产生实际效果。②协调对象是系统内相关因素的关系以及系统与外部相关因素的关系。③相关因素之间需要建立相互一致关系（连接尺寸），相互适应关系（供需交换条件），相互平衡关系（技术经济指标平衡，有关各方利益矛盾的平衡），为此必须确立条件。④协调的有效方式有有关各方面的协商一致、多因素的综合效果最优化、多因素矛盾的综合平衡等。

4.优化原理 优化是标准化的效果。通过不断优化，达到最佳目的。优化原理是指按照特定的目标，在一定的限制条件下，对标准系统的构成因素及其相互关系进行选择、设计或调整，使之达到最理想的效果。优化原理包含以下要点：①标准化对象应在能获得效益的问题（或项目）中确定，没有标准化效益问题（或项目），就没有必要实行标准化。②在能获得标准化效益的问题中，首先应考虑能获得最大效益的问题。③在考虑标准化效益时，不能只考虑对象的局部标准化效益，而应该考虑对象所依存的主体系统即全局的最佳效益，包括经济效益、社会效益和生态效益。

标准化的原理不是孤立存在的、独立地起作用的，他们相互之间不仅有着密切的联系，而且在实际应用中又是相互渗透、相互依存，形成一个有机整体，综合反映了标准化活动的规律。

>>> 任务二 标准化管理与标准的分类 <<<

一、我国的食品标准化管理

《标准化法》规定，我国标准化工作实行"统一管理、分工负责"的管理体制。"统一管理"，就是政府标准化行政主管部门对标准化工作进行统一管理。具体来说，国家标准化管理委员会（SAC）统一管理全国标准化工作；县级以上地方标准化行政主管部门统一管理本行政区域内的标准化工作。为加强统一管理工作，国务院成立了标准化协调推进部际联席会议制度，国务院分管领导担任召集人。设区的市级以上地方人民政府也可以根据工作需要建立标准化协调推进机制，统筹协调本行政区域内标准化工作重大事项。"分工负责"，就是政府有关行政主管部门根据职责分工，负责本部门、本行业的标准化工作。具体来说，国务院有关行政主管部门分工负责本部门、本行业标准化工作，县级以上地方有关行政主管部门分工负责本行政区域内本部门、本行业的标准化工作。

二、食品标准的分类

从不同的角度和目的出发，依据不同的准则，可以对食品标准进行分类，由此形成不同的标准种类。根据我国食品标准分类的现行传统，参照国际上普遍使用的分类方法，食品标准可分为以下类型。

1.按制定主体划分　从世界范围依据参与标准制定的主体和区域，标准可以分为国际标准、区域标准、国家标准。

（1）国际标准。国际标准是指由ISO、IEC和国际电信联盟（ITU）制定的标准，以及ISO确认并公布的其他国际组织制定并公开发布的标准，在世界范围内适用，作为世界各国进行贸易和技术交流的基本准则和统一要求。食品领域的国际标准制定主要有ISO、食品法典委员会（CAC）、国际谷物科学和技术协会（ICC）、国际乳品业联合会（IDF）、国际葡萄与葡萄酒局（OIV）、国际制冷学会（IIR）、世界卫生组织（WHO）、国际兽疫防治局（OIE）等。例如，ISO 9000质量管理体系系列标准由ISO发布，应用这一系列标准能帮助企业的产品和服务持续满足客户要求，并改善产品和服务的质量。

（2）区域标准。区域标准是指由区域标准化组织或区域标准组织通过并公开发布的标准。这里的区域组织是指仅向世界某个地理、政治或经济特定范围内的各国有关国家标准化机构开放的标准化组织。区域标准是该区域国家集团间进行贸易的基本准则和基本要求。目前有影响的区域标准主要有欧洲标准化委员会（CEN）标准、太平洋地区标准会议（PASC）标准、东盟标准与质量咨询委员会（ACCSQ）标准、泛美标准委员会（COPANT）、非洲地区标准化组织（ARSO）标准等。其中涉及食品的主要有CEN标准、欧洲茶叶委员会（ETC）标准、美国食品化学法典（FCC）、ACCSQ标准、ARSO标准等。

（3）国家标准。国家标准是指由国家标准机构通过并公开发布的标准。各国都有自己的国家标准机构和国家标准代号，如美国标准（ANSI）、日本工业标准（JIS）、德国标准（DIN）。我国的国家标准机构是中国国家标准化管理委员会。

2.按标准的层级划分　我国《标准化法》规定，标准是指农业、工业、服务业以及社会事业等领域需要统一的技术要求。我国标准包括国家标准、行业标准、地方标准和团体标准、企业标准。其中国家标准、行业标准和地方标准属于政府主导制定的标准，团体标准和企业标准属于市场自主制定的标准。

（1）国家标准。我国规定对需要在全国范围内统一的技术要求，应当由国务院标准化行政主管部门制定国家标准（含标准样品的制作），国家标准分为强制性国家标准和推荐性国家标准。国家标准的代号由大写汉语拼音字母构成，强制性国家标准的代号为"GB"，推荐性国家标准的代号为"GB/T"。国家标准的编号由国家标准的代号、发布的顺序号和发布的年号构成。如：《食品安全国家标准　食品中兽药最大残留限量》（GB 31650—2019）；《核桃油》（GB/T 22327—2019）。

（2）行业标准。行业标准是对没有国家标准而又需要在全国某个行业范围内统一的技术要求所制定的标准，是国务院有关行政主管部门组织制定的公益类标准。

行业标准是推荐性国家标准的补充。行业标准的范围应限定在国务院有关行政主管部门职责范围内，重点围绕本行业领域重要产品、工程技术、服务和行业管理需求制定行业标准。其制定范围应当同时满足两个要求：①没有推荐性国家标准，即已有推荐性国家标准的，不得制定行业标准；②在本行业范围内需要统一的技术要求，即不能超越本行业范围、不能超越国务院有关行政主管部门的职责制定行业标准。作为政府主导制定的标准，行业标准也应定位于政府职责范围内的公益类标准。

行业标准由国务院有关行政主管部门制定，报国务院标准化行政主管部门备案。行业标准属于推荐性标准。行业标准由国务院有关行政主管部门负责行业标准的立项、组织起草、审查、编号、批准发布等工作。需要说明的是，不是所有的国务院部门都可以制定行业标准。国务院有关部门是否可以制定行业标准、行业标准的具体领域、行业标准的代号均需经过国务院标准化行政主管部门批准。目前我国有67个行业标准代号，分别由42个国务院行政主管部门管理，例如：林业（LY）、轻工（QB）、检验检疫（SN）等。行业标准不得与国家标准相抵触；行业标准之间应保持协调、统一，不得重复；同一标准化对象、同一主题内容，不得制定不同行业标准。在公布相应国家标准之后，该项行业标准即行废止。

（3）地方标准。我国《地方标准管理办法》规定，为满足地方自然条件、风俗习惯等特殊技术要求，省级标准化行政主管部门和经其批准的设区的市级标准化行政主管部门可以在农业、工业、服务业以及社会事业等领域制定地方标准。法律、行政法规和国务院决定另有规定的，依照其规定。地方标准只在本行政区域内实施，也属于推荐性标准。地方标准的技术要求不得低于强制性国家标准的相关技术要求，并做到与有关标准之间的协调配套。

地方标准的编号，由地方标准代号、顺序号和年代号三部分组成。省级地方标准代号，由汉语拼音字母"DB"加上其行政区划代码前两位数字组成。市级地方标准代号，由汉语拼音字母"DB"加上其行政区划代码前四位数字组成。地方标准由设区的市级以上地方标准化行政主管部门发布。设区的市级以上地方标准化行政主管部门应当自地方标准发布之日起20日内在其门户网站和标准信息公共服务平台上公布其制定的地方标准的目录及文本。地方标准应当自发布之日起60日内由省级标准化行政主管部门向国务院标准化行政主管部门备案。

（4）团体标准。团体标准是依法成立的社会团体为满足市场和创新需要、协调相关市场主体共同制定的标准，是一类重要的市场化标准，由本团体成员约定采用或者按照本团体的规定供社会自愿采用。《团体标准管理规定》规定，国家实行团体标准自我声明公开和监督制度。团体标准应当符合相关法律法规的要求，不得与国家有关产业政策相抵触。对于术语、分类、量值、符号等基础通用方面的内容应当遵守国家标准、行业标准、地方标准，团体标准一般不予另行规定。团体标准的技术要求不得低于强制性标准的相关技术要求。制定团体标准应当以满足市场和创新需要为目标，聚焦新技术、新产业、新业态和新模式，填补标准空白。国家鼓励社会团体制定高于推荐性标准相关技术要求的团体标准；鼓励制定具有国际领先水平的团体标准。团体标准编号依次由团体标准代号、社会团体代号、团体标准顺序号和年代号组成。

社会团体代号由社会团体自主拟定，可使用大写拉丁字母或大写拉丁字母与阿拉伯数字的组合。社会团体代号应当合法，不得与现有标准代号重复。社会团体应当自我声明其公开的团体标准符合法律法规和强制性标准的要求，符合国家有关产业政策，并对公开信息的合法性、真实性负责。

（5）企业标准。《标准化法》规定，企业可以根据需要自行制定企业标准，或者与其他企业联合制定企业标准。国家支持在重要行业、战略性新兴产业、关键共性技术等领域利用自主创新技术制定团体标准、企业标准。国家鼓励社会团体、企业制定高于推荐性标准相关技术要求的团体标准、企业标准。

我国《企业标准化管理办法》规定，企业标准是对企业范围内需要协调、统一的技术要求、管理要求和工作要求所制定的标准。企业标准是企业组织生产、经营活动的依据。企业标准由企业制定，由企业法人代表或法人代表授权的主管领导批准、发布，由企业法人代表授权的部门统一管理。

企业标准有以下5种：①企业生产的产品，没有国家标准、行业标准和地方标准的，制定的企业产品标准；②为提高产品质量和技术进步，制定的严于国家标准、行业标准或地方标准的企业产品标准；③对国家标准、行业标准的选择或补充的标准；④工艺、工装、半成品和方法标准；⑤生产、经营活动中的管理标准和工作标准。

企业产品标准的代号为 Q /，编号方法为 Q /+企业代号+顺序号+年号，企业代号可用汉语拼音字母或阿拉伯数字或两者兼用组成，中央所属企业和地方企业分别由国务院有关行政主管部门和省、自治区、直辖市政府标准化行政主管部门会同同级有关行政主管部门规定。

企业应在其产品和服务进入市场公开销售之前，应将企业依法制定并执行的产品标准，以及企业执行的团体标准，登录企业产品标准信息公共服务平台，自我声明公开产品标准信息。企业按照要求自我声明公开产品标准的，视同完成企业产品标准备案。食品生产企业制定企业标准的，应当公开，供公众免费查阅。

在我国从标准的法律级别上来讲，国家标准>行业标准>地方标准>团体标准和企业标准。但从标准的内容上来讲却不一定与级别一致，一般来讲团体标准、企业标准的某些技术指标严于地方标准、行业标准和国家标准。

3.按标准实施的约束力划分 我国标准按实施效力分为强制性标准和推荐性标准。这种分类只适用于政府制定的标准。强制性标准仅有国家标准一级，《标准化法》第10条第4款规定：法律、行政法规和国务院决定对强制性标准的制定另有规定的，从其规定。如食品安全标准还有强制性的地方标准。

（1）强制性国家标准。我国《标准化法》规定，对保障人身健康和生命财产安全、国家安全、生态环境安全以及满足经济社会管理基本需要的技术要求，应当制定强制性国家标准。强制性国家标准一经发布，必须执行。不符合强制性标准的产品、服务，不得生产、销售、进口或者提供。违反强制性标准的，依法承担相应的法律责任。强制性国家标准由国务院批准发布或者授权批准发布。

国家卫健委办公厅《关于进一步加强食品安全地方标准管理工作的通知》（国卫办食品函〔2019〕556号）规定，对没有食品安全国家标准，需要在本省行政区域统一食品安全要求的地方特色食品，可以制定并公布地方标准。地方特色食品，指在部分地域有30年以上传统食用习惯的食品，包括地方特有的食品原料和采用传统工艺生产的、涉及的食品安全指标或要求现有食品安全国家标准不能覆盖的食品。食品安全地方标准包括地方特色食品的食品安全要求、与地方特色食品的标准配套的检验方法与规程、与地方特色食品配套的生产经营过程卫生要求等。食品安全国家标准已经涵盖的食品，婴幼儿配方食品、特殊医学用途配方食品、保健食品、食品添加剂、食品相关产品、农药残留、兽药残留、列入国家药典的物质（列入按照传统既是食品又是中药材物质目录的除外）等不得制定地方标准。地方标准不得与法律、法规和食品安全国家标准相矛盾。

省级卫生健康行政部门负责制定、公布地方标准，负责地方标准的立项、制定、修订、公布，开展标准宣传、跟踪评价、清理和咨询等。各地在科学评估的基础上组织制定、修订地方标准，对标准的安全性、实用性负责。国家卫健委委托国家食品安全风险评估中心（以下简称食品评估中心）承担地方标准备案工作。地方标准公布之日起30个工作日内向食品评估中心正式提交备案材料。食品安全国家标准制定后，相应的地方标准即行废止。

食品安全地方标准编号由代号、顺序号和年代号三部分组成。代号由字母"DBS"加上省、自治区、直辖市行政区划代码前两位数加斜线组成，标准顺序号与年代号之间的连接号为"—"字线。如四川省食品安全地方标准：DBS 51/008—2019《食品安全地方标准 花椒油》。

从上述范围来看，目前我国的强制性标准属于WTO/TBT协议（世界贸易组织/技术性贸易壁垒协议）中涉及的技术法规的范畴。按照国际规则，标准是不应该具有强制性的。我国加入WTO以后，国际上已经基本认可我国的强制性标准就是技术法规。

（2）推荐性国家标准。对满足基础通用、与强制性国家标准配套、对各有关行业起引领作用等需要的技术要求，可以制定推荐性国家标准。推荐性国家标准由国务院标准化行政主管部门制定。如《地下水质量标准》（GB/T 14848—2017）。

推荐性标准是以科学、技术和经验的综合成果为基础，是在充分协商一致的基础上形成的，它所规定的技术内容和要求具有普遍指导作用，允许使用单位结合自己的实际情况，灵活加以选用，即企业自愿采用推荐性标准，同时国家将采取一些鼓励和优惠措施，鼓励企业采用推荐性标准。但在有些情况下，推荐性标准的效力会发生转化，必须执行：①推荐性标准被相关法律、法规、规章引用，则该推荐性标准具有相应的强制约束力，应当按法律、法规、规章的相关规定予以实施。②推荐性标准被企业在产品包装、说明书或者标准信息公共服务平台上进行了自我声明公开的，企业必须执行该推荐性标准。企业生产的产品与明示标准不一致的，承担相应的法律责任。③推荐性标准被合同双方作为产品或服务交付的质量依据的，该推荐性标准对合同双方具有约束力，双方必须执行该推荐性标准，并依据《合同法》^①的规定承担法律责任。

4.按标准的形式划分

（1）文本标准。是以文字（包括表格、图形等）的形式对商品质量所做的统一规定，是一种正式出版物，具有版权。绝大多数食品标准都是文本标准。

（2）实物标准。实物标准也就是标准样品，是保证标准在不同时间和空间实施结果一致性的参照物，具有均匀性、稳定性、准确性和溯源性。标准样品是实施文字标准的重要技术基础，是标准化工作中不可或缺的组成部分。

5.按标准化对象的基本属性划分　按标准化对象的基本属性可分为技术标准、管理标准和工作标准。

（1）技术标准。技术标准是指对标准化领域中需要协调统一的技术事项所制定的标准。它是从事生产、技术、经营和管理的一种共同遵守的技术依据。技术标准的形式可以是用文字表达的标准文件以及标准样品实物。技术标准是标准体系的主体，种类繁多，一般包括基础标准、方法标准、产品标准、工艺标准、设备标准以及安全、卫生、环保标准等。产品标准是规定产品需要满足的要求以保证其适用性的标准。

（2）管理标准。管理标准是指对标准化领域中需要协调统一的管理事项所制定的标准，主要包括技术管理标准、经济管理标准，行政管理标准，生产经营管理标准、生产安全管理标准、质量管理标准、设备能源管理标准和劳动组织管理标准等。

（3）工作标准。工作标准是指对工作的责任、权利、范围、质量要求、程序、效果、检查方法、考核办法所制定的标准，一般包括部门工作标准和岗位（个人）工作标准。

6.按标准的内容划分

（1）食品基础标准。食品基础标准是指在食品领域具有广泛的适用范围、涵盖整个食品或某个食品专业领域的通用条款和技术要求。食品基础标准在一定的范围内可以直接应用，也可以作为其他标准的依据和基础，具有普遍的指导意义。如《食品安全国家标准　食品中真菌毒素限量》（GB 2761—2017）。

（2）术语标准。术语标准是界定特定领域或学科中使用的概念的指称及其定义的标准。术语标准通常包含术语及其定义，有时还附有示意图、注、示例等。如《白酒感官品评术语》（GB/T 33405—2016），规定了白酒感官一般性术语、与分析方法有关的术语、与感官特性有关的术语。

（3）分类标准。分类标准是基于诸如来源、构成、性能或用途等相似特性对产品、过程或服务进行有规律的划分、排列或者确立分类体系的标准。分类标准有时给出或含有分类原则。如《罐头食品分类》（GB/T 10784—2020）等。

（4）试验标准。试验标准是在适合指定目的的精密度范围内和给定环境下，全面描述试验活动以及得出结论的方式的标准。试验标准有时附有与测试有关的其他条款，例如取样、统计方法的应用、多个试验的先后顺序等。适当时，试验标准可说明从事试验活动需要的设备和工具。如《食品安全国家标准　食品微生物学检验　唐菖蒲伯克霍尔德氏菌（椰毒假单胞菌酵米面亚种）检验》（GB 4789.29—2020）等。

（5）规范标准。规范标准是为产品、过程或服务规定需要满足的要求并且描述用于判

---

① 《中华人民共和国合同法》，本教材统一简称《合同法》。

定该要求是否得到满足的证实方法的标准。如《食品安全国家标准　食品冷链物流卫生规范》（GB 31605—2020）。

（6）规程标准。规程标准是为活动的过程规定明确的程序并且描述用于判定该程序是否得到履行的追溯/证实方法的标准。规程标准汇集了便于获取和使用信息的实践经验和知识。如《桃贮藏技术规程》（GB/T 26904—2020）、《多年生蔬菜贮藏保鲜技术规程》（NY/T 3570—2020）等。

（7）指南标准。指南标准是以适当的背景知识提供某主题的普遍性、原则性、方向性的指导，或者同时给出相关建议或信息的标准。如《水产品感官评价指南》（GB/T 37062—2018）、《葡萄酒生产追溯实施指南》（GB/T 36759—2018）。

（8）产品标准。产品标准是规定产品需要满足的要求以保证其适用性的标准。产品标准的主要作用是规定产品的质量要求，包括性能要求、适应性要求、使用技术条件、检验方法、包装及运输要求等。它是产品生产、检验、验收、使用、维修和贸易洽谈的技术依据。一个完整的产品标准在内容上应包括产品分类、质量特性及技术要求、试验方法及合格判定准则、产品标志、包装、运输、贮存、使用等方面的要求。为了使产品满足不同的使用目的或适应不同经济水平的需要，产品标准中可以规定产品的分等、分级。

思考与练习

1.标准化的基本原理包括哪几个方面？

2.名词解释：①国际标准；②国家标准；③行业标准；④地方标准；⑤企业标准；⑥强制性标准；⑦推荐性标准；⑧国家标准化指导性技术文件。

3.我国标准分为哪个层次？各类标准编号格式是什么？

4.食品安全地方标准的范围和制定要求是什么？

项目二

食品标准制定与编写

>>> 任务一 食品企业标准制定的程序 <<<

一、制定食品企业标准的依据和原则

1.企业标准化的内涵 企业标准化是指为在企业生产、经营、管理范围内获得最佳秩序，对实际的或潜在的问题制定共同的和重复使用的规则的活动，活动包括建立和实施企业标准体系，制定、发布企业标准和贯彻实施各级标准的过程。标准化的显著好处，是改进产品、过程和服务的适用性，使企业获得更大效益。俗话说，"没有规矩不成方圆"。标准其实就是规矩，标准化的实质就是定规矩、学规矩、守规矩的过程。企业标准化就是按照企业的生产流程、管理方式和要求，将企业生产经营活动中经常重复出现的与人及人群活动有关的工作事项，以物及与物有关的技术事项，以事为对象的管理事项，根据国家、行业、地方标准以及本企业经过多年实践、总结、固化下来的经验，运用简化、统一、协调、优化的标准化原理，经过修订、合并、替换等状态转换，用标准的形式固定下来，为企业内部管理运营建立统一的标准体系并强化刚性执行和持续改进的过程。通过企业全面标准化实现企业内部凡事有章可循、凡事有人负责、凡事有人监督、凡事有据可查（图4-2-1）。

2.食品企业标准 食品企业需要标准化的主体，可以概括为人、物、事三个方面。人是指从事食品生产与经营的人和人群的活动；物是指食品生产和经营过程中涉及的技术、产品、材料、设备、工具、半成品等。事是指各种生产经营管理业务。

企业标准是对企业范围内需要协调、统一的技术要求、管理要求和工作要求所制定的标准，是企业组织生产经营活动的依据。制定企业标准有利于企业强化内部管理，提高效率，降低成本及提高市场竞争力。企业标准体系包括企业生产、技术、经营、管理活动需要的所有的技术标准、管理标准和工作标准，其中大多数技术标准、管理标准需要企业自己制定。工作标准全部需要自行制定。国家鼓励企业依据市场需要，制定严于国家标准、行业标准和地方标准的企业产品"内控标准"。为了提高产品质量和技术含量，企业可以"内控标准"组织产品生产，以利于企业产品适应市场竞争的需求。

广义的食品标准泛指涉及食品领域各个方面的所有标准，即包括食品工业基础及相关标准、食品安全限量标准、食品检验检测方法标准、食品产品质量标准、食品包装材料及容器标准、食品添加剂标准等。狭义的食品标准是指食品产品标准。这里介绍的食品标准即指食品产品质量标准。产品标准是产品质量特性的集中反映。产品质量是产品一组固有

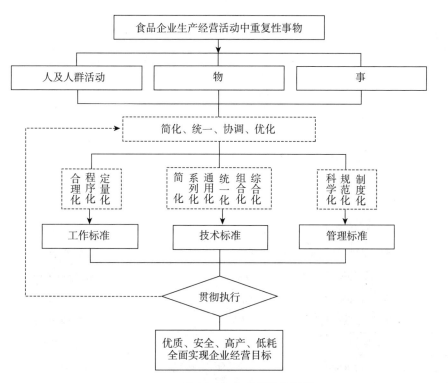

图4-2-1 企业标准化示意

特性满足需要的程度。制定产品标准就是将产品的各项质量特性（功能）进行转化，即通过制定产品标准把市场（消费者）的需求（如使用性能、可信性、安全性、适应性、经济性等）和社会需要（如法律法规、环境等要求）转化为产品标准。

3.我国标准化活动的基础性要求 标准化是为了建立最佳秩序、促进共同效益而开展的制定并应用标准的活动。标准是经济活动和社会发展的技术支撑，是国家治理体系和治理能力现代化的基础性制度。标准还是全球治理的重要规制手段和国际经贸往来与合作的通行证，被视为"世界通用语言"。标准决定质量，有什么样的标准就有什么样的质量，只有高标准才有高质量。谁制定标准，谁就拥有话语权；谁掌握标准，谁就占据制高点。

制定标准是一项涉及面广，技术性、政策性很强的工作，必须以科学的态度，按照规定的程序进行。为了保证标准化活动有序开展，促进标准化目标和效益的实现，统一标准的编写要求，我国建立了支撑标准制定工作的基础性国家标准体系，包括标准化工作导则、工作指南标准编写规则、标准中特定内容的起草、企业标准体系和企业标准化工作等系列标准（表4-2-1）。

表4-2-1 我国现行有效的国家标准化活动标准

标准名称	标准代号
标准化工作导则 第1部分：标准化文件的结构和起草规则	GB/T 1.1—2020
标准化工作导则 第2部分：以ISO/IEC标准化文件为基础的标准化文件起草规则	GB/T 1.2—2020
标准化工作指南 第1部分：标准化和相关活动的通用术语	GB/T 20000.1—2014
标准化工作指南 第3部分：引用文件	GB/T 20000.3—2014

（续）

标准名称	标准代号
标准化工作指南　第6部分：标准化良好行为规范	GB/T 20000.6—2006
标准化工作指南　第7部分：管理体系标准的论证和制定	GB/T 20000.7—2006
标准化工作指南　第8部分：阶段代码系统的使用原则和指南	GB/T 20000.8—2014
标准化工作指南　第10部分：国家标准的英文译本翻译通则	GB/T 20000.10—2016
标准化工作指南　第11部分：国家标准的英文译本通用表述	GB/T 20000.11—2016
标准编写规则　第1部分：术语	GB/T 20001.1—2001
标准编写规则　第2部分：符号标准	GB/T 20001.2—2015
标准编写规则　第3部分：分类标准	GB/T 20001.3—2015
标准编写规则　第4部分：试验方法标准	GB/T 20001.4—2015
标准编写规则　第5部分：规范标准	GB/T 20001.5—2017
标准编写规则　第6部分：规程标准	GB/T 20001.6—2017
标准编写规则　第7部分：指南标准	GB/T 20001.7—2017
标准编写规则　第10部分：产品标准	GB/T 20001.10—2014
标准中特定内容的起草　第1部分：儿童安全	GB/T 20002.1—2008
标准中特定内容的起草　第2部分：老年人和残疾人的需求	GB/T 20002.2—2008
标准中特定内容的起草　第3部分：产品标准中涉及环境的内容	GB/T 20002.3—2014
标准中特定内容的起草　第4部分：标准中涉及安全的内容	GB/T 20002.4—2015
团体标准化　第1部分：良好行为指南	GB/T 20004.1—2016
团体标准化　第2部分：良好行为评价指南	GB/T 20004.2—2018
标准体系构建原则和要求	GB/T 13016—2018
企业标准体系表编制指南	GB/T 13017—2018
企业标准体系　要求	GB/T 15496—2017
企业标准体系　产品实现	GB/T 15497—2017
企业标准体系　基础保障	GB/T 15498—2017
企业标准化工作　评价与改进	GB/T 19273—2017
企业标准化工作　指南	GB/T 35778—2017

4. 食品安全企业标准制定原则　为了保证所定标准的质量和水平，在制定企业食品标准时，应遵循以下原则：①贯彻国家标准化的有关法律、法规和方针、政策，严格执行国家安全标准。制定食品标准是一项技术复杂、政策性很强的工作，关系到国家、企业和人民群众的利益，有些食品标准的内容涉及国家法律、法规和强制性标准，必须严格贯彻执行。②充分考虑顾客和市场的需求，保证产品质量，保护消费者利益；企业标准应当确保标准的真实性、合法性，确保根据备案的企业标准所生产的食品的安全性，并对其实施后果承担全部法律责任。③有利于企业技术进步，保证和提高产品质量，改善经营管理，提高经济和社会效益；制定食品标准时要认真研究食品的特性和要求，食品标准中规定的技术内容应当力求反

映当前科学技术的先进成果和生产过程中的先进经验，做到高标准严要求，提高食品标准的水平，从而提高我国的食品安全系数，使之有利于促进技术进步和产品质量水平的提高。④做到科学合理。任何先进产品的生产，都受着经济条件的制约，企业的最终目的是要取得更好的经济效益。因而，要充分考虑经济上的合理性，把技术先进和经济合理统一起来。通过全面的技术经济分析和论证，进行全面考虑和均衡，寻求最佳方案。⑤有利于新技术的发展和推广，确保安全可靠。标准中所规定的内容应有利于促进技术进步和产品技术水平的提高，要实事求是，产品的性能达到多少就写多少，既不能为了纯粹提高产品标准的水平而把各项性能指标订得过高，又不能低于国家标准的水平，使标准起不到稳定和提高产品质量的作用，也不利于产品的销售，降低了产品的市场竞争，应根据企业自身的特点，制定适合企业的标准。⑥做到内容协调、统一。协调、统一是标准化的重要特征。要实现食品的标准化，不但要求食品标准自身必须统一，还要和与其相关的各种标准（基础标准、原材料标准、安全标准、食品添加剂标准、试验方法标准、包装标准等等）相互协调。企业制定的食品标准只有做到和相关的各级、各类标准协调统一，才能保证食品在生产、流通和使用各个环节之间步调一致。⑦格式和表述规范化。食品标准的编写必须规范，做到技术内容的叙述正确无误，逻辑严谨，文字表达准确简明，不能模棱两可，使人产生误解。标准的结构要合理，内容的编排要层次分明。食品企业标准的编写应当符合GB/T 1.1的要求。

5.食品安全企业标准的内容　食品安全企业标准的内容应当符合《食品安全法》及相关法律法规。企业标准内容应包含标准名称、编号、适用范围、术语和定义、食品生产所用原辅料的规定、食品添加剂的使用要求、生产工艺、与食品安全相关的项目及其指标值和检验方法，食品生产经营过程的卫生要求、检验规则和与食品安全有关的标签、标识、说明书的要求，食品贮藏和运输规定等。

（1）食品生产所用原辅料的规定。生产者为了使所生产的产品达到预期的质量标准，必须选用满足相应质量要求的原辅料，因此，食品安全企业标准在内容上对食品生产所用原辅料也应有明确的规定。

（2）食品添加剂的使用要求。对食品生产中使用的食品添加剂质量和使用量做出说明。

（3）生产工艺。一般在范围中说明。

（4）与食品安全相关的项目及其指标值和检验方法。与食品安全相关的项目及其指标值，如食品中的致病性微生物、农药残留、兽药残留、生物毒素、重金属等污染物质以及其他危害人体健康物质的限量规定。为了判断、评定和检测食品是否达到了标准的要求，需要使用公认的判断、评定和检测方法，因此，食品标准在内容上对食品要求的各项指标的检测方法也应有明确的规定。

（5）食品生产经营过程的卫生要求。为防止食品生产过程的各种污染，生产安全且适宜食用的食品，我国制定了《食品安全国家标准　食品生产通用卫生规范》（GB 14881），企业必须严格执行。

（6）检验规则和与食品安全、营养有关的标签、标识、说明书的要求。选择食品时，安全卫生和营养质量往往难以通过肉眼来辨别，要了解食品，只有通过标志、标签和有关食品市场准入、质量认证的标志等才能实现，因此，食品标准在内容上对食品标志和标签也应有明确的规定。

（7）食品贮藏和运输规定。为了保持食品质量，让消费者能够食用到符合标准要求的食品，食品标准在内容上对食品贮藏和运输环境也应有明确的规定。

（8）规范性引用文件。任何一个食品标准都不可能孤立地存在，与相关技术标准、文件存在着必然的联系，往往都要引用一些相关的标准和文件，因此，食品标准在内容上对规范性引用文件也应有明确的规定。

二、食品企业标准的制定程序

企业标准制定的程序一般包括：准备阶段→标准起草→征求意见→编制标准送审稿→标准审定→编制标准报批稿→标准的批准、发布→备案→实施→检查（复审）。

1.准备阶段 准备阶段包含有调研、资料收集、筛选与分析、数据及方法的验证的内容。制定涉及面较广的综合性企业标准，还应成立标准制定工作组，编制标准制定、修订计划，并按照计划开展标准的编制工作。得出标准制定条件是否成熟、应制定什么样的标准、标准的技术水平。

2.标准起草 在充分调研和分析、验证的基础上，根据标准的对象和目的，起草标准征求意见稿，同时起草编制说明。编制说明是标准起草过程的真实记录和标准中一些重要内容的解释说明。原则上，每一个标准都应有标准编制说明，其内容应包括：①任务来源，制定该标准的目的和意义，食品性能特点，工作简要过程。②企业标准编制原则。与现行的法律、法规、规章和食品安全国家标准、地方标准的关系及贯彻执行情况。③与现行相关国家标准、地方标准、国际标准、国外标准的比较情况。标准主要内容的确定依据，重大分歧意见的处理经过和依据。修订标准时还应增加新旧标准水平的对比。④企业标准制定过程中所进行的必要的验证情况（检测结果与标准要求的符合情况）、技术经济效果预测及其他应说明的问题。⑤实施企业标准的设备和人员等方面的说明，以及贯彻该标准的措施、要求、建议。⑥参考文件资料目录。

3.征求意见 为使标准制定切实可行，有较高的质量水平，应将标准征求意见稿和标准编制说明发送至有关的生产、使用、检验、科研、设计、采购、销售、设备、储运等部门，广泛征求意见，必要时应征求用户意见。

4.编制标准送审稿 标准制定者在收到各方面意见后应分类整理，逐一分析研究，合理的意见应采纳，不予采纳的意见需作说明，对难以确定取舍的分歧意见可进一步分析研究、协商调整、再征求意见，形成标准送审稿。

5.标准审定 标准的审定是保证标准质量、提高标准水平的重要程序。企业在批准、发布企业产品标准前应组织专家进行审定。

（1）标准审定内容。标准审定内容包括：①企业产品标准与国家法律法规和强制性标准规定的符合性；②标准中的技术内容是否符合国家方针政策和经济发展方向，做到技术先进，经济合理，安全可靠，是否适应当前科技水平和今后发展方向，符合企业实际；③试验方法的科学性、检验规则的可操作性；④是否采用了有关的国际标准和国外先进标准；⑤标准编写系列标准的符合性；⑥标准的规定是否有充分的依据，是否在试验研究和总结实践经验的基础上确定的，是否完整齐全；⑦标准是否符合或达到预定的目的和要求；⑧各方面的意见是否得到充分反映，是否得到协调解决；⑨贯彻标准的要求，措施建议和过渡办法是否适当。

（2）标准审定方式。有函审和会审两种。如果标准较成熟，各方面意见分歧不大或是简单的标准可采取函审的方式；采用函审方式时，接收函审的部门或人员应按时认真填写并寄回审定意见，即使没有不同意见，也应按时回函表示同意；过期不予复函的按同意处理，函审结束后应写出函审结论报告。

对于标准内容较复杂、难度较大、争议较多的标准或涉及面较广的重要标准应采用会审的方式。会审应提前将下列资料发送给与会代表：①标准送审稿；②标准编制说明；③规范性引用文件和参考资料；④标准征求意见汇总处理表；⑤试验验证报告；⑥企业实施标准在设备、检验、管理等方面能力的说明。

标准审查必须经审查组全体人员2/3以上同意方可通过，审查组应当根据审查意见填写审查会议纪要。如果标准送审稿未能通过审定，标准制定者应继续修改完善，重新进行审定，直到审定通过。标准送审稿经审查通过后，标准制定者应根据审定意见，编写标准报批稿，由企业法定代表人或者其授权人批准、发布。

（3）审定纪要的编写。会审时应形成标准审定纪要。会审审定纪要应详细列出审查时间、地点、起草单位、组织审定机构、参加会议的人员及其单位、审定意见和审查结论。函审审查纪要内容应包括参加函审的人员及其单位、发出和收回函审信息的时间及数量、函审意见汇总、审查结论。

审定结论主要涉及评价意见、主要修改意见和采纳情况，所审定的产品标准是否符合法律、法规和强制性标准的规定，低于推荐性国家标准、行业标准和地方标准的，应当具有相应的理由和相关影响的说明，是否予以通过审定等内容。

（4）审查人员的要求。标准审查人员应来自本企业生产、使用、检验、科研、设计、采购、销售、设备、储运等有关部门，必要时应外请专家和用户代表，审查组原则上不少于5人。直接参与企业标准起草的人员不得作为审查组成员参加审查。标准审查人员应具备相应的知识和能力，并具有中级及其以上专业技术职称任职资格或大专以上学历和3年以上从事相关行业工作经历，熟悉有关法律、法规、规章和强制性标准，了解相关产品的工艺、技术要求和国内外该领域技术、标准发展的状况，能够独立解决本领域中相关的技术问题和标准化问题。

6.编制标准报批稿 经审查通过的标准送审稿，起草单位应根据审查意见修改，编写"标准报批稿"及相关文件"标准编制说明""审查会议纪要""意见汇总处理表"。

7.标准的批准、发布 将报批材料送企业法定代表人或其依法授权人批准。报批所需的文件包括标准报批稿、标准编制说明、标准审定纪要、标准审定人员意见表、标准备案表（产品标准应填写食品安全企业产品标准备案表）。

8.食品安全企业标准的备案 我国《食品安全法》及《食品安全法实施条例》规定，国家鼓励食品生产企业制定严于食品安全国家标准或者地方标准的企业标准，在本企业适用，报所在地省、自治区、直辖市人民政府卫生健康行政部门备案。企业标准备案是指食品生产企业将企业标准中严于食品安全国家标准或者地方标准的食品安全相关内容材料向卫生健康行政部门进行登记、存档、公开、备查的过程。备案不是行政许可，也不是行政审批，不对备案材料进行实质性审查，只对备案材料及其内容是否齐全、是否属于备案范围进行核对。备案的企业标准并不表示卫生健康行政部门审查批准了该企业标准。备案企业应当对备案材料真实性、合法性、有效性、完整性负责，并公开承诺。

食品生产企业不得制定低于食品安全国家标准或者地方标准要求的企业标准。严于食品安全标准是指企业标准中的食品安全指标限值严于食品安全国家标准或食品安全地方标准的相应规定。企业标准中无严于食品安全国家标准或者地方标准的食品安全指标的，无须报卫生健康行政部门备案。生产食品添加剂和食品相关产品应当符合食品安全国家标准，其新品种应当按程序审查批准。食品添加剂和食品相关产品不属于食品安全企业标准备案的范围。

目前，全国各省市食品安全企业标准的备案办法并不统一。申报企业标准备案一般应提交企业标准备案登记表、企业标准文本、企业标准编制说明（列明严于食品安全国家标准或者地方标准的安全指标、主要依据，并提供相关论证材料）。企业标准备案实行网上在线办理，实施备案前公示制度，企业对报备的所有材料的真实性、合法性、有效性、完整性负责，并对企业标准实施后果承担相应的法律责任。

>>> 任务二　编制标准的目标、原则和要求 <<<

《标准化工作导则》（GB/T 1）是指导我国标准化活动的基础性和通用性的标准，旨在确立普遍适用于标准化文件起草、制定和组织工作的准则，拟由4个部分构成，第1部分：标准化文件的结构和起草规则，目的在于确立适用于起草各类标准化文件需要遵守的总体原则和相关规则。第2部分：以ISO/IEC标准化文件为基础的标准化文件起草规则。目的在于确立适用于起草以ISO/IEC标准化文件为基础的国家标准化文件需要遵守的总体原则和相关原则。第3部分：标准化文件的制定程序，目的在于为标准化文件的制定工作确立可操作、可追溯、可证实的程序。第4部分：标准化技术组织。目的在于为使标准化技术组织能够被各相关方广泛参与而确立组织的层次结构、规定组织的管理和运行要求。

对各类标准化对象进行标准化，首先需要的是确立条款，也就是确定文件的规范性要素，其次是编制标准化文件。GB/T 1.1—2020确立了标准化文件的结构及其起草的总体原则、要求和如何选择文件的规范性要素，明确了不同功能类型标准的核心技术要素，规定了文件名称、层次、要素的编写和表达规则，以及文件的编排格式，适用于国家标准、行业标准、团体标准、地方标准和企业标准的起草，其他标准化文件的起草参照使用。是全国各行各业在编写标准时共同遵守的基础标准，被称为"标准中的标准"。通过确立更加严谨的起草规则，让文件起草者在起草各类标准化文件时有据可依，从而提高文件的质量和应用效率，促使文件功能的有效发挥，更好地促进贸易、交流以及技术合作。

以下内容依照GB/T 1.1—2020的相关要求进行说明。

一、标准化文件的类别

标准化文件是通过标准化活动制定的文件。标准化文件的数量众多，范围广泛。根据不同的属性可以将标准归为不同的类别。我国的标准化文件包括标准、标准化指导性技术文件，以及标准的某个部分等类别。国际标准化文件通常包括标准、技术规范（TS）、可公开提供规范（PAS）、技术报告（TR）、指南（Guide），以及标准化文件的某个部分等类别。

标准化指导性技术文件是为仍处于技术发展过程中（如变化快的技术领域）的标准化工作提供指南或信息，供科研、设计、生产、使用和管理等有关人员参考使用而制定的标准文件。符合下述情况之一的项目，可制定指导性技术文件：一是技术尚在发展中，需要有相应的标准文件引导其发展或具有标准化价值，尚不能制定为标准的项目。二是采用ISO、IEC及其他国际组织（包括区域性国际组织）的技术报告的项目。指导性技术文件不宜由标准引用使其具有强制性或行政约束力。指导性技术文件的代号由大写汉语拼音字母"GB/Z"构成。指导性技术文件的编号，由指导性技术文件的代号、顺序号和年号（即发布年份的四位数字）构成。指导性技术文件发布后3年内必须复审，以决定是否继续有效、转化为国家标准或撤销。

确认标准的类别能够帮助起草者起草适用性更好的标准。按照不同的属性可以将标准划分为不同的类别。按照标准化对象可以将标准划分为产品标准、过程标准和服务标准。产品标准是规定产品需要满足的要求以保证其适用性的标准。过程标准是规定过程需要满足的要求以保证其适用性的标准。服务标准是规定服务需要满足的要求以保证其适用性的标准。按照标准内容的功能可以将标准划分为术语标准、符号标准、分类标准、试验标准、规范标准、规程标准和指南标准。

二、编制标准的目标、总体原则和要求

1.编制标准的目标和总体原则 编制标准的目标是通过规定清楚、准确和无歧义的条款，使得标准化文件能够为未来技术发展提供框架，并被未参加标准化文件编制的专业人员所理解且易于应用，从而促进贸易、交流以及技术合作。为此，起草标准时宜遵守以下总体原则：①充分考虑最新技术水平和当前市场情况，认真分析所涉及领域的标准化需求；②在准确把握标准化对象、标准使用者和标准编制目的的基础上明确标准的类别和/或功能类型，选择和确定标准的规范性要素，合理设置和编写标准的层次和要素，准确表达文件的技术内容。

2.编制标准的总体要求 一是起草标准时应在选择规范性要素的基础上确定标准的预计结构和内在关系。二是为了提高标准的适用性和应用效率，确保标准的及时发布，编制工作各阶段的标准草案在符合GB/T 1.1规定的起草规则的基础上，不同功能类型标准应符合GB/T 20001相应部分的规定；文件中某些特定内容应符合GB/T 20002相应部分的规定；与国际标准文件有一致性对应关系的我国标准应符合GB/T 1.2的规定。三是标准中不应规定诸如索赔、担保、费用结算等合同要求，也不应规定诸如行政管理措施、法律责任、罚则等法律法规要求。

三、文件编制成整体或分为部分的原则

针对一个标准化对象通常宜编制成一个无须细分的整体标准，在特殊情况下可编制成分为若干部分的标准。在综合考虑下列三种情况后，针对一个标准化对象可能需要编制成若干部分：一是标准篇幅过长；二是标准使用者需求不同，例如生产方、供应方、采购方、检测机构、认证机构、立法机构、管理机构等；三是标准编制的目的不同，例如保证可用性，便于接口、互换、兼容或相互配合，利于品种控制，保障健康、安全，保护环境或促进资源合理利用，以及促进相互理解和交流。部分是一个标准文件分出的层次，它可以单独编制、修订和发布。

通常，适用于范围广泛的通用标准化对象的内容宜编制成一个整体标准；适用于范围较窄的标准化对象的通用内容宜编制成分为若干部分的标准的通用部分；适用于范围单一的标准化对象的具体内容不宜编制成一个整体标准或分为若干部分的标准的某个部分，仅适于编写成标准中的相关要素。例如，对于试验方法，适用于广泛的产品，编制成试验标

准；适用于某类产品编制成分为若干部分的标准的试验方法部分；适用于某产品的具体特性的测试，编写成产品标准中的"试验方法"要素。

在开始起草标准之前宜考虑并确立标准拟分为部分的原因以及标准分为部分后各部分之间的关系；分为部分的标准中预期的每个部分的名称和范围。

四、规范性要素的选择原则

1.标准化对象原则 标准化对象原则是指起草标准时需要考虑标准化对象或领域的相关内容，以便确认拟标准化的是产品/系统、过程或服务，还是与某领域相关的内容；是完整的标准化对象，还是标准化对象的某个方面，从而确保规范性要素中的内容与标准化对象或领域紧密相关。标准化对象决定着起草的标准的对象类别（产品标准、过程标准、服务标准），它直接影响标准的规范性要素的构成及其技术内容的选取。

2.标准使用者原则 标准使用者原则是指起草标准时需要考虑标准使用者（例如生产方、供应方、采购方、检测机构、认证机构、立法机构、管理机构等），以便确认标准针对的是哪一方面的使用者，他们关注的是结果还是过程，从而保证规范性要素中的内容是特定使用者所需要的。标准使用者不同，会对将标准确定为规范标准、规程标准或试验标准产生影响，进而标准的规范性要素的构成及其内容的选取就会不同。

3.目的导向原则 目的导向原则是指起草标准时需要考虑标准编制目的（例如保证可用性，便于接口、互换、兼容或相互配合，利于品种控制，保障健康、安全，保护环境或促进资源合理利用，以及促进相互理解和交流），并以确认的编制目的为导向，对标准化对象进行功能分析，识别出标准中拟标准化的内容或特性，从而确保规范性要素中的内容是为了实现编制目的而选取的。标准编制目的决定着标准的目的类别。编制目的不同，规范性要素中需要标准化的内容或特性就不同，编制目的越多，选取的内容或特性就越多。

标准编制目的，如果是促进相互理解，形成标准的目的类别为基础标准，如果是保证可用性、互换性、兼容性、相互配合或品种控制的目的，形成标准的目的类别为技术标准；如果是保障健康、安全，保护环境，形成标准的目的类别为卫生标准、安全标准、环保标准。以促进相互理解为目的编制的基础标准包括了术语标准、符号标准、分类标准和试验标准等功能类型；以其他目的编制的标准包括了规范标准、规程标准和指南标准等功能类型。

五、标准的表述原则

1.一致性原则 每个标准内或分为部分的标准各部分之间，其结构以及要素的表述宜保持一致，为此，相同的条款宜使用相同的用语，类似的条款宜使用类似的用语；同一个概念宜使用同一个术语，避免使用同义词；相似内容的要素的标题和编号宜尽可能相同。

一致性对于帮助标准使用者理解标准（特别是分为部分的标准）的内容尤其重要，对于使用自动文本处理技术以及计算机辅助翻译也是同样重要的。

2.协调性原则 起草的标准与现行有效的标准之间宜相互协调，避免重复和不必要的差异，为此，针对一个标准化对象的规定宜尽可能集中在一个标准中；通用的内容宜规定在一个标准中，形成通用标准或通用部分；标准的起草宜遵守基础标准和领域内通用标准的规定，如有适用的国际标准文件宜尽可能采用；需要使用标准自身其他位置的内容或其他标准中的内容时，宜采取引用或提示的表述形式。

3.易用性原则　标准内容的表述宜便于直接应用，并且易于被其他标准引用或剪裁使用。

任务三　标准的名称和结构

一、标准的名称

1.通则　标准名称是对标准所覆盖的主题的清晰、简明的描述。任何标准均应有标准名称，并应置于封面中和正文首页的最上方。标准名称的表述应使得某标准易于与其他标准相区分，不应涉及不必要的细节，任何必要的补充说明由范围给出。标准名称由尽可能短的几种元素组成，其顺序由一般到特殊，所使用的元素应不多于以下三种：①引导元素：可选元素（在标准中存在与否取决于起草特定标准文件的具体需要的要素），表示标准所属的领域；②主体元素：必备元素（在标准中必不可少的要素），表示上述领域内标准所涉及的标准化对象；③补充要素：可选元素，表示上述标准化对象的特殊方面，或者给出某标准与其他标准，或分为若干部分的标准的各部分之间的区分信息。

2.可选元素的选择

（1）引导元素。如果省略引导元素会导致主体元素所表示的标准化对象不明确，那么标准名称中应有引导元素，见表4-2-2示例1。在适用的情况下，可将归口该标准的技术委员会的名称作为引导元素。如果主体元素（或者补充元素一起）能确切地表示标准所涉及的标准化对象，那么标准名称应省略引导元素，见表4-2-2示例2。

表4-2-2　引导元素示例

示例1	正确	农业机械和设备　散装物料机械　技术规范
	不正确	散装物料机械　技术规范
示例2	正确	工业用过硼酸钠　堆积密度测定
	不正确	化学品　工业用过硼酸钠　堆积密度测定

（2）补充元素。①如果标准只包含主体元素所表示的标准化对象的一个或两个方面，那么标准名称中应有补充元素，以便指出所涉及的具体方面；②如果标准只包含主体元素所表示的标准化对象的两个以上但不是全部方面，那么在标准名称的补充元素中应由一般性的词语（例如技术要求、技术规范等）来概括这些方面，而不必一一列举；③如果标准只包含主体元素所表示的标准化对象的所有必要的方面，并且是与该标准化对象相关的唯一现行标准，那么标准名称中应省略补充元素，见表4-2-3示例3。

表4-2-3　补充元素示例

示例3	正确	咖啡研磨机
	不正确	咖啡研磨机术语、符号、材料、尺寸、机械性能、额定值、试验方法、包装
示例4		航天　1 100MPa/235℃单耳自固螺母

（3）避免限制标准的范围。标准名称宜避免包含无意中限制标准范围的细节。然而，当标准仅涉及一种特定类型的产品/系统、过程或服务时，应在标准名称中反映出来，见表4-2-3示例4。

（4）词语选择。标准名称不必描述文件作为"标准"或"标准化指导性技术文件"的类别，不应包含"××××标准""××××国家标准""××××行业标准"或"××××标准化指导性技术文件"等词语。除了符合上述补充元素③规定的情况外，不同功能类型标准的名称的补充元素或主体元素中应含有表示标准功能类型的词语，所用词语及其英文译名宜从表4-2-4中选取。

表4-2-4　标准名称中表示标准功能类型的词语及其英文译名

标准功能类型	名词的词语	英文译名
术语标准	术语	vocabulary
符号标准	符号、图形符号、标志	symbol，graphical symbol，sign
分类标准	分类、编码	classification，coding
试验标准	试验方法、××××的测定	test method，determination of ××××
规范标准	规范	specification
规程标准	规程	code of practice
指南标准	指南	guidance，guidelines

二、标准的结构

标准的结构是指标准中层次、要素以及附录、图和表的位置和排列顺序。

1.层次　按照标准内容的从属关系，可以将标准划分为若干层次。标准可能具有的层次见表4-2-5。

表4-2-5　层次及其编号

层次	编号示例
部分	××××.1
章	5
条	5.1
条	5.1.1
段	[无编号]
列项	列项符号："——"和"·"；列项编号：a）、b）和1）、2）

2.要素　要素是标准内容按照功能划分的相对独立的功能单元。

（1）要素的分类。从不同的维度，可以将要素分为不同的类别。按照要素所起的作用，可分为规范性要素和资料性要素。规范性要素是界定标准范围或设定条款（在文件中表达应用该文件需要遵守、符合、理解或做出选择的表述）的要素。资料性要素是给出有助于标准的理解或使用的附加信息的要素。按照要素存在的状态，可分为必备要素和可选要素。必备要素是在标准中必不可少的要素。可选要素是在标准中存在与否取决于起草特定标准的具体需要的要素。

（2）要素的构成和表述。要素的内容由条款和/或附加信息构成。规范性要素主要由条款构成，还可包括少量附加信息；资料性要素由附加信息构成。

构成要素的条款或附加信息通常的表述形式为条文。当需要使用标准自身其他位置的内容或其他标准中的内容时，可在标准中采取引用或提示的表述形式。为了便于标准结构的安排和内容的理解，有些条文需要采取附录、图、表、数学公式等表述形式。

表4-2-6中界定了标准中要素的类别及其构成，给出了要素允许的表述形式。

表4-2-6 标准中各要素的类别、构成及表述形式

要素	要素的类别		要素的构成	要素所允许的表述形式
	必备或可选	规范性或资料性		
封面	必备	资料性	附加信息	标明标准信息
目次	可选			列表（自动生成的内容）
前言	必备			条文、注、脚注、指明附录
引言	可选			条文、图、表、数学公式、注、脚注、指明附录
范围	必备	规范性	条款、附加信息	条文、表、注、脚注
规范性引用文件[①]	必备/可选	资料性	附加信息	清单、注、脚注
术语和定义[①]	必备/可选	规范性	条款、附加信息	条文、图、数学公式、示例、注、引用、提示
符号和缩略语	可选	规范性	条款、附加信息	条文、图、表、数学公式、示例、注、脚注、引用、提示、指明附录
分类和编码/系统构成	可选			
总体原则和/或总体要求	可选			
核心技术要素	必备			
其他技术要素	可选			
参考文献	可选	资料性	附加信息	清单、脚注
索引	可选			列表（自动生成的内容）

①章编号和标题的设置是必备的，要素内容的有无根据其具体情况进行选择。

（3）要素的选择。规范性要素中范围、术语和定义、核心技术要素是必备要素，其他是可选要素，其中术语和定义内容的有无可根据具体情况进行选择。不同功能类型标准具有不同的核心技术要素。规范性要素中的可选要素可根据所起草标准的具体情况在表4-2-6中选取，或者进行合并或拆分，要素的标题也可调整，还可设置其他技术要素。

资料性要素中的封面、前言、规范性引用文件是必备要素，其他是可选要素，其中规范性引用文件内容的有无可根据具体情况进行选择。资料性要素在标准中的位置、先后顺序以及标题均应与表4-2-6所呈现的相一致。

▶▶▶ 任务四　层次的编写 ◀◀◀

一、部分的编写

1.部分的划分　部分是一个标准划分出的第一层次。划分出的若干部分共用同一个标准顺序号。部分不应进一步细分为分部分。标准分为部分后，每个部分可以单独编制、修订和发布，并与整体标准遵守同样的起草原则和规则。

按照部分的划分原则可以将一个标准分为若干部分。起草这类标准时，有必要事先研究各部分的安排。考虑是否将第1部分预留给诸如"总则""术语"等通用方面。标准分为若干部分有两种方式，①将标准化对象分为若干个特殊方面，每个部分分别涉及其中的一两个方面，并且能够单独使用（表2-2-7示例5）。②将标准化对象分为通用和特殊两个方面，通用方面作为标准的第1部分，特殊方面（可修改或补充通用方面，不能单独使用）作为标准的其他各部分，见表4-2-7示例6。

部分的划分通常是连续的（表4-2-7示例5和示例6），在需要按照各部分的内容分组时以通过部分编号区分各组（表4-2-7示例7和示例8）。

表4-2-7　部分的划分示例

示例5	第1部分：术语 第2部分：要求 第3部分：试验方法 第4部分：安装要求	示例6	第1部分：通用要求 第2部分：热学要求 第3部分：空气纯净度要求 第4部分：声学要求
示例7	第1部分：通用要求 第11部分：电熨斗的特殊要求 第12部分：离心脱水机的特殊要求 第13部分：洗碗机的特殊要求	示例8	第1部分：通则和指南 第21部分：振动试验（正弦） 第22部分：配接耐久性试验 第31部分：外观检查和测量

2.部分编号　部分编号应置于标准编号中的顺序号之后，使用从1开始的阿拉伯数字，并用下脚点与顺序号相隔（例如××××.1，××××.2等）。

3.部分的名称　分为部分的标准中的每个部分的名称的组成方式应符合前述任务三"标准名称"的规定。部分的名称中包含"第*部分："（*为使用阿拉伯数字的部分编号），后跟补充元素。每个部分名称的补充元素应不同，以便区分和识别各个部分，而引导元素（如果有）和主体元素应相同，见4-2-8示例9。

表4-2-8　部分的名称示例

示例9	GB/T 14××8.1 低压开关设备和控制设备 第1部分：总则
	GB/T 14××8.2 低压开关设备和控制设备 第2部分：断路器

二、章、条、段和列项的编写

1.章的编写 章是标准文件层次划分的基本单元。应使用从1开始的阿拉伯数字对章编号。章编号应从范围一章开始，一直连续到附录之前。每一章均应有章标题，并应置于编号之后。

2.条的编写 条是章内有编号的细分层次。条可以进一步细分，细分层次不宜过多，最多可分到第五层次。一个层次中有一个以上的条时才可设条，例如第10章中，如果没有10.2，就不必设立10.1。

条编号应使用阿拉伯数字并用下脚点与章编号或上一层次的条编号相隔。层次编号见附录A给出的编号示例。第一层次的条宜给出条标题，并应置于编号之后。第二层次的条可同样处理。某一章或条中，其下一个层次上的各条，有无标题应一致。例如6.2的下一层次，如果6.2.1给出了标题，6.2.2，6.2.3等也需要给出标题，或者反之，该层次的条都不给出标题。在无标题条的首句中可使用黑体字突出关键术语或短语，以便强调各条的主题。某一章或条中的下一个层次上的无标题条，有无突出的关键术语或短语应一致。无标题条不应再分条。

3.段的编写 段是章或条内没有编号的细分层次。为了不在引用时产生混淆，不宜在章标题与条之间或条标题与下一层次条之间设段（称为"悬置段"），见表4-2-9示例10。"术语和定义""符号和缩略语"中的引导语以及"重要提示"不是悬置段。

表4-2-9 段的编写示例

示例10	下面左侧所示，按照章条的隶属关系，第5章不仅包括所标出的"悬置段"，还包括5.1和5.2。这种情况下，引用这些悬置段时有可能发生混淆。避免混淆的方法之一是将悬置段改为条。见下面右侧所示：将左侧的悬置段编号并加标题"5.1通用要求"（也可给出其他适当的标题），并且将左侧的5.1和5.2重新编号，依次改为5.2和5.3。避免混淆的其他方法还有，将悬置段移到别处或删除

 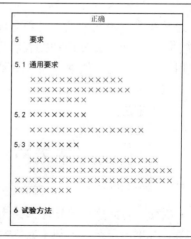

4.列项的编写 列项是段中的子层次，用于强调细分的并列各项中的内容。列项应由引语和被引出的并列的各项组成。具体形式有以下两种：①后跟句号的完整句子引出后跟句号的各项（表4-2-10示例11）；②后跟冒号的文字引出后跟分号（表4-2-10示例12）或逗

号（表4-2-10示例13）的各项。列项的最后一项均由句号结束。

表4-2-10 列项示例

示例11	导向要素中图形符号与箭头的位置关系需要符合下列规则。 a）当导向信息元素横向排列，并且箭头指： 　　1）左向（含左上、左下），图形符号应位于右侧； 　　2）右向（含右上、右下），图形符号应位于左侧； 　　3）上向或下向，图形符号宜位于右侧。 b）当导向信息元素纵向排列，并且箭头指： 　　1）下向（含左下、右下），图形符号应位于上方； 　　2）其他方向，图形符号宜位于下方。
示例12	下列仪器不需要开关： ——正常操作条件下，功耗不超过10 W的仪器； ——任何故障条件下使用2 min，测得功耗不超过50 W的仪器； ——连续运转的仪器。
示例13	仪器中的振动可能产生于： ——转动部件的不平衡， ——机座的轻微变形， ——滚动轴承， ——气动负载。

列项可以进一步细分为分项，这种细分不宜超过两个层次。在列项的各项之前应标明列项符号或列项编号。列项符号为破折号（——）或间隔号（·）；列项编号为字母编号［即后带半圆括号的小写拉丁字母，如"a）""b）"等］或数字编号［即后带半圆括号的阿拉伯数字，如"1）""2）"等］。

通常在第一层次列项的各项之前使用破折号，第二层次列项的各项之前使用间隔号。列项中的各项如果需要识别或表明先后顺序，在第一层次列项的各项之前使用字母编号。在使用字母编号的列项中，如果需要对某一项进一步细分，根据需要可在各分项之前使用间隔号或数字编号（表4-2-10示例11）。可使用黑体字突出列项中的关键术语或短语，以便强调各项的主题。

>>> 任务五　要素的编写和表述 <<<

一、要素的编写

1.封面 封面这一要素用来给出标明标准的信息。在封面中应标明以下必备信息：标准名称、标准的层次或类别（如"中华人民共和国国家标准""中华人民共和国国家标准化指导性技术文件"等字样）、标准代号（如"GB"）、标准编号、国际标准分类（ICS）号、中国标准文献分类（CCS）号、发布日期、实施日期、发布机构等。标准编号由标准代号、顺序号及发布年份号构成。标准代号由大写拉丁字母和/或符号"/"组成，顺序号由阿拉伯数字组成，发布年份号由四位阿拉伯数字组成，顺序号和年份号之间使用一字线形式的连接号。例如：GB/T × × × ×—× × × ×。

如果标准代替了一个或多个标准，在封面中应标明被代替标准的编号。当被代替标准较多时，被代替标准编号不应超过一行。如果在封面中不能用一行给出所有被代替标准的编号，那么在前言中说明标准代替或其他标准的情况时给出。

如果标准与国际标准文件有一致性对应关系，那么在封面中应标示一致性程度标识。国家标准、行业标准的封面还应标明文件名称的英文译名；行业标准的封面还应标明备案号。标准征求意见稿和送审稿的封面显著位置应给出以下内容："在提交反馈意见时，请将您知道的相关专利连同支持性文件一并附上。"

2.目次　目次这一要素用来呈现标准的结构。为了方便查阅文件内容，通常有必要设置目次。根据所形成的标准文件的具体情况，应依次对下列内容建立目次列表：①前言；②引言；③章编号和标题；④条编号和标题（需要时列出）；⑤附录编号、"（规范性）"/"（资料性）"和标题；⑥附录条编号和标题（需要时列出）；⑦参考文献；⑧索引；⑨图编号和图题（含附录中的）（需要时列出）；⑩表编号和表题（含附录中的）（需要时列出）。

上述各项内容后还应给出其所在的页码。在目次中不应列出"术语和定义"中的条目编号和术语。电子文本的目次宜自动生成。

3.前言　前言这一要素用来给出诸如标准起草依据的其他文件、与其他文件的关系和编制、起草者的基本信息等文件自身内容之外的信息。前言不应包含要求、指示、推荐或允许型条款，也不应使用图、表或数学公式等表述形式。前言不应给出章编号且不分条。

根据所形成的标准的具体情况，在前言中应依次给出下列适当的内容。

（1）标准起草所依据的标准。具体表述为"本文件按照GB/T 1.1—2020《标准化工作导则　第1部分：标准化文件的结构和起草规则》的规定起草。"

（2）标准与其他文件的关系。需要说明以下两方面的内容：①与其他标准的关系；②分为部分的标准的每个部分说明其所属的部分并列出所有已经发布的部分的名称。

（3）标准与代替标准的关系。需要说明以下两方面的内容：①给出被代替、废止的所有标准的编号和名称；②列出与前一版本相比的主要技术变化。

（4）标准与国际标准关系的说明。GB/T 1.2中规定了与国际标准存在着一致性对应关系的我国标准，在前言中陈述的相关信息。

（5）有关专利的说明。如果编制过程中没有识别出标准的内容涉及专利，那么标准的前言中应给出以下内容："请注意本标准的某些内容可能涉及专利。本标准的发布机构不承担识别专利的责任。"

（6）标准的提出信息（可省略）和归口信息。对于由全国专业标准化技术委员会提出或归口的标准，应在相应技术委员会名称之后给出其国内代号，使用下列适当的表述形式："本标准由全国× × × ×标准化技术委员会（SAC/TC × × ×）提出。"；"本标准由× × × ×提出。"；"本标准由全国× × × ×标准化技术委员会（SAC/TC × × ×）归口。"；"本标准由× × × ×归口。"

（7）标准的起草单位和主要起草人，使用下列表述形式："本标准起草单位：× × × ×。"；"本标准主要起草人：× × × ×。"

（8）标准及其所代替或废止的标准的历次版本发布情况。

4.引言 引言这一要素用来说明与标准自身内容相关的信息，不应包含要求型条款。分为部分的标准的每个部分，或者标准的某些内容涉及了专利，均应设置引言。引言不应给出章编号。当引言的内容需要分条时，应仅对条编号。编为0.1、0.2等。在引言中通常给出下列背景信息：①编制该标准的原因、编制目的、分为部分的原因以及各部分之间关系等事项的说明；②标准技术内容的特殊信息或说明。

如果编制过程中已经识别出标准的某些内容涉及专利，那么根据具体情况在文件的引言中应说明以下相关内容：①"本标准的发布机构提请注意，声明符合本标准时，可能涉及……［条］……与……［内容］……相关的专利的使用。②本标准的发布机构对于该专利的真实性、有效性和范围无任何立场。③该专利持有人已向本标准的发布机构承诺，他愿意同任何申请人在合理且无歧视的条款和条件下，就专利授权许可进行谈判。该专利持有人的声明已在本标准的发布机构备案。相关信息可以通过以下联系方式获得：专利持有人姓名：……、地址：……。④请注意除上述专利外，本标准的某些内容仍可能涉及专利。本标准的发布机构不承担识别专利的责任。"如果要给出有关专利的内容较多时，可将相关内容移作附录。

5.范围 范围这一要素用来界定标准的标准化对象和所覆盖的各个方面，并指明标准文件的适用界限。必要时，范围宜指出那些通常被认为标准可能覆盖，但实际上并不涉及的内容。分为部分的标准的各个部分，其范围只应界定各自的标准化对象所覆盖的各个方面。注意，适用界限指标准（而不是标准化对象）适用的领域和使用者。

范围应设置为标准的第1章，如果确有必要，可以进一步细分为条。

范围的陈述应简洁，以便能作为内容提要使用。在范围中不应陈述可在引言中给出的背景信息。范围应表述为一系列事实的陈述，使用陈述型条款，不应包含要求、指示、推荐和允许型条款。范围的陈述应使用下列适当的表述形式：①"本标准规定了……的要求/特性/尺寸/指示"；②"本标准规定了……的程序/体系/系统/总体原则"；③"本标准规定了……的方法/路径"；④"本标准规定了……的指导/指南/建议"；⑤"本标准规定了……的信息/说明"；⑥"本标准规定了……的术语/符号/界限/"。

标准适用界限的陈述应使用下列适当的表述形式：①"本标准适用于……"；②"本标准不适用于……"。

6.规范性引用文件

（1）界定和构成。规范性引用文件这一要素用来列出标准中规范性引用的文件，由引导语和文件清单构成。该要素应设置为文件的第2章且不应分条。

（2）引导语。规范性引用文件清单应由以下引导语引出："下列文件中的内容通过文中的规范性引用而构成本文件必不可少的条款。其中，注日期的引用文件，仅该日期对应的版本适用于本文件；不注日期的引用文件，其最新版本（包括所有的修改单）适用于本文件。"对于不注日期的引用文件，如果最新版本未包含所引用的内容，那么包含了所引用内容的最后版本适用。

如果不存在规范性引用文件，应在章标题下给出以下说明："本文件没有规范性引用文件。"

（3）文件清单。文件清单中应列出该文件中规范性引用的每个文件，列出的文件之前不给出序号。根据文件中引用文件的具体情况，文件清单中应选择列出下列相应的内容：①注日期的引用文件，给出"文件代号、顺序号及发布年份号和/或月份号"以及"文件名称"；②不注日期的引用文件，给出"文件代号、顺序号"以及"文件名称"；③不注日期的引用文件的所有部分，给出"文件代号、顺序号"和"（所有部分）"以及文件名称中的"引导元素（如果有）和主体元素"；④引用国际文件、国外其他出版物，给出"文件编号"或"文件代号、顺序号"以及"原文名称的中文译名"，并在其最后的圆括号中给出原文名称。列出标准化文件之外的其他引用文件和信息资源（印刷的、电子的或其他方式的），应遵守 GB/T 7714《信息与文献　参考文献著录规则》确定的相关规则。

　　根据文件中引用文件的具体情况，文件清单列出的引用文件的排列顺序为：①国家标准化文件；②行业标准化文件；③本行政区域的地方标准化文件（仅适用于地方标准化文件的起草）；④团体标准化文件（需要符合下文"二、要素的表述中，引用和提示⑥"被引用文件的限定条件"的规定）；⑤ISO，ISO/IEC 或 IEC 标准化文件；⑥其他机构或组织的标准化文件（需要符合下文⑥"被引用文件的限定条件"的规定）；⑦其他文献。其中，国家标准、ISO 或 IEC 标准按文件顺序号排列；行业标准、地方标准、团体标准、其他国家标准化文件按文件代号的拉丁字母和/或阿拉伯数字的顺序排列，再按文件顺序号排列。

7.术语和定义

（1）界定和构成。术语和定义这一要素用来界定为理解标准文件中某些术语所必需的定义，由引导语和术语条目构成。该要素设置为标准文件的第3章，为了表示概念的分类可细分为条，每条应给出条标题。

（2）引导语。根据列出的术语和定义以及引用其他文件的具体情况，术语条目应分由下列适当引导语引出：①"下列术语和定义适用于本文件。"（如果仅该要素界定的术语和定义适用时）；②"……界定的术语和定义适用于本文件。"（如果仅其他文件中界定的术语和定义适用时）；③"……界定的以及下列术语和定义适用于本文件。"（如果其他文件以及该要素界定的术语和定义适用时）

　　如果没有需要界定的术语和定义，应在章标题下给出以下说明："本文件没有需要界定的术语和定义。"

（3）术语条目。①通则。术语条目宜按照概念层级分类和编排，如果无法或无须分类可按术语的汉语拼音字母顺序编排。术语条目的排列顺序由术语的条目编号来明确。条目编号应在章或条编号之后使用下脚点加阿拉伯数字的形式。注意，术语的条目编号不是条编号。

　　每个术语条目应包括条目编号、术语、英文对应词、定义4项内容，根据需要还可增加其他内容。按照包含的具体内容术语条目中应依次给出条目编号、术语、英文对应词、符号、术语的定义、概念的其他表述形式（如图、数学公式等）、示例、注、来源等。其中，符号如果来自于国际权威组织，宜在该符号后同一行的方括号中标出该组织名称或缩略语；图和数学公式是定义的辅助形式；注给出补充术语条目内容的附加信息，例如，与适用于量的单位有关的信息。术语条目不应编排成表的形式，它的任何内容均不准许插入脚注。

　　②需定义术语的选择。术语和定义这一要素中界定的术语应同时符合下列四个条件：一是文件中至少使用两次；二是专业的使用者在不同语境中理解不一致；三是尚无定义或

需要改写已有定义；四是属于文件范围所限定的领域内。

如果文件中使用了文件的范围所限定的领域之外的术语，可在条文的注中说明其含义，不宜界定其他领域的术语和定义。术语和定义中宜尽可能界定表示一般概念的术语，而不界定表示具体概念的组合术语。表达具体概念的术语往往由表达一般概念的术语组合而成。例如，为具体概念"自驾游基础设施"等同于"自驾游"和"基础设施"两个一般概念之和时，分别定义术语"自驾游"和"基础设施"即可，不必定义"自驾游基础设施"。

③定义。定义的表述宜能在上下文中代替其术语。定义宜采取内涵定义的形式，其优选结构为"定义=用于区分所定义的概念同其他并列概念间的区别特征+上位概念"。定义中如果包含了其所在文件的术语条目中已定义的术语，可在该术语之后的括号中给出对应的条目编号，以便提示参看相应的术语条目。定义应使用陈述型条款，既不应包含要求型条款，也不应写成要求的形式。附加信息应以示例或注的表述形式给出。

④来源。在特殊情况下，如果确有必要抄录其他文件中的少量术语条目，应在抄录的术语条目之下准确地标明来源（见后述引用和提示"标明来源"）。当需要改写所抄录的术语条目中的定义时，应在标明来源处予以指明。具体方法为：在方括号中写明"来源：文件编号，条目编号，有修改"（表4-2-11示例14和示例15）。

表4-2-11　术语和定义示例

示例14	**3　术语和定义** 　　GB/T 20000.1界定的以及下列术语和定义适用于本文件。 **3.1　文件** **3.1.1** 　　**标准化文件** standardizing document 　　通过标准化活动制定的文件。 　　［来源：GB/T 20000.1—2014，5.2］
示例15	**3.3.1** 　　**条款** provision 　　在文件中表达应用该文件需要遵守、符合、理解或做出选择的表述。 **3.3.3** 　　**指示** instruction 　　表达需要履行的行动的条款（3.3.1）。 　　［来源：GB/T 20000.1—2014，9.3，有修改］

8.符号和缩略语

（1）界定和构成。符号和缩略语这一要素用来给出为理解文件所必需的、文件中使用的符号和缩略语的说明或定义，由引导语和带有说明的符号和/或缩略语清单构成。如果需要设置符号或缩略语，宜作为文件的第4章。如果为了反映技术准则，符号需要以特定次序列出，那么该要素可以细分为条，每条应给出条标题。根据编写的需要，该要素可并入"术语和定义"。

（2）引导语。根据列出的符号、缩略语的具体情况，符号和/或缩略语清单应分别由下列适当的引导语引出：①"下列符号适用于本文件。"（如果该要素列出的符号适用时）；②"下列缩略语适用于本文件。"（如果该要素列出的缩略语适用时）；③"下列符号和缩略语适用于本文件。"（如果该要素列出的符号和缩略语适用时）。

（3）清单和说明。无论该要素是否分条，清单中的符号和缩略语之前均不给出序号，且宜按下列规则以字母顺序列出：①大写拉丁字母置于小写拉丁字母之前（A、a、B、b等）；②无角标的字母置于有角标的字母之前，有字母角标的字母置于有数字角标的字母之前（B、b、C、C_m、C_2、d、d_{ext}、d_{int}、d_1等）；③希腊字母置于拉丁字母之后（Z、z、A、α、β、$\cdots$、Λ、λ等）；④其他特殊符号置于最后。符号和缩略语的说明或定义宜使用陈述型条款，不应包含要求和推荐型条款。

9. 分类和编码/系统构成　分类和编码这一要素用来给出针对标准化对象的划分以及对分类结果的命名或编码，以方便在标准文件核心技术要素中针对标准化对象的细分类别做出规定。它通常涉及"分类和命名""编码和代码"等内容。

对于系统标准，通常含有系统构成这一要素。该要素用来确立构成系统的分系统，或进一步的组成单元。系统标准的核心技术要素将包含针对分系统或组成单元做出规定的内容。分类和编码系统构成通常使用陈述型条款。根据编写的需要，该要素可与规范、规程或指南标准中的核心技术要素的有关内容合并，在一个复合标题下形成相关内容。

10. 总体原则和/或总体要求　总体原则这一要素用来规定为达到编制目的需要依据的方向性的总框架或准则。标准文件中随后各要素中的条款或者需要符合或者具体落实这些原则，从而实现文件编制目的。总体要求这一要素用来规定涉及整体文件或随后多个要素均需要规定的要求。

标准文件中如果涉及了总体原则/总则/原则，或总体要求的内容，宜设置总体原则总则/原则，或总体要求。总体原则/总则/原则应使用陈述或推荐型条款，不应包含要求型条款。总体要求应使用要求型条款。

11. 核心技术要素　核心技术要素是各种功能类型标准的标志性的要素，它是表述标准特定功能的要素。标准功能类型不同，其核心技术要素就会不同，表述核心要素使用的条款类型也会不同。各种功能类型标准所具有的核心技术要素以及所使用的条款类型应符合表4-2-12的规定。各种功能类型标准的核心技术要素的具体编写应遵守《标准编写规则》（GB/T 20001）所有部分的规定。

表4-2-12　各种功能类型标准的核心技术要素以及所使用的条款类型

标准功能类型	核心技术要素	使用的条款类型
术语标准	术语条目	界定术语的定义使用陈述型条款
符号标准	符号/标志及其含义	界定符号或标志的含义使用陈述型条款
分类标准	分类和/或编码	陈述、要求型条款
试验标准	试验步骤 试验数据处理	指示、要求型条款 陈述、指示型条款
规范标准	要求 证实方法	要求型条款 指示、陈述型条款

（续）

标准功能类型	核心技术要素	使用的条款类型
规程标准	程序确立 程序指示 追溯/证实方法	陈述型条款 指示、要求型条款 指示、陈述型条款
指南标准	需考虑的因素	推荐、陈述型条款

注：如果标准化指导性技术文件具有与表中规范标准、规程标准相同的核心技术要素及条款类型，那么该标准化指导性技术文件为规范类或规程类。

12.其他技术要素　根据具体情况，标准中还可设置其他技术要素，例如试验条件、仪器设备、取样、标志、标签和包装、标准化项目标记、计算方法等。如果涉及有关标准化项目标记的内容，应符合GB/T 1.1—2020 "附录B标准化项目标记"规定。

13.参考文献　参考文献这一要素用来列出标准中资料性引用的文件清单，以及其他信息资源清单，例如起草文件时参考过的文件，以供参阅。

如果需要设置参考文献，应置于最后一个附录之后。文件中有资料性引用的文件，应设置该要素。该要素不应分条，列出的清单可以通过描述性的标题进行分组，标题不应编号。清单中应列出该文件中资料性引用的每个文件。每个列出的参考文件或信息资源前应在方括号中给出序号。清单中所列内容及其排列顺序以及在线文献的列出方式均应符合前述"规范性引用文件清单"的相关规定，其中列出的国际文件、国外文件不必给出中文译名。

14.索引　索引这一要素用来给出通过关键词检索标准内容的途径。如果为了方便标准使用者而需要设置索引，那么它应作为标准的最后一个要素。

该要素由索引项形成的索引列表构成。索引项以文件中的"关键词"作为索引标目，同时给出文件的规范性要素中对应的章、条、附录和/或图、表的编号。索引项通常以关键词的汉语拼音字母顺序编排。为了便于检索可在关键词的汉语拼音首字母相同的索引项之上标出相应的字母。电子文本的索引宜自动生成。

二、要素的表述

1.条款　条款是在标准中表达应用该文件需要遵守、符合、理解或做出选择的表述。

（1）条款的类型。条款分为要求、指示、推荐、允许和陈述五种类型。要求是表达声明符合该标准需要满足的客观可证实的准则，并且不允许存在偏差的条款。指示是表达需要履行的行动的条款。推荐是表达建议或指导的条款。允许是表达同意或许可（或有条件）去做某事的条款。

条款可包含在规范性要素的条文，图表脚注、图与图题之间的段或表内的段中。条文是由条或段表述文件要素内容所用的文字和/或文字符号。

（2）条款的表述。条款类型的表述应使得标准使用者在声明其产品/系统、过程或服务符合标准时，能够清晰地识别出需要满足的要求或执行的指示，并能够将这些要求或指示与其他可选择的条款（例如推荐、允许或陈述）区分开来。

条款类型的表述应遵守下述①~⑤的规定，并使用表4-2-13~表4-2-19左侧栏中规定的能愿动词或句子语气类型，只有在特殊情况下由于语言的原因不能使用左侧栏中给出的能愿动词时，才可使用对应的等效表述。

①要求。表示需要满足的要求应使用表4-2-13所示的能愿动词。

表4-2-13　要　求

能愿动词	在特殊情况下使用的等效表述
应	应该、只准许
不应	不应该、不准许

注：①不使用"必须"作为"应"的替代词，以避免将文件的要求与外部约束（见下述"资料性引用"）相混淆。

②不使用"不可""不得""禁止"代替"不应"来表示禁止。

③不应使用诸如"应足够坚固""应较为便捷"等定性的要求（见下述"4.条文（2）常用词的使用"中关于"应"与一些常用词结合使用的规定）。

②指示。在规程或试验方法中表示直接的指示，例如需要履行的行动、采取的步骤等，应使用表4-2-14所示的祈使句。

表4-2-14　指　示

句子语气类型	典型表述用词
祈使句	—

例如："开启记录仪""在……之前不启动该机械装置"

③推荐。表示推荐或指导使用表4-2-15所示的能愿动词，其中肯定形式用来表述建议的可能选择或认为特别适合的行动步骤，无须提及或排除其他可能性；否定形式用来表达某种可能选择或行动步骤不是首选的但也不是禁止的。

表4-2-15　推　荐

能愿动词	在特殊情况下使用的等效表述
宜	推荐、建议
不宜	不推荐、不建议

④允许。表示允许使用表4-2-16所示的能愿动词。

表4-2-16　允　许

能愿动词	在特殊情况下使用的等效表述
可	可以、允许
不必	可以不、无须

注：在这种情况下，不使用"能""可能"代替"可"。"可"是文件表达的允许，而"能"指主、客观原因导致的能力，"可能"指主、客观原因导致的可能性。

⑤陈述。表示需要去做或完成指定的事项才能、适应性或特性等能力应使用表4-2-17所示的能愿动词。表示预期的或可想到的物质、生理或因果关系导致的结果应使用表

4-2-18所示的能愿动词。一般性陈述的表述应使用陈述句（表4-2-19）。

表4-2-17 能 力

能愿动词	在特殊情况下使用的等效表述
能	能够
不能	不能够

注：在这种情况下，不使用"可""可能"代替"能"。

表4-2-18 可能性

能愿动词	在特殊情况下使用的等效表述
可能	有可能
不可能	没有可能

注：在这种情况下，不使用"可""能"代替"可能"。

表4-2-19 一般性陈述

句子语气类型	典型表述用词
陈述句	是、为、由、给出等

例如："章是文件层次划分的基本单元""再下方为附录标题""文件名称由尽可能短的几个元素组成""封面这一要素用来给出标明文件的信息"

2.附加信息 附加信息的表述形式包括示例、注、脚注、图表脚注，以及"规范性引用文件"和"参考文献"中的文件清单和信息资源清单、"目次"中的目次列表和"索引"中的索引列表等。除了图表脚注之外，它们宜表述为对事实的陈述，不应包含要求或指示型条款，也不应包含推荐或允许型条款。

如果在示例中包含要求、指示、推荐或允许型条款是为了提供与这些表述有关的例子，那么不视为不符合上述规定。通常将这样的示例内容置于线框内。

3.通用内容 标准中某章/条的通用内容宜作为该章/条中最前面的一条。根据具体的内容，可用"通用要求""通则""概述"作为条标题。

通用要求用来规定某章/条中涉及多条的要求，均应使用要求型条款。通则用来规定与某章/条的共性内容相关的或涉及多条的内容，使用的条款中应至少包含要求型条款，还可包含其他类型的条款。概述用来给出与某章/条内容有关的陈述或说明，应使用陈述型条款，不应包含要求、指示或推荐型条款。除非确有必要，通常不设置"概述"。

4.条文

（1）汉字和标点符号。标准中使用的汉字应为规范汉字，使用的标点符号应符合《标点符号用法》（GB/T 15834）的规定。

（2）常用词的使用。①"遵守"和"符合"用于不同的情形的表述。遵守用于在实现符合性过程中涉及的人员或组织采取的行动的条款，符合用于规定产品/系统、过程或服务特性符合文件或其他要求的条款，即需要"人"做到的用"遵守"（表4-2-20示例16，需要"物"达到的用"符合"（表4-2-20示例17）。②"尽可能""尽量""考虑"（"优先考虑""充分考虑"）以及"避免""慎重"等词语不应该与"应"一起使用表示要求，建议与"宜"一起使用表示推荐。③"通常""一般""原则上"不应该与"应""不应"一起使用表示要求，可与"宜""不宜"一起使用表示推荐。④可使用"……情况下应……""只有/仅在……时，才应……""根据……情况，应……""除非……特殊情况，不应……"等表示有前提条件的要求。前提条件应是清楚、明确的，见表4-2-20示例18~21。

表4-2-20 条文示例

示例16	文件的起草和表述应遵守……的规定
示例17	洗涤物的含水率应符合表×中的给定
示例18	探测器持续工作时间不应短于40 h，且在持续工作期间不做任何调整的情况下应符合4.1.2的要求
示例19	只有文件中多次使用并需要说明某符号或缩略语时，才应列出该符号或缩略语
示例20	根据所形成的文件的具体情况，应依次对下列内容建立目次列表
示例21	……公共信息图形符号（以下简称"图形符号"）

5.引用和提示

（1）用法。在起草标准时，如果有些内容已经包含在现行有效（在文件修订时需要确认所有引用文件的有效性。）的其他标准中并且适用，或者包含在标准自身的其他条款中，那么应通过提及标准编号和/或标准内容编号（见下述"提及文件具体内容"）的表述形式，引用、提示而不抄录所需要的内容。这样可以避免重复造成标准间或标准内部的不协调、标准篇幅过大以及抄录错误等。

对于在线引用标准文件，应提供足以识别和定位来源的信息。为确保可追溯性，宜提供所引用标准文件的第一手来源。信息应包括协同引用标准文件的方法和完整的网址，并与来源中给出的标点符号和大小写字母相同。见《信息与文献 参考文献著录规则》（GB/T 7714）、《信息和文献 信息资源目录参考和引用指南》（ISO 690）。

（2）文件自身的称谓。在文件中需要称呼文件自身时应使用的表述形式为："本文件……"（包括标准、标准的某个部分、标准化指导性技术文件）。如果分为部分的文件中的某个部分需要称呼其所在文件的所有部分时，那么表述形式应为："GB/T ×××××"。

（3）提及文件具体内容。凡是需要提及文件具体内容时，不应提及页码，应提及文件内容的编号，例如：

——章或条表述为："第4章""5.2""9.3.3b）""A.l"；

——附录表述为："附录C"；

——图或表表述为："图1""表2"；

——数学公式表述为："公式（3）""10.1中的公式（5）"。

（4）引用其他文件。

①注日期引用。注日期引用意味着被引用文件的指定版本适用。凡不能确定是否能够接受被引用文件将来的所有变化，或者提及了被引用文件中的具体章、条、图、表或附

录的编号，均应注日期。注日期引用的表述应指明年份。具体表述时应提及文件编号，包括"文件代号、顺序号及发布年份号"，当引用同一个日历年发布不止一个版本的文件时，应指明年份和月份，当引用了文件具体内容时应提及内容编号（见上述"提及文件具体内容"），见表4-2-21示例22。

表4-2-21　注日期引用示例

示例22	"……按GB/T ×××× —2011描述的……"（注日期引用其他文件）； "……履行GB/T ×××× —2009第5章确立的程序……"（注日期引用其他文件中具体的章） "……按照GB/T ××××.1—2016中5.2规定的……"（注日期引用其他文件中具体的条） "……遵守GB/T ×××× —2015中4.1第二段规定的要求……"（注日期引用其他文件中具体的段） "……符合GB/T ×××× —2013中6.2列项的第二项规定的……"（注日期引用其他文件中具体的列项） "……使用GB/T ××××.1—2012表1中界定的符号……"（注日期引用其他文件中具体的表）

对于注日期引用，如果随后发布了被引用文件的修改单或修订版，并且经过评估认为有必要更新原引用的文件，那么发布引用那些文件的文件自身的修改单是更新引用的文件的一种方式。

②不注日期引用。不注日期引用意味着被引用文件的最新版本（包括所有的修改单）使用。只有能够接受所引用内容将来的所有变化（尤其对于规范性引用），并且引用了完整的文件，或者未提及被引用文件具体内容的编号，才可不注日期。

不注日期引用的表述不应指明年份。具体表述时只应提及"文件代号和顺序号"，当引用一个文件的所有部分时，应在文件顺序号之后标明"（所有部分）"，见表4-2-22示例23。

表4-2-22　不注日期引用示例

示例23	"……按照GB/T ×××× 确定的……" "……符合GB/T ×××× （所有部分）中的规定……"

如果不注日期引用属于需要引用文件的具体内容，但未提及具体内容编号的情况，可在脚注中提及所涉及的现行文件的章、条、图、表或附录的编号。

③规范性引用。规范性引用的文件内容构成了引用它的文件中必不可少的条款。在文件中，规范性引用与资料性引用的表述应明确区分，下列四种表述形式属于规范性引用：任何文件中，由要求型或指示型条款提及文件；规范标准中，由"按"或"按照"提及试验方法类文件，见表4-2-23示例24。指南标准中，由推荐型条款提及文件；任何文件中，在"术语和定义"中由引导语提及文件。

表4-2-23　规范性引用示例

示例24	"甲醛含量按GB/T 2912.1—2009描述的方法测定应不大于20 mg/kg"，其中的GB/T 2912.1—2009为规范性引用的文件

文件中所有规范性引用的文件，无论是注日期，还是不注日期，均应在要素"规范性引用文件"中列出。

④资料性引用。资料性引用的文件内容构成了有助于引用它的文件的理解或使用的附加信息。在文件中，凡由上述"③规范性引用"之外的表述形式提及文件均属于资料性引用，见表4-2-24示例25。

表4-2-24　资料性引用示例

示例25	"……的信息见GB/T×××××" "GB/T×××××给出了……"
示例26	"……强制认证标志的使用见（……管理办法）"
示例27	"依据……法律规定，在这些环境中必须穿戴不透明的防护用具。"（用"必须"指出外部约束）

如果确有必要，可资料性提及法律法规，或者可通过包含"必须"的陈述，指出由法律要求形成的对文件使用者的约束或义务（外部约束）。表述外部约束时提及的法律法规并不是文件自身规定的条款，属于资料性引用的文件，通常宜与文件的条款分条表述，见表4-2-24示例26、示例27。文件中所有资料性引用的文件，均应在要素"参考文献"中列出。

⑤标明来源。在特殊情况下，如果确有必要抄录其他文件中的少量内容，应在抄录的内容之下或之后准确地标明来源，具体方法为：在方括号中写明"来源：文件编号，章/条编号或条目编号"，见表4-2-25示例28。

表4-2-25　标明来源示例

示例28	［来源：GB/T×××××—2015.4.3.5］

⑥被引用文件的限定条件。被规范性引用的文件应是国家、行业或国际标准化文件。允许规范性引用其他正式发布的标准化文件或其他文献，只要经过正在编制文件的归口标准化技术委员会或审查会议确认待引用的文件符合下列条件：具有广泛可接受性和权威性；发布者、出版者（知道时）或作者已经同意该文件被引用，并且，当函索时，能从作者或出版者那里得到这些文件；发布者、出版者（知道时）或作者已经同意，将他们修订该文件的打算以及修订所涉及的要点及时通知相关文件的归口标准化技术委员会；该文件在公平、合理和无歧视的商业条款下可获得；该文件中所涉及的专利能够按照《标准制定的特殊程序　第1部分：涉及专利的标准》（GB/T 20003.1）的要求获得许可声明。

公开获得指任何使用者能够免费获得，或在合理和无歧视的商业条款下能够获得。起草标准时不应引用不能公开获得的文件、已被代替或废止的文件。起草标准时不应规范性引用法律、行政法规、规章和其他政策性文件，也不应普遍性要求符合法规或政策性文件的条款。标准使用者不管是否声明符合标准，均需要遵守法律法规。诸如"……应符合国家有关法律法规"的表述是不正确的。

（5）提示文件自身的具体内容。

①规范性提示。需要提示使用者遵守、履行或符合标准文件自身的具体条款时，应使用适当的能愿动词或句子语气类型（表4-2-13至表4-2-19）提及标准文件内容的编号。这

类提示属于规范性提示，见表4-2-26示例29。

表4-2-26　规范性和资料性提示示例

示例29	"……应符合7.5.2中的相关规定。" "……按照5.1规定的测试程序……"
示例30	"（见5.2.3）" "……见6.3.2b）"

②资料性提示。需要提示使用者参看、阅看标准文件自身的具体内容时，应使用"见"提及标准文件内容的编号（表4-2-26示例30），而不应使用诸如"见上文""见下文"等形式。这类提示属于资料性提示。

6.附录　附录用来承接和安置不便在标准正文、前言或引言中表述的内容，它是对正文、前言或引言的补充或附加，它的设置可以使标准的结构更加平衡。附录的内容源自正文、前言或引言中的内容。

（1）用法。当正文规范性要素中的某些内容过长或属于附加条款，可以将一些细节或附加条款移出，形成规范性附录。当标准中的示例、信息说明或数据等过多，可以将其移出，形成资料性附录。规范性附录给出标准的补充或附加条款；资料性附录给出有助于理解或使用标准的附加信息。附录的规范性或资料性的作用应在目次中和附录编号之下标明，并且在将正文、前言或引言的内容移到附录之处还应通过使用适当的表述形式予以指明，同时提及该附录的编号。

标准中下列表述形式提及的附录属于规范性附录：①任何标准中，由要求型条款或指示型条款指明的附录；②规范标准中，由"按"或"按照"指明试验方法的附录；③指南标准中，由推荐型条款指明的附录。见表4-2-27示例31。其他表述形式指明的附录都属于资料性附录，见表4-2-27示例32。

表4-2-27　附录用法示例

示例31	……应符合附录A的规定
示例32	……相关示例见附录D

（2）附录的位置、编号和标题。附录应位于正文之后，参考文献之前。附录的顺序取决于其被移作附录之前所处位置的前后顺序。

每个附录均应有附录编号。附录编号由"附录"和随后表明顺序的大写拉丁字母组成，字母从A开始，例如"附录A""附录B"等。只有一个附录时，仍应给出附录编号"附录A"。附录编号之下应标明附录的作用——即"（规范性）"或"（资料性）"，再下方为附录标题。

（3）附录的细分。附录可以分为条，条还可以细分。每个附录中的条、图、表和数学公式的编号均应重新从1开始，应在阿拉伯数字编号之前加上表明附录顺序的大写拉丁字母，字母后跟下脚点。例如附录A中的条用"A.1""A.1.1""A.1.2"……"A.2"……表示；图用"图A.1""图A.2"……表示；表用"表A.1""表A.2"……表示；数学公式用"（A.1）""（A.2）"……表示。

附录中不准许设置"范围""规范性引用文件""术语和定义"等内容。

7.图　图是文件内容的图形化表述形式。

（1）用法。当用图呈现比使用文字更便于对相关内容的理解时，宜使用图。如果图不可能使用线图来表示，可使用图片和其他媒介。在将文件内容图形化之外应通过使用适当的能愿动词或句子语气类型（表4-2-13至表4-2-19）指明该图所表示的条款类型，并同时提及该图的图编号，见表4-2-28示例33、34。

表4-2-28　图用法示例

示例33	……的结构应与图2相符合
示例34	……的循环过程见图3

文件中各类图形的绘制需要遵守相应的规则。

（2）图编号和图题。每幅图均应有编号。图编号由"图"和从1开始的阿拉伯数字组成，例如"图1""图2"等。只有一幅图时，仍应给出编号"图1"。图编号从引言开始一直连续到附录之前，并与章、条和表的编号无关。分图应使用后带半圆括号的小写拉丁字母编号［例如图1可包含分图a)、b)等］，不应使用其他形式的编号（例如1.1、1.2、…，1-1、1-2、…，等）。附录中的图编号见上述"附录的细分"。每幅图宜有图题，文件中的图有无图题应一致。

8.表　表是文件内容的表格化表述形式。

（1）用法。当用表呈现比使用文字更便于对相关内容的理解时，宜使用表。通常表的表述形式越简单越好，创建几个表格比试图将大多内容整合成为一个表格更好。将文件内容表格化之处应通过使用适当的能愿动词或句子语气类型（表4-2-13至表4-2-19）指明该表所表示的条款类型，并同时提及该表的表编号，见表4-2-29示例35、36。不准许将表在细分为分表（例如将"表2"分为"表2a"和"表2b"），也不准许表中含有带表头的子表。

表4-2-29　表用法示例

示例35	……的技术特性应符合表7给出的特性值
示例36	……的相关信息见表2

（2）表编号和表题。每个表均应有编号。表编号由"表"和从1开始的阿拉伯数字组成，例如"表1""表2"等。只有一个表时，仍应给出编号"表1"。表编号从引言开始一直连续到附录之前，并与章、条和图的编号无关。每个附录中的表的编号均应重新从1开始，应在阿拉伯数字编号之前加上表明附录顺序的大写拉丁字母，字母后跟下脚点。例如附录A中的表用"表A.1""表A.2"……表示。每个表宜有表题，文件中的表有无表题应一致。

（3）表的转页接排。当某个表需要转页接排，随后接排该表格的各页上应重复表编号，后接表题（可选）和"（续）"或"（第#页/共*页）"，其中#为该表当前的页面序数，*是该表所占页面的总数，均使用阿拉伯数字，如：表3（第2页/共5页）。续表均应重复表头和"有关单位的陈述"。

（4）表头。每个表应有表头。表头通常位于表的上方，特殊情况出于表述的需要，也可位于表的左侧边栏。表中各栏/行使用的单位不完全相同时，宜将单位符号置于相应的表头中量的名称之下。适用时，表头中可用量和单位的符号表示。需要时，可在指明表的条文中或在表中的注中对相应的符号予以解释。

如果表中所有量的单位均相同，应在表的右上方用一句适当的关于单位的陈述（例如"单位为毫米"）代替各栏中的单位符号。表头中不准许使用斜线。

9. 数学公式　数学公式是文件内容的一种表述形式，当需要使用符号表示量之间关系时宜使用数学公式。

（1）编号。如果需要引用或展示，应使用带圆括号从1开始的阿拉伯数字对数学公式编号。数学公式编号应从引言开始一直连续到附录之前，并与章、条、图和表的编号无关。每个附录中的数学公式的编号均应重新从1开始，应在阿拉伯数字编号之前加上表明附录顺序的大写拉丁字母，字母后跟下脚点。例如附录A中的数学公式用"（A.1）""（A.2）"……表示。不准许将数学公式进一步细分［例如将公式"（2）"分为"（2a）"和"（2b）"等］。

（2）表示。数学公式应以正确的数学形式表示。数学公式通常使用量关系式表示，变量应由字母符号来代表。除非已经在"符号和缩略语"中列出，否则应在数学公式后用"式中："引出对字母符号含义的解释，见表4-2-30示例37。特殊情况下，数学公式如果使用了数值关系，应解释表示数值的符号，并给出单位，见表4-2-30示例38。

表4-2-30　数学公式表示示例

示例37	$$v=\frac{l}{t}$$ 式中：v ——匀速运动质点的速度； l ——运行距离； t ——时间间隔。
示例38	$$v=3.6\times\frac{l}{t}$$ 式中：v ——匀速运动质点的速度的数值，km/h； l ——运行距离的数值，m； t ——时间间隔的数值，s。
示例39	a/b 优于 $\dfrac{a}{b}$
示例40	$D_{1\cdot max}$ 优于 D_{1max}
示例41	在数学公式中，使用 $$\frac{\sin\left[(N+1)\,\varphi/2\right]\sin(N\varphi/2)}{\sin(N\varphi/2)}=\cdots\cdots$$ 而不使用 $$\frac{\sin\left[\dfrac{(N+1)}{2}\varphi\right]\sin\left(\dfrac{N}{2}\varphi\right)}{\sin\left(\dfrac{N}{2}\varphi\right)}=\cdots\cdots$$

一个文件同一个符号不应既表示一个物理量，又表示其对应的数值。例如，在一个文件中既使用示例37的数学公式，又使用示例38的数学公式，就意味着1=3.6，这显然不正确。数学公式不应使用量的名称或描述量的术语表示。量的名称或多字母缩略术语，不论正体或斜体，亦不论是否含有下标，都不应该用来代替量的符号。数学公式中不应使用单位的符号。

一个文件中同一个符号不宜代表不同的量，可用下标区分表示相关概念的符号。在文件的条文中宜避免使用多于一行的表示形式（表4-2-30示例39）。在数学公式中宜避免使用多于一个层次的上标或下标符号（表4-2-30示例40），并避免使用多于两行的表示形式（表4-2-30示例41）。

10.专利　文件中与专利有关的事项的说明和表述应遵守下述的规定。

（1）专利信息的征集。文件编制各阶段草案的封面显著位置应给出以下内容："在提交反馈意见时，请将您知道的相关专利连同支持性文件一并附上。"

（2）尚未识别出涉及专利。如果编制过程中没有识别出文件的内容涉及专利，那么文件的前言中应给出以下内容："请注意本文件的某些内容可能涉及专利。本文件的发布机构不承担识别专利的责任。"

（3）已经识别出涉及专利。如果编制过程中已经识别出文件的某些内容涉及专利，那么根据具体情况在文件的引言中应说明以下相关内容："本文件的发布机构提请注意，声明符合本文件时，可能涉及……［条］……与……［内容］……相关的专利的使用。"

"本文件的发布机构对于该专利的真实性、有效性和范围无任何立场。"

"该专利持有人已向本文件的发布机构承诺，他愿意同任何申请人在合理且无歧视的条款和条件下，就专利授权许可进行谈判。该专利持有人的声明已在本文件的发布机构备案。相关信息可以通过以下联系方式获得：专利持有人姓名：……。地址：……。请注意除上述专利外，本文件的某些内容仍可能涉及专利。本文件的发布机构不承担识别专利的责任。"

11.重要提示　特殊情况下，如果需要给标准文件使用者一个涉及整个文件内容的提示（通常涉及人身安全或健康），以便引起注意，那么可在正文首页文件名称与"范围"之间以"重要提示："或者按照程度以"危险："警告："或"注意："开头，随后给出相关内容。在涉及人身安全或健康的文件中需要考虑是否给出相关的重要提示。

此外，《标准化工作导则　第1部分：标准化文件的结构和起草规则》（GB/T 1.1—2020）对标准化文件的框架格式和字号字体、层次的编排格式、要素的编排要求和要素表述形式的编排也作出规定。

思考与练习

1.企业标准化概念是什么？

2.试述食品安全企业标准的制定原则和程序。

3.食品安全企业标准应包括哪些主要内容？

4.食品企业标准的备案的要求和基本程序是什么？

5.简述标准中要素的类别、构成及表述形式。

6. 前言、范围、规范性引用文件、术语和定义、核心技术要素编写要求是什么？

7. 条款分为哪几种类型？各类条款类型的表述应遵守哪些规定？

8. 注日期引用和不注日期引用、规范性引用和资料性引用的区别是什么？

9. 标准中表的用法有哪些规定？

10. 标准中与专利有关的事项的说明和表述应遵守哪些规定？

模块五

食品生产经营许可与日常监管

5

【模块提要】本模块介绍了食品生产、经营许可的依据、工作原则和条件，系统说明了许可的程序和要求，概要介绍了食品生产日常监管的原则、内容、程序和结果判定与问题处理。

【学习目标】掌握食品生产、经营许可的依据和条件要求，熟悉许可的程序和审查要点。能按要求整理食品生产经营许可的申请材料，能规范开展食品生产日常监管。

食品生产许可

>>> 任务一 食品生产许可的依据和原则 <<<

一、食品生产许可概述

行政许可是指行政机关根据公民、法人或者其他组织的申请，经依法审查，准予其从事特定活动的行为。食品生产许可是指县级以上市场监管部门根据公民、法人或者其他组织等行政相对人的申请，经依法审查，准予其从事食品生产活动的行为。

我国的食品生产许可制度源于工业产品许可制度。为保障人民群众身体健康和生命安全，增强我国食品在国际市场的竞争力，保证食品工业持续健康发展，自2002年7月起，国家质检总局开始研究实施食品质量安全市场准入制度。2002年7月11日发布《关于印发小麦粉等5类食品生产许可证实施细则的通知》，首批对小麦粉、大米、食用植物油、酱油、食醋5类食品实施食品质量安全市场准入管理，自2004年1月1日起依法实施无证查处。

为配合食品质量安全市场准入制度的实施，国家质检总局相继发布了《食品质量安全市场准入审查通则（2003版）》《关于印发肉制品等10类食品生产许可证审查细则的通知》《食品生产加工企业质量安全监督管理办法》《食品质量安全市场准入审查通则（2004版）》《食品生产加工企业质量安全监督管理实施细则（试行）》《食品生产许可管理办法》，最终形成28大类525种食品的审查细则（2006版）。自2008年1月1日起所有食品生产企业须持证生产。

2015年8月31日国家食品药品监督管理总局发布了《食品生产许可管理办法》，2016年8月16日又发布《食品生产许可审查通则》（2016版），对国家规定的31大类食品全部纳入生产许可管理。

2020年国家市场监管总局先后发布了《食品生产许可管理办法》，修订公布了《食品生产许可分类目录》，食品生产许可证中"食品生产许可品种明细表"按照新修订《食品生产许可分类目录》填写。2020年2月25日，国家市场监管总局办公厅《关于印发食品生产许可文书和食品生产许可证格式标准的通知》（市监食生〔2020〕18号）对食品生产许可申请书、申请受理和不予受理通知书、现场核查通知书、准予和不予食品生产许可决定书、许可证注销申请书、许可流程登记表8种食品生产许可文书和食品生产许可证格式标准进行了统一要求。

市监食生〔2020〕18号

二、食品生产许可的依据

《食品生产许可管理办法》

1.食品生产许可管理办法 《食品生产许可管理办法》共8章61条，对申请许可人的条件、许可食品类别、许可条件、申报材料、许可程序、许可证管理、监督检查、法律责任做出了规定。在中华人民共和国境内，从事食品生产活动，应当依法取得食品生产许可。食品生产许可的申请、受理、审查、决定及其监督检查，适用本办法。

2.食品生产许可审查通则 《食品生产许可审查通则》作为《食品生产许可管理办法》的配套文件，是指导食品生产许可申请受理后的相关许可条件核查要求、核查程序、核查方法、许可时限等审查工作的通用性、统一性技术规范，目的是保证现场核查工作的标准统一、审评公平、行为规范。同时，《食品生产许可审查通则》也是企业获得食品生产许可必须达到的技术要求，与相关细则配套使用，对指导食品生产企业完善生产条件，严格过程控制，加强原料把关和出厂检验，保证食品安全具有重要作用。目前执行的是《食品生产许可审查通则》（2016版）。

《食品生产许可审查通则》（2016）

《食品生产许可审查通则》（2016版）分为正文和附件。正文包括总则、材料审查、现场核查、审查结果与检查整改、附则，共5章56条。附件包括现场核查首末次会议签到表，食品、食品添加剂生产许可现场核查评分记录表，食品、食品添加剂生产许可现场核查报告，食品、食品添加剂生产许可核查材料清单四个部分。

（1）《食品生产许可审查通则》的适用范围。《食品生产许可审查通则》适用于食品安全监督管理部门组织对申请人的食品（含保健食品、特殊医学用途配方食品、婴幼儿配方食品）、食品添加剂首次许可申请以及变更、延续与注销等审查工作。

（2）《食品生产许可审查通则》的使用原则。《食品生产许可审查通则》应当与相应的《食品生产许可审查细则》《食品生产许可管理办法》结合使用。

（3）审查的方式。食品生产许可审查包括申请材料审查和现场核查。对申请材料的审查，应当以书面申请材料的完整性、规范性、符合性为主要审查内容；对现场的核查，应当以申请材料与实际状况的一致性、合规性为主要审查内容。法律法规、规章和标准对食品生产许可审查有特别规定的，还应当遵守其规定。

对许可延续、生产食品品种变化、法人代表人事变更等，可以仅通过申请材料审查决定是否准予许可。对工艺流程、主要生产设备设施、食品类别发生变化的，必须进行现场核查。

食品、食品添加剂生产许可现场核查评分记录表

（4）现场核查评分记录表。食品、食品添加剂生产许可现场核查评分记录表依据《食品安全法》《食品生产许可管理办法》等法律法规、部门规章，结合《食品生产通用卫生规范》（GB 14881—2013）等食品安全国家标准的相关要求制定，包括生产场所（8个条款，共24分）、设备设施（11个条款，共33分）、设备布局和工艺流程（3个条款，共9分）、人员管理（3个条款，共9分）、管理制度（8个条款，共24分）以及试制产品检验合格报告（1个条款，共1分）六部分，共25个核查项目，34项核查内容。

核查组应当根据申请人的申请类别（申请食品生产许可、变更或延续食品生产许可）以及许可机关或其委托的技术审查机构确定的现场核查项目，按照食品、食品添加剂生产许可现场核查评分记录表中相关核查项目规定的"核查内容""评分标准"进行核查与评分，并将发现的问题具体详实地记录在"核查记录"栏目中。如申请人申请食品生产许可

时，许可机关或其委托的技术审查机构确定现场核查项目为食品、食品添加剂生产许可现场核查评分记录表中的全部项目，核查组应当对食品、食品添加剂生产许可现场核查评分记录表全部核查项目规定的"核查内容"进行核查。如申请人申请食品生产许可变更（如生产工艺流程变更）等，许可机关或其委托的技术审查机构确定现场核查项目为评分记录表部分内容，如仅对第三部分"设备布局与工艺流程核查"中的3.2.1、3.2.2项目，核查组则应当按照3.2.1、3.2.2项目规定的"核查内容"进行核查。

当某个核查项目不适用时，不参与评分，并在"核查记录"栏目中说明不适用的原因。"不适用"是指该项目的核查内容不适用于本次现场核查。如对食品生产许可变更申请进行现场核查时，除许可机关或其委托的技术审查机构确定的需要就变化情况进行现场核查的项目外，其他核查项目均为不适用；对无外设仓库（指申请人在生产厂区外设置的贮存食品生产原辅材料和成品的场所）的申请人进行现场核查时，食品、食品添加剂生产许可现场核查评分记录表中的"1.3.3有外设仓库的，应当承诺外设仓库符合1.3.1、1.3.2条款的要求，并提供相关影像资料。"项应为不适用项；申请人委托有资质的检验机构进行出厂检验的，食品、食品添加剂生产许可现场核查评分记录表中的"2.9检验设备设施"项目应为不适用项。

核查组填写食品、食品添加剂生产许可现场核查评分记录表的核查记录项时，应当如实填写现场核查的实际情况，确保记录内容的准确性和可重现性，避免使用"有欠缺""需改进""待完善""略显不足"等用语。

食品、食品添加剂生产许可现场核查评分记录表每个核查项目均规定了评分标准，核查组应当按照评分标准对相应的核查项目进行评分。除"试制产品检验合格报告"项目外，符合规定要求的，得3分；部分符合规定要求的，得1分；不符合规定要求的，得0分。虽然每个核查项目评分标准的具体内容不尽相同，但是评分的基本原则是一致的。

符合规定要求（3分）是指现场核查情况全部符合"核查内容"的规定要求。部分符合规定要求（1分）是指申请人存在的问题性质属于个别的、轻微的或偶然发生的，对符合食品生产许可条件和保障食品安全未造成严重影响，如个别生产加工人员未及时办理健康证明，个别辅料进货查验记录缺失，个别生产记录中关键控制点的记录填写错误等。不符合规定要求（0分）是指申请人存在的问题性质属于普遍的、严重的或系统性、区域性的，对符合食品生产许可条件和食品安全造成了严重影响，如无审查细则规定的必要的生产设备，未执行进货查验、出厂检验记录制度，实际生产工艺与产品标准规定的生产工艺严重不符等。

核查项目单项得分无0分且总得分率≥85%的，该食品类别及品种明细判定为通过现场核查。当出现以下两种情况之一时，该食品类别及品种明细判定为未通过现场核查：①有一项及以上核查项目得0分的；②核查项目总得分率<85%的。如现场核查全部项目，项目总分为100分，实际核查得分为92分，无零分项，总得分率为92%，该食品类别及品种明细核查结论为通过现场核查；又如现场核查20个项目（不包含核查项目6.1即"试制产品检验合格报告"），项目总分60分，实际核查得分57分，有一项得零分，总得分率为95%，该食品类别及品种明细核查结论为未通过现场核查。

3.食品生产许可审查细则　食品生产许可审查细则是食品生产许可审查通则的技术支撑性文件，是对特定食品审证单元申请条件的细化和补充。

《食品生产许可审查通则》适用于所有生产加工食品的生产许可审查，但食品种类繁多，生产要求差别很大，为保证食品安全，国家市场监管总局对每一大类食品都制定了具体的审查细则，现场核查组依据《食品生产许可审查通则》中的《食品、食品添加剂生产许可现场核查评分记录表》进行现场核查时，同时要参照相应食品的审查细则，才能完成企业现场核查任务。从2002年起，国家市场监管总局先后发布了28大类66个细则。国家食品药品监督管理局先后发布了《婴幼儿配方乳粉生产许可审查细则（2013版）》《保健食品生产许可审查细则》《婴幼儿辅助食品生产许可审查细则（2017版）、《饮料生产许可审查细则（2017版）》。

三、食品生产许可的工作原则

1.食品生产许可的工作原则 《食品生产许可管理办法》规定，食品生产许可应当符合法定程序和时限，遵循依法、公开、公平、公正、便民、高效的原则。食品生产许可实行一企一证原则，即同一个食品生产者从事食品生产活动，应当取得一个食品生产许可证。市场监管部门按照食品的风险程度，结合食品原料、生产工艺等因素，对食品生产实施分类许可。为进一步深化"放管服"改革，许多地方对低风险食品类别实施告知承诺许可。所谓"告知承诺制"，即申请人提出食品生产经营许可申请，审批部门一次性告知其审批条件和需要提交的材料，申请人在规定时间内提交的申请材料齐全、符合法定形式，且书面承诺申请材料与实际一致的，审批部门可以当场做出书面行政许可决定的方式。

2.食品生产许可的管理部门 国家市场监管总局负责监督指导全国食品生产许可管理工作，负责制定食品生产许可审查通则和细则。

省、自治区、直辖市市场监管部门负责监督指导本行政区域食品生产许可管理工作；根据食品类别和食品安全风险状况，确定市、县级市场监管部门的食品生产许可管理权限；具体负责保健食品、特殊医学用途配方食品、婴幼儿配方食品、婴幼儿辅助食品、食盐等其审批管理权限内的食品生产许可事项的审批工作；组织制修订地方特色食品和其他需要纳入许可的食品生产许可审查细则，在本行政区域内实施，并向国家市场监管总局报告。国家市场监管总局制定公布相关食品生产许可审查细则后，地方特色食品生产许可审查细则自行废止。

县级以上市场监管部门，按照食品生产许可审查通则和细则，负责其管理权限内的本行政区域内的食品生产许可事项的审批和监管工作。

▶▶▶ 任务二　食品生产许可的条件和要求 ◀◀◀

一、申请人的主体资格

申请食品生产许可，应当先行取得营业执照等合法主体资格。企业法人、合伙企业、个人独资企业、个体工商户、农民专业合作组织等，以营业执照载明的主体作为申请人。食品生产加工小作坊和食品摊贩等的具体管理办法由省、自治区、直辖市制定，不需要取得食品生产许可。

2017年6月7日国家食品药品监督管理总局《总局关于贯彻实施〈食品生产许可管理

办法〉有关问题的通知》（食药监食监一〔2017〕53号）规定，出口加工区内食品生产企业无须申请办理食品生产许可证。出口加工区外的食品生产企业仅以出口为目的，无须申请办理食品生产许可证；如果食品生产企业所生产的食品在国内销售，应当依法取得食品生产许可证。

《总局关于贯彻实施〈食品生产许可管理办法〉有关问题的通知》

二、许可类别

《食品生产许可管理办法》规定，申请食品生产许可应当按照以下食品类别提出：粮食加工品，食用油、油脂及其制品，调味品，肉制品，乳制品，饮料，方便食品，饼干，罐头，冷冻饮品，速冻食品，薯类和膨化食品，糖果制品，茶叶及相关制品，酒类，蔬菜制品，水果制品，炒货食品及坚果制品，蛋制品，可可及焙烤咖啡产品，食糖，水产制品，淀粉及淀粉制品，糕点，豆制品，蜂产品，保健食品，特殊医学用途配方食品，婴幼儿配方食品，特殊膳食食品，其他食品。国家市场监管总局可以根据监督管理工作需要对食品类别进行调整。

2020年2月23日国家市场监管总局发布《市场监管总局关于修订公布食品生产许可分类目录的公告》（2020年第8号），自2020年3月1日起，《食品生产许可证》中"食品生产许可品种明细表"按照新修订《食品生产许可分类目录》填写。目录规定了31大类食品和食品添加剂的名称、类别编号、类别名称、品种明细和备注。

《市场监管总局关于修订公布食品生产许可分类目录的公告》

需要说明的是《食品生产许可分类目录》"备注"栏填写其他需要载明的事项，如液体乳（0501）中的高温杀菌乳，在《食品安全国家标准　高温杀菌乳》发布前可按经备案的企业标准许可。生产保健食品、特殊医学用途配方食品、婴幼儿配方食品的需载明产品注册批准文号或者备案登记号；接受委托生产保健食品的，还应当载明委托企业名称及住所等相关信息。按照"其他食品"类别申请生产新食品原料的，其标注名称应与国家卫健委公布的可以用于普通食品的新食品原料名称一致。

2017年6月7日国家食品药品监督管理总局《总局关于贯彻实施〈食品生产许可管理办法〉有关问题的通知》（食药监食监一〔2017〕53号）规定，食品生产许可审查细则未明确的食品品种且《食品生产许可分类目录》中食品明细未包含的食品品种，食品安全监管部门可以根据产品的产品属性、工艺特点、生产要求等，按照相类似产品审查细则及相关食品安全标准制定审查方案，组织进行审查。

三、申请条件

1.普通食品生产许可条件　《食品生产许可管理办法》第12条对食品生产许可的条件做出了规定，要求与《食品安全法》一致。

（1）生产场所的要求。具有与生产的食品品种、数量相适应的食品原料处理和食品加工、包装、贮存等场所，保持该场所环境整洁，并与有毒、有害场所以及其他污染源保持规定的距离。

（2）设备、设施的要求。具有与生产的食品品种、数量相适应的生产设备或者设施，有相应的消毒、更衣、盥洗、采光、照明、通风、防腐、防尘、防蝇、防鼠、防虫、洗涤以及处理废水、存放垃圾和废弃物的设备或者设施。

（3）人员和制度的要求。有专职或者兼职的食品安全专业技术人员、食品安全管理人员和保证食品安全的规章制度。食品安全专业技术人员主要指如研发人员、检验人员、质控人员、生产线调试人员等。食品安全管理人员既可以是企业负责人，也可以是质量安全管理人员、生产管理人员等。

《食品安全法》第135条规定，被吊销许可证的食品生产经营者及其法定代表人、直接负责的主管人员和其他直接责任人员自处罚决定做出之日起5年内不得申请食品生产经营许可，或者从事食品生产经营管理工作、担任食品生产经营企业食品安全管理人员。因食品安全犯罪被判处有期徒刑以上刑罚的，终身不得从事食品生产经营管理工作，也不得担任食品生产经营企业食品安全管理人员。

《食品生产许可审查通则》（2016版）第14、15条规定，申请人应当配备食品安全管理人员及专业技术人员，并定期进行培训和考核。申请人及从事食品生产管理工作的食品安全管理人员应当未受到从业禁止。具体实践中，由于信息不对称，许可机关或者企业招聘时，很难识别申请人及其食品安全管理人员是否属于从业禁止人员。审查时，应关注国家、地方食品安全监管部门发布的"黑名单"，信用记录（含行政处罚信息）等，检索申请人、食品安全管理人员是否受到从业禁止。从业禁止的人员不能作为申请人或者食品安全管理人员，但可以以其他身份从事食品生产活动，如普通生产人员，专业技术人员等。

（4）设备布局和工艺流程要求。具有合理的设备布局和工艺流程，防止待加工食品与直接入口食品、原料与成品交叉污染，避免食品接触有毒物、不洁物。

（5）法律、法规规定的其他条件。如符合食品安全标准以及食品生产许可审查通则、细则的规定；生产饮用天然矿泉水、包装饮用水的需提交采矿证、取水证、水质评估报告原件和复印件；严格执行产业结构调整指导目录、企业投资项目管理目录，符合国家产业政策等。

2017年6月7日国家食品药品监督管理总局《关于贯彻实施〈食品生产许可管理办法〉有关问题的通知》（食药监食监一〔2017〕53号）要求，食品生产许可申请人应当遵守国家产业政策，执行《国务院关于发布实施〈促进产业结构调整暂行规定〉的决定》（国发〔2005〕40号）、《国务院关于实行市场准入负面清单制度的意见》（国发〔2015〕55号）、国家发展改革委关于《产业结构调整指导目录》有关规定以及国家质检总局、国家发展和改革委员会《关于工业产品生产许可工作中严格执行国家产业政策有关问题的通知》（国质检监联〔2006〕632号）。各省在产业政策执行方面存在争议的，报省级人民政府协调解决。国发〔2005〕40号规定，《产业结构调整指导目录》是引导投资方向，政府管理投资项目，制定和实施财税、信贷、土地、进出口等政策的重要依据。

《产业结构调整指导目录》由鼓励、限制和淘汰三类目录组成。对属于限制类的新建项目，禁止投资，投资管理部门不予审批、核准或备案，各金融机构不得发放贷款，土地管理、城市规划和建设、环境保护、质检、消防、海关、工商等部门不得办理有关手续。对淘汰类项目，禁止投资，各金融机构应停止各种形式的授信支持，并采取措施收回已发放的贷款；各地区、各部门和有关企业要采取有力措施，按规定限期淘汰。在淘汰期限内国家价格主管部门可提高供电价格。对国家明令淘汰的生产工艺技术、装备和产品，一律不得进口、转移、生产、销售、使用和采用。

食品生产许可要严格遵守国家产业政策规定，申请项目属于《产业结构调整指导目录》中限制类的，应按照有关规定取得相关手续后方可办理生产许可。

2.食品添加剂生产许可条件　申请食品添加剂生产许可，应当具备与所生产食品添加剂品种相适应的场所、生产设备或者设施、食品安全管理人员、专业技术人员和管理制度。

3.保健食品生产许可条件　除具备普通食品要求的条件外，保健食品生产工艺有原料提取、纯化等前处理工序的，企业需要具备与生产的品种、数量相适应的原料前处理设备或者设施，具备相应的原料前处理能力。《保健食品生产许可审查细则》正文对保健食品的材料申请、受理、移送、技术审查（书面审查与现场核查）的内容及程序、行政审批、变更、延续、注销要求做出了规定。附件对保健食品生产许可申请材料目录、许可分类目录、生产许可书面审查记录表、现场核查首末次会议签到表和保健食品生产许可现场核查记录表做出了统一要求，与普通食品的生产许可有所不同。

四、申请材料的要求

《食品生产许可管理办法》规定，申请食品（含食品添加剂和特殊食品）生产许可，应当向申请人所在地县级以上市场监管部门提交下列材料：①食品生产许可申请书；②食品生产设备布局图和食品生产工艺流程图；③食品生产主要设备、设施清单；④专职或者兼职的食品安全专业技术人员、食品安全管理人员信息和食品安全管理制度。

申请保健食品、特殊医学用途配方食品、婴幼儿配方食品等特殊食品的生产许可，还应当提交与所生产食品相适应的生产质量管理体系文件以及相关注册和备案文件。质量体系文件是描述质量体系的一整套文件，是一个企业ISO 9000贯标、建立并保持企业开展质量管理和质量保证的重要基础，是质量体系审核和质量体系认证的主要依据。建立并完善质量体系文件是为了进一步理顺关系，明确职责与权限，协调各部门之间的关系，使各项质量活动能够顺利、有效地实施，使质量体系实现经济、高效地运行，以满足顾客和消费者的需要，并使企业取得明显的效益。一个企业的质量管理就是通过对企业内各种过程进行管理来实现的，因而就需要明确对过程管理的要求、管理的人员、管理人员的职责、实施管理的方法以及实施管理所需要的资源，把这些用文件形式表述出来，就形成了该企业的质量体系文件。质量体系文件一般包括：质量手册、程序文件、作业书、产品质量标准、检测技术规范与标准方法、质量计划、质量记录、检测报告等。

需要说明的是各省市场监管部门，对于食品生产许可材料的要求稍有不同，如某地规定企业除提供上述材料之外，还要求提供以下材料：执行企业标准的，须提供经卫生行政部门备案的企业标准；申请人委托他人办理食品生产许可申请的，代理人应当提交授权委托书以及代理人的身份证明文件；属于涉及产业政策产品的需提交符合产业政策证明文件。

《食品生产许可管理办法》要求，县级以上市场监管部门应当加快信息化建设，推进许可申请、受理、审查、发证、查询等全流程网上办理，并在行政机关的网站上公布生产许可事项，提高办事效率。目前许多省份食品生产许可工作已实现网上办理并发放电子证书，各受理部门不再接收纸质申请材料，申请人只需网上申请许可。

食品生产许可申请书中"声明"应由法定代表人签字并加盖企业公章。申请人应当对申请材料的真实性负责。《食品生产许可管理办法》第50条规定，许可申请人隐瞒真实情况或者提供虚假材料申请食品生产许可的，由县级以上市场监管部门给予警告。申请人在1年内不得再次申请食品生产许可。

"申请人基本情况"中，申请人名称、法定代表人（负责人）、统一社会信用代码、住

食品生产许可申请书

所要与申请人营业执照标注的信息一致。无社会信用代码的暂时填写组织机构代码，个体工商户填写负责人有效身份证号码。生产地址填写申请人实际生产场所的详细地址，即：××省××市××区（县）××乡（镇）××路××号（没有门牌号的需要注明具体方位，如某某路与某某路交口往东100米处），多个生产地址的依次填写。申请变更、延续申请时填写原食品生产许可证编号。变更事项应列举食品生产者变更情况，如食品类别变化；增加（或减少）的食品类别为……；迁移或增加生产地址；新、旧生产地址分别为……，等等。

"产品信息表"中食品、食品添加剂类别、类别编号、类别名称、按照《食品生产许可分类目录》填写，品种明细按照《食品生产许可分类目录》中品种明细+产品执行标准号填写。申请食品添加剂生产许可的，食品添加剂生产许可审查细则对产品明细有要求的，填入"备注"列。生产保健食品、特殊医学用途配方食品、婴幼儿配方食品的，在"备注"列中载明产品或者产品配方的注册号或者备案登记号；接受委托生产保健食品的，还应当载明委托企业名称及住所等相关信息。生产保健食品原料提取物的，应在"品种明细"列中标注原料提取物名称，并在备注列载明该保健食品名称、注册号或备案号等信息；生产复配营养素的，应在"品种明细"列中标注维生素或矿物质预混料，并在备注列载明该保健食品名称、注册号或备案号等信息。

"食品生产主要设备、设施清单"中，"设备、设施名称"填写，按生产工艺流程填写企业实际具备的生产设备、工艺装备铭牌上的名称，不得填写俗名和别名。"规格/型号"指设备铭牌说明书中标明的型号、等级、尺寸、规格等。"数量"按企业实际所配备的生产设备、工艺装备如实填写。检验仪器名称对照该产品实施标准的要求，填写企业实际具备的检测仪器、设备铭牌上的名称，不得填写俗名和别名，精度等级按检测仪器、设备所具备的精度等级填写。

"食品安全管理及专业技术人员"，应至少包括企业法人、分管企业食品质量安全的主要负责人、技术部主管、生产部主管、品管部主管、检验室主任、食品检验人员等。

"食品安全管理制度清单"只需要填报食品安全管理制度清单，无需提交制度文本，内容至少包括但不限于以下制度：进货查验记录管理制度、生产过程控制管理制度、出厂检验记录管理制度、食品安全自查管理制度、从业人员健康管理制度、不安全食品召回管理制度、食品安全事故处置管理制度等保证食品安全的规章制度。

根据《食品生产许可管理办法》，申请食品、食品添加剂生产许可，申请人需要提交食品（食品添加剂）生产设备布局图和生产工艺流程图（附后）；申请特殊食品（包括保健食品、特殊医学用途配方食品、婴幼儿配方食品）生产许可，申请人还需要提交特殊食品的生产质量管理体系文件和相关注册和备案文件（附后）。保健食品申请材料还要提交各省结合《保健食品生产许可审查细则》和监管需要决定提交的其他全部材料或目录清单。

申请人应当如实向市场监管部门提交有关材料和反映真实情况，对申请材料的真实性负责，并在申请书等材料上签名或者盖章。申请材料应当种类齐全、内容完整，符合法定形式和填写要求。申请材料的份数由省级市场监管部门根据监管工作需要确定，确保负责对申请人实施食品安全日常监督管理的食品安全监督管理部门掌握申请人申请许可的情况。

食品生产许可申请书可参照国家市场监管总局发布的办事指南和填报模板填写。

>>> 任务三 食品生产许可证的申办程序 <<<

食品生产许可证的办理流程一般为：企业提出申请→受理→材料审查→现场核查→准予许可→打印证书。

一、申请与受理

1.申请 申请人可通过向登记（发照）机关窗口提交申请材料，或在政务服务网进行网上申报，并选择结果送达方式。

申请人申请生产多个类别食品的，由申请人按照省级市场监管部门确定的食品生产许可管理权限，自主选择其中一个受理部门提交申请材料。受理部门应当及时告知有相应审批权限的市场监管部门，组织联合审查。

关于涉及多类别食品生许可的办理，各省有不同的规定。如湖北省规定：首次申请涉及多个层级许可权限的，申请人需到最高级别许可权限的机关提交申请。申请材料受理后，最高级别许可机关组织现场核查，并协调其他有相应许可权限的机关，共同派出核查人员组成联合审查组开展现场核查，由最高级别许可机关明确核查组组长。申请的所有产品现场核查通过的，由最高级别许可机关做出行政许可决定，并颁发食品生产许可证。申请部分产品现场核查通过的，按食品类别审批权限，由其对应的最高级别许可机关做出行政许可决定，并颁发食品生产许可证。浙江省规定，食品生产企业许可申请的食品类别既涉及由省局负责许可审批的保健食品、特殊医学用途配方食品、婴幼儿配方食品、婴幼儿辅助食品和食盐等5类食品，又涉及市局或县级局许可审批的除上述5类食品以外的食品或食品添加剂的，其许可事项的材料审查和现场核查工作建立联合审查机制，分别按照以下情形予以办理：①首次申请、变更或延续换证同时涉及跨层级许可事项的。涉及省局许可事项的，材料审核和现场核查工作由省局负责；涉及市局或县级局许可事项的，材料审核和现场核查工作由具有相应许可权限的市局或县级局负责，各地在规定时间内完成材料审核和现场核查任务后，及时向省局提交审核报告。②变更或延续换证只涉及一个层级许可事项的。只涉及省局许可事项的，材料审核和现场核查工作由省局负责；只涉及市局或县级局许可事项的，材料审核和现场核查工作由具有相应许可权限的市局或县级局负责，各地在规定时间内完成材料审核和现场核查任务后，及时向省局提交审核报告。

申请人委托他人办理食品生产许可申请的，代理人应当提交授权委托书以及代理人的身份证明文件。授权委托书是申请人委托他人代表自己行使自己合法权利时需出具的法律文书。被委托人行使的全部职责和责任都由委托人承担，被委托人（代理人）不承担任何法律责任。授权委托书应有申请人的盖章签字，明确受委托人姓名、身份证明、委托权限。

2.受理 县级以上市场监管部门对申请人提出的食品生产许可申请，应当根据下列情况分别做出处理：①申请事项依法不需要取得食品生产许可的，应当即时告知申请人不受理；②申请事项依法不属于市场监管部门职权范围的，应当即时做出不予受理的决定，并告知申请人向有关行政机关申请；③申请材料存在可以当场更正的错误的，应当允许申请人当场更正，由申请人在更正处签名或者盖章，注明更正日期；④申请材料不齐全或者不符合法定形式的，应当当场或者在5个工作日内一次告知申请人需要补正的全部内容。当场告知的,应当将申请材料退回申请人;在5个工作日内告知的,应当收取申请材料并出具收到申请材料的凭据。逾期不告知的,自收到申请材料之日起即为受理;⑤申请材料齐全、符合法定形式,或者申请人按照要求提交全部补正材料的,应当受理食品生产许可申请。

县级以上市场监管部门对申请人提出的申请决定予以受理的,应当出具受理通知书;决定不予受理的,应当出具不予受理通知书,说明不予受理的理由,并告知申请人依法享有申请行政复议或者提起行政诉讼的权利。

二、材料审查

食品生产许可审查包括申请材料审查和现场核查。许可机关或其委托的技术审查机构应当以书面申请材料的完整性、规范性、符合性为主要审查内容。法律法规、规章和标准对食品生产许可审查有特别规定的,还应当遵守其规定。许可机关或其委托的技术审查机构应当对申请人提交的申请材料的种类、数量、内容、填写方式以及复印材料与原件的符合性等方面进行审查。

申请材料均须由申请人的法定代表人或负责人签名,并加盖申请人公章。复印件应当由申请人注明"与原件一致",并加盖申请人公章。

申请人提交的材料应种类齐全,符合《食品生产许可管理办法》的规定;申请书中各项内容填写完整、规范、准确。申请人名称、法定代表人或负责人、社会信用代码或营业执照注册号、住所等填写内容应当与营业执照一致,所申请生产许可的食品类别应当在营业执照载明的经营范围内,且营业执照在有效期限内。申证产品的类别编号、类别名称及品种明细应当按照食品生产许可分类目录填写。申请材料中的食品安全管理制度设置应当完整。

食品生产设备布局图和食品生产工艺流程图等图表应当清晰,按比例标注。食品生产设备布局图应包括许可产品整个车间工艺流程、车间所有设备名称及具体位置、车间平面图;车间物流、人流、水流、气流的流向图;车间空间结构图;车间辅助设备布局图等相关内容。

食品生产设备、设施应布局合理,与生产的食品品种相适应。产品工艺流程图应与许可审查细则、执行标准(有工艺流程或描述的)相对照,审查其是否符合审查细则和所执行标准规定的要求。

申请材料经审查,按规定不需要现场核查的,应当按规定程序由许可机关做出许可决定。下述情况不需要现场核查:变更、延续许可时,许可机关认为不需要对申请材料的实质内容进行核实的;延续许可时,企业声明生产条件未发生变化的;获证企业在许可食品类别范围内增加生产新的食品品种明细,且生产工艺、设备等未发生变化的;申请保健食品、特殊医学用途配方食品、婴幼儿配方乳粉生产许可,在产品注册或者产品配方注册时经过现场核查的。

三、现场核查

1.需要现场核查的情形　县级以上市场监管部门需要对申请材料的实质内容进行核实的,许可机关决定需要现场核查的,应当组织现场核查。实质内容是指申请材料中申报的进行食品生产必需的场所、环境、设备设施、设备布局、工艺流程、人员素质以及原辅材料采购、加工、包装、贮存、运输、规章制度等生产条件中保障食品安全的内容。以下情形须组织现场核查：

（1）新办食品生产许可的。由于企业的基本生产条件是否具备、是否真实，需要到现场进行核实、作全面的评判。从保障食品安全考虑，许可机关在材料审查的基础上，应对新申请许可的进行现场核查。

（2）申请人的生产场所迁出原发证监管部门的管辖范围的。应当重新申请食品生产许可，迁入地许可机关应当依照审查通则的规定组织申请材料审查和现场核查。

（3）申请变更食品生产许可的。申请人声明其生产场所发生变迁或增加生产场地的，现有工艺设备布局和工艺流程、主要生产设备设施、食品类别、申请人或食品安全管理人员等发生重大变化和其他生产条件等事项发生变化，可能影响食品安全的，应当对变化情况组织现场核查。这里所说的"生产场所迁址"是指未迁出原生产场所地址的变更，如场所的改建、扩建等。现有"工艺设备布局和工艺流程、主要生产设备设施"发生变化，包括同一食品类别内的和不同食品类别内的变化。"食品类别"变化指《食品生产许可管理办法》规定的31种食品类别的变化。

（4）申请延续食品生产许可的。申请人声明如变更所述生产条件发生变化，可能影响食品安全的，应当组织对变化情况进行现场核查。此外，即使申请人声明生产条件未发生变化，但其在证书有效期内，食品安全信用信息记录载明存在食品安全监督抽检和风险监测不合格的；未建立食品安全自查制度，定期对食品安全状况进行检查，日常监督检查不符合的；存在食品安全违法行为被立案查处的；在其他保障食品安全方面存在隐患的，为严格监管，应组织现场核查。

申请变更、延续的，即使申请人声明生产条件未发生变化，许可机关或其委托的技术审查机构也具有对申请材料内容、食品类别、与相关审查细则及执行标准要求相符情况进行现场核查的权利，认为需要对上述情况进行核实的，应当组织现场核查。

（5）法律、法规和规章规定需要实施现场核查的其他情形。

2. 现场核查的基本要求

（1）成立现场核查组。现场核查组由具有审批管理权限的市场监管部门派出。核查组的组成应当由各级市场监管部门及其派出机构中从事食品生产许可或监管工作的在编食品安全监管人员为主，各地可根据需要，聘请熟悉相应食品生产工艺、食品安全管理和食品检验等方面的专业技术人员作为核查人员参加现场核查，核查人员不得少于2人，实行组长负责制，组长由许可机关或其委托的技术审查机构指定，原则上由食品安全监管人员担任。目前，国家市场监管总局还没有明确现场核查人员的考核要求，广东省规定由省级市场监管部门负责培训考核，并公布考核合格人员名单。四川省规定核查人员由有许可管理权限的市场监管部门负责培训考核。

（2）制定核查方案。核查组应根据《食品生产许可审查通则》、申请食品品种类别、相应审查细则和相关标准的要求，在实施现场核查前对申请人的申请资料进行审查，并制定现场核查方案。现场核查方案应包括核查组人员分工、核查重点、注意事项及核查时间等。

（3）下发核查通知。核查组织部门应向申请人发送食品生产许可现场核查通知书，告知现场核查时间、核查人员及联系方式、现场核查事项、现场核查工作程序以及需要配合的事项等。

（4）对观察员的有关规定。现场核查之前，核查组织部门应通知申请人所在地市场监管部门派出对申请人实施食品安全日常监督管理的监管人员作为观察员参加现场核查工作。观察员应当支持、配合并全程观察核查组的现场核查工作，但不作为核查组成员，不参与对申请人生产条件的评分及核查结论的判定。观察员对现场核查程序、过程、结果有异议的，可在现场核查结束后3个工作日内书面向许可机关报告。

为保障食品生产许可工作与食品安全日常监督管理工作的有效衔接，实施现场核查时，对申请人实施食品安全日常监督管理的食品安全监督管理部门或其派出机构可以根据工作需要，派出监管人员作为观察员参与现场核查工作，及时了解申请人的实际生产条件、食品安全管理状况以及存在的问题和食品安全风险，以便于在申请人获证后有针对性地开展日常监督管理工作。

观察员的主要工作职责是①根据现场核查通知书确定的核查时间，准时参加现场核查；②督促企业为核查组现场核查提供工作便利条件，维护现场核查秩序，搞好协调工作，并在相应文书上签字；③不得干预核查组现场核查工作，不参与现场核查结论的评价与出具；④对于在现场核查中发现的问题，及时向上级市场监管部门报告；⑤收集整理现场核查材料，并纳入该食品生产者信用档案。

（5）现场核查时限要求。核查人员应当自接受现场核查任务之日起5个工作日内，完成对生产场所的现场核查，不得私自改变核查时间和内容。

3.现场核查的内容　市场监管部门开展食品生产许可现场核查时，应当以申请材料与实际状况的一致性、合规性为主要审查内容。现场核查依据现行有效的食品生产许可审查通则、审查细则和有关食品安全标准组织实施。

可以委托下级市场监管部门，对受理的食品生产许可申请进行现场核查。特殊食品生产许可的现场核查原则上不得委托下级市场监管部门实施。

现场核查范围主要包括生产场所、设备设施、设备布局和工艺流程、人员管理、管理制度及其执行情况，以及按规定需要查验试制产品检验合格报告。

（1）生产场所核查。核查申请人提交的材料是否与现场一致，其生产场所周边和厂区环境、布局和各功能区划分、厂房及生产车间相关材质等是否符合有关规定和要求。申请人在生产场所外建立或者租用外设仓库的，应当承诺符合现场核查评分记录表中关于库房的要求，并提供相关影像资料。必要时，核查组可以对外设仓库实施现场核查。

（2）设备设施核查。核查申请人提交的生产设备设施清单是否与现场一致，生产设备设施材质、性能等是否符合规定并满足生产需要；申请人自行对原辅料及出厂产品进行检验的，是否具备审查细则规定的检验设备设施，性能和精度是否满足检验需要。

（3）设备布局与工艺流程核查。核查申请人提交的设备布局图和工艺流程图是否与现场一致，设备布局、工艺流程是否符合规定要求，并能防止交叉污染。

实施复配食品添加剂现场核查时，核查组应当依据有关规定，根据复配食品添加剂品种特点，核查复配食品添加剂配方组成、有害物质及致病菌是否符合食品安全国家标准。

（4）人员管理核查。核查申请人是否配备申请材料所列明的食品安全管理人员及专业技术人员；是否建立生产相关岗位的培训及从业人员健康管理制度；从事接触直接入口食品工作的食品生产人员是否取得健康证明。

（5）管理制度核查。核查申请人进货查验记录、生产过程控制、出厂检验记录、食品安全自查、不安全食品召回、不合格品管理、食品安全事故处置及审查细则规定的其他保证食品安全的管理制度是否齐全，内容是否符合相关规定。

（6）试制产品检验合格报告核查。核查组可以根据食品生产工艺流程等要求，按申请人生产食品所执行的食品安全标准和产品标准核查试制食品检验合格报告。对首次申请许可或者增加食品类别的变更许可的，根据食品生产工艺流程等要求，核查试制食品的检验报告。开展食品添加剂生产许可现场核查时，可以根据食品添加剂品种特点，按申请人生产食品添加剂所执行的食品安全标准核查试制食品添加剂的检验报告和复配食品添加剂配方等。

试制产品检验合格报告可以由申请人自行检验，或者委托有资质的食品检验机构出具。试制产品检验报告的具体要求按审查细则的有关规定执行。

审查细则对现场核查相关内容进行细化或者有补充要求的，应当一并核查，并在生产许可现场核查评分记录表中记录。

食品生产许可审批应当符合国家产业政策规定。食品生产企业提交的许可审批项目需要进行投资项目核准或备案的，按照国家发展和改革委员会发布的《产业结构调整指导目录》和相关文件规定执行。

4.现场核查的程序　开展现场核查时，核查人员应当出示执法证和工作证等有效证件。现场核查工作的程序一般为：召开首次会议→实施现场核查→汇总核查情况→形成核查结论→召开末次会议。

（1）召开首次会议。实施现场核查前，核查组应当召开首次会议，介绍双方参会人员，了解申请人基本情况。由核查组长向申请人介绍核查目的、依据、内容、工作程序、核查人员及工作安排等内容，并及时确定、调整工作计划安排。

（2）实施现场核查。现场核查应当依据生产许可现场核查评分记录表中所列核查项目，采取核查现场、查阅文件、核对材料及询问相关人员等方法实施现场核查。可采取拍照、摄像、复印相关材料等方式留存核查证据，以便必要时可以证明、再现现场核查的实际状况。核查人员可根据现场核查实际需要，对申请人的食品安全管理人员、专业技术人员进行抽查考核，了解其掌握食品安全知识以及相关专业技能的实际状况。抽查考核可以采取笔试、面试、现场操作等多种方式进行，相关考核记录应当作为证明材料留档保存。

（3）汇总核查情况。核查组长应当在现场核查的适当阶段，召集核查人员就各自负责的现场核查及核查项目评分情况进行内部共同研究，对于有争议的核查项目评分意见进行沟通、研究，或者安排布置下一阶段的核查工作，并对有争议的核查项目进一步开展补充核查或追踪、追溯，汇总核查情况，形成初步核查意见，并与申请人进行沟通，说明现场核查的基本情况、发现的问题、核查项目得分以及核查结论的初步意见等。

（4）形成核查结论。核查组对核查情况和申请人的反馈意见进行会商后，应当按照不同食品类别分别进行现场核查项目评分判定，分别汇总评分结果，分别做出各食品类别是否通过现场核查的核查结论。各食品类别的现场核查结论做出后，核查组应当填写现场核查报告，并说明各食品类别的存在的问题，以便对申请人实施食品安全日常监督管理的市场监管部门进行后续的监督管理。

（5）召开末次会议。参加首、末次会议人员应当包括申请人的法定代表人（负责人）

或其代理人、相关食品安全管理人员、专业技术人员、核查组成员及观察员。参加首、末次会议人员应当在现场核查首末次会议签到表上签到。代理人应当提交授权委托书和代理人的身份证明文件。

由核查组长介绍核查基本情况、告知申请人申请的各类食品的生产许可现场核查得分情况及存在的问题，提出整改要求和建议；宣布核查结论；听取申请人关于核查结论的意见；组织核查人员及申请人在生产许可现场核查评分记录表、生产许可现场核查报告、现场核查首末次会议签到表上签署意见并签名、盖章。观察员应当在生产许可现场核查报告上签字确认。

申请人与核查组无法就现场核查结论达成一致意见，拒绝签名、盖章的，核查人员应当在《生产许可现场核查报告》上做好记录，注明申请人的拒签情况，并由观察员在核查报告上签字确认。现场核查工作结束后，核查组应将申请人拒签情况向许可机关或其委托的技术审查机构说明。

5.现场核查结果确定 如前所述，现场核查按照生产许可现场核查评分记录表的项目得分进行判定。申请多类别食品的，每个食品类别使用一张评分记录表。生产许可现场核查报告应当现场交申请人留存一份。

6.现场核查特殊情况处理 因申请人下列原因导致现场核查无法正常开展的，核查组应留取相应证据材料，做好相关记录，并由核查组全体人员、观察员签字确认，证据材料、相关记录如实报告许可机关或其委托的技术审查机构，同时告知申请人本次核查按照未通过现场核查做出结论：一是不配合实施现场核查的；二是现场核查时生产设备设施不能正常运行的；三是存在隐瞒有关情况或提供虚假申请材料的；四是其他因申请人主观原因导致现场核查无法正常开展的。

因申请人涉嫌食品安全违法且被市场监管部门立案调查的，许可机关应当中止生产许可程序，中止时间不计入食品生产许可审批时限。许可机关可根据违法行为的调查、处理情况确定中止时间，或者撤销许可申请，待申请人的违法行为调查、处理完毕再行受理、审查。

因地震、火灾、洪水等自然灾害；政府部门的拆迁、改造；申请人主要食品安全管理人员突发重病或死亡等不可抗力原因，或者供电、供水部门的停电、停水等客观原因导致现场核查无法正常开展的，申请人应当向许可机关书面提出许可中止申请。中止时间应当不超过10个工作日，中止时间不计入许可审批时限。

7.提交核查资料 现场核查组长负责对现场核查情况相关资料进行收集汇总，在现场核查工作结束后及时将核查资料报送现场核查组织部门进行审核，核查组织部门提出准予（不予）生产许可的意见。

四、审查结果与检查整改

1.许可决定 许可机关或其委托的技术审查机构应当在规定时限内收集、汇总审查结果以及食品、食品添加剂生产许可核查材料清单所列的许可相关材料。

许可机关应当根据申请材料审查和现场核查等情况，可以当场做出行政许可决定的，按相关规定执行。除可以当场做出行政许可决定的外，各级市场监管部门按照食品生产许可管理权限，自受理申请之日起10个工作日内做出是否准予行政许可的决定。因特殊原因需要延长期限的，经本行政机关负责人批准，可以延长5个工作日，并应当将延长期限的理由告知申请人。

2.颁证　县级以上市场监管部门应当根据申请材料审查和现场核查等情况，对符合条件的，做出准予生产许可的决定，并自做出决定之日起5个工作日内向申请人颁发食品生产许可证；对不符合条件的，应当及时做出不予许可的书面决定并说明理由，同时告知申请人依法享有申请行政复议或者提起行政诉讼的权利。食品添加剂生产许可申请符合条件的，由申请人所在地县级以上市场监管部门依法颁发食品生产许可证，并标注食品添加剂。

食品生产许可证发证日期为许可决定做出的日期，有效期为5年。

做出准予生产许可决定的，申请人的申请材料及许可机关或其委托的技术审查机构收集、汇总的相关许可材料还应当送达负责对申请人实施食品安全日常监督管理的市场监管部门。

3.整改　对于判定结果为通过现场核查但需整改的，申请人应当在1个月内对现场核查中发现的问题进行整改，并将整改结果向负责对申请人实施食品安全日常监督管理的市场监管部门书面报告。

负责对申请人实施食品安全日常监督管理的市场监管部门或其派出机构应当在许可后3个月内对获证企业开展一次监督检查。对已进行现场核查的企业，重点检查现场核查中发现的问题是否已进行整改。

>>> 任务四　食品生产许可证的管理 <<<

一、食品生产许可证管理

1.食品生产许可证的概念　食品生产许可证是县级以上市场监管部门根据申请材料审查和现场核查等情况，做出准予生产许可的决定后，向申请人颁发的、准许其在我国境内从事食品生产活动的证明。食品生产许可证分为正本、副本，具有同等法律效力。国家市场监管总局负责制定食品生产许可证式样。省级市场监管部门负责本行政区域食品生产许可证的印制、发放等管理工作。

2.证书载明内容及填写说明　食品生产许可证应当载明：生产者名称、社会信用代码、法定代表人（负责人）、住所、生产地址、食品类别、许可证编号、有效期、发证机关、发证日期和二维码。副本还应当载明食品明细。生产保健食品、特殊医学用途配方食品、婴幼儿配方食品的，还应当载明产品或者产品配方的注册号或者备案登记号；接受委托生产保健食品的，还应当载明委托企业名称及住所等相关信息。

食品生产许可证编号由SC（"生产"的汉语拼音字母缩写）和14位阿拉伯数字组成。数字从左至右依次为：3位食品类别编码、2位省（自治区、直辖市）代码、2位市（地）代码、2位县（区）代码、4位顺序码、1位校验码。

食品类别编码用3位数字标识，第1位数字代表食品、食品添加剂生产许可识别码，阿拉伯数字"1"代表食品、阿拉伯数字"2"代表食品添加剂。第2、3位数字代表食品、食品添加剂类别编号。其中，食品添加剂类别编号标识为："01"代表食品添加剂，"02"代表食品用香精，"03"代表复配食品添加剂。食品类别编号按照《食品生产许可管理办法》第11条所列食品类别顺序依次标识。

　　地区编码为6位，分别为2位省（自治区、直辖市）代码、2位市（地）代码、2位县（区）代码，编码规则按照中华人民共和国民政部官方网站公布的最新的中华人民共和国行政区划编写。省级行政区划代码、市级行政区划代码、县级行政区划代码按照该表中6位"数字码"对应取值。

　　企业顺序码为4位。县级以上市场监管部门为本行政区域内的食品生产者发放食品生产许可证时，按照准予许可事项的先后顺序，为企业分配企业顺序码，即许可证的流水号码（0001—9999）。一个企业顺序码只能对应一个生产许可证，且不得出现空号。

　　校验码为1位。用于检验本体码的正确性，采用《信息技术安全技术校验字符系统》（GB/T 17710—2008）中的规定的"MOD11，10"校验算法。校验码赋码的基本原理是按照一定的算法规则与公式，将许可证编号的前面13位（即本体码）进行计算，得出1位数字即为校验码。

　　3.证书副本填写说明　　食品生产许可证是食品、食品添加剂生产者取得食品生产许可的合法凭证，分为正本、副本，正本、副本具有同等法律效力。正本应当悬挂或摆放在生产场所的显著位置。副本以折页的开合方式设计的方便携带。副本与正本各项填写内容保持一致。

　　4.食品生产许可品种明细表　　明细表按《食品生产许可分类目录》填写序号，食品、食品添加剂类别，类别编号，品种明细和备注。备注是指食品生产许可证中需要备注说明的信息，如保健食品、特殊医学用途配方食品和婴幼儿配方食品生产者产品的注册批准文号或者备案登记号，如国食健字××××。

　　5.食品生产许可证使用　　食品生产者应当妥善保管食品生产许可证，不得伪造、涂改、毁损、倒卖、出租、出借或者以其他形式非法转让。食品生产者应当在生产场所的显著位置悬挂或者摆放食品生产许可证正本。食品生产者应当在核准的许可范围内开展食品生产活动，接受食品安全监督管理部门的监督管理。食品生产者改变许可事项应当申请变更食品生产许可。食品生产者应当在食品生产许可证有效期届满30个工作日前，及时向许可部门申请延续。

二、食品生产许可证变更、延续与注销

1.食品生产许可变更申请

　　（1）变更情形及处理。①食品生产许可证有效期内，食品生产者名称、现有设备布局和工艺流程、主要生产设备设施、食品类别等事项发生变化，需要变更食品生产许可证载明的许可事项的，食品生产者应当在变化后10个工作日内向原发证的市场监管部门提出变更申请。②食品生产者的生产场所迁址的，应当重新申请食品生产许可。③食品生产许可证副本载明的同一食品类别内的事项发生变化的，食品生产者应当在变化后10个工作日内向原发证的市场监管部门报告。④食品生产者的生产条件发生变化，不再符合食品生产要求，需要重新办理许可手续的，应当依法办理。

　　（2）变更申请材料。申请变更食品生产许可的，应当提交下列申请材料：①食品生产许可变更申请书；②与变更食品生产许可事项有关的其他材料。变更涉及保健食品、特殊医学用途配方食品、婴幼儿配方食品注册或者备案的生产工艺变化的，应当先办理注册或者备案变更手续。

2.食品生产许可延续申请 食品生产者需要延续依法取得的食品生产许可的有效期的，应当在该生产许可有效期届满30个工作日前，向原发证的市场监管部门提出申请，并提交食品生产许可延续申请书和与延续食品生产许可事项有关的其他材料。保健食品、特殊医学用途配方食品、婴幼儿配方食品的生产企业申请延续食品生产许可的，还应当提供生产质量管理体系运行情况的自查报告。

国家食品药品监督管理总局《关于贯彻实施〈食品生产许可管理办法〉有关问题的通知》（食药监食监一〔2017〕53号）规定，食品生产许可有效期届满前不足30个工作日提出申请的，按重新申办食品生产许可受理，有效期届满前无法做出许可决定的，企业应当在许可有效期届满后停止生产，待许可机关做出准予许可决定后方可恢复生产。重新办理的食品生产许可证编号可沿用原许可证编号。食品生产许可证有效期届满后再提出申请，视为重新申办食品生产许可。

3.变更和延续审查 县级以上市场监管部门应当对变更或者延续食品生产许可的申请材料进行审查，需要对申请材料的实质内容进行核实的，并按照前述任务三现场核查规定的程序和要求实施现场核查。申请人声明生产条件未发生变化的，县级以上市场监管部门可以不再进行现场核查。生产条件及周边环境发生变化，可能影响食品安全的，市场监管部门应当就变化情况进行现场核查。

4.变更、延续决定与颁证

（1）变更决定与颁证。根据材料审查和现场核查情况，市场监管部门决定准予变更的，应当向申请人颁发新的食品生产许可证。食品生产许可证编号不变，发证日期为市场监管部门做出变更许可决定的日期，有效期与原证书一致。

但是，食品生产者的生产场所迁址的，应当重新申请食品生产许可，按照前述任务二和任务三的有关规定全面现场核查。经审查准予许可的，应当向申请人颁发新的食品生产许可证，换发的食品生产许可证有效期自发证之日起计算。其中，在同一县级行政区域内迁址的，许可证编号不变；跨县级行政区域迁址的，应当赋予新的许可证编号，并按规定注销原食品生产许可证，保证"一企一证"。

因食品安全国家标准发生重大变化，国家和省级市场监管部门决定组织重新核查而换发的食品生产许可证，其发证日期以重新批准日期为准，有效期自重新发证之日起计算。

（2）延续决定与颁证。县级以上市场监管部门应当根据被许可人的延续申请，在该食品生产许可有效期届满前做出是否准予延续的决定。市场监管部门决定准予延续的，应当向申请人颁发新的食品生产许可证，许可证编号不变，有效期自市场监管部门做出延续许可决定之日起计算。

不符合许可条件的，市场监管部门应当做出不予延续食品生产许可的书面决定，并说明理由。

5.食品生产许可注销 食品生产者终止食品生产，食品生产许可被撤回、撤销，应当在20个工作日内向原发证的市场监管部门提交食品生产许可注销申请书，办理注销手续。食品生产许可被注销的，许可证编号不得再次使用。有下列情形之一，食品生产者未按规定申请办理注销手续的，原发证的市场监管部门应当依法办理食品生产许可注销手续，并在网站进行公示：①食品生产许可有效期届满未申请延续的；②食品生产者主体资格依法终止的；③食品生产许可依法被撤回、撤销或者食品生产许可证依法被吊销的；④因不可抗力导致食品生产许可事项无法实施的；⑤法律法规规定的应当注销食品生产许可的其他情形。

食品生产许可证变更、延续与注销的有关程序参照前述任务二和任务三的有关规定执行。

思考与练习

1.什么是食品生产许可？我国食品生产许可的主要依据有哪些？

2.申请食品生产许可应具备哪些条件？

3.登录所在地市场监管部门官网，熟悉当地食品生产许可申请程序与要求，列出申请食品生产许可材料清单。

4.食品生产许可哪些情况需要现场核查？

5.食品生产许可现场核查的基本程序和要求是什么？

6.食品生产许可如何填写现场核查评分记录表？

7.食品生产许可现场核查的通过的标准是什么？

8.如何规范使用食品生产许可证？

食品经营许可

>>> 任务一 食品经营许可的依据和条件要求 <<<

一、食品经营许可的依据

为规范食品经营许可活动，国家食品药品监督管理总局2015年先后发布了《食品经营许可管理办法》和《食品经营许可审查通则（试行）》。

1.食品经营许可管理办法 《食品经营许可管理办法》共分总则、申请与受理、审查与决定、许可证管理、变更、延续、补办与注销、监督检查、法律责任、附则共8章57条，对适用范围、发证原则、层级分工、主体业态和经营项目、许可条件、申请材料、许可受理、许可审查、现场核查、许可证管理、监督检查、法律责任做出了规定。在中华人民共和国境内，从事食品销售和餐饮服务活动，应当依法取得食品经营许可并依照食品经营许可核定事项从事食品经营活动。食品经营许可的申请、受理、审查、决定及其监督检查，适用本办法。

《食品经营许可管理办法》

2.食品经营许可审查通则（试行） 《食品经营许可审查通则（试行）》共6章58条，对经营许可审查基本的要求、食品销售的许可审查要求、餐饮服务的许可审查要求、单位食堂许可审查要求做出具体的规定，适用于市场监管部门对食品经营许可申请的审查。同时规定，各省、自治区、直辖市食品安全监管部门应当根据本通则制定具体的实施细则。鼓励有条件的省、自治区、直辖市制定严于本通则的实施细则。

《食品经营许可审查通则（试行）》

二、食品经营许可的工作原则

1.食品经营许可的工作原则 《食品经营许可管理办法》规定，食品经营许可应当遵循依法、公开、公平、公正、便民、高效的原则。食品经营许可实行一地一证原则，即食品经营者在一个经营场所从事食品经营活动，应当取得一个食品经营许可证。食品经营者在不同经营场所从事食品经营活动的，应分别依法取得食品经营许可，通过自动设备从事食品经营的除外。市场监管部门按照食品经营主体业态和经营项目的风险程度对食品经营实施分类许可。

2.食品经营许可的管理部门 国家市场监管总局负责制定食品经营许可审查通则，监督指导全国食品经营许可管理工作。县级以上市场监管部门负责本行政区域内的食品经营许可管理工作。省、自治区、直辖市市场监管部门可以根据食品类别和食品安全风险状况，确定市、县级市场监管部门的食品经营许可管理权限。县级以上市场监管部门实施食品经营许可审查，应当遵守《食品经营许可审查通则（试行）》。

县级以上市场监管部门应当加快信息化建设，在行政机关的网站上公布经营许可事项，方便申请人采取数据电文等方式提出经营许可申请，提高办事效率。

三、食品经营许可的要求

1.申请人的主体资格 申请食品经营许可，应当先行取得营业执照等合法主体资格。企业法人、合伙企业、个人独资企业、个体工商户等，以营业执照载明的主体作为申请人。机关、事业单位、社会团体、民办非企业单位、企业等申办单位食堂，以机关或者事业单位法人登记证、社会团体登记证或者营业执照等载明的主体作为申请人。

2.食品经营主体业态和经营项目 申请食品经营许可，应当按照食品经营主体业态和经营项目分类提出。经营主体业态分为食品销售经营者、餐饮服务经营者、单位食堂。食品经营者申请通过网络经营、建立中央厨房或者从事集体用餐配送的，应当在主体业态后以括号标注。

经营项目分为预包装食品销售（含冷藏冷冻食品、不含冷藏冷冻食品）、散装食品销售（含冷藏冷冻食品、不含冷藏冷冻食品）、特殊食品销售（保健食品、特殊医学用途配方食品、婴幼儿配方乳粉、其他婴幼儿配方食品）、其他类食品销售；热食类食品制售、冷食类食品制售、生食类食品制售、糕点类食品制售、自制饮品制售、其他类食品制售等。如申请散装熟食销售的，应当在散装食品销售项目后以括号标注。

列入其他类食品销售和其他类食品制售的具体品种应当报国家市场监管总局批准后执行，并明确标注。具有热、冷、生、固态、液态等多种情形，难以明确归类的食品，可以按照食品安全风险等级最高的情形进行归类。国家市场监管总局可以根据监督管理工作需要对食品经营项目类别进行调整。

四、申请食品经营许可的基本条件

《食品经营许可管理办法》第11条和《食品经营许可审查通则（试行）》对食品经营许可的条件做出了规定。

1.对生产场所的要求 与食品生产许可要求相同，《食品经营许可审查通则（试行）》明确要求，食品经营场所和食品贮存场所不得设在易受到污染的区域，距离粪坑、污水池、暴露垃圾场（站）、旱厕等污染源25 m以上。

2.对设备设施的要求 与食品生产许可要求相同，《食品经营许可审查通则（试行）》明确要求，直接接触食品的设备或设施、工具、容器和包装材料等应当具有产品合格证明，应为安全、无毒、无异味、防吸收、耐腐蚀且可承受反复清洗和消毒的材料制作，易于清洁和保养。

3.对人员和制度的要求 有专职或者兼职的食品安全管理人员和保证食品安全的规章制度。食品安全管理人员应当经过培训和考核合格。取得国家或行业规定的食品安全相关资质的，可以免于考核。食品安全管理制度应当包括：从业人员健康管理制度和培训管理制度、食品安全管理员制度、食品安全自检自查与报告制度、食品经营过程与控制制度、场所及设施设备清洗消毒和维修保养制度、进货查验和查验记录制度、食品贮存管理制度、废弃物处置制度、食品安全突发事件应急处置方案等。

4.设备布局和工艺流程的要求 具有合理的设备布局和工艺流程，防止待加工食品与直接入口食品、原料与成品交叉污染，避免食品接触有毒物、不洁物。

5.法律、法规规定的其他条件 如各地制定的食品经营许可审查细则等。

食品经营者在实体门店经营的同时通过互联网从事食品经营的，除上述条件外，还应当向许可机关提供具有可现场登陆申请人网站、网页或网店等功能的设施设备，供许可机关审查。无实体门店经营的互联网食品经营者应当具有与经营的食品品种、数量相适应的固定的食品经营场所，贮存场所视同食品经营场所，并应当向许可机关提供具有可现场登陆申请人网站、网页或网店等功能的设施设备，供许可机关审查。贮存场所、人员及食品安全管理制度等均应当符合上述通用要求。无实体门店经营的互联网食品经营者不得申请所有食品制售项目以及散装熟食销售。

>>> 任务二　食品经营许可证的申办程序 <<<

一、申请与受理

1.申请 申请食品经营许可，应当向申请人所在地县级以上市场监管部门提交下列材料①食品经营许可申请书；②营业执照或者其他主体资格证明文件复印件；③与食品经营相适应的主要设备设施布局、操作流程等文件；④食品安全自查、从业人员健康管理、进货查验记录、食品安全事故处置等保证食品安全的规章制度。利用自动售货设备从事食品销售的，申请人还应当提交自动售货设备的产品合格证明、具体放置地点，经营者名称、住所、联系方式、食品经营许可证的公示方法等材料。

申请人委托他人办理食品经营许可申请的，代理人应当提交授权委托书以及代理人的身份证明文件。申请人应当如实向市场监管部门提交有关材料和反映真实情况，对申请材料的真实性负责，并在申请书等材料上签名或者盖章。

2.受理 县级以上市场监管部门对申请人提出的食品经营许可申请，应当根据下列情况分别做出处理：①申请事项依法不需要取得食品经营许可的，应当即时告知申请人不受理。②申请事项依法不属于市场监管部门职权范围的，应当即时做出不予受理的决定，并告知申请人向有关行政机关申请。③申请材料存在可以当场更正的错误的，应当允许申请人当场更正，由申请人在更正处签名或者盖章，注明更正日期。④申请材料不齐全或者不符合法定形式的，应当当场或者在5个工作日内一次告知申请人需要补正的全部内容。当场告知的，应当将申请材料退回申请人；在5个工作日内告知的，应当收取申请材料并出具收取申请材料的凭据。逾期不告知的，自收到申请材料之日起即为受理。⑤申请材料齐全、符合法定形式，或者申请人按照要求提交全部补正材料的，应当受理食品经营许可申请。县级以上市场监管部门对申请人提出的申请决定予以受理的，应当出具受理通知书；决定不予受理的，应当出具不予受理通知书，说明不予受理的理由，并告知申请人依法享有申请行政复议或者提起行政诉讼的权利。

二、食品经营许可审查要求

市场监管部门按照主体业态、食品经营项目，并考虑风险高低对食品经营许可申请进行分类审查。

1.食品销售许可审查要求　申请预包装食品销售（含冷藏冷冻食品、不含冷藏冷冻食品），许可审查应当符合前述基本条件和一般要求。申请散装食品销售（含冷藏冷冻食品、不含冷藏冷冻食品）、特殊食品销售（保健食品、特殊医学用途配方食品、婴幼儿配方乳粉、其他婴幼儿配方食品），许可审查除应当符合下述一般要求外，还应当符合下述散装食品销售许可审查要求和特殊食品销售审查要求的相应规定。

（1）食品销售的一般要求。①食品销售场所和食品贮存场所应当环境整洁，有良好的通风、排气装置，并避免日光直接照射。地面应做到硬化，平坦防滑并易于清洁消毒，并有适当措施防止积水。销售场所和食品贮存场所应当与生活区分（隔）开。②销售场所应布局合理，食品销售区域和非食品销售区域分开设置，生食区域和熟食区域分开，待加工食品区域与直接入口食品区域分开，经营水产品的区域与其他食品经营区域分开，防止交叉污染。食品贮存应设专门区域，不得与有毒有害物品同库存放。贮存的食品应与墙壁、地面保持适当距离，防止虫害藏匿并利于空气流通。食品与非食品、生食与熟食应当有适当的分隔措施，固定的存放位置和标识。③申请销售有温度控制要求的食品，应配备与经营品种、数量相适应的冷藏、冷冻设备，设备应当保证食品贮存销售所需的温度等要求。

（2）散装食品销售许可审查要求。①散装食品应有明显的区域或隔离措施，生鲜畜禽、水产品与散装直接入口食品应有一定距离的物理隔离。直接入口的散装食品应当有防尘防蝇等设施，直接接触食品的工具、容器和包装材料等应当具有符合食品安全标准的产品合格证明，直接接触食品的从业人员应当具有健康证明。②申请销售散装熟食制品的，除符合本节上述规定外，申请时还应当提交与挂钩生产单位的合作协议（合同），提交生产单位的食品生产许可证复印件。

（3）特殊食品销售审查要求。①申请保健食品销售、特殊医学用途配方食品销售、婴幼儿配方乳粉销售、婴幼儿配方食品销售的，应当在经营场所划定专门的区域或柜台、货架摆放、销售。②申请保健食品销售、特殊医学用途配方食品销售、婴幼儿配方乳粉销售、婴幼儿配方食品销售的，应当分别设立提示牌，注明"××××销售专区（或专柜）"字样，提示牌为绿底白字，字体为黑体，字体大小可根据设立的专柜或专区的空间大小而定。

2.餐饮服务的许可审查要求　申请热食类食品制售的，应当符合前述食品销售的许可审查要求和下述餐饮服务一般要求。申请冷食类食品制售、生食类食品制售、糕点类食品制售、自制饮品制售的，除符合前述食品销售的许可审查要求和下述餐饮服务一般要求，还应当符合下述冷食类、生食类食品制售许可审查要求、糕点类食品制售许可审查要求和自制饮品制售许可审查要求的相应规定。

申请内设中央厨房、从事集体用餐配送的，除符合前述食品销售的许可审查要求和下述餐饮服务一般要求、冷食类、生食类食品制售许可审查要求、糕点类食品制售许可审查要求和自制饮品制售许可审查要求的有关规定外还应当符合中央厨房审查要求和集体用餐配送单位许可审查要求的规定。

（1）餐饮服务的一般要求。①餐饮服务企业应当制定食品添加剂使用公示制度。②餐饮服务食品安全管理人员应当具备2年以上餐饮服务食品安全工作经历，并持有国家或行业规定的相关资质证明。③餐饮服务经营场所应当选择有给排水条件的地点，应当设置相应的粗加工、切配、烹调、主食制作、餐用具清洗消毒、备餐等加工操作条件以及食品库房、更衣室、清洁工具存放场所等。场所内禁止设立圈养、宰杀活的禽畜类动物的区域。④食品处理区应当按照原料进入、原料处理、加工制作、成品供应的顺序合理布局，并能防止食品在存放、操作中产生交叉污染。⑤食品处理区内应当设置相应的清洗、消毒、洗手、干手设施和用品，员工专用洗手消毒设施附近应当有洗手消毒方法标识。食品处理区应当设存放废弃物或垃圾的带盖容器。⑥食品处理区地面应当无毒、无异味、易于清洗、防滑，并有给排水系统。墙壁应当采用无毒、无异味、不易积垢、易清洗的材料制成。门、窗应当采用易清洗、不吸水的材料制作，并能有效通风、防尘、防蝇、防鼠和防虫。天花板应当采用无毒、无异味、不吸水、表面光洁、耐腐蚀、耐温的材料涂覆或装修。⑦食品处理区内的粗加工操作场所应当根据加工品种和规模设置食品原料清洗水池，保障动物性食品、植物性食品、水产品三类食品原料能分开清洗。烹调场所应当配置排风和调温装置，用水应当符合国家规定的生活饮用水卫生标准。⑧配备能正常运转的清洗、消毒、保洁设备设施。餐用具清洗消毒水池应当专用，与食品原料、清洁用具及接触非直接入口食品的工具、容器清洗水池分开，不交叉污染。专供存放消毒后餐用具的保洁设施，应当标记明显，结构密闭并易于清洁。⑨用于盛放原料、半成品、成品的容器和使用的工具、用具，应当有明显的区分标识，存放区域分开设置。⑩食品和非食品（不会导致食品污染的食品容器、包装材料、工具等物品除外）库房应当分开设置。冷藏、冷冻柜（库）数量和结构应当能使原料、半成品和成品分开存放，有明显区分标识。冷冻（藏）库设有正确指示内部温度的温度计。⑪更衣场所与餐饮服务场所应当处于同一建筑内，有与经营项目和经营规模相适应的空间、更衣设施和照明。⑫餐饮服务场所内设置厕所的，其出口附近应当设置洗手、消毒、烘干设施。食品处理区内不得设置厕所。⑬各类专间要求：专间内无明沟，地漏带水封。食品传递窗为开闭式，其他窗封闭。专间门采用易清洗、不吸水的坚固材质，能够自动关闭；专间内设有独立的空调设施、工具清洗消毒设施、专用冷藏设施和与专间面积相适应的空气消毒设施。专间内的废弃物容器盖子应当为非手动开启式；专间入口处应当设置独立的洗手、消毒、更衣设施。⑭专用操作场所要求：场所内无明沟，地漏带水封；设工具清洗消毒设施和专用冷藏设施；入口处设置洗手、消毒设施。

（2）冷食类、生食类食品制售要求。申请现场制售冷食类食品、生食类食品的应当设立相应的制作专间，专间应当符合前述各类专间要求的要求。

（3）糕点类食品制售许可要求。申请现场制作糕点类食品应当设置专用操作场所，制作裱花类糕点还应当设立单独的裱花专间，裱花专间应当符合前述各类专间要求的要求。

（4）自制饮品制售许可要求。申请自制饮品制作应设专用操作场所，专用操作场所应当符合前述"专用操作场所要求"的规定。在餐饮服务中提供自酿酒的经营者在申请许可前应当先行取得具有资质的食品安全第三方机构出具的对成品安全性的检验合格报告。在餐饮服务中自酿酒不得使用压力容器，自酿酒只限于在本门店销售，不得在本门店外销售。

（5）中央厨房审查要求。餐饮服务单位内设中央厨房的，中央厨房应当具备下列条件：①中央厨房加工配送配制冷食类和生食类食品，食品冷却、包装应按照前述各类专间要求的规定设立分装专间；需要直接接触成品的用水，应经过加装水净化设施处理；食品加工操作和贮存场所面积应当与加工食品的品种和数量相适应；墙角、柱脚、侧面、底面的结合处有一定的弧度；场所地面应采用便于清洗的硬质材料铺设，有良好的排水系统。②运输设备要求配备与加工食品品种、数量以及贮存要求相适应的封闭式专用运输冷藏车辆，车辆内部结构平整，易清洗。③食品检验和留样设施设备及人员要求设置与加工制作的食品品种相适应的检验室；要配备与检验项目相适应的检验设施和检验人员；要配备留样专用容器和冷藏设施，以及留样管理人员。

（6）集体用餐配送单位许可审查要求。①场所设置、布局、分隔和面积要求食品处理区面积与最大供餐人数相适应；具有餐用具清洗消毒保洁设施；按照专间要求设立分装专间；场所地面应采用便于清洗的硬质材料铺设，有良好的排水系统。②采用冷藏方式储存的，应配备冷却设备。③运输设备要求，配备封闭式专用运输车辆，以及专用密闭运输容器。运输车辆和容器内部材质和结构要便于清洗和消毒。冷藏食品运输车辆应配备制冷装置，使运输时食品中心温度保持在10℃以下。加热保温食品运输车辆应使运输时食品中心温度保持在60℃以上。④食品检验和留样设施设备及人员要求，有条件的食品经营者设置与加工制作的食品品种相适应的检验室。没有条件设置检验室的，可以委托有资质的检验机构代行检验。要配备留样专用容器、冷藏设施以及留样管理人员。

3.单位食堂许可审查要求 单位食堂的许可审查，除应当符合前述基本条件、餐饮服务的许可审查要求的有关规定外，单位食堂应当配备留样专用容器和冷藏设施，以及留样管理人员。职业学校、普通中等学校、小学、特殊教育学校、托幼机构的食堂原则上不得申请生食类食品制售项目。单位食堂备餐应当设专用操作场所，专用操作场所应当符合专用操作场所要求的规定。

三、审查与决定

1.审查 县级以上市场监管部门应当对申请人提交的许可申请材料进行审查。需要对申请材料的实质内容进行核实的，应当进行现场核查。仅申请预包装食品销售（不含冷藏冷冻食品）的，以及食品经营许可变更不改变设施和布局的，可以不进行现场核查。现场核查应当由符合要求的核查人员进行。核查人员不得少于2人。核查人员应当出示有效证件，填写食品经营许可现场核查表，制作现场核查记录，经申请人核对无误后，由核查人员和申请人在核查表和记录上签名或者盖章。申请人拒绝签名或者盖章的，核查人员应当注明情况。市场监管部门可以委托下级市场监管部门，对受理的食品经营许可申请进行现场核查。

核查人员应当自接受现场核查任务之日起10个工作日内，完成对经营场所的现场核查。

2.决定 除可以当场做出行政许可决定的外，县级以上市场监管部门应当自受理申请之日起20个工作日内做出是否准予行政许可的决定。因特殊原因需要延长期限的，经本行政机关负责人批准，可以延长10个工作日，并应当将延长期限的理由告知申请人。县级以上市场监管部门应当根据申请材料审查和现场核查等情况，对符合条件的，做出准予经营许可的决定，并自做出决定之日起10个工作日内向申请人颁发食品经营许可证；对不符合条件的，应当及时做出不予许可的书面决定并说明理由，同时告知申请人依法享有申请行政复议或者提起行政诉讼的权利。

>>> 任务三 食品经营许可证管理 <<<

一、食品经营许可证管理

1.食品经营许可证的发放与使用 食品经营许可证分为正本、副本，具有同等法律效力。国家市场监管总局负责制定食品经营许可证正本、副本式样。省、自治区、直辖市市场监管部门负责本行政区域食品经营许可证的印制、发放等管理工作。食品经营者应当在经营场所的显著位置悬挂或者摆放食品经营许可证正本。食品经营者应当妥善保管食品经营许可证，不得伪造、涂改、倒卖、出租、出借、转让。食品经营许可证发证日期为许可决定做出的日期，有效期为5年。

2.证书载明内容及填写说明 食品经营许可证应当载明：经营者名称、社会信用代码（个体经营者为身份证号码）、法定代表人（负责人）、住所、经营场所、主体业态、经营项目、许可证编号、有效期、日常监督管理机构、日常监督管理人员、投诉举报电话、发证机关、签发人、发证日期和二维码。在经营场所外设置仓库（包括自有和租赁）的，还应当在副本中载明仓库具体地址。

食品经营许可证编号由JY（"经营"的汉语拼音字母缩写）和14位阿拉伯数字组成。数字从左至右依次为：1位主体业态代码、2位省（自治区、直辖市）代码、2位市（地）代码、2位县（区）代码、6位顺序码、1位校验码。

二、食品经营许可证变更、延续与注销

1.变更与延续申请

（1）变更申请。食品经营许可证载明的许可事项发生变化的，食品经营者应当在变化后10个工作日内向原发证的市场监管部门申请变更经营许可，并提交食品经营许可变更申请书；食品经营许可证正本、副本；与变更食品经营许可事项有关的其他材料。

经营场所发生变化的，应当重新申请食品经营许可。外设仓库地址发生变化的，食品经营者应当在变化后10个工作日内向原发证的市场监管部门报告。

（2）延续申请。食品经营者需要延续依法取得的食品经营许可的有效期的，应当在该食品经营许可有效期届满30个工作日前，向原发证的市场监管部门提出申请，并提交食品经营许可延续申请书；食品经营许可证正本、副本；与延续食品经营许可事项有关的其他材料。县级以上市场监管部门应当根据被许可人的延续申请，在该食品经营许可有效期届满前做出是否准予延续的决定。

2.变更与延续审查 县级以上市场监管部门应当对变更或者延续食品经营许可的申请材料进行审查。申请人声明经营条件未发生变化的，县级以上市场监管部门可以不再进行现场核查。申请人的经营条件发生变化，可能影响食品安全的，市场监管部门应当就变化情况进行现场核查。

3.变更与延续决定 原发证的市场监管部门决定准予变更的，应当向申请人颁发新的食品经营许可证。食品经营许可证编号不变，发证日期为市场监管部门做出变更许可决定的日期，有效期与原证书一致。原发证的市场监管部门决定准予延续的，应当向申请人颁发新的食品经营许可证，许可证编号不变，有效期自市场监管部门做出延续许可决定之日

起计算。不符合许可条件的，原发证的市场监管部门应当做出不予延续食品经营许可的书面决定，并说明理由。

4.注销　食品经营者终止食品经营，食品经营许可被撤回、撤销或者食品经营许可证被吊销的，应当在30个工作日内向原发证的市场监管部门申请办理注销手续，并提交食品经营许可注销申请书；食品经营许可证正本、副本；与注销食品经营许可有关的其他材料。

思考与练习

1.我国食品经营许可的主要依据有哪些？

2.申请食品经营许可应具备哪些条件？

3.登录市场监管部门官网，熟悉当地食品经营许可申请程序与要求，列出申请食品经营许可材料清单。

4.食品销售许可的审查要求是什么？

5.餐饮服务许可的审查要求是什么？

6.单位食堂许可的审查要求是什么？

7.如何规范使用食品经营许可证？

食品生产日常监督管理

为加强对食品生产经营活动的日常监督检查，落实食品生产经营者主体责任，保证食品安全，2016年3月4日国家食品药品监督管理总局发布了《食品生产经营日常监督检查管理办法》，同年5月6日，又发布了《总局关于印发食品生产经营日常监督检查有关表格的通知》（食药监一〔2016〕58号），印发《食品生产经营日常监督检查要点表》和《食品生产经营日常监督检查结果记录表》。

《食品生产经营日常监督检查管理办法》

食品生产经营许可证不能一发了之，必须对企业是否始终按照发证条件严格执行有关规定加强监督检查，《食品生产经营日常监督检查管理办法》通过细化对食品生产经营活动的监督管理、规范监督检查工作要求，强化法律的可操作性，进一步督促食品生产经营者规范食品生产经营活动，从生产源头防范和控制风险隐患，将基层监管部门对生产加工、销售、餐饮服务企业的日常监督检查责任落到实处，督促企业把主体责任落到实处，对保障消费者食品安全具有十分重要的意义和作用。

>>> 任务一 食品生产日常监督检查的原则和内容 <<<

一、日常监督检查的原则和要求

1. 日常监督检查的原则 食品生产经营日常监督检查应当遵循属地负责、全面覆盖、风险管理、信息公开的原则。国家市场监管总局负责监督指导全国食品生产经营日常监督检查工作。省级市场监管部门负责监督指导本行政区域内食品生产经营日常监督检查工作。市、县级市场监管部门负责实施本行政区域内食品生产经营日常监督检查工作。

2. 日常监督检查的要求 省级以上市场监管部门应当加强食品生产经营日常监督检查信息化建设，市、县级市场监管部门应当记录、汇总、分析食品生产经营日常监督检查信息，完善日常监督检查措施。市、县级市场监管部门实施食品生产经营日常监督检查，在全面覆盖的基础上，可以在本行政区域内随机选取食品生产经营者、随机选派监督检查人员实施异地检查、交叉互查。

食品生产经营者及其从业人员应当配合市场监管部门实施食品生产经营日常监督检查，保障监督检查人员依法履行职责。食品生产经营者应当按照市场监管部门的要求提供食品生产经营相关数据信息。

3.日常监督检查的特点　食品生产经营日常监督主要特点概括起来是"两涵盖""两规范"和实行"双随机"日常监督检查。

（1）"两涵盖"。①涵盖食品、特殊食品、食品添加剂全品种的日常监督检查；②涵盖生产、销售、餐饮服务全环节的日常监督检查。

（2）"两规范"。①规范日常监督检查要求。对检查人员资质、检查事项、检查方式、检查程序、检查频次、结果记录与公布、问题处理等进行规范；②规范标准化检查表格。设置了标准化的检查表格及结果记录表格，并配套制定相应的检查操作手册，规范指导基层人员开展检查工作。

（3）"双随机"。即随机抽取被检查企业、随机选派检查人员。①《食品生产经营日常监督检查管理办法》规定，在网格化监管和监管全覆盖的基础上，开展"双随机"检查。即市、县级市场监管管理部门开展日常监督检查，在全面覆盖的基础上，可以在本行政区域内随机选取食品生产经营者、随机选派监督检查人员实施异地检查、交叉互查，监督检查人员应当由市场监管管理部门随机选派。②检查项目应当按照《食品生产经营日常监督检查要点表》执行，每次监督检查可以随机抽取日常监督检查要点表中的部分内容进行检查。同时要求，每年开展的监督检查原则上应当覆盖全部项目。每次监督检查的内容应当在实施检查前由市场监管管理部门予以明确，检查人员开展检查时不得随意更改检查事项。③检查中可以对生产经营的产品随机进行抽样检验。

日常监管主要采取现场检查、人员检查、资料查阅和监督抽检等四种方式组织进行。现场检查对象为厂区周围环境、各类库房、生产加工车间、化验室等场所，主要核查是否保持生产许可条件；人员检查主要是抽查个人卫生管理、健康状况、岗位履职以及食品安全知识掌握等情况；资料查阅对象为企业各类证照资质、管理制度、台账记录等，主要核查资料的真实性、有效性、完整性和规范性等；现场检查时发现可疑产品有必要进行监督抽检。

二、日常监督检查的主要内容

1.对食品生产者　主要检查生产环境条件、进货查验结果、生产过程控制、产品检验结果、贮存及交付控制、不合格品管理和食品召回、从业人员管理、食品安全事故处置等情况。对保健食品生产者还应检查生产者资质、产品标签及说明书、委托加工、生产管理体系等情况。

2.对食品销售者　主要检查食品销售者资质、从业人员健康管理、一般规定执行、禁止性规定执行、经营过程控制、进货查验结果、食品贮存、不安全食品召回、标签和说明书、特殊食品销售、进口食品销售、食品安全事故处置、食用农产品销售等情况，以及食用农产品集中交易市场开办者、柜台出租者、展销会举办者、网络食品交易第三方平台提供者、食品贮存及运输者等履行法律义务的情况。

3.对餐饮服务提供者　主要检查餐饮服务提供者资质、从业人员健康管理、原料控制、加工制作过程、食品添加剂使用管理及公示、设备设施维护和餐饮具清洗消毒、食品安全事故处置等情况。

>>> 任务二　食品生产日常监督检查的程序和要求 <<<

一、日常监督检查的基本程序和要求

1.日常监督检查的基本程序　市、县市场监管部门开展日常监督检查，应当严格遵守《食品生产经营日常监督检查管理办法》对检查程序的规定。①由监管部门确定监督检查人员，明确检查事项、抽检内容。②检查人员现场出示有效证件。③检查人员按照确定的检查项目、抽检内容开展监督检查与抽检。检查人员可以采取《食品生产经营日常监督检查管理办法》规定的措施开展监督检查。④确定监督检查结果，并对检查结果进行综合判定。⑤检查人员和食品生产经营者在日常监督检查结果记录表及抽样检验等文书上签字或者盖章。⑥根据《食品生产经营日常监督检查管理办法》对检查结果进行处理。⑦及时公布监督检查结果。

2.日常监督检查人员的基本要求　日常监督检查人员应当符合执行日常监督检查工作的要求，市、县级市场监管部门应当加强对检查人员的管理。①应当由2名以上（含2名）监督检查人员开展监督检查工作，并出示有效证件。②检查人员应当掌握与开展食品生产经营日常监督检查相适应的食品安全法律、法规、规章、标准等知识，熟悉食品生产经营监督检查要点和检查操作手册，并定期接受培训与考核。③根据日常监督检查事项，必要时市、县级市场监管部门可以邀请食品安全专家、消费者代表等人员参与监督检查工作。

二、日常监督检查要点与结果判定

1.检查要点表和结果记录表的适用范围　作为《食品生产经营日常监督检查管理办法》的配套实施表格，适用于食品生产经营日常监督检查工作。《食品生产经营日常监督检查要点表》中"表1-1　食品生产日常监督检查要点表"适用于对食品（不含保健食品）、食品添加剂生产环节的监督检查，"表1-2　食品销售日常监督检查要点表"适用于对食品、食品添加剂销售环节的监督检查，"表1-3　餐饮服务日常监督检查要点表"适用于对餐饮服务环节的监督检查，"表1-4　保健食品生产日常监督检查要点表"适用于对保健食品生产环节的监督检查。《食品生产经营日常监督检查结果记录表》适用于对食品（含保健食品）、食品添加剂生产、销售、餐饮服务各个环节日常监督检查结果的记录、判定及公布。省级市场监管部门可以根据需要，对日常监督检查要点表进行细化、补充。

检查要点表和
结果记录表

2.检查要点表和结果记录表的使用　按照《食品生产经营日常监督检查管理办法》的要求，《食品生产经营日常监督检查要点表》对食品（食品添加剂）、保健食品生产、销售、餐饮服务不同类型食品生产经营者监督检查的表格，做出了统一规定。《食品生产经营日常监督检查要点表》的告知页，适用于各种类型食品生产经营者。日常监督检查时应首先填写告知页的相关内容，记录告知、申请回避等情况，并由被检查单位、监督检查人员签字。

《食品生产经营日常监督检查要点表》具体细化了各个环节的监督检查内容，设定了检查的重点项目和一般项目，并对每个检查项目结果设置评价项。每一个检查项目在对应的检查操作手册中做出了可操作性的描述。监督检查人员应当参考检查操作手册的规定，对检查内容逐项开展检查，并对每一项结果进行评价，必要的检查记录信息应在"备注"栏中填写。评价结果为"否"的，需要在"备注"栏注明原因；发现存在其他问题的，可以在《食品生产经营日常监督检查要点表》"其他需要记录的问题"一栏进行记录。按照《食

品生产经营日常监督检查管理办法》规定，每次日常监督检查可以随机抽取《食品生产经营日常监督检查要点表》中的部分内容进行检查，但每年开展的监督检查原则上应覆盖《食品生产经营日常监督检查要点表》全部项目。

《食品生产经营日常监督检查结果记录表》包括被检查者的基本信息、检查内容、检查结果、被检查者意见等内容。监督检查人员应如实记录日常监督检查情况，综合进行判定，确定检查结果。检查人员和被检查食品生产经营者应当在《食品生产经营日常监督检查结果记录表》上签字确认。

3. 检查结果的判定与问题处理　　监督检查人员按照日常监督检查要点表和检查结果记录表的要求，对日常监督检查情况如实记录，并综合进行判定，确定检查结果。监督检查结果分为符合、基本符合与不符合3种形式。按照对《食品生产经营日常监督检查要点表》的检查情况，检查中未发现问题的，检查结果判定为符合；发现小于8项一般项存在问题的，检查结果判定为基本符合；发现大于8项一般项或一项（含）以上重点项存在问题的，检查结果判定为不符合。但对餐饮服务的检查结果判定，应当按《食品生产经营日常监督检查要点表》中"表1-3"规定执行。检查中发现的问题及相应处置措施应当在说明项进行描述。

市、县级市场监管部门应当对日常监督检查发现的问题及时进行处理。对日常监督检查结果属于基本符合的食品生产经营者，市、县级市场监管部门应当就监督检查中发现的问题书面提出限期整改要求。被检查单位应当按期进行整改，并将整改情况报告市场监管部门。监督检查人员可以跟踪整改情况，并记录整改结果。对日常监督检查结果为不符合、有发生食品安全事故潜在风险的，食品生产经营者应当立即停止食品生产经营活动。对食品生产经营者应当立即停止食品生产经营活动而未执行的，由县级以上市场监管部门依照《食品安全法》第126条第1款的规定进行处罚。

市、县级市场监管部门应当于日常监督检查结束后2个工作日内，向社会公开日常监督检查时间、检查结果和检查人员姓名等信息。日常监督检查结束后2个工作日内，市场监管部门应当在生产经营场所醒目位置张贴日常监督检查结果记录表。食品生产经营者应当将张贴的日常监督检查结果记录表保持至下次日常监督检查。

市、县级市场监管部门在日常监督检查中发现食品安全违法行为的，应当进行立案调查处理。立案调查制作的笔录，以及拍照、录像等的证据保全措施，应当符合食品药品行政处罚程序相关规定。市、县级市场监管部门在日常监督检查中发现违法案件线索，对不属于本部门职责或者超出管辖范围的，应当及时移送有权处理的部门；涉嫌构成犯罪的，应当及时移送公安机关。

思考与练习

1. 我国食品生产日常监督的主要依据有哪些？
2. 食品生产日常监督检查的原则和主要内容哪些条件？
3. 食品生产日常监督检查的特点是什么？
4. 食品生产日常监督检查的基本程序和要求是什么？
5. 如何规范使用检查要点表和结果记录表？
6. 食品生产日常监督检查结果的判定标准是什么？

模块六

食品认证管理

6

【模块提要】本模块介绍了绿色食品、有机食品和农产品地理标志的概念、发展历程、认证条件、认证程序和管理办法。

【学习目标】掌握绿色食品、有机食品、农产品地理标志登记的概念和要求，熟悉各类产品的认证程序和标志使用要求。能按要求整理各类产品认证申请材料，编制技术规范。

项 目 一

绿色食品标志许可

>>> 任务一 绿色食品的概念和许可依据 <<<

一、绿色食品的概念和分类

认证是指由认证机构证明产品、服务、管理体系符合相关技术规范的强制性要求或者标准的合格评定活动。管理体系认证主要有质量管理体系认证、环境管理体系认证、职业健康安全管理体系认证、信息安全管理体系认证、信息技术服务管理体系认证等。服务认证有批发业和零售业服务认证、住宿服务认证、食品和饮料服务认证等，产品认证主要有农林（牧）渔认证；加工食品、饮料和烟草认证等国推自愿认证和一般食品农产品认证。国推自愿认证指由国家认证认可行业管理部门制定相应的认证制度，经批准并具有资质的认证机构按照统一的认证标准、实施规则和认证程序开展实施的认证项目。如有机产品认证和良好农业规范（GAP）认证，这类认证主要以推荐性国标为标准实施。

食品产品认证是由第三方机构证实某一食品或食品原料符合规定的技术要求和质量标准的合格评定活动。认证合格的产品，由授权的认证部门授予认证证书，并许可在产品或包装上按规定的方法使用规定的认证标志。食品产品认证是国际上通行的对食品进行评价的有效方法，已成为许多国家的政府和相关机构用来保证食品质量和安全的重要调控和管理手段。食品产品认证多为自愿性认证。

1.绿色食品的发展历程 绿色食品是我国改革开放和新时期农业农村经济发展的必然产物。20世纪80年代末90年代初，我国城乡人民生活在解决温饱问题的基础上开始向小康水平迈进，对农产品及加工食品的质量提出了新的要求，农业发展开始实现战略转型，向高产、优质、高效方向发展。同时，农业生态环境问题日益受到社会关注。为保护我国农业生态环境，提高农产品质量安全水平，农业部农垦部门在研究制定全国农垦经济社会"八五"发展规划和2000年工作设想时，根据农垦系统的生态环境、组织管理和技术条件优势，提出在农垦系统内发展无公害污染的拳头产品，由于与环境保护有关的事物通常都冠以"绿色"，因此定名为绿色食品。1990年5月15日至17日，农业部农垦司在北京召开了全国首届绿色食品工作会议，我国绿色食品工程在农垦系统正式启动。

1992年11月5日，经国家人事部批准，农业部成立了农业部绿色食品办公室，并组建了中国绿色食品发展中心，专门负责全国绿色食品开发与管理工作。同年4月15日，国家工商行政管理局、农业部联合下发《关于依法使用保护"绿色食品"商标标志的通知》。

1993年1月11日农业部出台《绿色食品标志管理办法》，绿色食品事业步入了方向明确、规范有序、加快推进的发展轨道。1995年5月25日，农业部颁布了首批《绿色食品 苹果》等25项农业行业标准。1996年11月7日，绿色食品标志证明商标经国家工商行政管理局商标局核准注册，成为我国第一例质量证明商标。随后，农业农村部不断完善绿色食品法规和标准体系，规范绿色食品管理，绿色食品由农垦系统向全社会推进，发展速度加快，国内外影响不断扩大。

经过近30年的探索和创新，绿色食品创立了"以技术标准为基础、质量认证为形式、商标管理为手段"的运行模式，实行质量认证制度与证明商标管理制度相结合。截至2020年底，全国绿色食品企业总数达到18 747家，产品总数达到41 681个，产品种类已覆盖种植、畜禽、水产等大宗农产品及加工食品，质量抽检合格率保持在98%以上。全国已创建绿色食品标准化原料生产基地721个，面积1.66亿亩①，总产量超过1亿t。2019年，绿色食品产品年销售额达到4 600亿元，出口额超过43亿美元。

2.绿色食品的概念 绿色食品是指产自优良生态环境、按照绿色食品标准生产、实行全程质量控制并获得绿色食品标志使用权的安全、优质食用农产品及相关产品。绿色食品必须同时具备以下条件：①产品或产品原料产地须符合绿色食品生态环境质量标准。优良生态环境是绿色食品生产的基础。绿色食品强调产品或产品原料产自优良的生态环境，产地环境的土壤、大气、水等环境因子要通过严格监测，符合相应环境技术标准要求，确保产地环境无污染。②农作物种植、畜禽饲养、水产养殖及食品加工必须符合绿色食品的生产操作规程。③产品必须符合绿色食品质量和安全标准。④产品外包装必须符合国家食品标签通用标准，符合绿色食品特定的包装、装潢和标签规定。

3.绿色食品的分类 在我国发布的《绿色食品 食品添加剂使用准则》（NY/T 392）、《绿色食品 农药使用准则》（NY/T 393）、《绿色食品 肥料使用准则》（NY/T 394）、《绿色食品 兽药使用准则》（NY/T 472）、《绿色食品 渔药使用准则》（NY/T 755）等绿色食品标准中，根据对使用的农业投入品的不同要求，将绿色食品分为AA级和A级绿色食品。

（1）AA级绿色食品是指产地环境质量符合《绿色食品 产地环境质量》（NY/T 391）的要求，遵照绿色食品生产标准生产，生产过程中遵循自然规律和生态学原理，协调种植业和养殖业的平衡，不使用化学合成的肥料、农药、兽药、渔药、添加剂等物质，产品质量符合绿色食品产品标准，经专门机构许可使用绿色食品标志的产品。因AA机绿色食品等同于有机食品，中国绿色食品发展中心已于2008年6月停止受理AA级绿色食品认证。

（2）A级绿色食品是指产地环境质量符合NY/T 391的要求，遵照绿色食品生产标准生产，生产过程中遵循自然规律和生态学原理，协调种植业和养殖业的平衡，限量使用限定的化学合成生产资料，产品质量符合绿色食品产品标准，经专门机构许可使用绿色食品标志的产品。

绿色食品按加工程度分为初级产品、初加工产品、深加工产品；按产品类别分为农林产品及其加工品、畜禽类、水产类、饮品类和其他产品。

---

① 亩为非法定计量单位，1亩≈666.67 m²。

二、绿色食品标志许可的依据

1.绿色食品标志管理办法　为加强绿色食品标志使用管理，确保绿色食品信誉，促进绿色食品事业健康发展，2012年7月30日农业部发布了《绿色食品标志管理办法》，对绿色食品标志使用的管理职责、申请与核准的要求与程序、标志使用管理和监督检查做出了规定。

《绿色食品
标志管理
办法》

绿色食品产地环境、生产技术、产品质量、包装储运等标准和规范，由农业农村部制定并发布。中国绿色食品发展中心负责全国绿色食品标志使用申请的审查、颁证和颁证后跟踪检查工作。省级农业行政主管部门所属绿色食品工作机构（以下简称省级工作机构）负责本行政区域绿色食品标志使用申请的受理、初审和颁证后跟踪检查工作。县级以上农业行政主管部门依法对绿色食品及其标志进行监督管理。

承担绿色食品产品和产地环境检测工作的技术机构，应当具备相应的检测条件和能力，并依法经过资质认定，由中国绿色食品发展中心按照公平、公正、竞争的原则择优指定并报农业农村部备案。

2.绿色食品标志许可审查程序　为加强和规范绿色食品标志许可审查管理，提高标志许可审查工作的有效性，2014年5月28日中国绿色食品发展中心修订发布了《绿色食品标志许可审查程序》，对绿色食品标志使用审查、核准的工作职责；标志许可的申请的条件；初次申请审查、续展申请审查、境外申请审查的程序和要求等相关内容做出了规定。《绿色食品标志许可审查程序》附件1~7对绿色食品受理通知书、绿色食品现场检查通知书、绿色食品检查意见通知书、绿色食品省级工作机构初审报告等、绿色食品标志使用申请书、调查表及清单、绿色食品申报产品有关情况填报说明进行了具体要求。

《绿色食品
标志许可
审查程序》

中国绿色食品发展中心负责绿色食品标志使用申请的审查、核准工作。省级工作机构负责本行政区域绿色食品标志使用申请的受理、初审、现场检查工作。地（市）、县级农业行政主管部门所属相关工作机构可受省级工作机构委托承担上述工作。绿色食品检测机构负责绿色食品产地环境、产品检测和评价工作。

3.绿色食品标志许可审查工作规范和现场检查工作规范　为进一步规范绿色食品标志许可审查和现场检查工作，保证审查工作的科学性、公正性和有效性，提高现场检查工作质量和效率，规避标志许可审查风险，2014年12月26日，中国绿色食品发展中心（农绿认〔2014〕24号）发布了《绿色食品标志许可审查工作规范》《绿色食品现场检查工作规范》和相关配套文件。

农绿认
〔2014〕
24号

《绿色食品标志许可审查工作规范》所称审查是指经中国绿色食品发展中心核准注册且具有相应专业资质的绿色食品检查员，对申请人材料、环境和产品质量证明材料、绿色食品现场检查报告、省级工作机构相关材料等实施审核的过程。省级工作机构负责对申请人材料、环境和产品质量证明材料、绿色食品现场检查报告的初审，中国绿色食品发展中心负责对省级工作机构初审结果及其提交相关材料的综合审查，并对审查工作统一管理。

《绿色食品标志许可审查工作规范》对申请材料的构成、申请人资质证明材料、申请书、调查表、生产技术规程、原料订购凭证、基地图、质量控制规范、预包装食品标签或设计样、环境质量证明材料、产品质量证明等申请人材料和省级工作机构材料和现场检查报告明确了审查要求。"附表1　绿色食品标志许可审查报告"对申请人基本情况、审查情

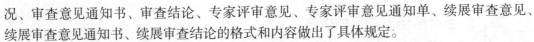

《绿色食品
标志使用证
管理办法》

况、审查意见通知书、审查结论、专家评审意见、专家评审意见通知单、续展审查意见、续展审查意见通知书、续展审查结论的格式和内容做出了具体规定。

《绿色食品现场检查工作规范》所称现场检查是指经中国绿色食品发展中心核准注册且具有相应专业资质的绿色食品检查员依据绿色食品技术标准和有关法规对绿色食品申请人提交的申请材料、产地环境质量、产品质量等实施核实、检查、调查、风险分析和评估并撰写检查报告的过程，适用于绿色食品检查员开展境内外绿色食品现场检查工作。《绿色食品现场检查工作规范》对现场检查工作程序和要求、检查要点、检查结论、检查报告的撰写做出具体规定。其附表对种植产品、畜禽产品、加工产品、水产品、食用菌、蜂产品6类产品现场检查报告的内容和现场检查发现问题汇总表、会议签到表的格式做出了规定。

《绿色食品
颁证程序》

4.绿色食品标志使用证管理办法和绿色食品颁证程序 为了进一步规范和加强绿色食品证书的颁发和管理工作，2014年12月10日，中国绿色食品发展中心修订发布了《绿色食品标志使用证管理办法》，制定发布了《绿色食品颁证程序》，两个文件针对证书的颁发、使用与管理，证书的变更与补发，证书的注销与撤销和核定费用、签订《绿色食品标志使用合同》、制发证书、发布公告等绿色食品颁证程序进行了明确。

5.绿色食品专家评审工作规范 为规范绿色食品专家评审工作，保证专家评审工作的科学性、公正性和权威性，2020年2月26日中国绿色食品发展中心发布了《绿色食品专家评审工作规范》，对专家评审的组织、工作原则、评审重点、会议评审与线上评审要求进行了规定。本规范所称专家评审是指评审专家对中国绿色食品发展中心综合审查合格的材料，从专业角度审查申请人申报产品生产全过程、绿色食品工作机构和绿色食品检查员的审查工作、环境和产品检测工作等，并形成评审意见的过程。《绿色食品专家评审工作规范》附件1~5对绿色食品专家评审意见表、专家组评审意见汇总表、不予颁证决定通知、专家评审意见通知单、专家评审意见处理单、专家评审要点等许可文书进行了具体要求。

《绿色食品
专家评审
工作规范》

6.绿色食品标志使用管理规范（试行） 为加强绿色食品标志保护，规范绿色食品标志使用，2020年9月2日中国绿色食品发展中心制定了《绿色食品标志使用管理规范（试行）》，对标志的使用和管理做出了具体规定。本规范所称的绿色食品标志，是经国家知识产权局商标局依法注册的质量证明商标，包括"绿色食品"中英文字、标志图形及图文组合。中国绿色食品发展中心为商标的注册人，对该商标享有所有权。经中国绿色食品发展中心审查合格许可，获得绿色食品标志使用权的单位为绿色食品标志使用人。绿色食品标志使用证书是绿色食品标志使用人合法有效使用绿色食品标志的证明。中国绿色食品发展中心依法负责全国绿色食品标志使用的统一管理，并组织实施绿色食品标志使用监督管理，各级绿色食品工作机构负责所辖区域绿色食品标志使用的日常监管。

《绿色食品
标志使用
管理规范
（试行）》

此外，中国绿色食品发展中心发布的《关于调整绿色食品防伪标签管理工作的通知》《关于进一步严格绿色食品申请人条件审查的通知》《绿色食品企业年度检查工作规范》《绿色食品产品质量年度抽检工作管理办法》《绿色食品商标标志设计使用规范手册》等规范性文件都是绿色食品标志许可的依据。

三、绿色食品标准体系

1.绿色食品标准的概念和组成 绿色食品标准是以绿色食品科学、技术和生产实践经验的综合成果为基础，接轨国际先进标准，适合我国现有生产条件，由农业农村部批准并发布，绿色食品生产企业共同遵守的准则和依据。绿色食品标准虽然是推荐性农业行业标准，但对经许可的绿色食品生产企业来说，是强制性标准，必须严格执行。

绿色食品标准体系由产地环境质量标准、生产技术标准、产品质量标准、包装标签标准、储藏运输标准和其他相关标准组成。截至2020年年底，现行有效绿色食品标准140项，其中产品标准126项，通用技术准则14项，制定区域性绿色食品生产操作规程162项，涵盖产地环境、生产加工过程、产品质量和包装贮藏等环节，构建了完整和系统的标准体系。

绿色食品按照一整套绿色食品标准进行生产，规范了每个操作要求。这种绿色食品标准的定位是严于国家标准，与世界发达国家标准的水平相当。依据绿色食品标准，从农田到餐桌全过程进行标准化生产和管理，同时配合一系列行政文件，保证了绿色食品的质量安全，维护了绿色食品安全、优质的本色。

2. 绿色食品产地环境质量标准　《绿色食品　产地环境质量标准》（NY/T 391—2013）规定了绿色食品产地的术语和定义、对生态环境、空气质量、农田灌溉用水、渔业水质、畜禽养殖用水、加工用水、食用盐、原料、水质和土壤环境质量、土壤肥力、食用菌栽培基质规定了具体项目指标和检测方法，适用于绿色食品生产。《绿色食品　产地环境调查、监测评价导则》（NY/T 1054—2013）规定了绿色食品产地环境调查、产地环境质量监测和产地环境质量评价的要求。此外绿色食品生产操作规程也对产地环境提出了具体要求，如《北方地区　绿色食品桃生产操作规程》（LB/T 064—2020）规定，产地环境条件应符合NY/T 391的规定，选择耕作与排灌方便、土壤疏松的轻壤土或沙壤土，pH 5.5~7.5，年平均气温8~17℃，1月份平均气温不低于-10℃，年降水量500 mm左右。

3. 绿色食品生产技术标准　生产技术标准是绿色食品标准体系的核心，它包括生产资料使用准则和生产技术操作规程两大部分。

绿色食品生产资料使用准则是对绿色食品生产过程中物质投入的一个原则性规定，它包括种植业的农药、肥料使用准则，畜禽养殖业、渔业的兽药和渔药、饲料和饲料添加剂使用准则、畜禽卫生防疫准则、海洋捕捞水产品生产管理规范。加工业的食品添加剂使用准则共14项标准。《绿色食品　农药使用准则》（NY/T 393—2020）规定了绿色食品生产和储运中的有害生物防治原则、农药选用、农药使用规范和绿色食品农药残留要求，用于绿色食品的生产和储运。《绿色食品　肥料使用准则》（NY/T 394—2013）规定了绿色食品生产中肥料使用原则、肥料种类及使用规定。《绿色食品　兽药使用准则》（NY/T 472—2013）规定了绿色食品生产中兽药使用的术语和定义、基本原则和使用原则。《绿色食品　渔药使用准则》（NY/T 755—2013）规定了绿色食品水产养殖过程中渔药使用的术语和定义、基本原则和使用规定。《绿色食品　饲料及饲料添加剂使用准则》（NY/T 471—2018）规定了生产绿色食品畜禽、水产产品允许使用的饲料和饲料添加剂的使用原则、要求和使用规定。《绿色食品　食品添加剂使用准则》（NY/T 392—2013）规定了绿色食品食品添加剂的术语和定义、使用原则和使用规定。

绿色食品生产操作规程是以上述生产资料使用准则为依据，按作物种类、畜牧种类和不同农业区域的生产特性分别制定的，用于指导绿色食品生产活动，规范绿色食品生产的技术规程，包括大田作物类、蔬菜类、水果类、养殖类、加工类，目前共162项。

《绿色食品
产品适用
标准目录》
（2019版）

4. 绿色食品产品标准　产品标准是衡量最终产品质量的尺度，是绿色食品形象的主要标志，也是绿色食品生产、管理及质量控制水平的具体表现。标准规定了绿色食品的产地环境、原料要求、生产过程、感官指标、理化指标、污染物限量、农药残留限量、兽药残留限量、微生物限量、净含量、检验规则、标签、包装、运输和储存等相关要求，其安全指标高于国家现行标准，有的达到或接近同类食品的国际先进标准。《绿色食品产品适用标准目录》（2019版）包括种植业产品标准42项，畜禽产品标准7项，渔业产品标准10项，加工产品标准67项，共126项。

5. 绿色食品抽样及检验标准　《绿色食品　产品抽样准则》（NY/T 896—2015）规定了绿色食品样品抽取的术语和定义、一般要求、抽样程序和抽样方法。《绿色食品　产品检验规则》（NY/T 1055—2015）规定了绿色食品产品的检验分类、抽样、检验依据和判定规则。

6. 绿色食品包装、标签标准　《绿色食品　包装通用准则》（NY/T 658—2015）规定了绿色食品包装的术语和定义、基本要求、安全卫生要求、生产要求、环保要求、标志与标签要求和标识、包装、贮存与运输要求，适用于绿色食品包装的生产与使用。绿色食品产品标签，除要求符合GB 7718外，还要求符合《中国绿色食品商标标志设计使用规范手册》规定。

7. 绿色食品贮藏运输标准　《绿色食品　贮藏运输准则》（NY/T 1056—2006）规定绿色食品包装贮存环境必须洁净卫生，应根据产品特点、贮存原则及要求，选用合适的贮存技术和方法；贮存方法不能使绿色食品发生变化，引入污染。可降解食品包装与非降解食品包装应分开贮存与运输。

▶▶▶ 任务二　绿色食品标志许可的条件和要求 ◀◀◀

一、绿色食品标志的定义及内涵

《中国绿色食
品商标标志
设计使用规
范手册》

1. 绿色食品标志的定义　绿色食品标志是经中国绿色食品发展中心在国家知识产权局商标局注册的质量证明商标，用以证明食品商品具有无污染的安全、优质、营养的品质特性。证明商标又称保证商标，是指由对某种商品或者服务具有监督能力的组织所控制，而由该组织以外的单位或者个人使用于其商品或者服务，用以证明该商品或者服务的原产地、原料、制造方法、质量或者其他特定品质的标志。和其他商标一样，绿色食品标志具有商标所有的专用性、限定性和保护地域性，受国家商标法的保护。注册号为第892107至892139号、第17637076至17637135号，注册范围涵盖了《商标注册用商品和服务国际分类》第1、2、3、5、29、30、31、32、33类等九大类别的产品。中国绿色食品发展中心为商标的注册人，对该商标享有所有权。

2. 绿色食品标志的形式　绿色食品标志商标包括标志图形、中文"绿色食品"，英文"GREEN FOOD"及中英文与图形组合等10种形式（图6-1-1）。图形由三部分组成，即上方是广阔田野上初升的太阳，中心是蓓蕾，下方是植物伸展的叶片。整个图形表达明媚阳光下的和谐生机，提醒人们保护环境，创造人与自然的和谐关系。绿色食品标志使用人应当按照中国绿色食品发展中心制定的《中国绿色食品商标标志设计使用规范手册》在获证产品包装上使用绿色食品标志。

图6-1-1 绿色食品标志组合

3.绿色食品标志使用的基本要求 食品生产企业在其产品包装上使用绿色食品标志必须经中国绿色食品发展中心批准，否则属于商标侵权行为，将受到市场管理部门的依法查处，甚至被诉诸人民法院。同时，绿色食品标志使用人应当按照中国绿色食品发展中心制定的《中国绿色食品商标标志设计使用规范手册》在获证产品包装上使用绿色食品标志。该手册对绿色食品标志的图形、字体、规定颜色及文字与图形的组合形式，以及在产品包装上使用的图形、中英文字体、颜色等基本要素作了标准规定，绿色食品标志使用人须按照相关要求，将绿色食品标志及企业信息码组合使用在其产品包装上，不得随意设计使用。绿色食品实施商标使用许可制度，使用有效期为3年。

在有效使用期内，绿色食品管理机构每年对用标企业实施年检，组织绿色食品产品质量定点检测机构对产品质量进行抽检，并进行综合考核评定，合格者继续许可使用绿色食品标志，不合格者限期整改或取消绿色食品标志使用权。

二、绿色食品标志许可的条件

1.申请人资质条件 申请人应当具备下列资质条件：①申请人应在国家市场监管部门登记取得营业执照，能够独立承担民事责任的企业法人、农民专业合作社、个人独资企业、合伙企业、家庭农场等，国有农场、国有林场和兵团团场等生产单位；②具有稳定的生产基地；③具有绿色食品生产的环境条件和生产技术；④具有完善的质量管理体系，并至少稳定运行一年；⑤具有与生产规模相适应的生产技术人员和质量控制人员；⑥申请前三年内无质量安全事故和不良诚信记录；⑦与绿色食品工作机构或检测机构不存在利益关系；⑧"集团公司+分公司"可作为申请人，分公司不可独立作为申请人；⑨全军农副业生产基地申请绿色食品应按中国绿色食品发展中心相关规定执行；⑩无稳定原料生产基地（不包括购买全国绿色食品原料标准化生产基地原料或绿色食品及其副产品的申请人），且实行委托加工的，不得作为申请人；购买全国绿色食品原料标准化生产基地的原料或直接购买绿色食品及其副产品的，可以作为申请人；⑪续展申请人应完全履行《绿色食品标志商标使用许可合同》责任和义务。

2.申报产品条件 申请使用绿色食品标志的产品，应当符合绿色食品标志商标涵盖的商品范围之内，《食品安全法》和《农产品质量安全法》等法律法规规定，在国家工商总局商标局核定的并具备下列条件：①产品应为现行《绿色食品产品标准适用目录》范围内产品；产品本身或产品配料成分属于国家卫健委发布的"可用于保健食品的物品名单"中的产品，如西洋参，需取得国家相关保健食品或新食品原料的审批许可后方可进行申报；已获卫生部批复可作为普通食品或新食品原料管理的产品，不需要提供保健食品证书，但前提是在《绿色食品产品标准适用目录范围》内，如人参（人工种植）、玫瑰花（重瓣玫瑰）；②产品或产品原料产地环境符合绿色食品产地环境质量标准；③农药、肥料、饲料、兽药等投入品使用符合绿色食品投入品使用准则；④产品质量符合绿色食品产品质量标准；⑤包装储运符合绿色食品包装储运标准。申报绿色食品的产品应按照《绿色食品产品适用标准目录》选择适用标准，如产品不在"目录"范围内的，不予受理。《绿色食品产品适用标准目录》实行动态管理，每年年初根据上一年度标准的制修订情况对目录进行调整。

3.申报产品规模要求　绿色食品申请人生产规模（指同一申请人申报同一类别产品如粮油作物种植、肉牛养殖等的总体规模）还应符合以下要求：

（1）种植业。粮油作物产地规模达到500亩以上；露地蔬菜产地规模达到100亩以上；设施蔬菜产地规模达到50亩以上；水果产地规模达到100亩以上；茶叶产地规模达到100亩以上；土栽食用菌产地规模达到50亩以上；基质栽培食用菌产地规模达到50万（袋）。

（2）养殖业。肉牛年出栏量或奶牛年存栏量达到500头以上；肉羊年出栏量达到2 000头以上；生猪年出栏量达到2 000头以上；肉禽年出栏量或蛋禽年存栏量达到10 000只以上；鱼、虾等水产品湖泊水库养殖面积达到500亩以上，养殖池塘面积达到200亩以上。

4.绿色食品申请人委托生产条件　委托生产是指申请人不能独立完成申请产品种植、养殖、加工（包括农产品初加工、深加工、分包装）全部环节的生产，而需要把部分环节委托他人完成的生产方式。绿色食品申请人实行委托生产应符合以下条件：①实行委托加工的种植业、养殖业申请人，其应有固定的原料生产基地，被委托方须具备加工许可（不包括食品生产加工小作坊生产许可）。②实行委托种植或委托养殖的加工业申请人，应与公司、合作社、农户或其他单位签订绿色食品委托种植或委托养殖合同。③直接购买绿色食品原料标准化生产基地产品或已获证绿色食品产品及其副产品的申请人，实行委托加工或分包装，被委托方应为绿色食品企业。

▶▶▶ 任务三　绿色食品标志许可的申报程序 ◀◀◀

一、绿色食品标志许可初次申报

绿色食品标志许可申报，实际上是绿色食品产品质量认证和许可使用绿色食品标志的申报。申报程序只是为更有效实施标志使用许可而设定的工作形式。

绿色食品初次申报是指符合绿色食品相关要求的申请人向所在地省级绿色食品工作机构提出使用绿色食品标志的申请，通过省级工作机构、定点环境监测机构、定点产品监测机构、中国绿色食品发展中心的文审、现场检查、环境监测、产品检测、标志许可审查、专家评审、颁证完成申报工作。

绿色食品标志许可的一般程序为企业申请→受理及文审（省级工作机构）→现场检查、环境监测（省级工作机构和环境监测机构）→产品抽样、产品检测（产品检测机构）→初审（省级工作机构）→综合审查（中国绿色食品发展中心认证处）→专家评审（绿色食品评审委员会）→颁证（中国绿色食品发展中心主任）。

1.申请　申请人至少在产品收获、屠宰或捕捞前3个月，向所在省级工作机构提出申请，完成网上在线申报并提交下列文件：

（1）绿色食品标志使用申请书及调查表。初次申请与续展申请共用一个格式的申请书，

SQ-01-绿色
食品标志使
用申请书

在申请书封面相应的位置标注；申请人应根据关于印发《绿色食品标志许可审查程序》的通知（农绿认〔2014〕9号）"附件7 绿色食品申报产品有关情况填报说明"，结合《绿色食品标志许可审查工作规范》审查要求，根据申请产品类别按照规定填写绿色食品标志使用申请书和调查表。

SQ-02-绿色食品种植产品调查表及申请材料清单

（2）资质证明材料。如营业执照、食品生产许可证、动物防疫条件合格证、商标注册证等证明文件复印件。申请人中应与所提供营业执照企业名称一致，经营范围应涵盖申请产品类别。商标注册证应在有效期内并涵盖申请产品，与商标注册人或其法人代表一致，若不一致，应提供申请人使用权证明材料（商标变更证明、商标使用许可证明、商标转让协议等）。申请人应提供正式商标注册证，在受理期、公告期的按无商标处理，未注册商标的无须提供相关注册材料。食品生产许可证应在有效期内并涵盖申请产品，申请人应与被许可人或其申请产品生产方一致。按照农业部《动物防疫条件审查办法》应取得动物防疫条件合格证的，应提供动物防疫条件合格证，申请人应与证书中单位名称或申请人养殖场所名称一致，经营范围应涵盖申请产品。需提供屠宰许可证的产品，应提供屠宰许可证，申请人应与证书中企业名称或其申请产品屠宰加工方一致并在有效期内。矿泉水、矿盐等矿产资源产品申请人应提供采矿（取水）许可证，申请人应与采矿权人或其采矿单位一致，生产规模应能满足产品申请产量需要并在有效期内。申请人应与食盐定点生产企业证书中单位名称一致，生产品种应涵盖申请产品，证书应在有效期内。属野生动物养殖产品的，应提供野生动物驯养（繁育）许可证且应在有效期内。属特种水产养殖产品的，应提供特种水产养殖许可证且应在有效期内。属野生采集产品的，应提供证明野生采集证明材料。其他需提供的资质证明材料，应符合国家相关要求。

SQ-03-绿色食品畜禽产品调查表及申请材料清单

SQ-04-绿色食品加工产品调查表及申请材料清单

（3）质量控制规范。质量控制规范应由申请负责人签发或加盖申请人公章。非加工产品应提供加盖申请人公章的基地管理制度，内容包括基地组织机构设置、人员分工；投入品供应、管理；种植（养殖）过程管理；产品收后管理；仓储运输管理等相关内容。加工产品应提供质量管理手册，内容应包括生产、加工、经营者的简介；生产、加工、经营者的管理方针和目标；管理组织机构图及其相关岗位的责任和权限；可追溯体系、内部检查体系、文件和记录管理体系。

SQ-05-绿色食品水产品调查表及申请材料清单

（4）生产技术规程。生产技术规程包括种植规程（涵盖食用菌种植规程）、养殖规程（包括畜禽、水产品和蜜蜂等养殖规程）和加工规程。各项规程应依据绿色食品相关标准准则、结合当地实际情况制定，并具有科学性、可操作性和实用性的特点。技术规程应由申请人负责签发或加盖申请人公章。

各项规程应依据绿色食品相关标准准则、结合当地实际情况制定，并具有科学性、可操作性和实用性的特点，引用标准应为最新版本。投入品使用要符合相关准则标准要求，无违禁投入品，规程要与生产实际相符。

SQ-06-绿色食品食用菌调查表及申请材料清单

（5）基地图、加工厂平面图、基地清单、农户清单等。基地图应清晰反映基地所在行政区划（具体到县级）、基地位置（具体到乡镇村）和地块分布。种植产品一般应提供基地5km范围的行政区划图、基地位置图、地块分布图。加工产品还应提供加工厂平面图，养殖产品还应提供养殖场所平面图。

SQ-07-绿色食品蜂产品调查表及申请材料清单

（6）合同、协议，购销发票，生产、加工记录。原料订购合同（协议）应真实、有效，不得涂改或伪造；应清晰、完整并确保双方（或多方）签字、盖章清晰；应包括绿色食品相关技术要求、法律责任等内容。原料及其生产规模（产量或面积）应满足申请产品生产需要；应确保至少3年的有效期。

（7）含有绿色食品标志的包装标签或设计样张。应符合《食品标识管理规定》、GB 7718、GB 28050等标准要求；标签上生产商名称、产品名称、商标、产品配方等内容应与申请材料一致；标签上绿色食品标志设计样张应符合《中国绿色食品商标标志设计使用手册》要求，且应标示企业信息码；申请人可在标签上标示产品执行的绿色食品标准，也可标示其执行的其他标准；非预包装食品不需提供产品包装标签。

（8）中国绿色食品发展中心规定应提交的其他材料，如生产记录等。

2.受理与材料审查 省级工作机构应当自收到申请之日起10个工作日内完成材料审查。符合要求的，予以受理，向申请人发出《绿色食品申请受理通知书》，并在产品及产品原料生产期内组织有资质的绿色食品检查员完成现场检查；不符合要求的，不予受理，书面通知申请人本生产周期不再受理其申请，并告知理由。

受理审查重点审查申请人资质条件、申报产品条件、申报材料的齐备性、真实性、合理性以及续展申请的及时性。《绿色食品标志许可审查工作规范》对申请人资质、资质证明材料、申请书、产品调查表、生产技术规程、原料订购凭证、基地图、质量控制规范、预包装食品标签或设计样、环境质量证明材料审查、省级工作机构材料和现场检查报告做出明确要求，申请和审查时应严格执行。

3.现场检查 省级工作机构应当根据申请产品类别，组织至少两名具有相应资质的绿色食品检查员组成检查组，在材料审查合格后45个工作日内组织完成现场检查（受作物生长期影响可适当延后）。现场检查前，应提前告知申请人并向其发出《绿色食品现场检查通知书》，明确现场检查计划。现场检查工作应在产品及产品原料生产期内实施。现场检查，重点检查申请人实际生产情况与申报材料的一致性、与绿色食品标准的符合性、质量管理规范和生产技术规程的有效性。

（1）现场检查要求。①申请人应当根据现场检查计划做好安排。检查期间，要求主要负责人、绿色食品生产负责人、内检员或生产管理人员、技术人员等在岗，开放场所设施设备，备好文件记录等资料。②绿色食品检查员在检查过程中应当收集好相关信息，做好文字、影像、图片等信息记录。

（2）现场检查程序。①召开首次会议：由检查组长主持，明确检查目的、内容和要求，申请人主要负责人、绿色食品生产负责人、技术人员和内检员等参加。②实地检查：检查组应当对申请产品的生产环境、生产过程、包装储运、环境保护等环节逐一进行严格检查。③查阅文件、记录：核实申请人全程质量控制能力及有效性，如质量控制规范、生产技术规程、合同、协议、基地图、加工厂平面图、基地清单、记录等。④随机访问：在查阅资料及实地检查过程中随机访问生产人员、技术人员及管理人员，收集第一手资料。⑤召开总结会：检查组与申请人沟通现场检查情况并交换现场检查意见。

（3）现场检查报告。现场检查完成后，检查组应当在10个工作日内向省级工作机构提交《绿色食品现场检查报告》。省级工作机构依据《绿色食品现场检查报告》向申请人发出《绿色食品现场检查意见通知书》。现场检查合格的，省级工作机构应当书面通知申请人，委托检测机构对申请产品和相应的产地环境进行检测；现场检查不合格的，通知申请人本

JG-01-绿色食品申请受理通知书

JG-02-绿色食品受理审查报告

JG-03-绿色食品现场检查通知书

JG-04-绿色食品现场检查意见通知书

生产周期不再受理其申请,告知理由并退回申请。

4. 产地环境、产品检测和评价 申请人按照《绿色食品现场检查意见通知书》的要求委托检测机构对产地环境、产品进行检测和评价。检测机构接受申请人委托后,应当分别依据NY/T 1054和NY/T 896及时安排现场抽样,并自环境抽样之日起30个工作日内、产品抽样之日起20个工作日内完成检测工作,出具《环境质量监测报告》和《产品检验报告》,提交省级工作机构和申请人。检测机构应当对检测结果负责。

申请人如能提供近一年内绿色食品检测机构或国家级、部级检测机构出具的《环境质量监测报告》,且符合绿色食品产地环境检测项目和质量要求的,可免做环境检测。经检查组调查确认产地环境质量符合NY/T 391和NY/T 1054中免测条件的,省级工作机构可做出免做环境检测的决定。

5. 省级工作机构初审 省级工作机构应当自收到《绿色食品现场检查报告》《环境质量监测报告》和《产品检验报告》之日起20个工作日内完成初审。初审合格的,将相关材料报送中国绿色食品发展中心,同时完成网上报送;不合格的,通知申请人本生产周期不再受理其申请,并告知理由。省级工作机构应当对初审结果负责。

JG-05-省级
工作机构初
审报告

省级工作机构初审,重点审查环境和产品质量证明材料、现场检查报告及相关材料,确保现场检查报告及相关材料真实规范,环境和产品检验报告合格有效。

6. 中国绿色食品发展中心书面审查和专家评审 中国绿色食品发展中心应当自收到省级工作机构报送的完备申请材料之日起30个工作日内完成书面审查,提出审查意见,并通过省级工作机构向申请人发出《绿色食品审查意见通知书》。需要补充材料的,申请人应在《绿色食品审查意见通知书》规定时限内补充相关材料,逾期视为自动放弃申请;需要现场核查的,由中国绿色食品发展中心委派检查组再次进行检查核实;审查合格的,中国绿色食品发展中心在20个工作日内组织召开绿色食品专家评审会,并形成专家评审意见。

7. 中国绿色食品发展中心颁证 中国绿色食品发展中心根据专家评审意见,在5个工作日内做出是否颁证的决定,并通过省级工作机构通知申请人。同意颁证的,进入绿色食品标志使用证书颁发程序;不同意颁证的,告知理由。

颁证是中国绿色食品发展中心向通过绿色食品标志许可审查的申请人颁发绿色食品标志使用证书的过程,包括核定费用、签订《绿色食品标志使用合同》、制发绿色食品标志使用证书、发布公告等。

(1)职责分工。中国绿色食品发展中心负责核定费用、制发《绿色食品标志使用合同》、编制信息码、产品编号、制发绿色食品标志使用证书等颁证工作。省级工作机构负责组织、指导申请人签订《绿色食品标志使用合同》、缴纳费用、向申请人转发绿色食品标志使用证书等颁证工作。

(2)核定费用。中国绿色食品发展中心依据颁证决定,按照有关绿色食品收费标准,在10个工作日内完成费用核定工作,通过"绿色食品网上审核与管理系统"生成《办证须知》《绿色食品标志使用合同》电子文本,并传送省级工作机构。

(3)签订合同,缴纳费用。省级工作机构通过"绿色食品网上审核与管理系统"在10个工作日内下载《办证须知》《绿色食品标志使用合同》《绿色食品防伪标签订单》等办证文件,并将上述办证文件发送申请人,其中《绿色食品标志使用合同》文本为一式三份。

申请人收到办证文件后,应按《办证须知》的要求,在2个月内签订《绿色食品标志使用合同》（纸质文本，一式三份），并寄送中国绿色食品发展中心，同时按照《绿色食品标志使用合同》的约定，一并缴纳审核费和标志使用费。

（4）编号、制证与公告。中国绿色食品发展中心收到申请人签订的《绿色食品标志使用合同》后，在10个工作日内完成信息码编排、产品编号、绿色食品标志使用证书制作等工作。中国绿色食品发展中心在2个工作日内完成《绿色食品标志使用合同》、绿色食品标志使用证书、缴费等信息核对工作，核对后将《绿色食品标志使用合同》（一式两份）和绿色食品标志使用证书原件统一寄送省级工作机构，并将《绿色食品标志使用合同》一份、证书复印件一份存档。中国绿色食品发展中心依据相关规定，对获证产品予以公告。

省级工作机构收到中国绿色食品发展中心寄发送的《绿色食品标志使用合同》和绿色食品标志使用证书后，在5个工作日内将《绿色食品标志使用合同》（一份）和绿色食品标志使用证书原件转发申请人，并将《绿色食品标志使用合同》一份、绿色食品标志使用证书复印件一份存档。

二、绿色食品标志许可续展

绿色食品标志使用证书有效期3年。绿色食品标志使用证书有效期满，需要继续使用绿色食品标志的，绿色食品标志使用人应当在有效期满3个月前向省级工作机构提出续展申请，同时完成网上在线申报。绿色食品标志使用人逾期未提出续展申请，或者续展未通过的，不得继续使用绿色食品标志。

1.职责分工 省级工作机构负责本行政区域绿色食品续展申请的受理、初审、现场检查、书面审查及相关工作。中国绿色食品发展中心负责续展申请材料的备案登记、监督抽查和颁证工作。绿色食品检测机构负责绿色食品产地环境、产品检测和评价工作。畜禽产品及其加工品、人工养殖的水产品及其加工品、蜂产品，按照《绿色食品标志许可审查程序》，其书面审查工作仍由中国绿色食品发展中心负责。

2.续展申请 绿色食品标志使用人应当向所在省级工作机构提交下列文件：①绿色食品标志使用申请书及调查表；②资质证明材料，如营业执照、食品生产许可证、动物防疫条件合格证、商标注册证等证明文件复印件；③基地图、加工厂平面图、基地清单、农户清单等；④合同、协议，购销发票，生产、加工记录；⑤含有绿色食品标志的包装标签或设计样张（非预包装食品不必提供）；⑥上一用标周期绿色食品原料使用凭证和绿色食品标志使用证书复印件；⑦《产品检验报告》（绿色食品标志使用人如能提供上一用标周期第3年的有效年度抽检报告，经确认符合相关要求的，省级工作机构可做出该产品免做产品检测的决定）；⑧《环境质量监测报告》（产地环境未发生改变的，申请人可提出申请，省级工作机构可视具体情况做出是否做环境检测和评价的决定）。

如续展无变化，可不提供质量控制规范、生产技术规程。《环境质量监测报告》和《产品检验报告》必须提供原件，环境免测依据的监测报告可提供复印件。

3.续展材料初审 省级工作机构收到申请材料后，应当在40个工作日内完成材料审查、现场检查和续展初审。初审合格的，应当在绿色食品标志使用证书有效期满25个工作日前将续展申请材料报送中国绿色食品发展中心，同时完成网上报送。逾期未能报送中国绿色食品发展中心的，不予续展。续展材料初审，重点审查申请人资质条件、申报产品条件、申报材料的齐备性、真实性、合理性以及续展申请的及时性。

4.书面审查　中国绿色食品发展中心收到省级工作机构报送的完备的续展申请材料之日起10个工作日内完成书面审查。省级工作机构承担续展书面审查工作的，按《省级绿色食品工作机构续展审核工作实施办法》执行。

省级工作机构按照《绿色食品标志许可审查程序》《绿色食品现场检查工作规范》《绿色食品标志许可审查工作规范》的要求，完成受理、现场检查、初审、书面审查等工作。

省级工作机构组织至少1名绿色食品检查员对续展申请人提交的材料、现场检查报告、环境质量监测报告、产品检验报告等相关材料进行书面审查，填写《绿色食品省级工作机构初审报告》，并分别由绿色食品检查员和省级工作机构负责人在报告上签字、盖章。书面审查务必确保续展申请材料完备有效，续展申请人缴清前期标志使用费，并在绿色食品使用标志证书上加盖年检章。

5.续展决定　中国绿色食品发展中心以《绿色食品省级工作机构初审报告》作为续展决定依据，随机抽取10%的续展申请材料进行监督抽查，监督抽查意见与审查结论不一致时，以监督抽查意见为准。监督抽查意见分为以下情况：①需要进一步完善的，续展申请人应在《绿色食品审查意见通知书》规定的时限内补充相关材料，逾期视为放弃续展。②需要现场核查的，由中国绿色食品发展中心委派检查组现场核查并提出核查意见。③合格的，准予续展。④抽查不合格的，不予续展，中国绿色食品发展中心将不予续展意见通知省级工作机构，并由省级工作机构及时通知申请人。

6.颁证与公告　中国绿色食品发展中心书面审查合格的，准予续展，中国绿色食品发展中心主任做出准予续展颁证决定。续展申请人与中国绿色食品发展中心续签《绿色食品标志使用合同》，中国绿色食品发展中心颁发新的绿色食品标志使用证书并予以公告。不予续展的，书面通知绿色食品标志使用人并告知理由。因不可抗力不能在有效期内进行续展检查的，省级工作机构应在绿色食品标志使用证书有效期内向中国绿色食品发展中心提出书面申请，说明原因。经中国绿色食品发展中心确认，续展检查应在有效期后3个月内实施。

>>> 任务四　绿色食品标志使用证书和标志的管理 <<<

一、绿色食品标志使用证书的使用与管理

1.绿色食品标志使用证书的使用　绿色食品标志使用证书是绿色食品标志使用人合法有效使用绿色食品标志的凭证，证明标志使用申请人及其申报产品通过绿色食品标志许可审查合格，符合绿色食品标志许可使用条件。绿色食品标志使用证书实行"一品一证"管理制度，即为每个通过绿色食品标志许可审查合格产品颁发一张绿色食品标志使用证书。中国绿色食品发展中心负责绿色食品标志使用证书的颁发、变更、注销与撤销等管理事项。省级工作机构负责证书转发、核查，报请中国绿色食品发展中心核准绿色食品标志使用证书注销、撤销等管理工作。

绿色食品标志使用证书内容载明了绿色食品标志使用人及其产品的基本获证信息，包括产品名称、商标名称、获证单位及其信息编码、核准产量、产品编号、标志使用许可期限、颁证机构、颁证日期、颁证机构等。

绿色食品标志使用证书分中文、英文两种版式，具有同等效力。绿色食品标志使用证书有效期为3年，自中国绿色食品发展中心与绿色食品标志使用人签订《绿色食品标志使

用合同》之日起生效。经审查合格，准予续展的，绿色食品标志使用证书有效期自上期证书有效期期满次日计算。在绿色食品标志使用证书有效期内，绿色食品标志使用人接受年度检查合格的，由省级工作机构在绿色食品标志使用证书上加盖年度检查合格章。获证产品包装标签在标识证书所载相关内容时，应与绿色食品标志使用证书载明的内容准确一致。绿色食品标志使用证书的颁发、使用与管理接受政府有关部门和社会的监督。任何单位和个人不得涂改、伪造、冒用、买卖、转让绿色食品标志使用证书。

（1）绿色食品标志被许可人（申报单位）的权利。绿色食品标志使用人在绿色食品标志使用证书有效期内享有下列权利：①在其获证产品包括但不限于包装、标签、说明书上使用绿色食品标志；②在其获证产品的广告宣传、展览展销等市场营销活动，以及办公、生产区域中规范使用绿色食品标志；③在农产品生产基地建设、农业标准化生产、产业化经营、农产品市场营销等方面优先享受相关扶持政策。

（2）绿色食品标志被许可人（申报单位）的义务。绿色食品标志使用人对其生产的绿色食品质量和信誉负责，在绿色食品标志使用证书有效期内应当履行下列义务：①严格执行绿色食品标准，保持绿色食品产地环境和产品质量稳定可靠；②获证产品包装、标签、说明书应符合《农产品包装和标识管理办法》、GB 7718及NY/T 658等相关规定。遵守《绿色食品标志使用合同》的约定，以及《绿色食品标志使用证管理办法》《绿色食品标志设计使用规范手册》等相关规定，规范使用绿色食品标志；③绿色食品标志使用人在其获证产品包装、标签、说明书上使用绿色食品标志时，应按《手册》规定同时使用绿色食品标志组合和绿色食品企业信息码；④积极配合县级以上人民政府农业行政主管部门的监督检查及其所属绿色食品工作机构的跟踪检查。如实提供有关获证产品统计数据及其他有关情况。

（3）绿色食品标志许可人（中国绿色食品发展中心）的权利与义务。①负责保证商标注册的有效性和许可使用的合法性。②对获证产品和撤销产品予以公告。③中国绿色食品发展中心和省级工作机构对被许可人实施证后跟踪检查。

2.绿色食品标志使用证书的变更与补发　在绿色食品标志使用证书有效期内，绿色食品标志使用人的产地环境、生产技术、质量管理制度等没有发生变化的情况下，单位名称、产品名称、商标名称等一项或多项发生变化的，绿色食品标志使用人拆分、重组与兼并的，应办理绿色食品标志使用证书变更。

（1）变更申请。绿色食品标志使用人向所在地省级工作机构提出申请，并根据绿色食品标志使用证书变更事项提交以下相应的材料：①绿色食品标志使用证书变更申请书；②绿色食品标志使用证书原件；③绿色食品标志使用人单位名称变更的，须提交行政主管部门出具的《变更批复》复印件及变更后的《营业执照》复印件；④商标名称变更的，须提交变更后的《商标注册证》复印件；⑤如获证产品为预包装食品，须提交变更后的《预包装食品标签设计样张》；⑥绿色食品标志使用人拆分、重组与兼并的，须提供拆分、重组与兼并的相关文件，省级工作机构现场确认绿色食品标志使用人作为主要管理方，且产地环境、生产技术、质量管理体系等未发生变化，并提供书面说明。

（2）初审。省级工作机构收到绿色食品标志使用证书变更材料后，在5个工作日内完成初步审查，并提出初审意见。初审合格的，将申请材料报送中国绿色食品发展中心审批；初审不合格的，书面通知绿色食品标志使用人并告知原因。

（3）变更。中国绿色食品发展中心收到省级工作机构报送的材料后，在5个工作日内完成变更手续，并通过省级工作机构通知绿色食品标志使用人。绿色食品标志使用人申请绿色食品标志使用证书变更，须按照绿色食品相关收费标准，向中国绿色食品发展中心缴纳证书变更审核费。

绿色食品标志使用证书遗失、损坏的，绿色食品标志使用人可申请补发。

3.绿色食品标志使用证书的注销与撤销　在绿色食品标志使用证书有效期内，有下列情形之一的，由绿色食品标志使用人提出申请，省级工作机构核实，或由省级工作机构提出，经中国绿色食品发展中心核准注销并收回绿色食品标志使用证书，中国绿色食品发展中心书面通知绿色食品标志使用人：①自行放弃标志使用权的；②产地环境、生产技术等发生变化，达不到绿色食品标准要求的；③由于不可抗力导致丧失绿色食品生产条件的；④因停产、改制等原因失去独立法人地位的；⑤其他被认定为可注销绿色食品标志使用证书的。

在绿色食品标志使用证书有效期内，有下列情形之一的，由中国绿色食品发展中心撤销并收回绿色食品标志使用证书，书面通知绿色食品标志使用人，并予以公告：①生产环境不符合绿色食品环境质量标准的；②产品质量不符合绿色食品产品质量标准的；③年度检查不合格的；④未遵守标志使用合同约定的；⑤违反规定使用标志和绿色食品标志使用证书的；⑥以欺骗、贿赂等不正当手段取得标志使用的；⑦其他被认定为应撤销绿色食品标志使用证书的。

二、绿色食品标志管理

绿色食品标志管理包括了《绿色食品编号制度》《手册》及《绿色食品标志使用管理规范（试行）》等内容。

1.绿色食品编号制度　绿色食品编号实行"一品一号"原则，产品编号只在绿色食品标志使用证书上体现。

产品编号形式为LB — ×× — ×××××××××××××A，LB是绿色食品标志（简称"绿标"）的汉语拼音首字母的缩写组合，后面为13位阿拉伯数字，其中1~2位为产品分类代码，3~6位为产品获证的年份及月份，7~8位为地区代码（按行政区划编制到省级），9~13位为产品当年获证序号，A为获证产品级别。

每一家获证企业拥有一个在续展后继续使用的企业信息码，企业需将信息码印在产品包装上位置，并与绿色食品标志商标（组合图形）同时使用，要求符合《手册》。没有按期续展的企业，在下一次申报时将不再沿用原企业信息码，而使用新的企业信息码。

企业信息码的编码形式为GF××××××××××××。GF是绿色食品英文"GREEN FOOD"头一个字母的缩写组合，后面为12位阿拉伯数字，其中1~6位为地区代码（按行政区划编制到县级），7~8位为企业获证年份，9~12位为当年获证企业序号。

中国绿色食品发展中心建立了绿色食品监管信息查询系统，向社会公开，可通过访问中国绿色食品发展中心网站（www.greenfood.org.cn）获得企业认证产品信息。

2.《中国绿色食品商标标志设计使用规范手册》　《手册》是以绿色食品标志为核心，对绿色食品标志、"绿色食品"四个字及英译名以及其相互的组合，在产品、广告等媒介上的设计、使用进行规范的指导性工具书，主要供绿色食品管理机构、绿色食品商标标志使用单位、广告设计和制作单位等使用。手册分为三个部分，分别为基础系统、商标应用系统和宣传广告系统。基础系统中对绿色食品标志、标准色及标准字等基本要素进行了标准化的规定；商标应用系统是对绿色食品作为商标、使用在产品上所作的统一规范；宣传广告系统是对绿色食品标志及相关文字作为事业形象标志，使用在所在可做广告宣传的物体和媒体上所列举的使用范例。

所有经中国绿色食品发展中心许可作用绿色食品标志的单位，都要严格按照手册的规范要求将绿色食品标志用于绿色食品产品包装和广告宣传等方面，在产品包装物上印制绿色食品标志图形、文字、企业信息码。

2013年2月16日原卫生部、农业部办公厅联合下发了《关于绿色食品标签标识有关问题的复函》，明确企业在产品包装上使用绿色食品标志，即表明企业承诺该产品符合绿色食品标准。企业可以在包装上标示产品执行的绿色食品标准，也可以标示其生产中执行的其他标准。

三、绿色食品质量管理

1.绿色食品公告制度　为加强绿色食品标志管理工作，实现绿色食品产品质量的持续稳定，2003年中国绿色食品发展中心制定了《绿色食品标志管理公告、通报实施办法》，中国绿色食品发展中心通过全国发行的报纸、杂志和国际互联网等为载体定期向社会公告绿色食品重要事项或法定事项；以《绿色食品标志管理通报》形式向绿色食品工作系统及有关企业通告绿色食品重要事项或法定事项。

2.绿色食品企业年度检查　绿色食品企业年度检查（以下简称年检）是指工作机构对辖区内获得绿色食品标志使用权的企业在一个标志使用年度内的绿色食品生产经营活动、产品质量及标志使用行为实施的监督、检查、考核、评定等。为确保绿色食品生产过程符合绿色食品相关标准和要求，产品质量符合绿色食品产品质量标准，2014年9月5日，中国绿色食品发展中心发布《绿色食品企业年度检查工作规范》，要求所有获得绿色食品标志使用权的企业在标志有效使用期内，每个标志使用年度均必须进行年检。获证产品的绿色食品标志使用年度为第3年的，其年检工作可由续展审核检查替代。年检工作由省级工作机构负责组织实施，由标志监督管理员具体执行。省级工作机构应建立完整的年检工作档案，年检工作档案至少保存3年。省级工作机构应于每年12月20日前，将本年度年检工作总结和《核准证书登记表》电子版报中国绿色食品发展中心备案。中国绿色食品发展中心对各地年检工作进行指导、监督和检查。

年检的主要内容是通过现场检查企业的产品质量及其控制体系状况、规范使用绿色食品标志情况和按规定缴纳标志使用费情况等。

（1）产品质量及其控制体系状况。主要检查以下6个方面：①绿色食品种植、养殖地和原料产地的环境质量、基地范围、生产组织结构等情况；②企业内部绿色食品检查管理制度的建立及落实情况；③绿色食品原料购销合同（协议）、发票和出入库记录等使用记录；④绿色食品原料和生产资料等投入品的采购、使用、保管制度及其执行情况；⑤种植、养殖及加工的生产操作规程和绿色食品标准执行情况；⑥绿色食品与非绿色食品的防混控制措施及落实情况。

（2）规范使用绿色食品标志情况。主要检查以下2个方面：①否按照证书核准的产品名称、商标名称、获证单位及其信息码、核准产量、产品编号和标志许可期限等使用绿色食品标志；②产品包装设计和印制是否符合国家有关食品包装标签标准和《绿色食品标志商标设计使用规范》要求。

（3）按规定缴纳标志使用费情况。主要检查是否按照《绿色食品标志商标使用许可合同》的约定按时足额缴纳标志使用费。

经现场检查，省级工作机构根据年度检查结果以及国家食品质量安全监督部门和行业管理部门抽查结果，依据绿色食品管理相关规定，作出年检合格、整改、不合格结论，并通知企业。

年检结论为合格的企业，省级工作机构应在规定工作时限内完成核准程序，在合格产品证书上加盖年检合格章。年检结论为整改的企业，必须于接到通知之日起一个月内完成整改，并将整改措施和结果报告省级工作机构。省级工作机构应及时组织整改验收并做出结论。

企业有下列情形之一的，年检结论为不合格：①生产环境不符合绿色食品环境质量标准的；②产品质量不符合绿色食品产品质量标准的；③未遵守标志使用合同约定的；④违反规定使用标志和证书的；⑤以欺骗、贿赂等不正当手段取得标志使用权的；⑥未使用绿色食品原料的；）⑦拒绝接受年检的；⑧年检中发现其他违规行为的。年检结论为不合格的企业，省级工作机构应直接报请中国绿色食品发展中心取消其标志使用权。

3. 绿色食品产品质量年度抽检　为加强对获证产品质量的管理，2014年9月23日中国绿色食品发展中心发布了《绿色食品产品质量年度抽检工作管理办法》。绿色食品产品质量年度抽检（以下简称产品抽检）是指中国绿色食品发展中心，对已获得绿色食品标志使用权的产品采取的监督性抽查检验。

所有获得绿色食品标志使用权的企业在标志使用的有效期内，应当接受产品抽检。当年的产品抽检报告可作为绿色食品标志使用续展审核的依据。产品抽检工作由中国绿色食品发展中心制定抽检计划，委托相关绿色食品产品质量检测机构按计划实施，省级工作机构或各级工作机构予以配合。中国绿色食品发展中心于每年2月底前制定产品抽检计划，并下达有关绿色食品产品质量检测机构和省级工作机构。《绿色食品产品质量年度抽检工作管理办法》对机构及其职责、工作程序、计划的制定与实施、问题的处理、省级工作机构的抽检工作作出具体要求。

4. 绿色食品标志市场监察　为了加强绿色食品标志使用的市场监督管理，规范企业用标，打击假冒行为，维护绿色食品品牌的公信力，2014年9月18日中国绿色食品发展中心发布了《绿色食品标志市场监察实施办法》。绿色食品标志市场监察是对市场上绿色食品标志使用情况的监督检查。市场监察是对绿色食品证后质量监督的重要手段和工作内容，是各级工作机构及标志监管员的重要职责。各级工作机构应明确负责市场监察工作的部门和人员，为工作开展提供必要的条件。中国绿色食品发展中心负责全国绿色食品标志市场监察工作；省及省以下各级工作机构负责本行政区域的绿色食品标志市场监察工作。市场监察的采集产品工作由省及省以下各级工作机构的工作人员完成。市场监察工作可与农产品质量安全监督执法相结合，在当地农业行政管理部门组织协调下开展。中国绿色食品发展中心将各地市场监察工作情况定期通报，并作为考核评定工作机构及标志监管员工作的重要依据。《绿色食品标志市场监察实施办法》对市场选定、工作任务及采样要求和工作时间、方法及程序作出具体规定。

思考与练习

1.登录中国绿色食品发展中心网站，查询你所在地的绿色食品有哪些？

2.什么是绿色食品？

3.绿色食品标志许可依据的标准和法规有哪些？

4.绿色食品标志有哪些形式？

5.申请使用绿色食品标志许可应具备哪些条件？

6.绿色食品标志许可初次申报和续展的程序和要求是什么？

7.如何规范使用绿色食品标志？

项目二

有机食品认证

>>> 任务一　有机食品的概念和认证依据 <<<

一、有机食品及其相关概念

1.有机生产　遵照特定的生产原则，在生产中不采用基因工程获得的生物及其产物，不使用化学合成的农药、化肥、生长调节剂、饲料添加物等物质，遵循自然规律和生态学原理，协调种植业和养殖业的平衡，保持生产体系持续稳定的一种农业生产方式。

2.有机加工　主要使用有机配料，加工过程中不采用基因工程获得的生物及其产物，尽可能减少使用化学合成的添加剂、加工助剂、染料等投入品，最大限度地保持产品的营养成分和/或原有属性的一种加工方式。

3.有机产品　有机产品是指生产、加工、销售过程符合《有机产品　生产、加工、标识与管理体系要求》（GB/T 19630），经独立且有资质的有机产品认证机构认证，获得有机产品认证证书，并加施中国有机产品认证标志的供人类消费、动物食用的产品。有机产品必须同时具备四个条件：①原料必须来自已经建立或正在建立的有机农业生产体系，或采用有机方式采集的野生天然产品；②产品在整个生产过程中必须严格遵循有机产品的加工、包装、贮藏、运输等要求；③生产者在有机产品的生产和流通过程中，有完善的跟踪审查体系和完整的生产、销售档案记录；④必须通过独立的有机产品认证机构认证审查。

有机产品包括食品及棉、麻、竹、服装、化妆品、饲料等"非食品"。有机食品是有机产品的一类，目前我国有机食品主要包括粮食、蔬菜、水果、乳制品、畜禽产品、水产品及调料等。

4.有机产品认证　有机产品认证是指认证机构依照《有机产品认证管理办法》的规定，按照《有机产品认证实施规则》，对相关产品的生产、加工和销售活动符合GB/T 19630进行的合格评定活动。在我国境内销售的有机产品均需经国家认监委批准的认证机构认证。

二、我国有机食品的发展现状

我国有机产品认证发展于20世纪90年代，国家环境保护总局于1994年牵头建立了我国有机产品认证制度，根据国务院关于统一管理我国认证认可活动的决定，国家环境保护总局于2004年正式向国家认监委移交了有机产品认证管理职责。国家质检总局和国家认监委先后于2004年、2005年制定发布了《有机产品认证管理办法》《有机产品》（GB/T 19630.1~4—2005）和《有机产品认证实施规则》等规章、标准，建立了我国统一的、与国际接轨的有机产品认证认可制度。自2011—2014年国家认监委先后对标准、办法和规则进行修订，建立了统一的有机产品认证目录。2019年8月30日，国家市场监管总局、国家标准化管理委员会批准发布国家标准《有机产品生产、加工、标识与管理体系要求》（GB/T 19630—2019），从2020年1月1日开始实施。2019年11月6日国家认监委修订发布了新版《有机产品认证实施规则》和《有机产品认证目录》（2019版）。为进一步规范我国有机产品认证抽样检测工作，提高有机产品认证抽样检测项目的一致性，加强对认证机构在风险评估基础上确定检测项目的指导，2020年12月4日国家市场监管总局认证监督管理司组织制定了5类有机产品认证（蔬菜类、水果类、茶叶类、畜禽类、乳制品类）抽样检测项目指南（试行）。为强化市场主体责任，推动我国有机产品认证工作的有序发展，国家市场监管总局认证监督管理司正在对《有机产品认证管理办法》全面修订征求社会各方意见。

根据《认证认可条例》[①]《有机产品认证管理办法》相关规定，经国家认监委批准的认证机构才能开展有机产品认证。截止到2020年11月，经批准可以开展有机产品认证的机构有87家。各认证机构可以在批准范围内进行认证。

根据《有机产品认证目录》（2019版），国内市场的有机产品有谷物，蔬菜，食用菌和园艺作物，水果，坚果及含油果、香料（调香的植物）和饮料作物，豆类、油料和薯类，香辛料作物，棉、麻和糖，草及割草，其他纺织用的植物，中药材等植物类和食用菌类（含野生采集）12类；牲畜、家禽、其他畜牧业等畜禽类产品3类；水产（含捕捞）类和粮食加工品、肉及肉制品、酒类、中药材加工制品、天然纤维及其制成品等加工产品30类；共46类1 136种。

三、我国有机食品认证的主要规定

1.有机产品认证管理办法　为了维护消费者、生产者和销售者合法权益，进一步提高有机产品质量，加强有机产品认证管理，促进生态环境保护和可持续发展，2015年8月25日国家质检总局修改发布了《有机产品认证管理办法》，分7章，63条，明确了有机产品认证的基本定义和管理体制，对认证实施、有机产品进口、证书和标志等方面予以规范。在我国境内从事有机产品认证以及获证有机产品生产、加工、进口和销售的活动，应当遵守本办法。

《有机产品认证管理办法》（2015年8月25日修订）

国家市场监管总局负责全国有机产品认证的统一管理、监督和综合协调工作，国家市场监管总局认证监督管理司承担有机产品认证制度的建立、组织实施和管理等工作。地方市场监管部门按照职责分工，依法负责所辖区域内有机产品认证活动的监督检查和执法查处工作。国家推行统一的有机产品认证制度，实行统一的认证目录、统一的标准和认证实施规则、统一的认证标志。国家认监委负责制定和调整有机产品认证目录、认证实施规则，并对外公布。

有机产品认证机构应当依法取得法人资格，并经国家认监委批准后，方可从事批准范

---

① 《中华人民共和国认证认可条例》，本教材统一简称《认证认可条例》。

围内的有机产品认证活动。认证机构实施认证活动的能力应当符合有关产品认证机构国家标准的要求。从事有机产品认证检查活动的检查员，应当经国家认证人员注册机构注册后，方可从事有机产品认证检查活动。

　　有机产品生产者、加工者（以下统称认证委托人），可以自愿委托认证机构进行有机产品认证，并提交有机产品认证实施规则中规定的申请材料。认证机构不得受理不符合国家规定的有机产品生产产地环境要求，以及有机产品认证目录外产品的认证委托人的认证委托。

　　2.有机产品认证实施规则　《有机产品认证实施规则》规定了有机产品认证程序与管理的基本要求。在我国境内从事有机产品认证以及有机产品生产、加工和经营的活动，应遵守本规则的规定。其附件1~6对有机产品认证证书基本格式、有机转换认证证书基本格式、有机产品销售证基本格式、有机产品认证证书编号规则、国家有机产品认证标志编码规则、有机枸杞认证补充要求（试行）进行了规定。

《有机产品
认证实施
规则》

　　3.有机产品抽样检测项目指南（试行）　为进一步规范我国有机产品认证抽样检测工作，提高有机产品认证抽样检测项目的一致性，加强对认证机构在风险评估基础上确定检测项目的指导，2020年12月4日国家认监委秘书处《关于发布五类有机产品认证抽样检测项目指南（试行）的通知》（认秘函〔2020〕47号），发布了茶叶类、畜禽类、乳制品、蔬菜类、水果类5类有机产品认证抽样检测项目指南（试行），自2021年7月1日起实施。5类有机产品认证抽样检测项目指南（试行）必测检测项目为认证机构对申请认证产品实施抽样检测的必须检测项目。认证机构可在风险评估基础上，增选五类有机产品认证抽样检测项目指南（试行）中选测检测项目或五类有机产品认证抽样检测项目指南（试行）中未列出的检测项目。认证机构可采用检出限低于指南中检测方法的方法进行检测。

认秘函
〔2020〕
47号

四、有机食品认证标准

　　《有机产品生产、加工、标识与管理体系要求》（GB/T 19630—2019）是有机产品生产、加工、标识、销售和管理应达到的技术要求。标准正文分为范围、规范性引用文件、术语和定义、生产、加工、标识和销售、管理体系共7章，规定了有机产品的生产、加工、标识与管理体系的要求，适用于有机植物、动物和微生物产品的生产，有机食品、饲料和纺织品等的加工，有机产品的包装、贮藏、运输、标识和销售。

　　1.术语和定义　GB/T 19630第3章对有机生产、有机加工、有机产品、转换期、平行生产、缓冲带、投入品、养殖期、顺势治疗、植物繁殖材料、基因工程生物、辐照/离子辐射、配料、食品添加剂、加工助剂、标识、认证标志、销售、有机产品生产者、有机产品加工者、有机产品经营者、内部检查员等共23个术语进行了定义。

　　（1）转换期。从开始实施有机生产至生产单元和产品获得有机产品认证之间的时段。转换期的规定是为了保证有机产品的"纯洁"。如已经使用过农药或化肥的农场要想转换成为有机农场，需按有机标准的要求建立有效的管理体系，并在停止使用化学合成农药和化肥后还要经过2~3年的转换期后才能正式成为有机农场。在转换期间生产的产品，只能作为常规产品销售。不是所有产品都需要转换期，比如野生采集产品和基质栽培的食用菌就不需要转换期。

（2）平行生产。在同一生产单元中，同时生产相同或难以区分的有机的、转换期的或常规产品的情况。

（3）缓冲带。在有机和常规地块之间有目的设置的、可明确界定的用来限制或阻挡邻近田块的禁用物质漂移的过渡区域。

（4）投入品。在有机生产过程中采用的所有物质或材料。

（5）基因工程生物/转基因生物。通过自然发生的交配与自然重组以外的方式对遗传材料进行改变的技术（基因工程技术/转基因技术）改变了其基因的植物、动物、微生物。不包括接合生殖、转导与杂交等技术得到的生物体。

（6）辐照/离子辐射。放射性核素高能量的放射。

（7）配料。在制造或加工产品时使用的、并存在（包括改性的形式存在）于产品中的任何物质。

（8）销售。批发、直销、展销、代销、分销、零售或以其他任何方式将产品投放市场的活动。

（9）内部检查员。有机产品生产、加工、经营组织内部负责有机管理体系审核，并配合有机认证机构进行检查、认证的管理人员。

（10）生产单元。由有机产品生产者实施管理的生产区域。

2. 生产

（1）基本要求。①生产单元。有机生产单元的边界应清晰，所有权和经营权应明确，并且已按照本标准的要求建立并实施了有机生产管理体系。②转换期。由常规生产向有机生产发展需要经过转换，经过转换期后的产品才可作为有机产品销售。转换期内应按照本标准的要求进行管理。③基因工程生物。不应在有机生产中引入或在有机产品上使用基因工程生物/转基因生物及其衍生物，包括植物、动物、微生物、种子、花粉、精子、卵子、其他繁殖材料及肥料、土壤改良物质、植物保护产品、植物生长调节剂、饲料、动物生长调节剂、兽药、渔药等农业投入品。同时存在有机和常规生产的生产单元，其常规生产部分也不应引入或使用基因工程生物。④辐照。不应在有机生产中使用辐照技术。⑤投入品的使用。有以下6个方面的要求：一是有机产品生产者应选择并实施栽培和/或养殖管理措施，以维持或改善土壤理化和生物性状，减少土壤侵蚀，保护植物和养殖动物的健康。二是在栽培和/或养殖管理措施不足以维持土壤肥力和保证植物和养殖动物健康，需要使用生产单元外来投入品时，应使用GB/T 19630"附录A 有机植物生产中允许使用的投入品"和"附录B 有机动物养殖中允许使用的物质"列出的投入品，并按照规定的条件使用。在附录A和附录B涉及有机生产中用于土壤培肥和改良、植物保护、动物养殖的物质不能满足要求的情况下，可参照GB/T 19630"附录C 评估有机生产中使用其他投入品的指南"描述的评估指南对有机农业中使用除附录A和附录B以外的其他投入品进行评估。三是作为植物保护产品的复合制剂的有效成分应是GB/T 19630"表A.2 有机植物生产中允许使用的植物保护产品"列出的物质，不应使用具有致癌、致畸、致突变性和神经毒性的物质作为助剂。四是不应使用化学合成的植物保护产品。五是不应使用化学合成的肥料和城市污水污泥。六是有机产品中不应检出有机生产中禁用物质。

（2）植物生产。GB/T 19630第4章第2节，对植物生产的植物生产转换期、平行生产、产地环境要求、缓冲带、种子和植物繁殖材料、栽培、土肥管理、病虫草害防治、设施栽培、芽苗菜生产、分选清洗及其他收获后处理、污染控制、水土保持和生物多样性保护共13个方面做出具体的要求。

（3）畜禽养殖。GB/T 19630第4章第5节，对畜禽养殖转换期、平行生产、畜禽的引入、饲料、饲养条件、疾病防治、非治疗性手术、繁殖、运输和屠宰、有害生物防治、环境影响共11个方面做出具体的要求。

（4）水产养殖。GB/T 19630第4章第6节，对水产养殖转换期、养殖场的选址、水质、养殖基本要求、饵料、疾病防治、繁殖、捕捞、鲜活水产品的运输、水生动物的宰杀、环境影响共11个方面做出具体的要求。

（5）其他规定。GB/T 19630第4章第3~4节、第7~8节，分别对野生采集、食用菌栽培、蜜蜂养殖和包装、贮藏和运输做出具体的要求。

3. 加工

（1）有机产品加工的基本要求。

①应对本标准所涉及的加工及其后续过程进行有效控制，具体表现在如下三个方面：一是主要使用有机配料，尽可能减少使用常规配料，有法律法规要求的情况除外；二是加工过程应最大限度地保持产品的营养成分和/或原有属性；三是有机产品加工及其后续过程在空间或时间上与常规产品加工及其后续过程分开。

②有机食品加工厂应符合GB 14881的要求，其他有机产品加工厂应符合国家及行业部门的有关规定。

③有机产品加工应考虑不对环境产生负面影响或将负面影响减少到最低。

（2）有机食品加工要求。

①配料、添加剂和加工助剂要求。一是有机料所占的质量或体积不应少于配料总量的95%。二是应使用有机配料。当有机配料无法满足需求时，可使用常规配料，其比例应不大于配料总量的5%，且应优先使用农业来源的。三是同一种配料不应同时含有有机和常规成分。四是作为配料的水和食用盐应分别符合《生活饮用水卫生标准》（GB 5749）和《食品安全国家标准　食用盐》（GB 2721）的要求，且不计入有机料中。五是食品加工中使用的食品添加剂和加工助剂应符合GB/T 19630"表E.1　有机食品加工中允许使用的食品添加剂列表"和"表E.2　有机食品加工中允许使用的加工助剂列表"的要求，使用条件应符合GB 2760的规定。使用表E.1和表E.2以外的食品添加剂和加工助剂时，应参见GB/T 19630"附录G　评估有机加工添加剂和加工助剂的指南"对其进行评估。六是食品加工中使用的调味品、微生物制品及酶制剂和其他配料应分别满足GB/T 19630附录E中E.4、E.5和E.6的要求（适用时）。七是不应使用来自转基因的配料、添加剂和加工助剂。

②加工过程要求。宜采用机械、冷冻、加热、微波、烟熏等处理方法及微生物发酵工艺；采用提取、浓缩、沉淀和过滤工艺时，提取溶剂仅限于水、乙醇、动植物油、醋、二氧化碳、氮或羧酸，在提取和浓缩工艺中不应添加其他化学试剂。应采取必要的措施，防止有机产品与常规产品混杂或被禁用物质污染；加工用水应符合GB 5749的要求；在加工和贮藏过程中不应采用辐照处理；不应使用石棉过滤材料或可能被有害物质渗透的过滤材料。

③有害生物防治要求。应优先采取消除有害生物的滋生条件，防止有害生物接触加工

和处理设备，通过对温度、湿度、光照、空气等环境因素的控制防止有害生物的繁殖等措施来预防有害生物的发生；可使用机械类、信息素类、气味类、黏着性的捕害工具、物理障碍、硅藻土、声光电器具等设施或材料防治有害生物；可使用蒸汽，必要时使用GB/T 19630"表E.3　有机食品加工中允许使用的清洁剂和消毒剂列表"列出的清洁剂和消毒剂；在加工或贮藏场所遭受有害生物严重侵袭的紧急情况下，宜使用中草药进行喷雾和熏蒸处理，不应使用硫黄熏蒸。

④包装。宜使用由木、竹、植物茎叶和纸制成的包装材料；食品原料及产品应使用食品级包装材料；原料和产品的包装应符合《限制商品过度包装要求　食品和化妆品》（GB 23350）的要求，并应考虑包装材料的生物降解和回收利用；使用包装填充剂时，宜使用二氧化碳、氮等物质；不应使用含有合成杀菌剂、防腐剂和熏蒸剂的包装材料；不应使用接触过禁用物质的包装袋或容器盛装有机产品及其原料。

⑤贮藏。贮藏产品的仓库应干净、无虫害，无有害物质残留；有机产品在贮藏过程中不应受到其他物质的污染；除常温贮藏外，可采用贮藏室空气调控、温度控制、湿度调节；有机产品及其包装材料、配料等应单独存放。若不得不与常规产品及其包装材料、配料等共同存放，应在仓库内划出特定区域，并采取必要的措施确保有机产品不与其他产品及其包装材料、配料等混放。

⑥运输。运输工具在装载有机产品前应清洁；有机产品在运输过程中应避免与常规产品混杂或受到污染；在运输和装卸过程中，外包装上的有机产品认证标识及有关说明不应被玷污或损毁。

4. 标识、销售和管理体系　GB/T 19630第6章、第7章对有机产品标识和销售和管理体系做出具体的要求。

5. 附录　GB/T 19630"规范性附录A　有机植物生产中允许使用的投入品"，对有机植物生产中允许使用的土壤培肥和改良物质、植物保护产品、清洁剂和消毒剂的名称组分和使用条件做出了规定。GB/T 19630"规范性附录B　有机动物养殖中允许使用的物质"，对动物养殖允许使用的添加剂和用于动物营养的物质、清洁剂和消毒剂、蜜蜂养殖允许使用的控制疾病和有害生物的物质做出了规定。GB/T 19630"资料性附录C　评估有机生产中使用其他投入品的指南"，对评估原则、程序做出了规定。GB/T 19630在附录A和附录B涉及有机动植物生产、养殖的产品不能满足要求的情况下，可以根据本附录描述的评估准则对有机农业中使用除附录A和附录B以外的其他物质进行评估。GB/T 19630"规范性附录D　有机畜禽养殖中不同种类动物的畜（禽）舍和活动空间"，对畜禽养殖中畜舍和家畜的活动空间和禽舍和家禽的活动空间做出了规定。GB/T 19630"规范性附录E　有机食品加工中允许使用的食品添加剂、助剂和其他物质"，对有机食品加工中允许使用的食品添加剂、加工助剂、清洁剂和消毒剂的名称、使用条件进行了规定。同时对有机食品加工中允许使用的调味品、微生物制品及酶制剂和其他配料进行了规定。GB/T 19630"规范性附录F　有机饲料加工中允许使用的添加剂"，对有机饲料加工中允许使用的饲料添加剂的名称、来源和说明、国际编码（INS）进行了规定。GB/T 19630"资料性附录G　评估有机加工添加剂和加工助剂的指南"，对评估原则、核准添加剂和加工助剂的条件、使用添加剂和加工助剂的优先顺序进行了规定。GB/T 19630附录E和附录F所列的允许使用的添加剂和加工助剂不能涵盖所有符合有机加工原则的物质。当某种物质未被列入附录E和附录F时，根据该指南对该物质进行评估，以确定其是否适合在有机加工中使用。每种添加剂和加工助剂只有在必需时才可在有机加工中使用，并且遵守产品的有机真实性，没有这些添加剂和加工助剂，产品就无法生产和保存。

另外，《有机产品生产中投入品核查、监控技术规范》（RB/T 002）、《有机产品生产中植保类投入品评价　第1部分：技术规范》（RB/T 003）、《有机产品生产中投入品使用评价技术规范》（RB/T 026）、《有机产品产地环境适宜性评价技术规范　第1部分：植物类产品》（RB/T 165.1）、《有机产品产地环境适宜性评价技术规范　第2部分：畜禽养殖》（RB/T 165.2）、《有机产品产地环境适宜性评价技术规范　第3部分：淡水水产养殖》（RB/T 165.3）、《有机葡萄酒加工技术规范》（RB/T 167）、《有机液态乳加工技术规范》（RB/T 168）等认证认可行业标准也是相关有机产品认证必须要遵守的技术规范。

>>> 任务二　有机食品认证的条件和要求 <<<

一、有机食品认证机构和认证人员要求

1.认证机构要求　《认证认可条例》和《有机产品认证实施规则》规定，有机产品认证机构应当依法取得法人资格，有固定的场所和必要的设施，有符合有机产品认证要求的管理制度，注册资本不得少于人民币300万元，有10名以上有机产品认证领域的专职认证人员，具备《认证认可条例》规定的条件和从事有机产品认证的检测、检查等技术能力，并经国家认监委批准后，方可从事批准范围内的有机产品认证活动。有机产品认证机构应建立内部制约、监督和责任机制，使受理、培训（包括相关增值服务）、检查和认证决定等环节相互分开、相互制约和相互监督。有机产品认证机构不得将认证结果与参与认证检查的检查员及其他人员的薪酬挂钩。《认证机构批准书》有效期为6年。

有机产品认证机构受理认证申请应至少公开以下信息：①认证资质范围及有效期；②认证程序和认证要求；③认证依据；④认证收费标准；⑤有机产品认证机构和认证委托人的权利与义务；⑥有机产品认证机构处理申诉、投诉和争议的程序；⑦批准、注销、变更、暂停、恢复和撤销认证证书的规定与程序；⑧对获证组织正确使用中国有机产品认证标志、有机码、认证证书、销售证和有机产品认证机构标识（或名称）的要求；⑨对获证组织正确宣传有机生产、加工过程及认证产品的要求。

2.认证人员要求　《认证认可条例》和《有机产品认证实施规则》规定，从事有机产品认证活动的人员应具有相关专业教育和工作经历，接受过有机产品生产、加工、经营、食品安全和认证技术等方面的培训，具备相应的知识和技能。有机产品认证检查员应取得中国认证认可协会的执业注册资质。有机产品认证机构应对本机构的各类认证人员的能力做出评价，以满足实施相应认证范围的有机产品认证活动的需要。认证人员从事有机产品认证活动，应当在一个有机产品认证机构执业，不得同时在两个以上有机产品认证机构执业。

二、认证委托人应具备的条件

1.基本要求　认证委托人及其相关方应取得相关法律法规规定的行政许可（适用时），其生产、加工或经营的产品应符合相关法律法规、标准及规范的要求，并应拥有产品的所有权。产品的所有权是指认证委托人对产品有占有、使用、收益和处置的权利。

认证委托人及其相关方在5年内未因以下情形被撤销有机产品认证证书：①提供虚假信息。②使用禁用物质。③超范围使用有机认证标志。范围是指认证范围，包括产品范围、场所范围和过程（生产、加工、经营）范围。其中产品范围是指有机认证涉及的产品名称和数量；场所范围是指认证的所有生产场所、加工场所、经营场所（含办公地、仓储），包括生产基地和加工场所名称、地址和面积或养殖基地规模，以及加工、仓储和经营等场所；过程（生产、加工、经营）范围是指有机生产、加工、经营涉及的生产、收获、加工、运输、储藏等过程。④出现产品质量安全重大事故。认证委托人及其相关方1年内未因除上述所列情形之外其他情形被有机产品认证机构撤销有机产品认证证书。认证委托人未列入国家信用信息严重失信主体相关名录。

《有机产品
认证目录》
（2019）

2.产品要求　申请认证的产品应在国家认监委公布的《有机产品认证目录》内。枸杞产品还应符合《有机枸杞认证补充要求（试行）》要求。

3.管理体系要求　认证委托人按照GB/T 19630的要求，建立并实施了有机产品生产、加工和经营管理体系，并有效运行3个月以上。管理体系所要求的文件应是最新有效的，应确保在使用时可获得适用文件的有效版本，文件应包括生产单元或加工、经营等场所的位置图；管理手册；操作规程和系统记录。

（1）生产单元或加工、经营等场所的位置图。应按比例绘制生产单元或加工、经营等场所的位置图，至少标明以下内容：①种植区域的地块分布，野生采集区域、水产养殖区域、蜂场及蜂箱的分布，畜禽养殖场及其牧草场、自由活动区、自由放牧区、粪便处理场所的分布，加工、经营区的分布；②河流、水井和其他水源；③相邻土地及边界土地的利用情况；④畜禽检疫隔离区域；⑤加工、包装车间、仓库及相关设备的分布；⑥生产单元内能够表明该单元特征的主要标示物。

（2）管理手册。认证委托人应编制和保持管理手册，该手册至少应包括以下内容：①有机产品生产、加工、经营者的简介；②有机产品生产、加工、经营者的管理方针和目标；③管理组织机构图及其相关岗位的责任和权限；④有机标识的管理；⑤可追溯体系与产品召回；⑥内部检查；⑦文件和记录管理；⑧客户投诉的处理；⑨持续改进体系。

（3）操作规程。认证委托人应制定并实施操作规程，操作规程中至少应包括：①作物种植、食用菌栽培、野生采集、畜禽养殖、水产养殖/捕捞、蜜蜂养殖、产品加工等技术规程；②防止有机产品受禁用物质污染所采取的预防措施；③防止有机产品与常规产品混杂所采取的措施（必要时）；④植物产品、食用菌收获规程及收获、采集后运输、贮藏等环节的操作规程；⑤动物产品的屠宰、捕捞、提取、运输及贮藏等环节的操作规程；⑥加工产品的运输、贮藏等各道工序的操作规程；⑦运输工具、机械设备及仓储设施的维护、清洁规程；⑧加工厂卫生管理与有害生物控制规程；⑨标签及生产批号的管理规程；⑩员工福利和劳动保护规程。

（4）系统记录。有机产品生产、加工、经营者应建立并保持记录。记录应清晰准确，为有机生产、有机加工、经营活动提供有效证据。记录至少保存5年并应包括但不限于以下内容：①生产单元的历史记录及使用禁用物质的时间及使用量；②种子、种苗、种畜禽等繁殖材料的使用记录（品种、来源、时间、数量等）；③自制堆肥记录（必要时）；④土壤培肥物质的使用记录（名称、时间、数量等）；⑤病、虫、草害控制物质的使用记录（名称、成分、时间、数量等）；⑥动物养殖场所有引入、离开该单元动物的记录（品种、时间、数量等）；⑦动物养殖场所有药物的使用记录（名称、成分、时间、数量等）；⑧动物养殖场所有饲料和饲料添加剂的使用记录（种类、成分、时间、数量等）；⑨所有生产投入品的台账记录（来源、数量、去向、库存等）及购买单据；⑩植物收获记录（品种、时间、数量等）；⑪动物（蜂）产品的屠宰、捕捞、提取记录；⑫加工记录，包括原料购买、入库、加工过程、包装、标识、贮藏、出库、运输记录等；⑬加工厂有害生物防治记录和加工、贮存、运输设施清洁记录；⑭销售记录及有机标识的使用管理记录；⑮培训记录；⑯内部检查记录。

4.管理和技术人员要求 第一，有机产品生产、加工、经营者应具备与其规模和技术相适应的资源。第二，应配备有机生产、加工、经营的管理者并具备以下条件：①本单位的主要负责人之一；②了解国家相关的法律、法规及相关要求；③了解本标准要求；④具备农业生产和/或加工、经营的技术知识或经验；⑤熟悉本单位的管理体系及生产和/或加工、经营过程。第三，应配备内部检查员并具备以下条件：①了解国家相关的法律、法规及相关要求；②相对独立于被检查对象；③熟悉并掌握本标准的要求；④具备农业生产和/或加工、经营的技术知识或经验；⑤熟悉本单位的管理体系及生产和/或加工、经营过程。

5.内部检查要求 有机生产、加工、经营者应建立内部检查制度，以保证管理体系及有机生产、有机加工过程符合本标准的要求。内部检查应由内部检查员来承担，每年至少进行一次内部检查。内部检查员的职责是：按照本标准对本企业的管理体系进行检查，并对违反本标准的内容提出修改意见；按照本标准的要求，对本企业生产、加工过程实施内部检查，并形成记录；配合有机产品认证机构的检查和认证。

6.可追溯体系与产品召回要求 有机生产、加工、经营者应建立完善的可追溯体系，保持可追溯的生产全过程的详细记录（如地块图、农事活动记录、加工记录、仓储记录、出入库记录、销售记录等）以及可跟踪的生产批号系统。

有机生产、加工、经营者应建立和保持有效的产品召回制度，包括产品召回的条件、召回产品的处理、采取的纠正措施、产品召回的演练等，并保留产品召回过程中的全部记录，包括召回、通知、补救、原因、处理等。

7.投诉和持续改进要求 有机生产、加工、经营者应建立和保持有效的处理客户投诉的程序，并保留投诉处理全过程的记录，包括投诉的接受、登记、确认、调查、跟踪、反馈。

有机生产、加工、经营者应持续改进其管理体系的有效性，促进有机生产、加工和经营的健康发展，以消除不符合或潜在不符合有机生产、有机加工和经营的因素。有机生产、加工和经营者应：确定不符合的原因；评价确保不符合不再发生的措施的需求；确定和实施所需的措施；记录所采取措施的结果；评审所采取的纠正或预防措施。

⟫⟫⟫ 任务三 有机食品认证的一般程序 ⟪⟪⟪

一、认证申请

认证委托人可以自愿委托有机产品认证机构进行有机产品认证。有机产品认证机构不得受理不符合国家规定的有机产品生产产地环境要求，以及有机产品认证目录外产品的认证委托人的认证委托。有机食品的认证的一般流程为：申请认证（递交申报材料）→审核申请材料→寄发受理通知书→签署认证协议及缴费→检查组实现场检查评估→认证决定→

颁发证书→办理销售证→发放二维有机防伪追溯标签。

1.有机产品认证申请书 主要包含认证委托人及其有机生产、加工、经营的基本情况：①认证委托人名称、地址、联系方式；不是直接从事有机产品生产、加工的认证委托人，应同时提交与直接从事有机产品的生产、加工者签订的书面合同的复印件及具体从事有机产品生产、加工者的名称、地址、联系方式。②生产单元/加工/经营场所概况。③申请认证的产品名称、品种、生产规模包括面积、产量、数量、加工量等；同一生产单元内非申请认证产品和非有机方式生产的产品的基本信息。④过去3年间的生产历史情况说明材料，如植物生产的病虫草害防治、投入品使用及收获等农事活动描述；野生采集情况的描述；畜禽养殖、水产养殖的饲养方法、疾病防治、投入品使用、动物运输和屠宰等情况的描述。⑤申请和获得其他认证的情况。⑥承诺守法诚信，接受有机产品认证机构、认证监管等行政执法部门的监督和检查，保证提供材料真实、执行有机产品标准和有机产品认证实施规则相关要求的声明。

2.认证委托人资质材料 认证委托人的合法经营资质文件的复印件。包括营业执照（经营范围需包括认证产品）和土地使用权证明文件。

3.产地（基地）区域范围描述 包括地理位置坐标、地块分布、缓冲带及产地周围临近地块的使用情况；加工场所周边环境描述、厂区平面图、工艺流程图等。

4.管理手册和操作规程 见前文"二、认证委托人应具备的条件"中的相关要求。

5.其他材料 ①本年度有机产品生产、加工、经营计划，上一年度有机产品销售量与销售额（适用时）等。②有机转换计划（适用时）和其他文件资料。

认证委托人应根据各有机产品认证机构的要求，提供文件资料并按序号编排、文件夹装订后提交。

二、材料审查与受理

1.材料审查要求 ①认证要求规定明确，并形成文件和得到理解；②有机产品认证机构和认证委托人之间在理解上的差异得到解决；③对于申请的认证范围，认证委托人的工作场所和任何特殊要求，有机产品认证机构均有能力开展认证服务。

2.受理时限与要求 有机产品认证机构应根据有机产品认证依据、程序等要求，在自收到认证委托人申请材料之日起10个工作日内对提交的申请文件和资料进行审查并做出是否受理的决定，保存审查记录。申请材料齐全、符合要求的，予以受理认证申请；对不予受理的，应书面通知认证委托人，并说明理由。

3.技术标准培训 有机产品认证机构可采取必要措施帮助认证委托人及直接进行有机产品生产、加工、经营者进行技术标准培训，使其正确理解和执行标准要求。

4.信息上报 认证机构应当在对认证委托人实施现场检查前5日内，将认证委托人、认证检查方案等基本信息报送至国家认监委确定的信息系统。

三、现场检查

1.现场检查准备

（1）成立检查组。根据所申请产品对应的认证范围，有机产品认证机构应委派具有相应资质和能力的检查员组成检查组。每个检查组应至少有一名认证范围注册资质的专职检查员。对同一认证委托人的同一生产单元，有机产品认证机构不能连续3年以上（含3年）委派同一检查员实施检查。

（2）下达检查任务书。有机产品认证机构在现场检查前应向检查组下达检查任务书，应包含以下内容：①检查依据，包括认证标准、认证实施规则和其他规范性文件。②检查范围，包括检查的产品范围、场所范围和过程范围等。③检查组组长和成员，计划实施检查的时间。④检查要点，包括投入品的使用、产品包装标识、追溯体系、管理体系实施的有效性和上年度有机产品认证机构提出的不符合项（适用时）等。有机产品认证机构可向认证委托人出具现场检查通知书，将检查内容告知认证委托人。

（3）检查计划。检查组应制定书面的检查计划，经有机产品认证机构审定后交认证委托人并获得确认。为确保认证产品生产、加工、经营全过程的完整性，检查计划应：①覆盖所有认证产品的全部生产、加工、经营活动。②覆盖认证产品相关的所有加工场所和工艺类型。③覆盖所有认证产品的二次分装或分割的场所（适用时）、进口产品的境内仓储、加施有机码等场所（适用时）。④对由多个具备土地使用权的农户参与有机生产的组织（如农业合作社组织，或"公司+农户"型组织），应首先安排对组织内部管理体系进行评估，并根据组织的产品种类、生产模式、地理分布和生产季节等因素进行风险评估。根据风险评估结果确定对农户抽样检查的数量和样本，抽样数不应少于农户数量的平方根（如果有小数向上取整）且最少不小于10个；农户数量不超过10个时，应检查全部农户。若有机产品认证机构核定的人数无法满足现场所抽样本的检查，检查组可在有机产品认证机构批准的基础上增加人数。

（4）现场检查时间。应安排在申请认证产品的生产、加工、经营过程或易发质量安全风险的阶段。因生产季等原因，认证周期内首次现场检查不能覆盖所有申请认证产品的，应在认证证书有效期内实施现场补充检查。

（5）信息上报与沟通。有机产品认证机构应在现场检查前至少提前5日将认证委托人及生产单元、检查安排等基本信息报送到国家认监委网站"中国食品农产品认证信息系统"。地方认证监管部门对有机产品认证机构提交的检查方案和计划等基本信息有异议的应至少在现场检查前2日提出；有机产品认证机构应及时与该部门进行沟通，协调一致后方可实施现场检查。

2. 现场检查的实施　检查组应根据认证依据对认证委托人建立的管理体系进行评审，核实生产、加工、经营过程与认证委托人按照所提交的申请文件和资料的一致性，确认生产、加工、经营过程与认证依据的符合性。

（1）现场检查的内容。检查过程至少应包括以下内容：①对生产、加工过程、产品和场所的检查，如生产单元有非有机生产、加工或经营时，也应关注其对有机生产、加工或经营的可能影响及控制措施。②对生产、加工、经营管理人员、内部检查员、操作者进行访谈。③对GB/T 19630所规定的管理体系文件与记录进行审核。④对认证产品的产量与销售量进行衡算。⑤对产品追溯体系、认证标识和销售证的使用管理进行验证。⑥对内部检查和持续改进进行评估。⑦对产地和生产加工环境质量状况进行确认，评估对有机生产、加工的潜在污染风险。⑧采集必要的样品。⑨对上一年度提出的不符合项采取的纠正和纠正措施进行验证（适用时）。

（2）样品检测。《有机产品认证实施规则》规定，申请认证的所有产品都必须进行检测，即使认证证书发放前无法采集样品并送检的，应在证书有效期内安排抽样检测并得到检测结果。有机生产或加工中允许使用物质的残留量应符合相关法律法规或强制性标准的规定。有机生产和加工中禁止使用的物质不得检出。

有机产品认证机构应：①编制抽样检测的技术文件，对抽样检测的项目、频次、方法、过程等做出要求；②对申请生产、加工认证的所有产品抽样检测，在风险评估基础上确定需检测的项目。对植物生产认证，必要时可对其生长期植物组织进行抽样检测。如果认证委托人生产的产品仅作为该委托人认证加工产品的唯一配料，且经有机产品认证机构风险评估后配料和终产品检测项目相同或相近时，则应至少对终产品进行抽样检测；③委托具备法定资质的检验检测机构进行样品检测；④产品生产、加工场所在境外，产品因出入境检验检疫要求等原因无法委托境内检验检测机构进行检测，可委托境外第三方检验检测机构进行检测。该检验检测机构应符合ISO/IEC 17025《检测和校准实验室能力的通用要求》的要求。对于再认证产品，可在换发证书有效期内的产品入境后由有机产品认证机构抽样，委托境内检验检测机构进行检测，检测结果不符合认证要求的，应立即暂停或撤销证书。

（3）对产地环境质量状况的检查。GB/T 19630要求，有机产品生产需要在适宜的环境条件下进行，生产基地应远离城区、工矿区、交通主干线、工业污染源、生活垃圾场等，并宜持续改进产地环境。产地的环境质量应符合以下要求：①在风险评估的基础上选择适宜的土壤，并符合《土壤环境质量 农用地土壤污染风险管控标准》（GB 15618）的要求；②农田灌溉用水水质符合《农田灌溉水质标准》（GB 5084）的规定，有机生产的水域水质应符合《渔业水质标准》（GB 11607）的规定，作为配料的水和食用盐应分别符合GB 5749和GB 2721的要求；③环境空气质量符合《环境空气质量标准》（GB 3095）的规定。

认证委托人或其生产、加工操作的分包方应出具有资质的监测（检测）机构对产地环境质量进行的监测（检测）报告。产地环境空气质量可采信县级以上（含县级）生态环境部门公布的当地环境空气质量信息或出具其他证明性材料，以证明产地的环境质量状况符合GB/T 19630规定的要求。

进口产品的产地环境检测委托人应为认证委托人或其生产、加工操作的分包方。检查员可结合现场检查实际情况评估是否接受认证委托人已有的土壤、灌溉水、畜禽饮用水、生产加工用水等有效的检测报告。如否，应按照GB/T 19630的要求进行检测，检测机构可以是符合《检测和校准实验室能力的通用要求》（ISO/IEC 17025）要求的境外检测机构。关于环境空气质量，有机产品认证机构应根据现场检查实际情况，结合当地官方网站、大气监控数据或报告等内容，确认是否符合GB/T 19630规定的要求。

（4）对有机转换的检查。对于非加工类产品，要想获得有机认证，从常规产品到有机产品必须要经过一段时间的过渡，在认证领域称其为有机转换。①多年生作物存在平行生产时，认证委托人应制定有机转换计划，并事先获得有机产品认证机构确认。在开始实施转换计划后，每年须经有机产品认证机构派出的检查组核实、确认。未按转换计划完成转换并经现场检查确认的地块不能获得认证。②未能保持有机认证的生产单元，需重新经过有机转换才能再次获得有机认证，且不应缩短转换期。③有机产品认证转换期起始日期不应早于有机产品认证机构受理申请日期。④对于获得国外有机产品认证连续4年以上（含4年）的进口有机产品的国外种植基地，且有机产品认证机构现场检查确认其符合GB/T 19630要求，可在风险评估的基础上免除转换期。

（5）对投入品的检查。有机生产或加工过程中允许使用GB/T 19630附录列出的物质。对未列入GB/T 19630附录中的物质，国家认监委可在专家评估的基础上公布有机生产、加工投入品临时补充列表。

（6）检查报告。①有机产品认证机构应规定本机构的检查报告的基本格式。②检查报告应叙述前述五个方面列明的各项要求的检查情况，就检查证据、检查发现和检查结论逐一进行描述。对识别出的不符合项，应用写实的方法准确、具体、清晰描述，以易于认证委托人及其相关方理解。不得用概念化的、不确定的、含糊的语言表述不符合项。③检查报告应随附必要的证据或记录，包括文字或照片或音视频等资料。④检查组应通过检查报告提供充分信息对认证委托人执行标准的总体情况作评价，对是否通过认证提出意见建议。⑤有机产品认证机构应将检查报告提交给认证委托人。

（7）检查说明和申诉。检查组在结束检查前，应对检查情况进行总结，向受检查方和认证委托人确认检查发现的不符合项。认证委托人如对认证决定结果有异议，可在10日内向有机产品认证机构申诉，有机产品认证机构自收到申诉之日起，应在30日内处理并将处理结果书面通知认证委托人。认证委托人如认为有机产品认证机构的行为严重侵害了自身合法权益，可以直接向各级认证监管部门申诉。

四、认证决定

1.认证决定 有机产品认证机构应在现场检查、产地环境质量和产品检测结果综合评估的基础上做出认证决定，同时考虑产品生产、加工、经营特点，认证委托人及其相关方管理体系的有效性，当地农药使用、兽药使用、环境保护、区域性社会或认证委托人质量诚信状况等情况。

2.颁发认证证书 对于生产、加工或经营活动、管理体系及其他检查证据符合《有机产品认证实施规则》和GB/T 19630的要求或生产、加工或经营活动、管理体系及其他检查证据虽不完全符合本规则和认证依据标准的要求，但认证委托人已经在规定的期限内完成了不符合项纠正和/或纠正措施，并通过有机产品认证机构验证的认证委托人，有机产品认证机构应及时颁发有机产品认证证书，允许其使用中国有机产品认证标志。对不符合认证要求的，应当书面通知认证委托人，并说明理由。有机产品认证机构及认证人员应当对其做出的认证结论负责。

认证委托人的生产、加工或经营活动存在以下情况之一，有机产品认证机构不应批准认证：①提供虚假信息，不诚信的；②未建立管理体系或建立的管理体系未有效实施的；③列入国家信用信息严重失信主体相关名录；④生产、加工或经营过程使用了禁用物质或者受到禁用物质污染的；⑤产品检测发现存在禁用物质的；⑥申请认证的产品质量不符合国家相关法律法规和（或）技术标准强制要求的；⑦存在认证现场检查场所外进行再次加工、分装、分割情况的；⑧一年内出现重大产品质量安全问题，或因产品质量安全问题被撤销有机产品认证证书的；⑨未在规定的期限完成不符合项纠正和/或纠正措施，或提交的纠正和/或措施未满足认证要求的；⑩经检测（监测）机构检测（监测）证明产地环境受到污染的。⑪其他不符合本规则和（或）有机产品标准要求，且无法纠正的。

3.申诉 认证委托人如对认证决定结果有异议，可在10日内向有机产品认证机构申诉，有机产品认证机构自收到申诉之日起，应在30日内处理并将处理结果书面通知认证委托人。认证委托人如认为有机产品认证机构的行为严重侵害了自身合法权益，可以直接向各级认证监管部门申诉。

4.认证记录要求 有机产品认证机构应当保证认证过程的完整、客观、真实，并对认证过程做出完整记录，归档留存，保证认证过程和结果具有可追溯性。产品检验检测和环境监（检）测机构应当确保检验检测、监测结论的真实、准确，并对检验检测、监测过程做出完整记录，归档留存。产品检验检测、环境监测机构及其相关人员应当对其做出的检验检测、监测报告的内容和结论负责。以上记录保存期为5年。

五、认证后管理

1.认证后的现场检查 有机产品认证机构应每年对获证组织至少安排一次获证后的现场检查。有机产品认证机构应根据获证产品种类和风险、生产企业管理体系的有效性、当地质量安全诚信水平总体情况等，科学确定现场检查频次及项目。同一认证的品种在证书有效期内如有多个生产季的，则至少需要安排一次获证后的现场检查。有机产品认证机构应在风险评估的基础上每年至少对5%的获证组织实施一次不通知检查，实施不通知检查时应在现场检查前48 h内通知获证组织。

2.跟踪检查 有机产品认证机构应及时了解和掌握获证组织变更信息，对获证组织实施有效跟踪，以保证其持续符合认证的要求。

3.信息通报 有机产品认证机构在与认证委托人签订的合同中，应明确约定获证组织需建立信息通报制度，及时向有机产品认证机构通报以下信息：①法律地位、经营状况、组织状态或所有权变更的信息；②获证组织管理层、联系地址变更的信息；③有机产品管理体系、生产、加工、经营状况、过程或生产加工场所变更的信息；④获证产品的生产、加工、经营场所周围发生重大动植物疫情、环境污染的信息；⑤生产、加工、经营及销售中发生的产品质量安全重要信息，如相关部门抽查发现存在严重质量安全问题或消费者重大投诉等；⑥获证组织因违反国家农产品、食品安全管理相关法律法规而受到处罚；⑦采购的配料或产品存在不符合认证依据要求的情况；⑧不合格品撤回及处理的信息；⑨销售证的使用情况；⑩其他重要信息。

六、颁发有机产品销售证

销售证是由有机产品认证机构颁发的文件，声明特定批次或交付的货物来自获得有机认证的生产单元。通过销售证可以对获证组织销售的认证产品进行范围和数量的控制。销售证是获证产品所有人提供给买方的交易证明，是验证所交易产品的有机身份的证据；是追踪追溯有机产品流向的证据；同时也是有机产品认证机构对认证产品范围和数量核实确认的参考依据，防止非有机产品与有机产品混淆。

有机产品认证机构应当及时向认证委托人出具有机产品销售证，以保证获证产品的认证委托人所销售的有机产品类别、范围和数量与认证证书中的记载一致。《有机产品认证实施规则》附件3规定了有机产品销售证的基本格式。

有机产品认证机构应制定销售证的申请和办理程序，在获证组织销售获证产品过程中（前）向有机产品认证机构申请销售证，以保证有机产品销售过程数量可控、可追溯。对于使用了有机码的产品，有机产品认证机构可不颁发销售证。

有机产品认证机构应对获证组织与购买方签订的供货协议的认证产品范围和数量、发票、发货凭证（适用时）等进行审核。对符合要求的颁发有机产品销售证；对不符合要求的应监督其整改，否则不能颁发销售证。销售证由获证组织交给购买方。获证组织应保存已颁发的销售证的复印件，以备有机产品认证机构审核。

有机产品认证机构应按照《有机产品认证实施规则》附件5国家有机产品认证标志编码规则，对有机码进行编号，并采取有效防伪、追溯技术，确保发放的每个有机码能够溯源到其对应的认证证书和获证产品及其生产、加工单位。有机产品认证机构不得向仅获得有机产品经营认证的认证委托人发放有机码。

有机产品认证机构可按照有机配料的可获得性，核定使用外购有机配料的加工认证证书有效期内的产量，但应按外购有机配料批次与实际加工的产品数量发放有机码或颁发销售证。有机产品认证机构对其颁发的销售证和有机码的正确使用负有监督管理的责任。有机产品认证机构按照《关于印发产品质量认证收费管理办法和收费标准的通知》（计价格〔1999〕1610号）有关规定收取。

七、再认证

认证证书有效期最长为12个月。再认证有机产品认证证书有效期，不超过最近一次有效认证证书截止日期再加12个月。获证组织应至少在认证证书有效期结束前3个月向有机产品认证机构提出再认证申请。获证组织的有机产品管理体系和生产、加工过程未发生变更时，有机产品认证机构可适当简化申请评审和文件评审程序。

有机产品认证机构应在认证证书有效期内进行再认证检查。因生产季或重大自然灾害的原因，不能在认证证书有效期内安排再认证检查的，获证组织应在证书有效期内向有机产品认证机构提出书面申请说明原因。经有机产品认证机构确认，再认证可在认证证书有效期后的3个月内实施，但不得超过3个月，在此期间内生产的产品不得作为有机产品进行销售。对超过3个月仍不能再认证的生产单元，应按初次认证实施。

任务四　有机产品认证证书和标志的管理

一、有机产品认证证书与标志使用

1.认证证书基本格式　国家认监委负责制定有机产品认证证书的基本格式、编号规则和认证标志的式样、编号规则。认证证书分为有机产品认证证书和有机转换认证证书两类。《有机产品认证实施规则》附件1、2规定了认证证书基本格式。依据《有机产品认证管理办法》规定，获得有机转换认证的产品不得使用中国有机产品认证标志及标注含有"有机""ORGANIC"等字样的文字表述和图案。

经授权使用他人商标的获证组织，应在其有机认证证书中标明相应产品获许授权使用的商标信息。认证证书的编号应从国家认监委网站"中国食品农产品认证信息系统"中获取，编号规则见《有机产品认证实施规则》"附件4　有机产品认证证书编号规则"。有机产品认证机构不得仅依据本机构编制的证书编号发放认证证书。

2.有机产品认证证书编号规则　有机产品认证采用统一的认证证书编号规则。有机产品认证机构在食品农产品系统中录入认证证书、检查组、检查报告、现场检查照片等方面

相关信息后，经格式校验合格后，由系统自动赋予认证证书编号，有机产品认证机构不得自行编号。

有机产品认证证书编号由认证机构批准号中年份后的流水号、OP（有机产品认证英文简称）、年份、流水号和子证书编号分组成。再认证时，证书号不变。

（1）有机产品认证机构批准号中年份后的流水号。有机产品认证机构批准号的编号格式为"CNCA-R/RF-年份-流水号"，其中R表示内资有机产品认证机构，RF表示外资有机产品认证机构，年份为4位阿拉伯数字，流水号是内资、外资分别流水编号。内资有机产品认证机构认证证书编号为该机构批准号的3位阿拉伯数字批准流水号；外资有机产品认证机构认证证书编号为：F+该机构批准号的2位阿拉伯数字批准流水号。

（2）年份和流水号。采用年份的最后2位数字，例如2021年为21。流水号为某有机产品认证机构在某个年份该认证类型的流水号，由5位阿拉伯数字组成。

（3）子证书编号。如果某张证书有子证书，那么在母证书号后加"-"和子证书顺序的阿拉伯数字。

3.认证标志 有机产品认证标志为中国有机产品认证标志（图6-2-1）。中国有机产品认证标志标有中文"中国有机产品"字样和英文"ORGANIC"字样。中国有机产品认证标志应当在认证证书限定的产品类别、范围和数量内使用。

图6-2-1 中国有机产品认证标志

4.有机码 有机码是指为保证国家有机产品认证标志的基本防伪与可追溯性，防止假冒认证标志和获证产品的发生，有机产品认证机构在向获得有机产品认证的企业发放认证标志或允许有机生产企业在产品标签上印制有机产品认证标志前，按照国家认监委《国家有机产品认证标志编码规则》，赋予每枚认证标志的唯一编码。

有机码由有机产品认证机构代码、认证标志发放年份代码和认证标志发放随机码组成共17位数字组成。其中前3位数字为有机产品认证机构代码，由有机产品认证机构批准号后3位代码形成。内资有机产品认证机构为该有机产品认证机构批准号的3位阿拉伯数字批准流水号；外资有机产品认证机构为：9+该有机产品认证机构批准号的2位阿拉伯数字批准流水号。第4~5位数字为认证标志发放年份代码，采用年份的最后2位数字，例如2021年为21。最后12位数字为认证标志发放随机码，是有机产品认证机构发放认证标志数量的12位阿拉伯数字随机号码，数字产生的随机规则由各有机产品认证机构自行制定。

每一枚有机标志的有机码都需要报送到"中国食品农产品认证信息系统"可以在该网站上查到该枚有机标志对应的认证证书编号、有机产品名称、认证证书编号、获证企业等信息。

5. 认证证书与标志使用　国家认监委通过信息系统，定期公布有机产品认证动态信息。有机产品认证机构在出具认证证书之前，应当按要求及时向信息系统报送有机产品认证相关信息，并获取认证证书编号。有机产品认证机构在发放认证标志之前，应当将认证标志、有机码的相关信息上传到信息系统。

获证产品的认证委托人以及有机产品销售单位和个人，在产品生产、加工、包装、贮藏、运输和销售等过程中，应当建立完善的产品质量安全追溯体系和生产、加工、销售记录档案制度。

有机产品认证机构对认证标志的设计、印刷、备案、发放与使用、查询、追溯管理应符合《有机产品认证标志备案管理系统认证机构数据报送工作指南》的要求。

获证产品的认证委托人可以根据产品的特性，在获证产品或产品的最小销售包装上，采取粘贴或印刷等方式，直接加施中国有机产品认证标志、有机码和有机产品认证机构名称或者其标识。印制在获证产品标签、说明书及广告宣传材料上的中国有机产品认证标志，应当清楚、明显，可以按比例放大或者缩小，但不应变形、变色。获得有机转换认证证书的产品只能按常规产品销售，不得使用中国有机产品认证标志以及标注"有机""ORGANIC"等字样和图案。

有下列情形之一的，任何单位和个人不得在产品、产品最小销售包装及其标签上标注含有"有机""ORGANIC"等字样且可能误导公众认为该产品为有机产品的文字表述和图案：①未获得有机产品认证的；②获证产品在认证证书标明的生产、加工场所外进行了再次加工、分装、分割的。

认证证书暂停期间，有机产品认证机构应通知并监督获证组织停止使用有机产品认证证书和标志，获证组织同时应封存带有有机产品认证标志的相应批次产品。

认证证书被注销或撤销的，获证组织应将注销、撤销的有机产品认证证书和未使用的标志交回有机产品认证机构，或由获证组织在有机产品认证机构的监督下销毁剩余标志和带有有机产品认证标志的产品包装，必要时，获证组织应召回相应批次带有有机产品认证标志的产品。

有机产品认证机构有责任和义务采取有效措施避免各类无效的认证证书和标志被继续使用。对于无法收回的证书和标志，有机产品认证机构应及时在相关媒体和网站上公布注销或撤销认证证书的决定，声明证书及标志作废。

二、有机产品销售

有机产品销售单位和个人在采购、贮藏、运输、销售有机产品的活动中，应当符合有机产品国家标准的规定，保证销售的有机产品类别、范围和数量与销售证中的产品类别、范围和数量一致，并能够提供与正本内容一致的认证证书和有机产品销售证的复印件，以备相关行政监管部门或者消费者查询。

为保证有机产品的完整性和可追溯性，销售者在销售过程中应采取但不限于下列措施：①应避免有机产品与常规产品的混杂；②应避免有机产品与本标准禁止使用的物质接触；③建立有机产品的购买、运输、储存、出入库和销售等记录。

有机产品销售时，采购方应索取有机产品认证证书、有机产品销售证等证明材料。使用了有机码的产品销售时，可不索取销售证。有机产品加工者和有机产品经营者在采购时，应对有机产品认证证书的真伪进行验证，并留存认证证书复印件。对于散装或裸装产品，以及鲜活动物产品，应在销售场所设立有机产品销售专区或陈列专柜，并与非有机产品销售区、柜分开。应在显著位置摆放有机产品认证证书复印件。

三、有机产品认证证书的管理

1.认证证书的变更、注销和暂停　获证产品在认证证书有效期内，有下列情形之一的，认证委托人应当在15日内向有机产品认证机构申请变更。有机产品认证机构应当自收到认证证书变更申请之日起30日内，对认证证书进行变更：①认证委托人或者有机产品生产、加工单位名称或者法人性质发生变更的；②产品种类和数量减少的；③其他需要变更认证证书的情形。

有下列情形之一的，有机产品认证机构应当在30日内注销认证证书，并对外公布：①认证证书有效期届满，未申请延续使用的；②获证产品不再生产的；③获证产品的认证委托人申请注销的；④其他需要注销认证证书的情形。

有下列情形之一的，有机产品认证机构应当在15日内暂停认证证书，认证证书暂停期为1~3个月，并对外公布：①未按照规定使用认证证书或者认证标志的；②获证产品的生产、加工、销售等活动或者管理体系不符合认证要求，且经有机产品认证机构评估在暂停期限内能够能采取有效纠正或者纠正措施的；③其他需要暂停认证证书的情形。

2.认证证书的撤销和恢复　有下列情形之一的，有机产品认证机构应当在7日内撤销认证证书，并对外公布：①获证产品质量不符合国家相关法规、标准强制要求或者被检出有机产品国家标准禁用物质的；②获证产品生产、加工活动中使用了有机产品国家标准禁用物质或者受到禁用物质污染的；③获证产品的认证委托人虚报、瞒报获证所需信息的；④获证产品的认证委托人超范围使用认证标志的；⑤获证产品的产地（基地）环境质量不符合认证要求的；⑥获证产品的生产、加工、销售等活动或者管理体系不符合认证要求，且在认证证书暂停期间，未采取有效纠正或者纠正措施的；⑦获证产品在认证证书标明的生产、加工场所外进行了再次加工、分装、分割的；⑧获证产品的认证委托人对相关方重大投诉且确有问题未能采取有效处理措施的；⑨获证产品的认证委托人从事有机产品认证活动因违反国家农产品、食品安全管理相关法律法规，受到相关行政处罚的；⑩获证产品的认证委托人拒不接受认证监管部门或者有机产品认证机构对其实施监督的；⑪其他需要撤销认证证书的情形。

认证证书被注销或撤销后，有机产品认证机构不能以任何理由恢复认证证书。认证证书被暂停的，需在证书暂停期满且完成对不符合项的纠正或纠正措施并确认后，有机产品认证机构方可恢复认证证书。

3.信息报告　有机产品认证机构应及时向国家认监委网站"中国食品农产品认证信息系统"填报认证活动的信息。有机产品认证机构应在10日内将暂停、撤销认证证书相关组织的名单及暂停、撤销原因等，通过国家认监委网站"中国食品农产品认证信息系统"向国家认监委报告，并向社会公布。有机产品认证机构在获知获证组织发生产品质量安全事故后，应及时将相关信息向国家认监委和获证组织所在地的认证监管部门通报。

有机产品认证机构应于每年3月底之前将上一年度有机认证工作报告报送国家认监委。报告内容至少包括：颁证数量、获证产品质量分析、暂停和撤销认证证书清单及原因分析等。

思考与练习

1.有机生产、有机加工、有机产品、有机产品认证和转换期的概念是什么？

2.我国有机产品认证法律规定主要有哪些？

3.我国对有机食品认证人员有哪些要求？

4.申请有机食品认证委托人应具备哪些条件？

5.有机食品认证现场检查的程序和要求是什么？

6.什么是有机码？有机码的内涵是什么？

7.查阅有机产品认证机构的公开网站，拟定一份申请有机食品认证的材料清单。

项目 三

农产品地理标志产品认证

>>> 任务一　我国的地理标志产品保护制度 <<<

一、地理标志的概念

地理标志是指标示某商品来源于某地区，该商品的特定质量、信誉或者其他特征，主要由该地区的自然因素或者人文因素所决定的标志。

地理标志又称原产地标志，原产地是指在一国境内某种特殊产品的特定（生产）地域，该特定地域的水土、气候、生产历史等地理人文特征直接决定或影响该产品的质量、特色或者声誉，并且以该特定地域的名称对该产品进行命名。

地理标志强调的是产品的"原产地"，即认为产品的质量、特性或声誉与其生产的地理位置有关，因此对地方特色产品以产地命名的方式进行保护和控制。这种基于原产地的命名保护最初起源于20世纪早期法国的葡萄酒酿造业，后来逐渐成为一种与地理标志相关的产权保护制度，为世界各国所认可。地理标志中的产地可以是一个村庄或城镇，也可以是一个地区或国家。地理标志的使用不仅限于农产品，还适用于因为特定制造工艺和传统等因素而具备独特品质的产品。

二、我国地理标志产品保护

我国政府对地理标志产品保护原来主要有3类，一是原国家质检总局主管的地理标志产品保护（原产地域产品、原产地标记），二是农业农村部主管的农产品地理标志和商标。三是原国家工商总局主管的地理标志商标保护（证明商标和集体商标）。未来将统一合并为国家知识产权局的地理标志的商标法保护和国家农业农村部农产品地理标志部门规章保护两种方式。

1.地理标志产品保护　质检系统的地理标志产品保护工作始于1995年国家技术监督局与法国农业部、财政部、法国干邑行业办公室在地理标志产品保护方面进行的交流与合作。加入WTO后，为了促进对外贸易的发展，国家质检总局于2005年6月修订发布《地理标志产品保护规定》，2009年5月又发布了《地理标志产品保护工作细则》，进一步统一了地理标志产品保护的职责分工、工作程序、标准制定及专用标志使用、保护和监督要求。

地理标志产品是指产自特定地域，所具有的质量、声誉或其他特性本质上取决于该产地的自然因素和人文因素，经审核批准以地理名称进行命名的产品。地理标志产品包括来自本地区的种植、养殖产品和原材料全部来自本地区或部分来自其他地区，并在本地区按照特定工艺生产和加工的产品。以下产品可以经申请批准为地理标志保护产品：①在特定地域种植、养殖的产品，决定该产品特殊品质、特色和声誉的主要是当地的自然因素；②在产品产地采用特定工艺生产加工，原材料全部来自产品产地，当地的自然环境和生产该产品所采用的特定工艺中的人文因素决定了该产品的特殊品质、特色质量和声誉；③在产品产地采用特定工艺生产加工，原材料部分来自其他地区，该产品产地的自然环境和生产该产品所采用的特定工艺中的人文因素决定了该产品的特殊品质、特色质量和声誉。

2019年10月16日国家知识产权局发布第332、333号公告，确定地理标志专用标志官方标志（图6-3-1），对地理标志专用标志予以登记备案（官方标志G2019002号）并纳入官方标志保护，原相关地理标志产品专用标志同时废止，原标志使用过渡期至2020年12月31日。

图6-3-1　地理标志专用标志

为加强我国地理标志保护，统一和规范地理标志专用标志使用，2020年4月国家知识产权局发布了《地理标志专用标志使用管理办法（试行）》。本办法所称的地理标志专用标志，是指适用在按照相关标准、管理规范或者使用管理规则组织生产的地理标志产品上的官方标志。办法规定，国家知识产权局负责统一制定发布地理标志专用标志使用管理要求，组织实施地理标志专用标志使用监督管理。地方知识产权管理部门负责地理标志专用标志使用的日常监管。

地理标志专用标志的合法使用人包括下列主体：①经公告核准使用地理标志产品专用标志的生产者；②经公告地理标志已作为集体商标注册的注册人的集体成员；③经公告备案的已作为证明商标注册的地理标志的被许可人；④经国家知识产权局登记备案的其他使用人。

地理标志保护产品和作为集体商标、证明商标注册的地理标志使用地理标志专用标志的，应在地理标志专用标志的指定位置标注统一社会信用代码。国外地理标志保护产品使用地理标志专用标志的，应在地理标志专用标志的指定位置标注经销商统一社会信用代码。地理标志保护产品使用地理标志专用标志的，应同时使用地理标志专用标志和地理标志名称，并在产品标签或包装物上标注所执行的地理标志标准代号或批准公告号。作为集体商标、证明商标注册的地理标志使用地理标志专用标志的，应同时使用地理标志专用标志和该集体商标或证明商标，并加注商标注册号。

目前，国家知识产权局正在就《官方标志保护办法》《地理标志保护中的通用名称判定指南》《地理标志保护规定》公开征求意见。

2.地理标志商标注册保护　2007年1月国家工商总局发布了《地理标志产品专用标志管理办法》，办法所指的专用标志，是国家工商总局商标局为地理标志产品设立的专用标志，用以表明使用该专用标志的产品的地理标志已经国家工商总局商标局核准注册。已注册地理标志的合法使用人可以同时在其地理标志产品上使用该专用标志，并可以标明该地理标志注册号。凡经国家工商总局商标局依法核准注册的地理标志的注册人的集体成员或经注册人许可的地理标志产品生产者、经营者均可使用该标志。

地理标志产品专用标志属于官方标志范畴，按照官方标志进行保护。对擅自使用地理标志产品专用标志或者擅自使用与地理标志产品专用标志近似的标志的单位和个人，工商部门可依据《商标法》及《商标法实施条例》[①]的有关规定予以查处。

3.农产品地理标志登记保护　《农业法》第23条规定"符合规定产地及生产规范要求的农产品可以依照有关法律法规的规定申请使用农产品地理标志"。为规范农产品地理标志的使用，保证地理标志农产品的品质和特色，提升农产品市场竞争力，2007年12月农业部发布了《农产品地理标志管理办法》。

农产品地理标志登记管理是一项服务于广大农产品生产者的公益行为，主要依托政府推动，登记不收取费用。农产品地理标志的登记申请人向省级机构提出申请，经过省级农业行政主管部门材料初审，现场检查，综合评定后再报送中国绿色食品发展中心（原农业部农产品质量安全中心）审批，通过专家评审及公示后，向申请人发放地理标志证书。和原国家质检总局的做法类似，经过批准的农产品地理标志会在原农业部网站公告，公告之前也会先有公示的阶段，在官方网站上可以查询。

▷▷▷ 任务二　农产品地理标志登记保护依据和条件 ◁◁◁

一、农产品地理标志的概念

1.农产品地理标志的概念和起源　农产品地理标志是指农产品来源于特定地域，产品品质和相关特征主要取决于自然生态环境和历史人文因素，并以地域名称冠名的特有农产品标志。农产品地理标志保护起源于国外，早期多使用"原产地"概念，在欧洲等国已有一百多年的历史。我国自20世纪80年代加入《巴黎公约》以来，开始逐步关注和引入该理念，加入WTO以后，农产品地理标志保护工作从无到有，经历了快速的发展。20世纪90年代关贸总协定（简称GATT）乌拉圭回合多边贸易谈判中，首次将农产品地理标志保护纳入了《与贸易有关的知识产权协议》（简称TRIPs协议），农产品地理标志成为一种知识产权形式。

2.农产品地理标志保护的意义　农产品地理标志是在长期的农业生产和百姓生活中形成的地方优良物质文化财富，建立农产品地理标志登记制度，对优质、特色的农产品进行地理标志保护，是合理利用与保护农业资源、农耕文化的现实要求，有利于培育地方主导产业，形成有利于知识产权保护的地方特色农产品品牌。农产品地理标志强调产品来源于特定地域，其品质和相关特征主要取决于自然生态环境和历史人文因素。申请到一项农产

---

① 《中华人民共和国商标法实施条例》，本教材统一简称《商标法实施条例》。

品地理标志产品，就意味着拿到一张提高地域知名度的金质名片。

二、农产品地理标志登记保护的依据

1.农产品地理标志管理办法　办法分为总则、登记、标志使用、监督管理和附则5章25条。对农产品地理标志的概念、管理原则和登记程序、标志使用、监督管理和标志基本图案等内容进行了规定。农业农村部负责全国农产品地理标志的登记工作，中国绿色食品发展中心负责农产品地理标志登记的审查和专家评审工作。省级农业行政主管部门负责本行政区域内农产品地理标志登记申请的受理、现场核查和初审工作。农业农村部设立的农产品地理标志登记专家评审委员会，负责专家评审。专家评审委员会分为种植、畜牧、渔业三个行业专家评审组（以下简称行业组），每个行业组分为若干专业小组（以下简称专业组）。

《农产品地理标志管理办法》

2.农产品地理标志登记管理配套技术性规范　为规范农产品地理标志登记和使用管理，2008年、2013年农业部先后发布20多个服务于农产品地理标志登记审查和专家评审配套技术性规范。涉及标志登记审查的有《农产品地理标志登记程序》《农产品地理标志登记申请书》《农产品地理标志产品名称审查规范》《农产品地理标志登记申请人资格确认评定规范》《农产品地理标志登记产品生产地域分布图绘制规范》《农产品地理标志质量控制技术规范（编写指南）》《农产品地理标志现场核查规范》《农产品地理标志专家评审规范》《农产品地理标志登记审查报告》《农产品地理标志登记审查准则》《农产品地理标志登记专家评审规范》等。涉及产品检验的有《农产品地理标志产品品质鉴定抽样检测技术规范》《农产品地理标志产品品质鉴定规范》《农产品地理标志产品感官品质鉴评规范》。涉及标志使用的有《农产品地理标志使用申请书》《农产品地理标志使用规范》《农产品地理标志使用协议》《农产品地理标志公共标识设计使用规范手册》。涉及检测机构及核查人员的有《农产品地理标志产品品质鉴定检测机构管理办法》《全国农产品地理标志核查员注册管理办法》。

三、农产品地理标志登记的产品受理范围和条件

1.产品受理范围　根据《农产品地理标志登记审查准则》，申请登记产品应当是源于农业的初级产品，并属《农产品地理标志登记保护目录》所涵盖的产品。没有纳入登记保护目录的，不予受理。《农产品地理标志登记审查准则》附件《农产品地理标志登记保护目录》主要包括蔬菜、果品、粮食、食用菌、油料、糖料、茶叶、香料、药材、花卉、烟草、棉麻桑蚕、热带作物、其他植物、肉类产品、蛋类产品、乳制品、蜂类产品、其他畜牧产品、水产动物、水生植物、水产初级加工品等覆盖种植业、畜牧业、渔业3大行业22个小

《农产品地理标志登记审查准则》

类。产品受理范围不局限于食用农产品，药材、花卉、烟草、棉麻蚕桑和产品品质和特性必须主要取决于特定的农业生态环境、农耕人文历史、种植、养殖等农业活动，自然性状和化学性质未有明显改变的初加工农产品也可申报。

（1）不受理产品。下列产品不予受理：①蔬菜、水果罐头；果脯；蜜饯；炒制的果仁、坚果；以粮食为原料加工的速冻食品、方便面和各种熟食制品；精炼植物油；掺兑各种药物的茶和茶饮料；中成药等种植业产品类。②肉类、蛋类罐头；肉类熟制品；用鲜乳加工的各种乳制品，酸乳、奶油等；蜂产品口服液、王浆粉等畜牧业产品。③熟制水产品和各类水产品罐头；罐装（包括软罐）水生植物产品；以鱼油、海兽油脂为原料生产的各类乳

剂、胶丸、滴剂等渔业产品。

此外，根据关于印发《农产品地理标志登记审查若干问题的说明》的通知（农质安发〔2014〕15号）对于水、粗制盐、用于种植的种子等产品，不予受理。对于纯野生产品、原国家保护后部分放开人工养殖的产品、不依赖自然生态环境的纯设施生产及工厂化产品，原则上不予受理。对于药材类产品，为确保准确，应当在质量控制技术规范中提供具体拉丁名称；非药食同源的，应当征求相关管理部门意见（物种鉴定报告）。

（2）其他产品受理要求。2016年1月1日起，申请产品应当已列入《全国地域特色农产品普查备案名录》（2014年版），相关期限以地方人民政府申请人确定文件出具日期为准。

未列入名录欲申请的，由省级农业主管部门先行对申请产品进行资源调查和可行性论证，对品质特色不突出、竞争优势不明显、登记保护价值不大的产品建议暂缓申报。省级农业主管部门认为有登记保护价值的，将拟申请产品情况报中国绿色食品发展中心，中国绿色食品发展中心回函同意后，组织现场审定：①审定方案提前报部中国绿色食品发展中心；②省级农业主管部门组织5名以上（单数，含5名）熟悉本领域的高级技术职称专家召开现场审定会，对产品生产区域范围、独特的产品品质特性、人文历史、社会认知度、发展潜力和市场需求等情况进行审定。相关专家来源应当具有广泛性，不得仅局限于申请产品所在地。中国绿色食品发展中心将根据需要派员参与相关审定工作。审定通过的，将专家审定意见（签字）以及《目录外产品申请农产品地理标志审定信息表》作为备案材料随申报材料一起上报备案后方可申请。

2.产品受理条件 《农产品地理标志管理办法》规定，申请地理标志登记的农产品，应当符合下列条件：①产品名称由地理区域名称和农产品通用名称构成；②产品有独特的品质特性或者特定的生产方式；③产品品质和特色主要取决于独特的自然生态环境和人文历史因素；④产品有限定的生产区域范围；⑤产地环境、产品质量符合国家强制性技术规范要求。

（1）产品名称。农产品地理标志产品名称应遵循客观性原则，由以下3种形式命名。①由特定结构组成。由地理区域名称和农产品通用名称组合构成。②历史沿袭形成。农产品地理标志产品名称属于历史沿袭和传承名称，尊重历史称谓和俗称，申报登记时不应人为加以调整或臆造。③自然固化品种。农产品地理标志产品名称所包含的种植、养殖品种尊重现实生产实际，不应人为添加或删减，生产过程中所涉及的品种，统一在农产品地理标志质量控制技术规范中予以明确和固定。具体要求遵照《农产品地理标志产品名称审查规范》的规定。

《农产品地理标志产品名称审查规范》

（2）独特的品种特性。如河南省固始萝卜又名固始水萝卜，俗称嫩头青萝卜，典型特征为圆柱形，色青，表面光滑，青头有2/3以上，入口脆嫩，味甜多汁，生食脆甜而无渣，被誉为水果型萝卜。但需要注意的是，农产品地理标志通常与特定品种有关，但不是说农产品地理标志必须要有特定品种，或者有特定品种就一定能形成农产品地理标志，还要该品种在当地独特自然条件、人文发展过程中形成的独特品质和特定消费市场。

（3）独特的生产方式。特定的生产方式包括有产前、产中、产后、储运、包装、销售等环节。如产地要求、品种范围、生产控制、产后处理等相关特殊性要求。例如章丘大葱，高、长、脆、甜，植株高大魁伟，葱白长而直，质地脆嫩，葱白甘芳可口，很少辛辣，最宜生食，熟食也佳，故有"葱王"之称号。主栽品种有大梧桐和气煞风，其中大梧桐面积最大。其生产过程包括育苗、移栽、浇水、追肥、培土、收获，其中培土是章丘大葱的重要栽培措施，它不仅可以防止倒伏，而且还可软化葱白，提高产量和质量。随着大葱的加高生长，要进行3~4次培土。第一次培土即平沟，在8月下旬立秋后进行，以后在白露、秋分、寒露前分别培土一次。每次培土的高度均以不埋心叶为度，然后套种小麦。在立冬到小雪之间严霜或土壤即将封冻之前收获最佳。

（4）独特的产品品质。在特定的品种和生产方式基础上，各个地区又在得天独厚的自然生态环境条件下，培育出各地的名特农产品。这些名特农产品都以其优良品质，丰富的营养和特殊风味而著称。农产品地理标志独特的产品品质包括外在感官特征和内在品质指标两方面特征。

外在感官特征指通过人的感官能够感知、感受到的特殊品质及风味特征。如色泽、形态、气味、质量、硬度、厚度等。如泰和乌鸡是江西省泰和县特产，原产于泰和县武山北麓，因具有丛冠、缨头、绿耳、胡须、丝毛、毛脚、五爪、乌皮、乌肉、乌骨"十大"特征以及极高营养价值和药用价值而闻名世界。

内在品质指标指需要通过仪器检测的可量化的独特理化指标，如淀粉、蛋白质、功能性成分等特征指标，但相对是否有特色，通常需要和本地区、本类别或是行业内具有普遍认可的标准物进行比较得出。如产自新疆乌鲁木齐市头屯河区的头屯河葡萄，粗放式种植情况下红提葡萄含糖量可达17%~20%，精细管理种植后含糖量可达25%，比美国红提葡萄含糖量还要高。又如黑龙江省牡丹江市东宁黑木耳，色如墨玉、形似弯月、口感爽滑、色黑、肉厚、正反面明显，富弹性，耳片厚度≥0.8 mm，水发性好，朵大适度、均匀，耳瓣舒展少卷曲。蛋白质≥8%，总糖≥40%，粗纤维3.0%~6.0%，干湿比≥11，明显高于其他产区。

（5）独特的自然生态环境。独特的自然生态环境指影响登记产品品质特色形成和保持的独特产地环境因子，如独特的光照、温湿度、降水、水质、地形地貌、土质、生物链等。自然生态环境是物种成型的前提和关键。万物都是环境的产物，生态环境质量不同，物种自然会存在差异。如豫西南一带有留传至今的谚语："张良姜，临颍蒜，八龙白菜吃不厌"，"石桥萝卜张良姜，神后的闺女不用相"，都说到了张良姜。河南省鲁山县张良姜，根茎皮肉深黄，辛辣芳香，风味独特，质实多丝，百煮不烂。张良姜生产区域内土壤为褐黏土，土层深厚，土质疏松，透气性和透水性较好，正是这一特殊的地理环境生长出优良的张良姜。据《鲁山县志》和当地出土的汉代石碑记载，公元前204年，刘邦、张良等在张良镇安营扎寨。此间，刘邦及官兵染病，久治不愈，民奉姜汤，服而即愈，刘邦即位后，钦定张良姜为贡品。农产品地理标志正是立足于自然生态环境对农产品的特定影响，将这种自然和产品的关联度以制度和法律的形式保护起来。

（6）独特的人文历史。农产品地理标志不是短时间能形成的，而是由于特定的人文历史因素，多年来不断发展传承而成。这个历史是真实的历史，不是人为编造的历史。人文历史因素包括产品形成的历史、人文推动因素、独特的文化底蕴等内容，可以是一诗、一文、一歌、一赋、一成语、一传说等。农产品地理标志既有有形的、可量化的品质标准，也有一种感觉上的、微妙的、不可言喻的享受，这种享受既是物质的，也是精神的，是特定的人文历史、精神文化的物质载体。如产自河北邯郸市的黄粱梦小米色泽金黄，颗粒饱满，质地较硬，特别是熬成粥后，黄而黏稠，口感润滑，有"代参汤"之美誉。黄粱梦小米就是根据黄粱一梦成语典故等人文历史申报地理标志的。

需要说明的是上述6个方面特色，并不是每个农产品地理标志必须全都具备，但至少要具备其中的1项或几项。

>>> 任务三 农产品地理标志产品登记保护的程序 <<<

农产品地理标志登记申报重点要做好七件事，一是确定登记产品；二是授权申请主体；三是划好地域范围；四是制定技术规范；五是做好品质鉴定；六是挖掘人文历史；七是核实在先权利。

一、申请人应具备的条件与资格确认

1.申请人条件要求 农产品地理标志登记保护申请人应为农民专业合作经济组织、行业协会等具有公共管理服务性质的组织，包括社团法人、事业法人等。因新疆生产建设兵团建制特殊性，兵团团场可以作为申请人。农产品地理标志登记不接受政府、企业或个人的申请。为避免公共资源垄断，登记申请人和标志使用人为同一主体的农民专业合作社暂不再作为登记申请人受理，可授权其作为标志使用人。申请人应当符合下列条件：①具有监督和管理农产品地理标志及其产品的能力；②具有为地理标志农产品生产、加工、营销提供指导服务的能力；③具有独立承担民事责任的能力。

2.申请人资格确认 农产品地理标志登记保护申请人资格由在地县级以上人民政府择优确定，具体工作由所在地县级以上农业行政主管部门（以下简称县地工作机构）负责办理。

（1）申请。符合条件的申请人可以向所在地县级以上农业行政主管部门提出申请，也可以由县级以上农业行政主管部门根据申请人相关条件进行推荐。

拟作为申请人的应当提交如下申请材料：①申请报告；②单位概况；③监督管理标志使用人规范生产、规范使用标志的控制措施；④专业技术人员统计报表及主要专业技术人员资格文件复印件；⑤指导农产品地理标志生产、加工的技术规范和经营渠道说明；⑥法人证书复印件。

（2）审核。县级以上农业行政主管部门要对申请材料进行审查评定，对申请人的条件进行现场核查确认。评定内容包括：①是否具备符合条件的办公场所和相应的专业技术人员；②是否具有指导标志使用人进行生产、加工的质量控制技术规范和推进产销衔接的经营渠道；③是否持有合法的社团法人或者事业法人证书。

（3）受理公示。符合条件的，由所在地县级以上农业行政主管部门通过官方网站或相关媒体向社会进行受理公示。公示内容包括产品名称、申请人和地域范围，公示时间30 d。同时，相关省级农业行政主管部门须同时转发公示信息，渠道覆盖本省（区、市）全境。对于以同一地理区域名称申报3个以上（含3个）同一行业（种植业、畜牧业、渔业）产品的，应当从严把握，以突出主导品牌，必要时开展实地调研，保证登记效果。

（4）政府授权。经受理公示无异议的，县级以上农业行政主管部门将申请人情况报同级地方人民政府进行审定，由同级地方人民政府出具登记申请人资格唯一性确定性文件。申请登记的农产品生产区域在县域范围内的，由所在地县级人民政府出具的资格确认文件；

跨县域的，由上一级人民政府出具申请人资质确认文件。需要注意的是授权行文单位应为地方政府向农业部门出具，政府内设部门（如办公室）出具文件无效，由省级人民政府确定登记申请人的除外。

申请人得到县级以上地方人民政府登记资格确定性文件后，方可按照规定要求提交登记申请材料。

二、农产品地理标志登记保护申请

符合农产品地理标志登记保护条件的申请人，可以向省级农业主管部门提出登记申请，并提交表6-3-1所示申请材料。

表6-3-1　农产品地理标志登记保护申请需要提交的材料

序号	材料名称	对应的技术文件
1	登记申请书	《农产品地理标志登记申请书》（农质安发[2015]11号附件3）
2	申请人资质证明	《农产品地理标志申请人资格确认评定规范》和《农产品地理标志登记审查准则》（农质安发[2015]11号附件1和附件2）
3	地域范围确定性文件和生产地域分布图	《农产品地理标志登记产品生产地域分布图绘制规范》（农质安发[2008]7号附件2）
4	产品质量控制技术规范	《农产品地理标志质量控制技术规范（编写指南）》（农质安发[2010]16号）
5	产品品质鉴评报告、检测报告	《农产品地理标志产品品质鉴定规范》（农质安发[2008]7号附件4鉴评报告、农质安发[2015]11号附件4检测报告）
6	产品实物样品或者样品图片	
7	其他必要的说明性或证明性材料	成因文件、人文历史资料、目录外产品审定材料、非委托检测机构的请示批复、受理公示截图等

1. 农产品地域范围确定　农产品地理标志登记保护申请人应当根据申请登记的农产品分布情况和品质特性，按照《农产品地理标志登记产品生产地域分布图绘制规范》科学合理地确定申请登记的农产品地域范围，包括具体的地理位置、涉及村镇和区域边界；报出具资格确认文件的地方农业行政主管部门审核，出具地域范围确定性文件，明确经纬度范围、所辖具体乡镇名称（列表）、规模产量，附分布图。初级加工品应划定原料基地的地域范围。

《农产品地理标志登记申请书》

（1）登记产品地域分布图。农产品地理标志登记保护申请人应当根据产品分布实际情况和人文历史资料，以最新版行政区划图为蓝本，合理确定和绘制申请登记产品地域分布图。地域分布图应当以最新版行政区划图为蓝本（彩图），准确标示出申请登记产品的生产区域范围和生产地域边界线，做到地域完整、边界清晰，界定到所辖村或乡（镇），边界线采用加宽线条进行标示。必要时，可以加注相关文字说明。

（2）地域范围勘定。依据历史及种植（养殖）实际进行勘界，可集中或点状，不随意扩大。地域范围应依据历史及种植（养殖）实际进行勘界，地域范围可以集中连片，也可点状分布。地域范围勘定后，不得随意扩大。

跨县（市、区）域的地理标志，应整区域联合申报。除非产品已经形成特定品牌，已被消费认知的，可以独立申报，但应提供佐证材料。地域范围应由具有跨域管辖权限的上一级农业行政主管部门划定，农产品地理标志登记保护申请人亦由上一级地方人民政府授权。地理区域属于跨省份的山脉、河流、湖泊等农产品地理标志，由具有相关资源管辖权限的专门机构划定地域范围和授权登记申请人。

农产品地理标志登记保护申请人应当将所绘制的地域分布图报送所在地县级以上地方人民政府农业行政主管部门审核确认后，方可作为登记申请的附报材料。

地域范围批复文件应为原件，复印件无效。对于产品主管部门包括其他部门的，应由农业部门和相关行业主管部门联合（或分别）出具地域范围确认文件，相关表述应保持一致；或农业部门征求相关行业部门意见后，单独出具文件，并注明征求意见情况。

《农产品地理标志质量控制技术规范（编写指南）》

2.质量控制技术规范制定　农产品地理标志登记保护申请人应当根据申请登记的农产品产地环境特性和产品品质典型特征，按照《农产品地理标志质量控制技术规范（编写指南）》要求制定编写相应的质量控制技术规范，质量控制技术规范不宜过长，关键要充分体现产品、产地、生产方式独特性的核心特征。技术规范版本、格式、字体、字号、行间距等应当符合《编写指南》要求，采用标准书面用语，品质参数指标使用国际通行计数方式和单位。

地域范围主要描述登记产品所在的具体地理位置、所辖村镇、经纬度和区域边界等。相关信息应当与县级以上农业行政主管部门核定的地域范围相一致。

独特自然生态环境主要描述影响登记产品品质特色形成和保持的独特产地环境因子，如独特的光照、温湿度、降水、水质、地形地貌、土质等。重点体现与产品独特品质形成有关联的因素。

特定生产方式主要描述影响登记产品品质特色形成和保持的特定生产方式，如产地要求、品种范围、生产控制、产后处理等相关特殊性要求。

产品品质特色及质量安全规定主要描述登记产品由于独特自然生态环境和特定生产方式等因素所形成的独特感官特征及独特的内在品质指标。同时明确表明产地环境、产品质量符合国家相关强制性技术规范要求，注明遵照的行业标准或国家标准编号与名称。

产品品质外在感官特征描述应当客观真实。内在品质应当重点描述产品品质特色指标，避免罗列非特色指标。品质特色指标应是一个范围值（品质限值），而不是固定值。所列品质特色指标全部为必检项目，在检测报告中需进行验证检测。品质限值应通过对划定的地域范围合理布设抽样点（抽样规范各地自定），多点检测确定品质限值，不能仅通过一点一次检测就直接赋值。

标志使用规定应明确表述地域范围内的地理标志农产品生产经营者，在产品或包装上使用已获登记保护的农产品地理标志，须向登记证书持有人提出申请，并说明标志使用人在产品或产品包装上统一使用农产品地理标志公共标识和产品名称组合形式字样，产品名称为申请登记产品名称。

3.产品品质鉴定报告　农产品地理标志登记保护申请人在进行登记申请时，应当提交产品品质鉴定报告原件，复印件无效。产品品质鉴定报告由鉴评报告和检测报告组成。鉴定内容包括外在感官特征和内在品质指标。外在感官特征是指通过人的感官（视觉、味觉、嗅觉、触觉等）能够感知、感受到的特殊品质及风味特征。内在品质指标是指需要通过仪器检测的可量化的独特理化指标。

鉴定报告提交形式如下：①产品外在感官特征显著，而内在品质指标不显著的，提交鉴评报告；②产品外在感官特征不显著，而内在品质指标显著的，提交检测报告；③产品外在感官特征和内在品质指标均显著的，同时提交鉴评报告和检测报告。

《农产品地理标志产品品质鉴评报告》

对于外在感官特征，由农产品地理标志登记保护申请人提请省级农产品地理标志工作机构组织专家进行鉴评，给出鉴评意见。对于内在品质指标，由中国绿色食品发展中心委托的具有相应资质的检测机构出具检测报告。品质鉴定报告（鉴评报告、检测报告）应使用规定格式，报告出具时间不得早于申请产品上市季节。

（1）感官品质鉴评。省级农业主管部门接到品质鉴评申请后，应当及时组织相关专家对外在感官特征进行鉴评，也可以委托相应专业技术机构组成鉴评组实施鉴评，具体时间和地点由省级农业主管部门商农产品地理标志登记保护申请人确定。品质鉴评组一般由5~7名专业领域技术专家组成，实行专家组组长负责制，省级农业主管部门内部人员不得作为专家组成员，相关专家来源应当具有广泛性，不得仅局限于申请产品所在地。品质鉴评组应按照《农产品地理标志产品感官品质鉴评规范》进行鉴评，出具《农产品地理标志产品品质鉴评报告》，报告一式三份。品质鉴评组成员应在备注栏进行签字，鉴评意见由组长签字。鉴评报告封面须加盖公章。

《农产品地理标志产品品质检测报告》

（2）内在品质检测。申请登记农产品的产地环境和品质鉴定工作由农业部考核合格的农产品质量安全检测机构承担，没有获得资质委托的检测机构出具的检测报告无效。如确因委托的检测机构对某些特色指标不能检测，省级农业主管部门应向中国绿色食品发展中心申请其他检测机构代检，中国绿色食品发展中心批复同意后，方可实施。省级农业主管部门请示件和中国绿色食品发展中心批复件应作为申请材料的证明文件。

《农产品地理标志产品感官品质鉴评规范》

检测机构接到农产品地理标志登记保护申请人委托任务后，应当按照《农产品地理标志产品品质鉴定抽样检测技术规范》要求和农产品地理标志质量控制技术规范，进行抽样、检测，出具《农产品地理标志产品品质检测报告》，报告一式三份。

①产品抽样。样品应由检测机构抽样，或省级农业主管部门代为抽样，不能由申请人自行送样，申请材料中应附产品抽样单。

品质鉴定检测机构接到检测任务后，应当及时安排专业抽样人员按照规定抽样程序和方法进行抽样。抽样人员须携带专用抽样单和相关抽样证明性文件，实行持证抽样。现场抽样过程中，应当根据种养殖产品区域大小和分布特点，合理布设采样点，所抽样品要能够代表整个登记产品生产区域范围内所有产品的总体情况。各类产品具体的抽样方法和抽样数量，由接受任务的检测机构商申请登记产品所在省级农业主管部门共同确定。

《农产品地理标志产品品质鉴定抽样检测技术规范》

抽样人员和登记申请人对抽取的样品真实性、代表性和有效性进行确认并负责。样品按规定进行适当的前处理后在现场进行加贴封条，并由抽样人员、登记申请人同时在封条上和抽样单上签字确认。抽样单一式四份。一份随检测报告上报，其余三份分别由登记申请人、检测机构、省级农业主管部门留存。

②项目检测。检测机构收到样品后，应当依据申请登记产品的质量控制技术规范中所列相关可量化品质特色指标进行检测。

③结果判定。检测结果全部合格，则判定其产品符合相对应的质量控制技术规范要求。

☑ 学习笔记

部分指标不符合其产品质量控制技术规范，或者产品具备其他典型可量化品质特性的，可建议申请人根据检测结果修改其产品质量控制技术规范。

④检测报告。检测机构应当根据检测结果及时出具《农产品地理标志产品品质检测报告》，检测报告一式四份。一份交由登记申请人随申报材料上报，另外三份分别由登记申请人、检测机构和省级农产品地理标志工作机构留存。

申请登记农产品的产地环境和品质鉴定工作由农业部考核合格的农产品质量安全检测机构承担。鉴定工作有特殊需要的，中国绿色食品发展中心可以指定具有法定资质的检测机构承担。检测机构应当根据申请人的委托和农产品地理标志登记管理的相关规定进行抽样、检测和出具报告。

4.产品实物样品或者样品图片　可提供能够完整感知其独特品质特征的最小量评审产品实物样品。样品图片应含种植（养殖）初级产品、制成品（仅限申请产品为初级加工品）图片及产品包装图片，样品图片应为彩色实物照片。产品名称应在产品包装上已实际使用，产品包装图片上的产品名称应与申请产品名称完全一致。

5.其他必要的说明性或证明性材料

（1）人文历史佐证材料。人文历史表现形式有①产品生产历史；②县志、市志等历史文献记载；③诗词歌赋、传记、传说、轶事、典故等记载；④民间流传的该类产品民风、民俗、歌谣、工艺文化；⑤饮食、烹饪等；⑥名人的评价与文献；⑦荣获省级以上历次名牌产品获奖情况；⑧媒体宣传、报导、图片等。人文历史证明材料可为多种表现形式，但所列表现形式的前两项原则上必须提供。人文历史文字描述应有对应的佐证材料。

（2）人文历史年限确认。原则上人文历史年限（生产历史年限）应为20年以上。人文历史年限应提供充分的证据或证明，并应在证据或证明中做出明显标记。没有人文历史年限记载的，应书面提供产品具备人文历史传承和需要登记保护的充分理由和证明。相关理由和证明应经专家集体评审确认。

（3）登记申请规定的其他佐证文件。如非名录内产品审定结果、非委托机构代检的请示件和批复件；普通商标、集体商标或证明商标注册人的承诺文件；受理公示的截图等有关佐证文件。

三、现场核查和材料初审

1.现场核查　现场核查是指在审查农产品地理标志登记申报材料的过程中，根据需要对农产品地理标志登记保护申请人相关情况进行实地核实确认的过程。

现场核查工作由省级农业主管部门组织实施，不得由地县工作机构代为实施。省级农业主管部门应当根据初审情况拟定现场核查计划。现场核查计划包括现场核查的时间、地点、内容、程序和人员构成等要素。现场实地核查工作，应当在2 d内完成。特殊情况需要延长核查时间的，需商农产品地理标志登记保护申请人同意后方可适当延长，但最长时间不得超过4 d。

（1）成立现场核查组。现场核查实行组长负责制。现场核查组一般由3~5位（含核查员或技术专家）组成。核查组应至少有1名省级农业主管部门核查员参加。地县级工作机构核查员不作为现场核查组成员参与现场核查工作。

（2）制定现场核查方案。核查组应根据核查内容，按照《农产品地理标志现场核查工作程序》制订可操作的《农产品地理标志现场核查方案》。核查范围及主要内容主要包括以下几个方面：一是现场听取申请人关于申请登记产品及其产地环境、区域范围和生产管理等有关情况的介绍；二是确定检查的基地范围和地块数，随机进行实地检查；三是确定访问的生产者，随机访问生产者和有关技术人员，获得产品生产及管理情况资料；四是查阅文件、记录，了解申请单位质量控制措施及确保农产品地理标志产品质量的能力；核实申请单位生产管理制度的执行情况及控制的有效性。查阅文件包括生产技术规程和产品质量控制技术规范等；查阅的记录包括生产及其管理记录、出入库记录、生产资料购买及使用记录、交售记录、卫生管理记录、培训记录等；五是核查其他需要了解的内容。

（3）下发核查通知。省级农业主管部门以《农产品地理标志现场核查通知单》的形式书面通知申请人，并请申请人予以确认。同时抄送申请人所在地、县两级农业行政主管部门（或农产品地理标志工作机构）。

（4）实施现场核查　依据现场核查方案进行核查。现场核查的程序一般为：召开首次会议→实地核查→汇总核查情况→形成核查报告→召开末次会议。

①首次会议：由核查组组长主持，参加人员包括核查组全体人员、申请代表和部门负责人等。内容包括介绍参会人员；确认核查范围、核查依据、日程安排、核查方法和核查结论的报告形式；宣读保密承诺；确定陪同人员；明确注意事项，说明相关问题；确定末次会议的安排。

②实地核查：核查组应按照核查方案进行实地核查。核查组内部应及时沟通，汇总分析核查中发现的问题，明确现场核查结论，与申请人代表完成《农产品地理标志现场核查报告》，并商定末次会有关事宜。

③召开末次会议：现场核查结束前召开末次会议。由核查组组长主持，参会人员应包括核查组全体人员、申请人代表和地方有关方面人员等。内容包括简述核查的总体情况；介绍核查过程和发现的主要问题；对申请人资质、产地环境条件、地域划分范围、生产记录档案、生产技术规程和产品质量控制技术规范的建立、实施等情况的有效性评价；宣布核查结论，提出改进或整改意见；申请人代表讲话；宣布末次会议和现场核查结束。

（5）形成核查结论。现场核查完成后，核查组应当对核查结果进行综合判定，做出现场核查结论。现场核查结论分三种：一是现场核查通过；二是现场核查基本通过，限期整改和报送整改结果；三是现场核查不通过，限期整改并届时派员对整改结果进行确认。

现场核查报告由现场核查组填写，核查组成员必须为有资质的农产品地理标志核查员。告用语应当规范准确。栏目不得空缺，没有填写内容的应填"无"。核查组签字必须由组长和成员本人签字，其他人不得代签。现场核查结论表中组长和其他核查组成员均应进行签字，非核查组人员不需签字。现场核查报告后应附核查员注册证书复印件，技术专家除外。

核查组在完成现场核查后5个工作日内，向省级农业主管部门提交《农产品地理标志现场核查报告》。

2.材料初审　省级农业主管部门从事登记审查工作的人员，应取得《全国农产品地理标志核查员注册证书》，审查人员应按照科学规范、客观独立、公平公正的原则进行审查，并对审查结论负责。省级农业主管部门负责对照申请条件和《农产品地理标志登记审查准则》，严格对申请材料进行初审。

鼓励和支持省级农业主管部门在申请产品受理前，先行组织地县级工作机构和相关专

《农产品地理标志现场核查报告》

家对申请产品进行资源调查和可行性论证，对品质特色不突出、竞争优势不明显、登记保护价值不大的产品建议不予受理。

省级农业主管部门审查重点有以下几个方面：①符合性审查。审查产品名称是否符合规范，产品是否为地方特色农产品、登记申请人资质和能力是否符合要求、地域范围划定是否符合实际等。②完整性审查。审查材料是否齐全、完整，有无漏项等。③真实性审查。省级农业主管部门派出的现场检查组进行现场核查时，应对登记申请人资质及基本情况、产地自然生态环境条件、地域范围及分布情况、产业发展等情况进行现场检查确认。④规范性审查。审查相关文件、报告中相关签字、盖章、日期是否齐全，所有批文、报告是否为原件（人文历史佐证材料除外）等。⑤有效性审查。审查检测机构和核查员是否具备相应资质等。⑥一致性审查。整个申请材料中的登记申请人、产品名称前后是否保持一致等。⑦附加审查。对《农产品地理标志登记审查准则》特别规定的内容进行附加审查。

省级农业行政主管部门自受理申请之日起，应当在45个工作日内按规定完成登记申请材料的初审和现场核查工作，并提出初审意见。符合规定条件的，将申请材料和初审意见按要求报送中国绿色食品发展中心；不符合条件的，在提出初审意见之日起10个工作日内将相关意见和建议通知申请人。

3. 登记审查报告 各农产品地理标志工作机构要按照《农产品地理标志登记审查报告》的规定，认真做好相关材料的审查和意见的填报，并按照规定的时限逐级上报。登记审查报告中封面、地县级工作机构审核意见由地县级工作机构核查员应在审核确认意见后签字，再由负责人签字并加盖公章。省级农业主管部门初审意见表中申请材料初审意见和现场核查意见栏签字人员应为省级农业主管部门核查员。综合评定意见由负责人签字并盖公章。审查意见应当详细具体，不能空白或仅写"同意""情况属实"等简单意见，不能缺日期。同时，要附各级（省、地、县）工作机构核查员注册证书复印件（没有配备注册核查员的地区，应附核查员注册资格考试合格证书复印件或相关说明）。

《农产品地理标志审查报告》

四、中心审核与专家评审

1. 申请材料装订要求 申请材料需装订成册，建议采用单页可替换方式装订，方便材料补充。封面注明产品名称、申请人全称、省级农业主管部门等信息。

相关材料按照如下顺序编排目录及页码：封面、目录、登记申请书、登记申请人资格确定文件及法人证书、地域范围批复文件和生产地域分布图（彩图）、质量控制技术规范、产品品质鉴定报告（鉴评报告、检测报告）、产品抽样单、产品图片（彩图）、其他必要的说明性或者证明性材料（人文历史佐证资料）、现场核查报告、登记审查报告、核查员证书复印件。

2. 中心审核 中国绿色食品发展中心自收到申请材料和初审意见之日起20个工作日内，对申请材料进行审查，提出审查意见，并组织专家评审。中国绿色食品发展中心在审查过程中发现需要进行现场确认核查的，应当自收到省级农业主管部门报送的材料之日起20日内，组织2~3名核查员对照需要核查的内容实施现场确认核查。

中国绿色食品发展中心对初审内容进行复核性审查，确保上会产品形式审查符合要求。同时对省级农业主管部门审查质量进行考核评价，申请材料出现明显错误、错误较多以及初审明显不尽责的，中国绿色食品发展中心将对全套申请材料进行退回，对省级农业主管部门审查质量记录1次不良记录，并暂停该地区、该行业申请材料的受理，待省级农业主管部门对初审质量整改合格后，方重新受理。审查不符合要求的，中国绿色食品发展中心和省级农业主管部门应书面通知申请人限时整改、限时补充、限时报送，在规定时限内未补充或未整改的，申请将被驳回。对于参加3次专家评审会暂缓产品，将予以驳回。

3.专家评审 专家评审工作由农产品地理标志登记专家评审委员会承担，以召开专家评审会的形式进行，并对评审结论负责。农产品地理标志登记专家评审委员会秘书处（以下称秘书处）设在中国绿色食品发展中心地理标志处，具体负责评审会的组织工作。评审会召开前，秘书处应根据申报产品数量和类别，聘请评审委员会专家库中的相关专业领域专家临时组成评审会专家评审组。

秘书处应于评审会召开前，通知参评产品所在地省级农业主管部门组织申请方代表参加会议，并进行汇报和答辩。申请方代表可提供能够完整感知其独特品质特征的最小量评审产品实物样品，供评审专家进行实物对照评审。

专家评审分行业独立进行评审，实行行业组组长负责制。行业组组长主持本行业评审工作，提出评审重点及技术要求，统筹评审进度和尺度。

专家评审组应根据《农产品地理标志管理办法》《农产品地理标志登记审查准则》和《农产品地理标志登记专家评审规范》等相关配套技术规范要求进行形式复核和技术审核。评审分为预评和互动式评审两个阶段，程序如下：

（1）预评。①全体参会人员到主会场集中，秘书处主持会议，宣布会议开始。②评审委员会主任委员或副主任委员对评审提出总体要求。③秘书处介绍评审规则和程序，公布专家评审组成员构成，提名各行业组组长。④各行业组到指定分会场进行评审。⑤各行业组组长主持评审，具体介绍评审技术要点和相关评审要求，并指定各专业组组长。⑥各专业组按照分工对申请材料分别进行预评，提出初评意见和需答辩的相关技术问题，由各专业组组长进行汇总，并召集组内专家会商，确认提问问题。

（2）互动式评审。①预评结束后，各行业组进入互动式评审阶段，申请方代表逐一进场重点向行业组汇报申请产品品质特色、产地环境、生产方式、人文历史、产品知名度、产业发展前景等相关情况，汇报使用PPT课件，时间不超过10 min。②专业组应先向申请方代表进行现场提问，申请方代表进行答辩。行业组其他成员如有问题，也可向申请方代表进行现场提问。每个产品现场提问及答辩时间不超过10 min。③申请方代表答辩离场后，专业组应根据预评、汇报和答疑等情况提出初步评审意见（通过/暂缓/不通过），行业组对专业组提出的评审意见进行合议，并以举手表决的方式对专业组提出的初步评审意见进行表决，做出评审结论（通过/暂缓/不通过），半数以上为表决通过。暂缓和不通过的产品，行业组应提出暂缓或不通过的理由和具体处理意见。合议过程中，如需申请方再次进行答疑的，由秘书处负责安排。④合议结束后，由秘书处分别召集各行业组参会人员，并代表各行业组宣读评审结论。

当因产品特色不显著、地域范围勘界不准确等较大缺陷暂缓或不通过的产品，必要时，秘书处可组织专家另行采取现场评审的方式，对相关情况进行现场确认，现场评审结果将作为该产品能否再提交下次评审会的重要依据。

评审结束前，行业组组长和专业组应在评审报告、评审表格上签署评审意见和结论，并将全部评审资料统一交回秘书处。评审结束后，秘书处应按程序将本次评审产品的评审意见报评审委员会技术负责领导审核确认。

五、产品公示、公告及颁证

1.产品公示 经专家评审通过的,由中国绿色食品发展中心代表农业农村部在农业农村部官网、农民日报、中国绿色食品发展中心官网等公共媒体上对登记的产品名称、登记申请人、登记的地域范围和相应的质量控制技术规范等内容进行为期10日的公示。专家评审没有通过的,由农业农村部做出不予登记的决定,书面通知申请人和省级农业行政主管部门,并说明理由。

2.公告及颁证 有关单位和个人有异议的,可自公示之日起20日内提出。对公示内容有异议的单位和个人,应当自公示之日起30日内以书面形式向中国绿色食品发展中心提出,并说明异议的具体内容和理由。中国绿色食品发展中心应当将异议情况转所在地省级农业行政主管部门提出处理建议后,组织农产品地理标志登记专家评审委员会复审。

公示无异议的,由中国绿色食品发展中心报农业农村部做出决定。准予登记的,颁发《中华人民共和国农产品地理标志登记证书》并公告,同时公布登记产品的质量控制技术规范。农业农村部公告文件和证书通过省级农业主管部门下发到申请人。农产品地理标志登记证书长期有效。

六、农产品地理标志使用

《农产品地理标志使用申请书》

1.标志使用人应具备的条件 符合下列条件的单位和个人,可以向登记证书持有人申请使用农产品地理标志:①生产经营的农产品产自登记确定的地域范围;②已取得登记农产品相关的生产经营资质;③能够严格按照规定的质量技术规范组织开展生产经营活动;④具有地理标志农产品市场开发经营能力。

2.申请与审核 符合规定条件的标志使用申请人可以向登记证书持有人提出标志使用申请,并提交下列材料:①标志使用申请书;②生产经营者资质证明;③生产经营计划和相应质量控制措施;④规范使用农产品地理标志书面承诺;⑤其他必要的证明文件和材料。

《农产品地理标志使用协议》

经审核符合标志使用条件的,农产品地理标志登记证书持有人应当按照生产经营年度与标志使用申请人签订农产品地理标志使用协议,在协议中载明标志使用数量、范围及相关责任义务。农产品地理标志登记证书持有人不得向农产品地理标志使用人收取使用费。农产品地理标志使用协议期限为3年。协议期满,农产品地理标志登记证书持有人和标志使用人按原程序需重新签订协议。

3.标志使用要求 农产品地理标志使用协议生效后,标志使用人方可在农产品或者农产品包装物上使用农产品地理标志,并可以使用登记的农产品地理标志进行宣传和参加展览、展示及展销活动。

《农产品地理标志公共标识设计使用规范手册》

印刷农产品地理标志应当符合《农产品地理标志公共标识设计使用规范手册》要求。全国可追溯防伪加贴型农产品地理标志由中国绿色食品发展中心统一设计、制作,农产品地理标志使用人可以根据需要选择使用。

农产品地理标志登记证书持有人与标志使用人是契约管理关系。农产品地理标志登记证书持有人应当建立规范有效的标志使用管理制度,对农产品地理标志的使用实行动态管理、定期检查,并提供技术咨询与服务。农产品地理标志使用人应当建立农产品地理标使用档案，如实记载地理标志使用情况，并接受登记证书持有人的监督。农产品地理标志使用档案应当保存5年。

思考与练习

1. 农产品地理标志的概念是什么？
2. 我国农产品地理标志登记保护的法律规定主要有哪些？
3. 我国对农产品地理标志登记保护产品受理范围和受理条件有哪些规定？
4. 农产品地理标志登记保护申请人应具备哪些条件？
5. 农产品地理标志登记保护申请需要提交的材料有哪些？
6. 农产品地理标志登记保护现场核查的程序和要求是什么？
7. 农产品地理标志质量控制技术规范的编写要求有哪些？
8. 查阅资料，拟定一份申请农产品地理标志登记保护的材料清单。

参 考 文 献

陈思，2013. 中国农产品地理标志保护对策研究 [D]. 北京：中国农业科学院.

陈兆云，2016. 绿色食品工作指南 [M]. 北京：中国农业出版社.

杜红英，2019. 绿色食品与有机食品 [M]. 武汉：武汉大学出版社.

国家认证认可监督管理委员会，2014. 有机产品认证知识问答 [M]. 北京：中国质检出版社.

李诚，2018. 城乡食品安全 [M]. 北京：中国农业大学出版社.

李春田，2014. 标准化概论 [M]. 6版. 北京：中国人民大学出版社.

李援，宋森，汪建荣，等. 2009. 中华人民共和国食品安全法释解与应用 [M]. 北京：人民出版社.

刘复之，1991. 中华人民共和国法律大辞书 [M]. 长春：长春出版社.

吕晓华，2018. 食品安全与健康 [M]. 北京：中国医药科技出版社.

钱志伟，2011. 食品标准与法规 [M]. 2版. 北京：中国农业出版社.

全国标准化原理与方法标准化技术委员会，2020. 标准化工作导则国家标准汇编 [M]. 北京：中国标准
　出版社.

全国人大常委会法制工作委员会行政法室，信春鹰，2015. 中华人民共和国食品安全法解读 [M]. 北京：
　中国法制出版社.

上海市食品安全工作联合会，2019. 上海市食品从业人员食品安全知识培训教程　食品生产分册 [M].
　上海：华东理工大学出版社.

邵懿，刘玉洁，张婧，等，2014. 我国食品产品标准现况及对策研究 [J]. 食品安全质量检测学报，5（1）：
　280-286.

史宏伟，2019. 有机产品认证与管理 [M]. 长春：吉林人民出版社.

王君，2016. 我国食品产品安全标准概况 [J]. 中国食品卫生杂志（5）：557-566.

张华荣，2020. 绿色食品工作指南 [M]. 北京：中国农业出版社.

浙江省农产品质量安全中心组，2020. 农产品地理标志工作指南 [M]. 杭州：浙江科学技术出版社.

中国法制出版社，2019. 中华人民共和国食品安全法 [M]. 北京：中国法制出版社.

周龙根，张光伟，钱峰，2013. 有机食品150问 [M]. 杭州：浙江大学出版社.